全国中医药行业高等教育“十三五”规划教材

全国高等中医药院校规划教材（第十版）

药用辅料学

（供药学、药物制剂、药物分析等专业用）

主　审

傅超美（成都中医药大学）

主　编

王世宇（成都中医药大学）

副主编

王英姿（北京中医药大学）　　史亚军（陕西中医药大学）

李　玲（西华大学）　　桂双英（安徽中医药大学）

编　委（以姓氏笔画为序）

王红芳（河北中医学院）　　卢君蓉（成都中医药大学）

丘　琴（广西中医药大学）　　李兴华（中国药科大学）

张　丹（西南医科大学）　　柯　瑾（云南中医药大学）

盛　琳（海南医学院）　　谢兴亮（成都医学院）

管咏梅（江西中医药大学）

学术秘书

卢君蓉（成都中医药大学）

中国中医药出版社

·北　京·

图书在版编目（CIP）数据

药用辅料学/王世宇主编．—北京：中国中医药出版社，2019.4（2020.11重印）
全国中医药行业高等教育“十三五”规划教材
ISBN 978－7－5132－4355－1

Ⅰ.①药…　Ⅱ.①王…　Ⅲ.①药剂－辅助材料－中医学院－教材　Ⅳ.①TQ460.4

中国版本图书馆CIP数据核字（2017）第173584号

中国中医药出版社出版
北京经济技术开发区科创十三街31号院二区8号楼
邮政编码　100176
传真　010－64405750
保定市西城胶印有限公司印刷
各地新华书店经销

开本850×1168　1/16　印张20.25　字数460千字
2019年4月第1版　2020年11月第2次印刷
书号　ISBN 978－7－5132－4355－1

定价　68.00元
网址　www.cptcm.com

社长热线　010－64405720
购书热线　010－89535836
维权打假　010－64405753

微信服务号　zgzyycbs
微商城网址　https://kdt.im/LIdUGr
官方微博　http://e.weibo.com/cptcm
天猫旗舰店网址　https://zgzyycbs.tmall.com

全国中医药行业高等教育“十三五”规划教材

全国高等中医药院校规划教材（第十版）

专家指导委员会

全国中医药行业高等教育“十三五”规划教材

编审专家组

前 言

为落实《国家中长期教育改革和发展规划纲要（2010–2020 年）》《关于医教协同深化临床医学人才培养改革的意见》，适应新形势下我国中医药行业高等教育教学改革和中医药人才培养的需要，国家中医药管理局教材建设工作委员会办公室（以下简称“教材办”）、中国中医药出版社在国家中医药管理局领导下，在全国中医药行业高等教育规划教材专家指导委员会指导下，总结全国中医药行业历版教材特别是新世纪以来全国高等中医药院校规划教材建设的经验，制定了“‘十三五’中医药教材改革工作方案”和“‘十三五’中医药行业本科规划教材建设工作总体方案”，全面组织和规划了全国中医药行业高等教育“十三五”规划教材。鉴于由全国中医药行业主管部门主持编写的全国高等中医药院校规划教材目前已出版九版，为体现其系统性和传承性，本套教材在中国中医药教育史上称为第十版。

本套教材规划过程中，教材办认真听取了教育部中医学、中药学等专业教学指导委员会相关专家的意见，结合中医药教育教学一线教师的反馈意见，加强顶层设计和组织管理，在新世纪以来三版优秀教材的基础上，进一步明确了“正本清源，突出中医药特色，弘扬中医药优势，优化知识结构，做好基础课程和专业核心课程衔接”的建设目标，旨在适应新时期中医药教育事业发展和教学手段变革的需要，彰显现代中医药教育理念，在继承中创新，在发展中提高，打造符合中医药教育教学规律的经典教材。

本套教材建设过程中，教材办还聘请中医学、中药学、针灸推拿学三个专业德高望重的专家组成编审专家组，请他们参与主编确定，列席编写会议和定稿会议，对编写过程中遇到的问题提出指导性意见，参加教材间内容统筹、审读稿件等。

本套教材具有以下特点：

1. 加强顶层设计，强化中医经典地位

针对中医药人才成长的规律，正本清源，突出中医思维方式，体现中医药学科的人文特色和“读经典，做临床”的实践特点，突出中医理论在中医药教育教学和实践工作中的核心地位，与执业中医（药）师资格考试、中医住院医师规范化培训等工作对接，更具有针对性和实践性。

2. 精选编写队伍，汇集权威专家智慧

主编遴选严格按照程序进行，经过院校推荐、国家中医药管理局教材建设专家指导委员会专家评审、编审专家组认可后确定，确保公开、公平、公正。编委优先吸纳教学名师、学科带头人和一线优秀教师，集中了全国范围内各高等中医药院校的权威专家，确保了编写队伍的水平，体现了中医药行业规划教材的整体优势。

3. 突出精品意识，完善学科知识体系

结合教学实践环节的反馈意见，精心组织编写队伍进行编写大纲和样稿的讨论，要求每门教材立足专业需求，在保持内容稳定性、先进性、适用性的基础上，根据其在整个中医知识体系中的地位、学生知识结构和课程开设时间，突出本学科的教学重点，努力处理好继承与创新、理论与实践、基础与临床的关系。

4. 尝试形式创新，注重实践技能培养

为提升对学生实践技能的培养，配合高等中医药院校数字化教学的发展，更好地服务于中医药教学改革，本套教材在传承历版教材基本知识、基本理论、基本技能主体框架的基础上，将数字化作为重点建设目标，在中医药行业教育云平台的总体构架下，借助网络信息技术，为广大师生提供了丰富的教学资源和广阔的互动空间。

本套教材的建设，得到国家中医药管理局领导的指导与大力支持，凝聚了全国中医药行业高等教育工作者的集体智慧，体现了全国中医药行业齐心协力、求真务实的工作作风，代表了全国中医药行业为“十三五”期间中医药事业发展和人才培养所做的共同努力，谨向有关单位和个人致以衷心的感谢！希望本套教材的出版，能够对全国中医药行业高等教育教学的发展和中医药人才的培养产生积极的推动作用。

需要说明的是，尽管所有组织者与编写者竭尽心智，精益求精，本套教材仍有一定的提升空间，敬请各高等中医药院校广大师生提出宝贵意见和建议，以便今后修订和提高。

国家中医药管理局教材建设工作委员会办公室
中国中医药出版社
2016 年 6 月

编写说明

药用辅料是构成药物制剂的必需辅助物质，对药品生产、应用和疗效的发挥有着重要作用，且与制剂的成型、稳定，成品的质量和药代动力学特性密切相关。在药物制剂制备过程中，药用辅料的选用将直接影响药物的生物利用度、毒副作用、不良反应及临床药效。

药用辅料学是药剂学的一个重要分支，随着学科发展而从药剂学中分化出来，是涉及辅料的研究开发、合理应用及具体品种特性的一门新兴学科。

本教材的前身是2006年成都中医药大学自编教材《药用辅料学》和2008年由中国中医药出版社出版的新世纪全国高等中医药院校创新教材《药用辅料学》。通过不断总结教材使用情况和反馈信息，结合药用辅料研究的最新进展，提出以能力本位为原则，从修改完善教材体例、严格辅料品种筛选、加强案例实用性等方面对本教材进行修订与编写，并配套建设数字化资源，旨在进一步突出科学性、系统性、实用性、专业性。

本教材继续采用按制剂物态分类方法与按药用辅料用途分类方法相结合的体例进行编写，既体现了药用辅料学基本知识的系统性，又明确了各类辅料的用途。全书共十章，主要包括药用辅料的特性、药用辅料在制剂中的作用、新辅料的开发，以及各种药物剂型所需常用辅料的种类、基本选用原则及使用注意等，在药学知识领域中起到承前启后的重要作用。

本教材由北京中医药大学、中国药科大学、陕西中医药大学、西华大学、安徽中医药大学、河北中医学院、广西中医药大学、西南医科大学、云南中医药大学、海南医学院、成都医学院、江西中医药大学、成都中医药大学等十三所院校的学者们团结协作，共同完成。在编写过程中，得到了主审——成都中医药大学傅超美教授大力支持和关怀，傅超美教授也一直是《药用辅料学》自编教材和创新教材的主编，为本教材付出了大量心血，在此一并表示衷心感谢。

本教材可作为医药院校药学类相关专业的教材或参考书，也可供药物研究机构的科技人员和药品生产企业的相关人员学习参考。

本教材在编写过程中由于编者水平和能力有限，书中若有疏漏或不足敬请读者和同行提出宝贵意见，以便再版时修订提高。

《药用辅料学》编委会

2019年1月

目 录

第一章 绪 论

第一节 概 述

一、药用辅料学的概况

药用辅料学是应用现代科学技术，研究药用辅料与药物剂型、处方设计、制备工艺等的相互关系及其开发、应用等的一门综合应用学科。药用辅料学是随着药学的不断发展而从药剂学中分化出来的一门新兴学科，是药剂学的一个重要分支。

药用辅料学的主要研究内容包括药用辅料的特性、药用辅料在制剂中的作用、新辅料的开发以及各种药物剂型选用原则及合理应用等，它能够指导药学工作者正确选择、使用药用辅料，为新剂型、新制剂、新辅料的开发提供理论基础。

药用辅料学的发展与药剂学的发展相辅相成、互相促进，它既依附于药剂学的发展，同时又能促进药剂学的发展。一方面，辅料是药物制剂生产必不可少的重要组成部分，辅料的应用使药物制剂成型与生产过程顺利进行，对提高药物稳定性与安全性、调节药物作用或改善生理要求等具有重要影响。同时，新型、优质、多功能药用辅料的问世，对于提高制剂性能、提高药物生物利用度、实现缓控释及靶向性等起到了关键作用。药剂学的发展为药用辅料学的发展提供了肥沃的土壤，注入了新鲜活力，并对进一步研发出新型辅料提出了具体要求。另一方面，要开发和生产出疗效高、毒副作用小、便于服用、贮运携带方便、质量均一稳定的药物制剂在很大程度上依赖于药用辅料。例如，茶碱是防治慢性哮喘的常用药物，其普通口服制剂需日服三次，血药浓度易出现“峰谷”现象，导致头痛、恶心、呕吐、眩晕、失眠、上腹疼痛、发热、心跳加速、抽搐及过敏等副作用，且夜间服药影响患者睡眠，以羟丙甲纤维素（HPMC）和乙基纤维素为骨架材料制成茶碱长效片后，一次给药（300mg），3.5 小时达有效血药浓度，并可维持23 小时，既减少服药次数，提高病人的顺应性，又降低了药物的毒副作用。但随着药剂学新分支学科的建立和发展，新剂型、新制剂不断涌现，传统辅料已不能满足和适应制剂发展的需要，新辅料研究开发已迫在眉睫，药用辅料学研究也越来越受到药剂相关人员的重视。

二、药用辅料在药物制剂中的作用

（一）药用辅料是药物制剂存在的物质基础

任何一种药物供临床使用时，必须制成适用于不同应用途经的形式，也就是通常所说的剂型。药用辅料是药物制剂成型的基础和重要组成部分，在剂型结构中起着重要作用。它赋予药物一定的形态特征，并且与提高药物稳定性、增效减毒及赋予药物剂型特定功能等密切相关。

NOTE

毒性药物如阿托品、地高辛等，一次用量仅零点几至几十毫克，极易造成剂量误差，为使临床用药安全有效，常加入适宜的辅料将其制成稀释倍散供配制用。另一方面，各种新型辅料的涌现为剂型的改变提供了有利条件。如调经养血的名方四物汤，在制剂开发生产过程中采用不同的辅料可分别制成四物合剂、四物颗粒、四物片等不同剂型；又如在阿司匹林制剂的开发中，以微晶纤维素和低取代羟丙基纤维素为主要辅料可制成阿司匹林口腔崩解片，以羟丙甲纤维素和卡波姆为主要辅料可制成阿司匹林胃漂浮胶囊，以乳糖和微晶纤维素为主要辅料可制成阿司匹林咀嚼片，以羧甲基淀粉钠、羟丙基纤维素、微晶纤维素为主要辅料可制成阿司匹林分散片。

（二）药用辅料可改变药物的给药途径和作用方式

同一药物，采用不同的辅料制成不同的药物剂型或制剂，可以改变药物的给药途径或作用方式乃至治疗效果。如阿司匹林，由于溶解度低（0.3mg/100mL），过去临床应用多局限于片剂口服给药，近年来采用特定辅料制成精氨酸盐或赖氨酸盐前体药物制剂，溶解度大大提高，以粉针剂或水针剂给药，不但解除了口服给药对胃肠道的刺激作用，且具有更强的解热镇痛效果。左旋多巴口服后有较强的首过消除作用，大部分被代谢，血药浓度低，疗效差，以半胱氨酸、巯基乙酸、α-硫代甘油等含巯基（—SH）的化合物作为稳定剂，制成注射剂，改变了给药途径，可避开首过效应，增强疗效。

（三）药用辅料可促进药物的吸收，影响主药在体内外的释放速度

影响药物吸收的因素主要包括剂型因素和生物因素，辅料作为剂型因素的重要组成部分，与药物的吸收率和吸收量密切相关。如在搽剂、膜剂、涂膜剂、贴剂、软膏剂、栓剂等剂型中，加入透皮吸收促进剂可改变皮肤或黏膜的生理特性，提供更多通道让极性药物透过皮肤，增强药物的吸收。盐酸麻黄碱滴鼻剂用苯甲酸钠调节 pH 值至 7.0~7.2 时，有利于麻黄碱在鼻黏膜处的吸收。红霉素栓剂用有机胺类基质调节至弱碱性，即 pH 值 7.3（±0.1）时，基质熔融后，能使接触部位的组织外液呈弱碱性，有利于红霉素的吸收。

选用不同辅料可制成多种药物的高效、速效或长效制剂。如制成水溶性注射液、水溶性液体制剂、气雾剂、舌下片剂、冲剂等，一般均可达到速释、速效的目的，制成片剂、油溶性注射剂、粘贴剂、胶囊剂等可达到缓释、长效的目的。近年来，国外对药物释放给药系统制剂的研究、开发、生产取得了很大的进展，诸如溶蚀骨架片、聚合树脂颗粒、多孔载体制剂、海绵通道制剂、悬浮型制剂、渗透泵、埋植剂、眼植入剂、微球等，都是近年新开发的缓释、控释、长效制剂。还开发出一类双层制剂，外层为速释、内层为缓释，外层迅速释放，很快达到有效血药浓度，内层缓慢释放，能在较长时间维持有效血药浓度。粘贴剂、膜剂、片剂等剂型均可制成这种双层制剂。这些在释放系统类制剂中起控制释放速度作用的辅料是缓释和控释材料，它们包括多糖、纤维素衍生物、丙烯酸及其衍生物的聚合物、聚酰胺、磷脂及其酯类、聚乙烯聚合物等，多数为高分子化合物，其次还有致孔道剂、分散剂（多数为表面活性剂）等。

（四）药用辅料可改变药物的理化性质

对于某些难溶性药物，可选用适宜的辅料将其制成盐、复盐、酯、络合物等前体药物，或采用固体分散体、包合物等新技术提高溶解度。如灰黄霉素，口服给药吸收差，血药浓度低，临床疗效不理想，用聚乙二醇（PEG）6000 将其制成固体分散体，可在胃肠中迅速溶解、吸收，使血药浓度提高，全身性抗真菌作用显著增强。此外，对于一些具有不良嗅味或易挥发或刺激性强的药物，可加入矫味剂或选用适宜的药用辅料将其制成微囊、包合物、包衣制剂等，

NOTE

掩盖或消除药物的不良臭味或刺激性，减少药物的挥发。例如，中药挥发油在传统制剂生产工艺中较易出现渗油、花斑、挥发等问题，经β-环糊精包合后可增强药物的稳定性，使挥发油成分的渗油、挥发等问题得到解决，同时使液体药物固体化，增加药物的溶解度，药物的不适气味也得到了掩盖。药用辅料还能增强药物的稳定性，在制剂中加入抗氧剂、络合剂、pH值调节剂、防腐剂、空气置换剂等不同作用的辅料，或者选择特定的辅料将药物制成前体药物制剂、包合物、固体分散体、微粒、纳米粒、脂质体等新制剂，能增强药物对光、热、氧的稳定性，延长药物有效期。如阿司匹林易吸湿水解，亚铁盐接触空气易被氧化，将其分别制成单甘氨酸乙酰水杨酸钙和马来酸亚铁盐前体药物制剂，可解决药物不稳定的问题。易氧化分解的维生素C，用乙基纤维素等辅料制成微囊则不易氧化变色、变质。

（五）药用辅料是影响制剂质量的关键

原料、辅料是制剂生产的基础物质，其质量直接影响药品的质量。随着新辅料的逐步应用，我国部分产品已初见成效。如国产布洛芬片的生物利用度仅为国外优质产品的50%，后经采用羟丙甲纤维素等优良辅料后，1～2分钟溶出率便达到70%以上，与国外优质产品基本实现生物等效。再如我国某药厂生产的四环素片，原用淀粉、硬脂酸镁等辅料，崩解时间在30分钟以上，而后改用羧甲基淀粉钠等辅料，崩解时间缩短为6分钟。复方新诺明片，原用淀粉、糊精等普通辅料，20分钟的溶出度仅为40%～50%，后采用优良新辅料羟丙甲纤维素，20分钟的溶出度即高达80%以上，其他质量指标均达到《美国药典》标准。

（六）药用辅料可增强药物疗效，降低其毒副作用

采用适宜的药用辅料制成前体药物制剂、定向制剂、缓释制剂、控释制剂、微囊、脂质体等新剂型可以增强或扩大主药的作用和疗效，降低毒副作用。如链霉素、氯霉素的苯甲酸酯前体药物制剂，增强了抗菌活性，降低了毒副作用，减少了药物用量；如抗癌药物丝裂霉素C，用乙基纤维素、聚乙烯、铁酸盐等辅料制成磁性微球，使药物集中在靶区范围，局部血药浓度高，不但速效、高效，而且减少了用量，降低了全身毒副作用。抗癌药物阿霉素用不同的药用辅料制成磁性微球或脂质体，同样获得靶向释放，降低了毒性，提高了疗效。

综上所述，通过药用辅料的合理、科学应用，可以改变药物作用的方式、范围、强弱及给药途径；降低药物毒副作用；实现药物定时、定位、定速释放，发挥更为理想的疗效；可以增强药物的稳定性，实现社会化大生产，提高货架指数，延长制剂的有效期，还便于贮运、使用等。药用辅料学与药剂学的关系十分密切，在药剂学中占有极其重要的地位，新型药用辅料的开发和应用是不断改进和提高制剂质量的关键。这也是近年来发达国家高度重视新辅料开发和应用，以及新配方、新制剂、新产品不断涌现的原因。

三、药用辅料的分类

药用辅料的分类方法一般有以下几种。

（一）按药物剂型及制剂物态分类

按药物剂型，药用辅料可分为用于常规剂型的辅料和用于新剂型的辅料。

用于常规剂型的辅料按药物剂型的物态又分为固体、半固体、液体、气体等剂型的辅料。固体剂型的辅料包括片剂用辅料、胶囊剂用辅料、丸剂用辅料、颗粒剂用辅料、散剂用辅料、膜剂用辅料等；半固体剂型的辅料包括软膏剂用辅料、硬膏剂用辅料、栓剂用辅料、凝胶剂用辅料、内服膏滋用辅料、糊剂用辅料、眼膏剂用辅料等；液体剂型的辅料包括糖浆剂用辅料、

NOTE

合剂用辅料、酒剂用辅料、酊剂用辅料、露剂用辅料、搽剂用辅料、洗剂用辅料、涂膜剂用辅料、注射剂用辅料、滴眼剂用辅料等；气体剂型的辅料包括气雾剂用辅料、喷雾剂用辅料、烟剂用辅料等。

用于新剂型的辅料包括缓控释给药系统用辅料、速释给药系统用辅料、靶向或定位给药系统用辅料、经皮给药系统用辅料、黏膜给药系统用辅料、包合技术用辅料等。

这种分类法的优点是各种剂型所需辅料一目了然，在制剂制备方面有一定的意义。

（二）按给药途径分类

按照药物制剂的给药途径如口服、黏膜、经皮或局部给药、注射、经鼻或吸入给药、眼部给药等对辅料进行分类。由于许多辅料可用于多种给药途径，并且不同的给药途径又有多种剂型，因而此种分类方法重复多，不方便学习和应用，但对药监部门对辅料的管理及审批来说，此种分类方法有一定意义。辅料的安全性是药用辅料审批考量的重要方面，不同给药途径对安全性的要求是不同的，也就是说，对某种药品的不同药用辅料，虽然其行使的功能是不同的，但对其进行安全性评价的项目却是相同的；而同一辅料运用到不同的给药途径，也需要不同的安全性评价，如局部给药需要进行光毒、光敏研究，而用于其他给药途径则不需要。

（三）按剂型分散系统分类

按剂型分散特性，可将药用辅料分为溶液型（芳香水剂、溶液剂、糖浆剂、甘油剂、醑剂、注射剂等的辅料）、胶体溶液型（胶浆剂、火棉胶剂、涂膜剂等的辅料）、乳剂型（口服乳剂、静脉注射乳剂、部分搽剂等的辅料）、混悬型（合剂、洗剂、混悬剂等的辅料）、气体分散型（气雾剂等的辅料）、微粒分散型（微球制剂、微囊制剂、纳米囊制剂等的辅料）、固体分散型（片剂、散剂、颗粒剂、胶囊剂、丸剂等的辅料）七类制剂的辅料。这种分类方法便于应用物理化学原理阐明辅料对各类制剂的作用，但不能反映用药部位与用药方法对辅料的要求。

（四）按药用辅料的用途分类

根据药用辅料的用途可把辅料分为溶剂、增溶剂、助溶剂、助悬剂、乳化剂、渗透压调节剂、润湿剂、助流剂、包衣材料、胶囊材料、矫味剂、着色剂、软膏基质、中药炮制辅料等几十类。这种分类方法有利于剂型设计和制剂处方筛选时参考。

本书采用按制剂物态分类方法和按药用辅料用途分类方法相结合的体例进行编写。

第二节　药用辅料的研究进展

一、国内药用辅料研究现状与发展趋势

（一）国内药用辅料的研究现状

药用辅料与药物制剂是同时诞生，共同发展的。我国的药物制剂及其辅料的运用早于希波克拉底（377—460）和格林（131—201）。早在商代（前1776年）我国就有了世界上最早的药物剂型——汤剂，与其同时使用的辅料就是作为溶剂的水。东汉张仲景（142—219）在所著的《伤寒杂病论》中记述了栓剂、洗剂、软膏、糖浆、丸剂以及脏器制剂等十多种剂型，并首次记载了动物胶、炼蜜、淀粉糊作为药用辅料，较为系统地总结了当时的医药学成果，为我

国药剂学及辅料的发展奠定了良好的基础。

晋代葛洪（281—341）著的《肘后备急方》、唐代孙思邈（581—683）著的《备急千金要方》和《千金翼方》以及王焘著的《外台秘要》都收载了丰富的制剂和辅料。《本草纲目》中总结了我国16世纪以前的药物学、药剂学成就，其中专列“修治”项，专论制剂及辅料，收载了药物剂型近四十种及相关的中药辅料数十种。

从20世纪60年代中期到70年代末期，受社会因素的影响，我国的制药工业，包括药物制剂及其药用辅料发展缓慢，几乎处于停滞状态。然而在此期间，国外的药物制剂及其药用辅料获得了迅猛发展，新剂型、新制剂、新药用辅料不断涌现，使我国辅料业发展整整落后了20年。

近代，随着我国医药工业、化学工业以及卫生事业的发展，药用辅料也获得了较大进步，为我国医药工业的发展注入了新活力。如传统的橡胶型贴膏（如麝香追风膏）对皮肤有刺激作用，上海中药三厂用树脂取代橡胶作为主要基质研制成树脂型贴膏，克服了传统的橡胶型贴膏对皮肤的刺激作用，并且新贴膏具有更好的粘贴性以及对挥发性药物的保持性。又如复方五倍子贴膜剂，将药物置于羧甲基纤维素钠（CMC－Na）基质中，并在药膜的外侧贴上一层聚乙烯醇（PVA）隔水膜层，与散剂相比，贴膜剂因隔水而使药物释放单向、匀速，作用增强。目前，不仅传统辅料质量得到了提高，新辅料也发展到了上千个品种。《中国药典》2005年版收载药用辅料72种（不包括既是药物制剂又是辅料的品种），《中国药典》2010年版收载药用辅料132种，比上一版药典增加60种，增幅达83%。《中国药典》2015年版收载药用辅料270种，相比于上一版增加超过一倍，其中新增137种、修订97种，不收载2种，辅料品种大大增加。

经过十几年发展，药用辅料开始从幕后走向台前，其重要性也越来越受到关注。药用辅料研究受到重视，国家重大新药创制专项在“十二五”期间首次把新型药用辅料开发的关键技术列入研究课题，并被列入医药工业“十二五”发展规划的重点发展领域，国务院印发的《生物产业发展规划》明确提出鼓励新型辅料的研发和应用，庞大的医药工业市场规模带动了我国药用辅料产品的消费。与此同时，国内药用辅料的市场规模也取得显著增长，近五年，我国药用辅料市场销售额平均增长率在15%～20%，其中新型药用辅料的增长更为明显。据相关调查显示，2010年国内药用辅料市场总额在170亿元左右，2016年达到300亿元，并继续保持较高的增速，但较欧美市场而言仍有较大潜在上升空间。

（二）国内药用辅料发展存在的问题

由于我国辅料生产起步较晚，加之规模小、利润少，政府和企业重视度不够，使得很多辅料至今缺乏统一的质量标准，很长时间内有关药用辅料的规定在《药品管理法》中只有“生产药品所需的原料药、辅料必须符合药用要求”这一模糊的说法，至于到底什么是“药用要求”，相关法律没有明确定义，使得不同企业生产的同一产品质量相去甚远，有些企业甚至同一产品不同批次之间的质量都存在较大差异。就全国而言，药用辅料行业发展很不平衡，存在的问题仍然十分严峻，与发达国家相比差距很大，主要表现在以下几个方面：

1. 沿用传统辅料，新型辅料产出不足 占全国绝大多数的中、小制药企业，仍然沿用五十年代的传统辅料生产九十年代的制剂，难以达到新的制剂质量要求，导致部分制剂质量低劣。如半固体制剂软膏，多数厂家仍然使用凡士林作为基质，很少根据药物不同的性质和用途选用新的软膏基质。又如口服固体制剂片剂，仍然普遍使用淀粉、糊精、滑石粉等传统辅料，

NOTE

使生产出的某些片剂达不到新的质量标准，甚至外观、重量差异、硬度、含量均匀度、崩解时限、溶出度等质量指标也常出现不合格的情况。近年来，国内药用辅料企业越来越重视科研开发工作，目前已投产了几十种新辅料，如乳糖、微晶纤维素、微粉硅胶等，在推广应用上也初见成效，逐步改变了过去淀粉、糖粉加糊精的片剂辅料“老三样”面貌，但与国外发达国家相比，还存在相当大差距。

2. 药用辅料的品种偏少，规格不齐全 我国虽然已开发和生产出不少优良的新辅料，但药用辅料种类仍然偏少，目前只有500种左右，收入《中国药典》2010年版的有132种，仅占26.4%；收入《中国药典》2015年版的有270种，占54.0%。而美国上市的药用辅料超过1500种，其中50余种收入《美国药典》；欧盟则有超过3000种辅料，收入各种药典的也占50%。除种类偏少外，我国药用辅料的规格也相对单一，难以满足药物制剂的开发与应用。例如：由高分子聚合物构成的辅料，《美国药典》中一般根据分子量、取代度、黏度、取代基含量等划分为不同的规格，以体现辅料的不同性能，而《中国药典》中收载的规格较少，辅料性能单一。以泊洛沙姆为例，它是一种常用的增溶剂和乳化剂，在《美国药典》（第34版）中收载了P124、P188、P237、P338、P407共5个规格，而现行版《中国药典》中仅收载了P188、P407两个规格；聚乙二醇（PEG）是一种具有增塑和润滑作用的常用辅料，在《美国药典》（第34版）中收载了PEG相对分子量在200~8000的45个规格，而现行版《中国药典》中仅收载了相对分子量在300~6000的8个品种（含2个供注射用品种）。

此外，国外药用辅料占整个药品制剂产值的10%~20%。而国内药用辅料在整个药品中占比普遍在2%~3%，这表明国内药用辅料市场的发展空间仍然巨大。

3. 药用辅料生产企业呈“两低一小”状态 国内药用辅料生产企业集中度低、专业化程度低、生产规模小，“药用”观念淡漠，质量意识较差，难以开展研究工作，更难以开展应用的推广工作，影响了辅料产品研发和生产的积极性，与国际辅料发展形势形成鲜明对比。

据了解，全球专门从事药用辅料开发生产的专业公司约200家，欧洲与美国是世界药用辅料的研发基地，其他多为食品、化工产品生产企业。目前国内有接近400家药用辅料生产企业，但均相对分散，真正从事药用辅料生产的企业仅几十家，其中仅有十余家公司专门从事药用辅料生产，绝大部分是一些化工厂和药厂附带生产一两个品种，销售规模过亿的企业更少（不足20家）。前十大辅料如蔗糖、淀粉、微晶纤维素等市场规模勉强维持在亿元以上；其他品种市场份额少，仅有数百万至千万元。国内药用辅料产业应向专业化转型，高度分散的药用辅料行业也不利于辅料行业的发展，应出台相应政策支持一些龙头企业开展药用辅料行业的并购整合，以达“资源共享、优势互补”，增强我国药用辅料行业的发展动力。国内药用辅料企业应做好相应准备，不仅在新品种的研发以及工艺技术的创新上不断投入资金，还应积极扩大产能。

4. 新型药用辅料需求旺盛，但研发落后、供应不足 通过对国内市场销售最好的十大药用辅料——药用明胶胶囊、蔗糖、淀粉、薄膜包衣粉、1,2-丙二醇、PVP、羟丙甲纤维素、微晶纤维素、HPC、乳糖等进行市场调查表明，口服固体制剂辅料是主流，发展速度最快；国产“老三样”辅料在被新辅料逐步替代；同类品种大多进口品的销售额要高于国产品；缓控释、速释辅料销售增长速度加快；直接压片辅料的市场需求在增长；薄膜包衣辅料增长速度放缓。进口辅料在国内市场的年需求量呈稳定增长态势，尤其是直接压片和缓控释制剂领域的辅料，增长尤为快速。由于国产品与进口品在标准方面存在差异，国内的外资药厂往往不使用国

NOTE

产辅料，因此造成同一品种辅料，进口品的销售额要远远高于国产品的局面。

国内部分规模较大的药用辅料企业越来越重视研发工作，新辅料的开发进展较快，很多品种已批量生产。但我国多数企业在开发新制剂或新剂型时，多凭经验选用辅料，很少对辅料的理化性质、辅料与药物的配伍变化、辅料对工艺设备的适应性等进行系统研究，因此，制剂的质量及稳定性难以得到保证。

（三）国内药用辅料的发展趋势及展望

制剂新辅料的开发和应用已经成为我国医药工业发展的关键之一，也是我国医药工业发展的出路之一。为了使我国药用辅料的研究、开发、生产、应用早日进入世界先进行列，使我国药物制剂水平尽快赶上国际先进水平，在今后的工作中应借鉴国外的先进经验，集研究、开发、生产于一体，使辅料开发、生产走持续、稳定发展道路，充分发挥专业人员的特长，大力发展我国辅料产业，使辅料产业与制剂产业齐首并进，相辅相成。今后药用辅料的发展趋势，将呈现生产专业化、品种系列化、应用科学化等特征；药用辅料研发的重点，将是优良的缓释与控释材料、优良的肠溶与胃溶材料、靶向制剂材料、无毒高效药物载体、无毒高效透皮促进剂与适合各种药物剂型的复合材料。未来我国辅料的发展将集中在以下几个方面：

1. 构建产学研联盟，提升辅料研发硬件 在治理整顿、深化改革、加强和发展现有辅料生产厂家和研究机构的基础上，新建一批辅料专业生产企业，集研究、开发、生产、应用于一体，使之成为我国药用辅料生产的骨干企业，为发展我国的药用辅料工业打下坚实的基础。建立产学研联盟，以企业为研发主体，科研院所为技术提供伙伴，从实际应用出发，成立技术研发平台，提高研发和生产设备与检测仪器水平，提高研发技术水平和生产能力，形成科学管理体系，加速我国药用辅料的研究开发与应用。

2. 给予政策倾斜支持，开发优良新辅料 国家应加大对药用辅料产业的支持力度，实行产业引导和政策倾斜，通过设立产业专项、科技奖励专项等对企业进行支持，同时给予税收和其他方面的优惠政策。在已开发的新辅料基础上，结合我国国情，加快步伐，继续开发出一批优良新辅料。力争在未来的几年内做到门类齐全、产品多样、品种系列化、商品规格化，为开发新剂型、新制剂，提高制剂质量提供更多选择。加强新辅料的研究开发，除了对现有药用辅料研究机构和生产厂家继续进行扶持，使原有品种得到发展之外，还要进一步开发智能化辅料以适应新品种及剂型的开发需要，特别是随着产业转型升级步伐的加快，仿制药一致性再评价工作的正式启动，国内药用辅料研发工作的重要性愈发突显。

目前，我国药用辅料研发的重点主要集中在以下几个领域：脂质体、透皮给药等新剂型、新系统及新制剂所需的优良新辅料；胃溶、肠溶、阻湿等包衣材料；优良的控释材料；可压性、流动性、抗黏性优良的填充剂、助流剂和抗黏剂；快速崩解材料及速释材料；优良的透皮促进剂及压敏胶；可生物降解的高分子辅料。

3. 国内外企业强强联手，推进辅料应用研究 国内辅料生产企业可择机与国外药用辅料生产企业联手，结合先进的生产设备和制备工艺，积极开展应用研究，设计辅料处方；开展应用指导，实行技术服务，推广研究成果，把新辅料的应用推广到全国各制药企业；还可以共同开发中药新辅料，加快中药制剂辅料的应用研究，探索辅料在中药制剂的创新应用等，以便迅速改变我国制剂生产仍然使用二十世纪三、四十年代研发的辅料的落后状态，加速提高我国药物制剂的质量。

4. 鼓励企业应用新辅料，切实提高制剂质量 利用宏观调控等措施，鼓励整个行业应用

NOTE

新辅料，提高原有产品质量，尤其是对疗效确切的制剂进行二次开发；对推广应用新辅料、研制新剂型、新制剂的企业产品实行产品优质优价，促进企业开发应用新辅料。因采用新辅料、新设备、新技术提高制剂质量而带来的成本增加，应纳入成本核算。对同一药物用不同辅料处方生产的制剂，除在一定幅度内实行价格浮动外，还应把推广应用新辅料、新技术纳入企业目标管理，与企业评级、年终考核评比等相联系，以促进企业应用新辅料，提高制剂质量。

5. 重视药用辅料的质量并集中管理　我国药剂辅料生产管理部门多头，影响了药剂辅料的生产发展与质量控制，随着辅料市场的进一步发展和规划，有关主管部门将采取措施，统一归口管理，建立专业化厂家生产，实施 GMP 管理，并对辅料生产进行监督检查，切实调整药剂辅料产品的结构，制定切实可行的质量标准，逐步与国际接轨。

6. 培养专业人才，加强基础建设　加速培养药用辅料研发人才，加强辅料研发基础设施建设，规范药用辅料评价、审批及生产，重视对原有基础药用辅料的质量管理，促使主要辅料品种实现 GMP 生产管理，使质量标准与国际接轨。将新型药用辅料与新药研发有机结合起来，改善我国药用辅料、药物制剂研究落后的现状。

通过高度重视药用辅料的开发和应用，必将有大批新辅料、新配方、新剂型不断涌现，将使制剂产品达到国际通行的制剂标准要求，直接促进产品出口，大大提高产品的国际竞争力，使我国医药工业水平得到大幅提高。

二、国际药用辅料研究现状与发展趋势

（一）国际药用辅料的研究现状

近年来，发达国家制药工业发展迅速，制剂水平大幅提高，先后开发出微囊、毫微囊、微球、脂质体、透皮给药等多种高技术含量的药物新剂型。药物制剂正逐步向高效、速效、长效，定时、定位、定量给药系统的方向转变。现代新剂型新技术的研发均以药用辅料为基础，其中不断涌现的新型药用辅料在这些制剂中发挥了越来越重要的作用。

1. 辅料开发向多型号、多规格方向发展　国外在开发一个新辅料之后，随即研究其系列产品，推出不同规格，使之在理化性能上各具特点以适应不同剂型的工艺需要。据不完全统计，近十年来，国际上开发的辅料已达 300 多种，而且品种多、型号多、规格全。其中片剂 70 余种，新剂型、新系统及其他制剂用辅料 100 余种。如丙烯酸树脂有数十个不同规格型号的产品，聚乙二醇有 33 个不同规格的产品，可完全满足开发新剂型、新制剂的需要。

2. 辅料生产专业化，管理规范化　发达国家的药用辅料均为药用辅料专业化厂家生产，像药物一样接受药政部门监督检查，实施《药品生产质量管理规范》（GMP）管理，其生产环境、设备优良，检测手段齐备，测试仪器先进，质量标准完善，因此质量高而稳定。

3. 辅料研发密切结合生产实际，重视产品推广应用　药用辅料专业生产厂家不仅应重视开发新品种、新规格、新型号，还要紧密结合生产实际，关注药用辅料的质量与应用研究，将研究成果直接转化为生产力，重视成果的推广应用，对药厂进行应用指导和技术服务，以期产生了良好的社会效益和经济效益。辅料一般均由专业药用辅料企业进行研制、生产和推广，他们拥有熟悉制剂工业专业的研究人员和设备齐全的实验室，根据制剂工业需要，不断研制开发新辅料。对已投产的辅料不断开拓新的应用领域，其科研成果密切结合本企业产品。

企业根据新辅料的理化性质，结合先进生产设备与制备工艺，研究药物与辅料之间的配伍特性，筛选最佳处方，推进药物新剂型的开发。如近十余年来，缓释、控释剂型的开发对新辅

料的品种和性能提出更高要求，辅料生产企业针对药物释放系统类制剂的开发情况，争先恐后研制和推出与缓释、控释新制剂配套的新辅料。

4. 药用辅料质量提高，用途多样 制剂生产厂家不仅非常关注引进和使用新辅料用以开发新制剂，也十分重视药用辅料的质量。除了严格执行相应标准外，还增加了内控指标和测试方法，以控制和消除同一标准下出现的质量差异。例如，两个生产厂家的羟丙甲纤维素均符合《美国药典》23版的标准，但以同一配方在同一工艺条件下生产的缓释骨架片出现了严重的质量差异，后经研究发现与药用辅料的粒度和羟丙基的含量有关，厂家通过增订粒度限度指标，修正了羟丙基含量下限指标，从而消除了制剂产品质量的差异性，保证了产品质量的稳定性。现在，药用辅料和制剂生产厂家都尽可能地搜集、研究药用辅料的理化性质和技术参数，以保证药用辅料的一致性和稳定性。

此外，辅料开发有向多用途发展的趋势，目前已有一批口服固体制剂新辅料上市，一个品种可兼作崩解、填充和黏合剂等不同用途，更增强了辅料的实用性和竞争性。另一趋向是将已知辅料以各种比例混合制成复合辅料，在某些用途上确实有其特点，多用于口服制剂，已有很多冠以各种商品名的该类辅料上市。

5. 围绕辅料对药物的作用及影响深入研究 国际药用辅料研究已深入到辅料对药物生物利用度和生物等效性的影响等方面，在设计处方时，注重研究辅料与主药的相互作用（例如毒性评价和该辅料可能影响制剂中活性物质稳定性和有效性的鉴定）等问题。《药用辅料手册》是美、英两国药学会与制剂企业、辅料企业以及药学高等院校通力合作的结晶，从数据的积累、筛选到验证，从资料的收集、编纂至出版历时十年之久，足见其科研水平和开发深度。

（二）国际药用辅料的发展趋势

目前，国际辅料发展的趋势是生产专业化、品种系列化、应用科学化、服务优质化，重点围绕以下几个方面进行开发研究：①优良的缓释、控释材料；②优良的肠溶、胃溶材料；③高效崩解剂和具有良好流动性、可压性、黏合性的填充剂和黏合剂；④具有良好流动性、润滑性的助流剂、润滑剂；⑤无毒高效的透皮促进剂；⑥适合多种药物制剂需要的复合辅料。

NOTE

第二章 药用辅料的标准与管理

第一节 概 述

药用辅料是药品的重要组成部分，直接影响药品的质量。我国药品生产企业所用辅料标准繁多，除了药典标准、部颁标准、局颁标准及地方药品监督管理部门颁布的标准外，国家标准（GB）、行业标准（HB）、企业标准（QB）等也广泛应用。随着药用辅料的广泛使用和深入研究，以及药品质量再评价、仿制药一致性评价和二次开发的不断进行，药用辅料在制药过程中的作用更加凸显，适用于制药行业发展的多品种、多规格药用辅料研究，因此，提高辅料的质量标准与管理标准，出台相关法律法规势在必行。

近年来，我国非常重视药用辅料的管理与规范，不断提高药用辅料标准，制定了一系列加强药用辅料管理相关法律法规及规章，主要有《中华人民共和国药典》（下简称《中国药典》，每五年更新一版，现行版为2015年版）、《中华人民共和国药品管理法》及其实施条例、《国务院关于加强食品等产品安全监督管理的特别规定》、《药用辅料生产质量管理规范》、《药品生产监督管理办法》、《药品注册管理办法》、《药品生产质量管理规范》（2010年修订）、《加强药用辅料监督管理的有关规定》等，以进一步规范我国药用辅料的标准管理、生产质量管理以及注册管理等。

欧美等发达国家也在不断提高和强化药用辅料的标准与管理，相关标准与法规也更加精细化。如美国、英国、日本、欧盟等分别制定了与药用辅料相关各项标准与法规，以《美国药典》为例，其更新速度快，每年出版一次新版，药用辅料的标准收载也呈现多品种、多规格化，以进一步规范药用辅料的生产、注册申报与监督。

第二节 药用辅料的标准

一、我国制药辅料的标准

我国药品生产企业所用辅料标准繁多，除了国家药典标准、注册标准（部/局颁标准）、地方药品监督管理部门颁布的标准外，《中华人民共和国标准化法》第六条规定的国家标准、地方标准、行业标准、企业标准等也广泛应用于我国药用辅料研究生产领域。随着辅料在制药行业广泛使用，其品种不断增多，规格日益丰富，标准逐渐提高。

NOTE

《中国药典》2015年版是我国现行的药品质量标准，是国家为保证产品质量所制定的具有约束力的技术法规，是药品生产、供应、使用、检验和药品监督管理部门共同遵循的法定依据，其中正文第二部分收载了药用辅料标准。自2005年版《中国药典》二部起，药用辅料即单独收载于正文第二部分，现行版《中国药典》将药用辅料标准与通则合并，成为单独第四册，新版《药典》收载的药用辅料品种高达270种，相比于《中国药典》2010年版而言增加超过一倍，其中新增137种、修订97种，不收载2种。

《中国药典》2015年版在药用辅料方面做了前所未有的改革，在辅料品种收载数量、辅料标准水平等方面，都较《中国药典》2010年版有了很大程度的提高，新技术、新方法得到广泛应用，注射级药用辅料的标准日趋严格，功能性指标的设立令人耳目一新。这对于我国药用辅料的研究、生产、使用和管理都具有重要意义。其具有以下一些特点。

1. 收载数量大幅增加，强化注射用辅料收载，标准水平明显提高 现行版《中国药典》对常用药用辅料品种的收载数目与《中国药典》2010年版相比增加超过一倍，覆盖了66个药用辅料类别，与《中国药典》2010年版覆盖31个药用辅料类别相比覆盖面增加也超过一倍。对辅料的质量控制要求显著提高，有些辅料品种的质量控制限度基本与欧美药典相当。增加了注射用药用辅料品种，从《中国药典》2010年版的2种，增加到现行版药典的23种，例如，活性炭（供注射用标准）增加了细菌内毒素本底值的检测项目（限度为不得超过2EU · g^{-1}），此项目的设置可杜绝劣质活性炭在注射剂中既没有除去热原，反而由于自身高热原量或重复使用后热原底值增高而污染注射剂；对色素和细菌内毒素的吸附力进行了考察，其中对色素吸附能力考察的限度与《美国药典》相同。以上标准的制定，对保障注射剂安全用药至关重要。《中国药典》2015年版紧跟国际先进水平，收载了一些新型注射用辅料，如乙交酯丙交酯共聚物具有优良的可生物降解并可生物吸收特性，被广泛应用于注射用的脂质体、微球、微囊等创新剂型，本品为国际首次载入药典，并且还根据其比例分成3个型号，即乙交酯丙交酯共聚物（5050）、乙交酯丙交酯共聚物（7525）、乙交酯丙交酯共聚物（8515），满足了不同制剂缓释时间的要求，为我国药物制剂转型升级提供了有力支持。还删除了毒副作用较大的硫柳汞、邻苯二甲酸二乙酯两个辅料品种。《中国药典》2015年版对药用辅料的不同给药途径进行明确划分，增设成系列标准，以利于辅料的选用。例如《中国药典》2015年版将卵磷脂标准按照不同给药途径分为四个标准：大豆磷脂、大豆磷脂（供注射用）、蛋黄卵磷脂、蛋黄卵磷脂（供注射用），不同给药途径设置不同检测项目的，对注射用可能引起溶血反应的溶血磷脂项目要求更加严格，除了分别设立溶血磷脂酰乙醇胺和溶血磷脂酰胆碱的限度外，还设立了总溶血磷脂限度；由于胃肠道的保护，溶血磷脂口服是安全的，在口服用途的磷脂标准中就没有必要设立此项。由此可说明新版《中国药典》药用辅料标准设立更加科学、先进、严谨。

2. 含量测定品种增加，新仪器新方法使用增加，技术要求明显提高 药用辅料作为药品的重要组成部分，应尽量减少杂质、提高纯度，以提高药品的安全性，最大限度地发挥药用辅料的功能性要求。国际标准中通常对药用辅料的含量做出规定，在《中国药典》2015年版中设含量测定项目的品种占到总品种数目的63%，相较《中国药典》2010年版而言增加了15%。《中国药典》2015年版有43个品种应用高效液相色谱仪器，比《中国药典》2010年版增加了80%；《中国药典》2015年版有52个品种应用气相色谱仪器，比《中国药典》2010年版增加了108%。《中国药典》2015年版新仪器新方法的广泛应用还体现在精确度上，重现性难以控

NOTE

制的滴定法使用比例逐渐降低，重金属检测中比色法逐渐被准确度相对较高的原子吸收分光光度法代替。由于仪器昂贵而应用较少的核磁共振波谱法、X 射线衍射仪、激光粒度测定仪等也被列入新版《药典》标准中，例如，《中国药典》2015 年版中有 4 个品种应用核磁共振仪，相比《中国药典》2010 年版 1 个品种有大幅度的增加。滑石粉项下，采用了 X 射线衍射方法测定其石棉致癌物质。

3. 标准物质数目增加，规格更加细化，推动辅料国家法定标准的实施 《中国药典》2015 年版药用辅料品种数目大幅度增加，客观上推动了药用辅料标准物质的研发。《中国药典》2015 年版标准物质有以下几个方面的新特点：标准物质品种数目大幅增加，《中国药典》2015 年版共涉及 174 种标准物质，其中新增标准物质 72 种，而《中国药典》2010 年版的辅料标准物质只有 102 种；药用辅料标准物质的检测方法更加广泛，《中国药典》2010 年版药用辅料标准物质主要集中在高效液相、气相色谱含量测定、有关物质检查或红外鉴别用，《中国药典》2015 年版药用辅料标准物质的应用范围更加广泛，例如通过检测二甲基硅油 20、二甲基硅油 50、二甲基硅油 30000 等一系列标准物质在特定波数的红外吸收度可检测二甲基硅油样品的含量；标准物质的规格更加细化，如《中国药典》2015 年版中供应了 10 种不同黏度的二甲基硅油对照品，供应了 4 种不同聚合度的月桂酰聚氧乙烯甘油酯的 4 种对照品。中国食品药品检定研究院包装材料与药用辅料检定所保证药用辅料对照品的及时足量供应。

2015 年版《中国药典》辅料标准的提高对我国辅料生产、监管、检测等部门都提出了新的挑战。由于历史原因，以前药用辅料大多由工业辅料和食用辅料生产厂家生产，质量控制一直较为薄弱。随着对辅料注册、审批和准入制度的实施，药用辅料的工艺质量要求大大提高，企业的准入门槛也相应提高。对于辅料监督管理部门，要高度重视对辅料生产和使用企业的日常监督管理工作，加大监督检查力度，避免不合格产品流入市场。对检测部门而言，更要紧跟形势，及时配备相应的检测设备，不断提高检验人员的技术水平，以保证监督抽验和企业委托的大部分辅料都能全项检测，使辅料质量得到保证。

二、国外制药辅料的标准

纵观国外药用辅料的标准主要有《美国药典》（USP，The United States Pharmacopeia）、《欧洲药典》（EP，European Pharmacopeia，缩写 Ph. Eur）、《英国药典》（BP，British Pharmacopeia）和《日本药典》（日本药局方，JP，Japanese Pharmacopeia）等。

《美国药典》是美国政府对药品质量标准和检定方法作出的技术规定，也是药品生产、使用、管理、检验的法律依据。对于在美国制造和销售的药物和相关产品而言，《美国药典》是唯一由美国食品药品监督管理局（FDA）强制执行的法定标准，USP 标准在全球 130 多个国家得到认可和使用。USP 于 1820 年出版了第一版，1950 年以后每五年出一次修订版，自 2002 年开始，每年发布一版，并从 1980 年第 15 版 USP 起，将收载 USP 中所使用到的药用辅料标准的《美国处方集》（NF，The National Formulary）并入 USP 中，前面内容为 USP，后面为 NF。NF 是由美国政府所属的美国药典委员会编辑出版的关于药典标准的公开出版物。它包含关于药物、剂型、原料药、辅料、医疗器械和食物补充剂的标准。在 NF 中还收载了 USP 尚未收入的新药和新制剂，目前 USP 最新版为第 39 版（USP39 - NF34）。2016 版《美国药典》包含 4 卷及 2 个增补版。

NOTE

《欧洲药典》由欧洲药品质量委员会（EDQM）编辑出版，有英文和法文两种法定文本，其成员包括了欧盟国家在内共有37个成员和23个观察员。《欧洲药典》于1977年出版第一版，目前的现行版为第九版（EP9），内容包括了药品和药用辅料标准，但是未将其分开介绍。由于欧洲成员国构成的特殊性，药用辅料在《欧洲药典》的规定与管理和其他国家很不一样，需要考虑欧洲各国意见，把药品的生产和管理尽量按统一的标准进行规范，但这个目标现在还没有完全达到。目前欧洲相关的管理规定是：首先每个国家都有自己认可的程序自行进行管理；其次，采取集中管理方法，其办事执行机构是设在伦敦的欧洲理事会及欧洲药品评价中心（EMEA），相当于中国的国家食品药品监督管理总局（CFDA）；最后采取分散管理方法，欧盟成员国之间相互确认。

《英国药典》由英国药品委员会正式出版，为英国制药标准的重要来源，在其发行的同时会发布其姐妹篇《英国药典（兽医）》，在《英国药典》第一卷和第二卷内容项下，记载了药用辅料的相关标准［medicinal and pharmaceutical substances（A－Z）］，目前最新版的《英国药典》为BP2017。按照惯例，《欧洲药典》的全部专论与要求都收录在《英国药典》或其姐妹篇《英国药典（兽医）》中，其中BP2013就包含了《欧洲药典》EP7.0～7.5的所有内容，并新增了41个《英国药典》专论、40个《欧洲药典》专论，修正专论619个，新增红外光谱1个，修正红外光谱6个。

《日本药典》（日本药局方）由日本药局方编集委员会编纂，厚生省颁布执行，分两部出版，一部收载原料药及基础制剂，二部主要收载生药、家庭药制剂和制剂原料。日本药用辅料情况和我国相似，多数药用辅料由化工厂、食品加工厂或轻工企业生产，按相关标准检验合格后方可使用。日本药用辅料在标准制定上形式多样，除《日本药典》（日本药局方）收载部分药用辅料外，尚有由日本厚生省医药安全局审查管理部门组织，国立医药品食品卫生研究所、东京医药品工业协会、大阪医药品协会、日本制药工业协会、日本医药品添加剂协会及日本表面活性剂工业会等参与制定专门的法定药用制剂辅料标准《医药品添加物规格》，简称“药添规x”，英文名简称“JPEx”，其中x为版本年号，其根据《日本药典》修订情况及实际使用情况进行品种增减及内容修订，每三年修订一次，目前最新版为第16版。另外，日本医药品添加剂协会还编辑出版了《医药品添加物事典》，该手册全面记录了日本国内已经许可使用过的药用辅料的成分名及其使用途径、最大使用量等，是制药企业的必备工具书。

第三节　药用辅料的生产与监管

一、我国药用辅料的生产与监管

加强药用辅料的生产与监管是保证药品质量的重要环节，自2001年12月1日起施行的《中华人民共和国药品管理法》（以下简称《药品管理法》）第二章“药品生产企业管理”中第十一条明确规定：“生产药品所用的原料、辅料，必须符合药用要求。”除《药品管理法》对药用辅料制定的有关规定外，《药品生产质量管理规范》（2010年修订）也规定“原辅料、包装材料、中间产品等符合经注册批准的要求和质量标准”。2016年8月10日，国家食品药品

NOTE

监督管理总局（CFDA）发布了《关于药包材药用辅料与药品关联审评审批有关事项的公告》（2016年第134号），将直接接触药品的包装材料和容器（以下简称药包材）、药用辅料由单独审批改为在审批药品注册申请时一并审评审批，简化了药品审批程序。各省市根据当地实际情况制定的药品监督管理条例、药品管理条例、药品生产监督管理办法等也对药用辅料作了相关规定，如《吉林省药品监督管理条例》《江苏省药品监督管理条例》《湖北省药品管理条例》等。

此外，我国还制定了一系列法律法规和规章制度，以不断规范对我国药用辅料的注册申报、生产与管理，提高药用辅料的质量，完善药用辅料的全过程监管，保证药品安全。

1.《药用辅料注册申报资料要求》 国家食品药品监督管理总局（CFDA）制定药用辅料管理有关规定，加快药用辅料注册、国家标准制定、修订工作。2005年6月21日，原国家食品药品监督管理局（现国家食品药品监督管理总局）发布了“关于印发药用辅料注册申报资料要求的函”（食药监注函［2005］61号），公布了CFDA制定的《药用辅料注册申报资料要求》，分别对新的药用辅料、进口药用辅料、已有国家标准的药用辅料、已有国家标准的药用空心胶囊、胶囊用明胶和药用明胶、药用辅料补充申请注册和药用辅料再注册的申报资料要求作出了相关规定，指出在《药用辅料注册管理办法》出台前，药用辅料注册申请人应按照此要求申报资料；2006年9月28日发布的“关于药用辅料使用地方批准文号有关问题的复函”指出，原省级卫生行政部门或省级食品药品监督管理部门合法批准的药用辅料批准文号仍合法有效；为进一步落实《加强药用辅料监督管理有关规定》对药用辅料实行分类管理的规定，CFDA于2013年1月23日发布了“国家食品药品监督管理注册司关于征求实行许可管理药用辅料品种名单（第一批）意见的函”（食药监注函［2013］8号），对CFDA组织专家拟定的新药用辅料的定义及第一批实行许可管理的药用辅料名单（未列入名单的辅料进备案管理）向社会公开征求意见，拟实行许可管理的第一批药用辅料名单包括了2,6-二叔丁基对甲酚、丙二醇（供注射用）、玻璃酸钠、泊洛沙姆188、茶油（供注射用）、大豆磷脂（供注射用）等28种辅料。2016年11月23日，CFDA依据《关于药包材药用辅料与药品关联审评审批有关事项的公告》（2016年第134号），发布《药包材药用辅料申报资料要求（试行）》的通告（2016年第155号），将制定的《药包材申报资料要求（试行）》和《药用辅料申报资料要求（试行）》予以公布，对药包材、药用辅料已与药物临床试验申请关联申报的，药包材、药用辅料生产企业名称、生产地址、处方工艺、质量标准等发生变更时等情况做了相关规定。

2.《药用辅料生产质量管理规范》 2006年以前，我国药用辅料生产厂家部分是按照ISO9000国家标准进行生产，也有少数厂家按照药用辅料生产GMP要求进行生产。为进一步加强药用辅料生产的质量管理，保证药用辅料质量，CFDA于2006年3月23日发布了“关于印发《药用辅料生产质量管理规范》的通知”（食药监注函［2006］120号），CFDA制定的《药用辅料生产质量管理规范》，对药用辅料生产相关的机构、人员、厂房、设施、设备、物料、卫生、验证、文件、生产管理、质量保证、质量控制、销售、自检等方面作出了13章88条相关规定，要求各省、自治区、直辖市食品药品监督管理局（药品监督管理局）要结合本地实际情况参照执行。此规范明确规定了药用辅料生产企业实施质量管理的基本范围和要点，以确保辅料具备应有的质量和安全性，并符合药用要求，是在全面质量管理（TQM）与GMP理论与实践几十年发展的历史条件下，将我国药用辅料行业的实际与国际标准相结合的产物，对我

NOTE

国药用辅料生产行业的科学化、规范化管理具有重大意义。

3.《加强药用辅料监督管理的有关规定》 CFDA 在 2005 年 7 月 13 日发布了“关于《药用辅料管理办法》（征求意见稿）网上征求意见的函”（食药监注便函［2005］249 号），向各省、自治区、直辖市食品药品监督管理局（药品监督管理局）征求意见。为进一步加强对药用辅料生产和使用的管理，确保药品质量安全，2012 年 8 月 1 日，CFDA 又发布了“国家食品药品监督管理局关于印发加强药用辅料监督管理有关规定的通知”（国食药监办［2012］212 号），发布了《加强药用辅料监督管理的有关规定》，自 2013 年 2 月 1 日起执行。此规定包括“药品制剂生产企业必须保证购入药用辅料的质量；药用辅料生产企业必须保证产品的质量；药品监督管理部门对药用辅料实施分类管理；药品监督管理部门必须加强药用辅料生产使用全过程监管；注重基础数据建设，建立诚信管理机制”等五个方面共十八条重要规定，明确了药品生产企业、药用辅料生产企业、监管部门各自的职责，明确了药用辅料的监管模式，设立了信息公开、延伸监管、社会监督等工作机制，并鼓励社会公众参与监督管理，支持行业协会、第三方机构和公众对药用辅料生产使用过程中的违法违规行为进行监督和举报，共同维护药品质量安全。CFDA 还指出，有关行业协会应当加强行业自律，推动行业诚信建设，推进分类管理，引导规范药品制剂生产企业和药用辅料生产企业诚信守法，依法经营。此外，2007 年 7 月 26 日公布的《国务院关于加强食品等产品安全监督管理的特别规定》（国务院令第 503 号）第四条规定：“生产者生产产品所使用的原料、辅料、添加剂、农业投入品，应当符合法律、行政法规的规定和国家强制性标准”，对辅料标准作出了明确规定。

综观目前我国对药用辅料的生产与监督管理的相关法规与规定，主要涉及药用辅料注册申报、生产质量管理和监督管理，这表明我国药用辅料的管理正日益加强与完善，药用辅料生产企业将逐步按照药用辅料 GMP 规定生产，各有关部门也将根据 CFDA 对药用辅料注册申报、生产质量管理和监督管理的有关规定加强药用辅料的监管，这将促进我国药用辅料的标准化、规范化生产与管理，有利于保障药品的安全性和可控性。

二、国外药用辅料的生产与监管

近年来，国外药用辅料发展极为迅速，新开发的药用辅料已有 300 多种，有力推动了制药工业的发展。与此同时，国外药用辅料的生产与监督管理法规也逐渐健全并不断完善，涉及药用辅料的申报注册、生产质量规范、监督管理等多个方面，与我国的药用辅料的生产与监管法规规章等管理方面有相似之处。

在药用辅料注册申报的方面，美国食品药品监督管理局（FDA）有一系列详细规定，纳入药品注册申报管理，对申报注册新药中应用 USP 已收载的辅料、USP 未收载的全新辅料、已有使用但未收载于 USP 的新辅料等不同情况制定不同规定，要求提供不同的申报资料。与此同时，FDA 还建立了药品备查档案，药用辅料生产企业将自己产品的保密信息放在其中供 FDA 查阅，既可保密，也方便 FDA 审查。

在药用辅料的生产质量管理方面，美国 FDA 规定，药用辅料应在制剂阶段实施恰当的 GMP 认证管理。美国药典（USP）已将《辅料生产质量管理规范》列入附录，根据这一规定，美国大多数药用辅料由专业生产厂家生产并实行 GMP 管理，但 FDA 并没有强制性的要求辅料生产企业按照 GMP 的要求进行生产，故少数企业仍按照 ISO9002 标准或国际辅料协会颁布的

NOTE

GMP进行生产。目前美国辅料生产者和使用者执行的GMP标准是美国参考国际药用辅料协会（IPEC）在1995年制定的辅料GMP标准制定的。FDA负责对药用辅料生产企业进行监督检查，因其人力有限，无法对所有辅料生产企业进行检查，国际药用辅料检查公司（IPEA）便成为监督检查的重要力量。

欧洲药用辅料管理较为特殊，由于欧洲成员国构成的特殊性，其管理包括三种模式，这三种模式是走向集中管理前的一个过渡，集中管理后一旦通过认证，在所有欧盟国家都有效。目前，在欧洲除对某些特定的辅料要求进行GMP认证外，尚无任何法规要求辅料生产企业必须实行GMP认证管理。

NOTE

第三章　液体制剂用辅料

第一节　概　述

液体制剂系指药物分散在适宜的分散介质中制成的液体形态的制剂，可供内服或外用。药物可以是固体、液体或气体，以分子、离子、胶粒、液滴或微粒状态分散。分散介质亦称分散媒，对溶液剂来说可称为溶剂，对溶胶剂、混悬剂、乳剂，称为分散剂或分散介质。

液体制剂，不仅包括化学药物以不同分散方法和分散程度分散在适宜的分散介质中制成的液体分散体系，如真溶液剂、高分子溶液剂、胶溶剂、混悬剂、乳剂、糖浆剂等；也包括采用适宜的浸出溶剂和方法提取药材中有效成分而制得的液体制剂，即浸出制剂，如汤剂、合剂（口服液）、酒剂、酊剂、流浸膏剂、煎膏剂、露剂等。

一、液体制剂的特点

液体制剂是目前临床上应用最广泛的制剂，有如下优点：①吸收快，作用迅速；②给药途径广泛；③体现复方制剂综合作用；④能减少某些药物的刺激性；⑤掩盖药物的不良气味；⑥增加制剂稳定性；⑦服用方便。

但液体制剂也有不足之处：①以水为溶剂的液体制剂，容易霉变，产生酸败，常需加入防腐剂；②液体制剂中的药物若具有化学不稳定性，较易分解，失效；③浸出制剂也含有一定量的无效杂质，如黏液质、鞣酸、树脂、淀粉等，这些成分在保存过程中可使有效成分发生水解、氧化、沉淀、霉变等理化性质变化，影响制剂的质量和疗效；④非均相液体制剂，药物分散度大，分散粒子具有很大的比表面积，物理稳定性差；⑤体积较大，贮存、运输、携带均不方便。

二、液体制剂的分类

液体制剂可按给药途径和用药方法、分散系统进行分类。根据用药途径和方法不同将其分为内服液体制剂和外用液体制剂等；根据分散系统中分散粒子的大小可将其分为均相分散系统和非均相分散系统，将液体制剂按分散系统分类是较为理想的分类方式。

液体制剂按分散体系分类及其基本特征见表 3－1。

NOTE

表 3-1 液体制剂类型

分散系统	分散粒子大小（nm）	液体类型	特征
均相分散系统	<1	低分子溶液剂	药物以分子或离子状态分散为澄明溶液，体系稳定，属于热力学稳定系统
	1~100	高分子溶液剂	
非均相分散系统	1~100	溶胶剂	药物以胶粒状态分散为多相体系，聚结不稳定性，属于热力学不稳定系统
	>100	乳剂	药物以液体微粒分散为多相体系，聚结和重力不稳定性，属于热力学和动力学不稳定系统
	>500	混悬剂	药物以固体微粒分散为多相体系，聚结和重力不稳定性，属于热力学和动力学不稳定系统

根据液体制剂的不同，其辅料可包括分散介质、增溶剂、助溶剂、乳化剂、助悬剂、湿润剂、絮凝剂、反絮凝剂、pH 调节剂、抗氧剂、抑菌剂等不同类别。

三、液体制剂的质量要求

均相液体制剂应该是澄明液体；非均相液体制剂药物粒子应分散均匀；液体制剂浓度应准确；口服的液体制剂应该外观良好，口感适宜；外用的液体制剂应无刺激性；液体制剂应有一定的防腐能力，保存和使用过程不发生霉变；包装容器应适宜，方便患者携带和用药。

第二节 分散介质

分散介质是液体制剂中一大类必不可少的重要药用辅料，一般将使药物以成分子或离子分散状态（如溶液型和胶体溶液型药剂）的液体分散介质称为溶媒或溶剂（solvents）；将使药物以成微粒分散状态（如乳浊液型药剂）的液体分散介质称为分散媒、外相或连续相，它不发生溶解作用，故不宜称为溶剂。

本章所指的液体分散介质，是指直接用于药物剂型中起溶解、分散、浸出作用的液体分散介质。此外，液体分散介质还包括制剂制备工艺中临时使用的液体分散介质，如薄膜包衣物料的溶剂等。

一、分散介质的作用

1. 溶解作用 作为溶剂的分散介质其溶解作用的实质是溶剂分子克服溶质分子间的内聚力，或溶剂分子与溶质分子间结合力大于溶质分子间的内聚力，使溶质以分子或离子态分散在溶剂中，形成均相溶液的过程。一般情况下，溶剂在液体制剂中所占比例较大，并存留在最终产品中。

2. 分散作用 不发生溶解作用的液体分散介质，主要用于混悬型和乳浊型的各类液体药剂。这种液体分散体系的液体制剂，其介质保留于最终制剂中。

3. 浸出作用 液体分散介质在浸出药剂中作浸出溶剂即萃取溶剂使用，作为浸出溶剂使用的分散媒，其作用对象是生药材、药材饮片、脏器组织或发酵物，一般要经过“浸润-溶解-扩散-置换”的浸出过程。有的溶剂存留在最终产品中，如中药口服合剂；有的只起浸出

NOTE

作用，在最终产品中将被除掉，如中药固体制剂在有效物质基础提取的时候常采用水或乙醇，但最终产品中不含水或乙醇。

二、分散介质的分类

主要按其化学性质及毒性进行分类。

其中按化学性质分类可分为极性、半极性和非极性溶剂，这种分类便于根据“相似者相溶”原则选用适宜的溶媒。

按毒性分类可根据毒性大小分为一类、二类、三类和四类溶媒。

此外，还可根据分散介质组成的不同，将其分为水性溶剂（如水以及不同含水量的乙醇等）和非水性溶剂（如乙醇、甘油、丙二醇、苯甲醇等）；也有根据液体制剂的给药途径不同，将分散介质分为外用、口服和注射给药分散介质。

三、液体分散介质的选用

（一）分散介质的质量要求

优良的分散介质应具有的条件是：

1. 应经过适当的安全性评价，无毒、副作用小、无刺激性、无嗅味。
2. 对药物具有较好的溶解性和分散性。
3. 应具有良好的物理化学稳定性，不影响主药的药理作用。
4. 不影响制剂的鉴别、检查和含量测定。
5. 应价廉、易得。

但同时具备这些条件的溶剂很少，应灵活掌握，恰当选用。特别注意混合溶剂的使用。

（二）分散介质选用原则

1. 根据分散介质本身性质进行选择　考虑该溶剂本身的性质，如活性、毒性、稳定性，以及其物理性质，如密度、黏度、混溶性和极性等，进行综合和全面的评价。

2. 根据药物理化性质进行选择　根据“相似相溶”原则，选择与溶质极性强弱相应的溶剂。一般来说，溶质极性大的选用极性溶剂，如水、不同浓度的乙醇溶液等；半极性溶质选用半极性溶剂，如丙酮、丙二醇等；难溶于水的非极性溶质应选用非极性溶剂，如石油醚、乙醚等。也可利用半极性溶剂的诱导偶极特性，选用复合（混合）溶媒或潜溶剂，如不同比例的乙醇－丙二醇、乙醇－甘油等混合溶剂。

3. 根据药物的给药途径进行选择

（1）对于口服制剂，应选用可口服、无毒性、无刺激性，并符合药用质量标准的溶剂，如纯化水、乙醇等。

（2）对于外用制剂，凡符合药用质量标准的溶剂均可用，但应注意溶剂的刺激性和过敏性。常用的外用溶剂有纯化水、乙醇、甘油等。

4. 根据药物的剂型进行选择　药物剂型的不同，选用分散介质也不同。比如对于某些混悬液，其属于热力学不稳定的粗分散体系，混悬剂中药物微粒一般在0.5～10μm，故对药物溶解度须进行调节，使粒度达到混悬要求，所用分散介质大多数为水，也可用植物油，如复方氢氧化铝混悬液。对于甘油剂，其分散介质大多为甘油，如碘甘油、硝酸甘油等。

NOTE

5. 其他　分散介质在各制剂中所起作用不同，故对液体分散介质的选择有相应要求。如作为包衣材料、成膜材料、囊膜材料的分散介质，一般要求易挥发，加热易除去等。用于原生药有效成分浸出或萃取分离有效成分，而不含在最终制剂中的溶媒至少应具备前三个条件，但应尽可能使用低毒溶剂，即国际上通用的第三类或第四类溶剂，禁止使用第一类溶剂，避免使用第二类溶剂，且尽最大限度浸出或萃取出药材中的有效成分，最低限度浸出无效成分，不浸出有害成分，并容易从浸出物中分离或除去。

四、液体分散介质的常用品种

水（饮用水，纯化水）

water

【分子式与分子量】分子式为 H_2O；分子量为 18.02。

【结构式】H－O－H

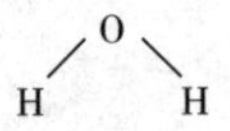

【来源与制法】

1. 饮用水（potable－water）　制药用水的原水通常为饮用水，其质量必须符合现行中华人民共和国国家标准《生活饮用水卫生标准》。可作为药材净制时漂洗、制药用具粗洗用水。除另有规定外，也可作为饮片的提取溶剂。

2. 纯化水（purified water）　为饮用水经蒸馏法、离子交换法、反渗透法或其他适宜方法制备的制药用水。不含任何添加剂，其质量应符合《中国药典》2015 年版二部所收载纯化水项下的规定，CAS 号：7732－18－5。

【性状】无色的澄清液体；无臭。

【作用与用途】能与乙醇、甘油、丙二醇等溶剂任意比例混合，能与多数极性溶剂及电解质混溶或溶解，不能被多数非极性溶剂溶解。能溶解绝大多数无机盐类和有机药物，能溶解药材中的生物碱盐、苷类、糖类、树胶、黏液质、鞣质、蛋白质、酸类及色素等。

【使用注意】制药用水包括饮用水、纯化水、注射用水（详见第四章）、灭菌注射用水（详见第四章）。一般应根据各生产工序或使用目的与要求选用适宜的制药用水。药品生产企业应确保制药用水的质量符合预期用途的要求。

【质量标准来源】《中国药典》2015 年版二部、四部。

乙醇

ethanol

【别名】酒精。

【分子式与分子量】分子式为 C_2H_6O；分子量为 46.07。

【结构式】CH_3CH_2OH

H_3C　$\overset{H_2}{C}$　OH

NOTE

【来源与制法】用某些碳氢化合物或富含淀粉、糖类的物质，或乳糖、纤维浆粕，经酶水解，控制发酵，获得的发酵液经分馏，可得94.9%～96.0%（*V/V*，体积分数）的乙醇；也可由乙烯、乙炔化学合成。

【性状】本品为无色澄清液体；微有特殊嗅味；易挥发，易燃烧；燃烧时显淡蓝色火焰；加热至约78℃即沸腾。

【作用与用途】乙醇为半极性溶剂，溶解性能介于极性与非极性溶剂之间，能与水、甘油、三氯甲烷或乙醚任意混溶；与水混合时，体积缩小，同时温度升高，无水乙醇易从空气中吸收水分，可作为：

（1）浸提溶剂　各种中药成分在乙醇中的溶解度随乙醇浓度的变化而变化，故经常利用不同的浓度选择性浸提有效成分。

（2）溶剂　乙醇可以溶解水溶性成分，如生物碱及其盐、糖类、苷类等；又能溶解非极性成分，如树脂、挥发油、内酯等。

（3）抑菌剂　液体制剂中乙醇含量达20%以上时具有抑菌作用。在药剂中可用作抑菌剂和消毒杀菌剂；使用时应根据需要选择适宜的浓度。

【常用品种】

1. 无水乙醇（anhydrous alcohol）　含 C_2H_5OH 不得少于99.5%（*V/V*）。

2. 变性乙醇（denatured alcohol）　本品是由乙醇加入规定的变性剂而制得。变性分为挥发和不挥发两类。作为溶剂，配制制剂时，如是挥发性变性剂，不得留在最终制剂中。如配制的是局部外用制剂，则可以含有特定的变性乙醇，其变性剂可以是一般的或特定的。

3. 稀乙醇（diluted alcohol）　为水和乙醇的混合物。制法为取乙醇529mL，加水稀释至1000mL，即得。本液在20℃时含 C_2H_5OH 应为49.5～50.5%（*V/V*）。

【使用注意】

1. 乙醇具有一定的药理作用，价格较贵，作浸提溶剂使用时乙醇的浓度以能浸出有效成分，满足制备目的为度。

2. 乙醇具有挥发性、易燃性，爆炸限度为3.3%～19.0%（*V/V*，在空气中），生产中应注意安全防护。宜避热、避光、防火、密闭贮存。运输本品的专用贮桶，应避免静电接触。如遇着火，可采用泡沫、二氧化碳、干粉等灭火。

【质量标准来源】《中国药典》2015年版四部。CAS号：64－17－5。

【应用实例】　十滴水

处方：樟脑25g，干姜25g，大黄20g，小茴香10g，肉桂10g，辣椒5g，桉油12.5mL。

制法：以上七味，除樟脑和桉油外，其余干姜等五味粉碎成粗粉，混匀，用70%乙醇作溶剂，浸渍24小时后进行渗漉，收集渗漉液约750mL，加入樟脑和桉油，搅拌使完全溶解，再继续收集渗漉液至1000mL，搅匀，即得。

功能与主治：健胃，祛暑。用于因中暑而引起的头晕、恶心、腹痛、胃肠不适。

注解：本品收载于《中国药典》2015年版一部。

本品属于酊剂（tinctures），应符合酊剂项下有关规定（《中国药典》2015年版四部通则0120）。处方中干姜、大黄、小茴香、肉桂等五味药中的主要化学成分挥发油（如樟脑、桉油等）、醌类物质易溶解于70%乙醇中，故选择其作为溶媒。

NOTE

甘油
glycerol

【别名】glycerin；1, 2, 3 - 丙三醇，1, 2, 3 - propanetriol。

【分子式与分子量】分子式为 $C_3H_8O_3$；分子量为 92. 09。

【结构式】

HO OH
OH

【来源与制法】本品可由油脂皂化水解而制得，或在大量亚硫酸盐存在下，由甜菜糖浆发酵而得。

【性状】本品为无色、澄清黏稠液体；味甜；有引湿性；水溶液（1→10）显中性反应。与水或乙醇能任意混溶，在丙酮中微溶，在三氯甲烷或乙醚中均不溶。

【作用与用途】本品在药剂中作润滑剂、湿润剂，浓度≤30%；作薄膜包衣增塑剂，视情况而定；作液体药物制剂的防腐剂，浓度 20% 以上；作注射剂或胃肠道用药溶剂，浓度≤50%；在高浓度乙醇制剂中作甜味剂，浓度≤20%；也可作微乳的助乳化剂。

【使用注意】本品与强氧化剂如三氧化铬、氯酸钾、高锰酸钾等研磨可能会发生爆炸；在稀溶液中反应缓慢，生成氧化物；在阳光下遇氧化锌和硝酸铋变成黑色。

【质量标准来源】《中国药典》2015 年版四部。CAS 号：56 - 81 - 5。

【应用实例】 碘甘油

处方：碘 10g，碘化钾 10g，水 10mL，甘油适量，制成 1000mL。

制法：取碘化钾，加水溶解后，加碘，搅拌使溶解，再加甘油使成 1000mL，搅匀，即得。

作用与用途：消毒防腐剂。

注解：本品属于甘油剂（glycerina），即药物溶于甘油制成专供外用的溶液剂，是一种非水溶剂的液体制剂。甘油剂的制备常用溶解法与化学反应法，如碘甘油、硝酸甘油等。

碘难溶于水，可溶于乙醇、甘油和碘化钾水溶液。本品配制时应先用水将碘化钾溶解，然后加入碘溶液，再加入适量甘油，碘化钾为助溶剂，碘与碘化钾在水溶液中形成络合物而起助溶作用。本品应用甘油溶液使其作用缓和，并可延长药物与局部接触时间。碘的水溶液对黏膜有刺激作用或腐蚀作用，本品不宜用水稀释，必要时用甘油稀释以免增加刺激性。

丙二醇
propylene glycol

本品为无色澄清、黏稠液体；无臭；有引湿性；与水、乙醇或三氯甲烷能任意混溶。相对密度在 25℃时为 1. 035 ~ 1. 037。CAS 号：57 - 55 - 6。

丙二醇具有甘油的优点，但毒性和刺激性均较小，溶解度好，可溶解多种有机药物，如维生素 A、维生素 D、磺胺类药、大多数生物碱和局部麻醉剂，已广泛用作溶剂，作口服液溶剂浓度为 10% ~ 15%。一定比例的丙二醇和水混合液能延缓某些药物的水解，增加其稳定性。一定浓度的丙二醇的水溶液对药物在皮肤和黏膜有促渗透作用。抑菌能力与乙醇相似，抗真菌能

NOTE

力低于乙醇，与甘油相似。此外，丙二醇在药剂中还用作潜溶剂、润湿剂和保湿剂等，也可作为有机合成的原料。

脂肪油

脂肪油是由各种含脂肪酸的甘油酯组成，常用的有麻油、大豆油、花生油、玉米油、棉籽油等，橄榄油也有应用。

脂肪油是一类非极性溶剂。不溶于水，微溶于醇。能溶解油溶性药物如激素、挥发油、游离生物碱、树脂、油树脂及一些醇、酮或醛类等许多芳香族药物。

脂肪油多为外用制剂的溶剂，如洗剂、搽剂、滴鼻剂等。因其浸出范围不太广，且黏稠度较大，除少数干燥药材中的有效成分能为其所溶解外，一般不用脂肪油作浸提溶剂。为增加药物在油中的溶解，扩大药物溶解范围，可在油中添加适宜的潜溶剂，如苯甲酸苄酯、乳酸乙酯等。

由于脂肪油中常含有游离脂肪酸、色素、水分、植物蛋白和细胞杂质等，在贮藏时长时间与空气、光线接触往往发生化学变化，容易酸败，产生特异的刺激性臭味。

现对脂肪油常用品种麻油和大豆油进行简介，如表3－2。

表3－2　脂肪油常用品种

品种	性状	性质及使用特点
麻油（benne oil）	淡黄色或棕黄色的澄明流体；气微或带有熟芝麻香气	可与三氯甲烷、乙醚、石油醚或二硫化碳任意混溶，在乙醇中微溶。可用于润滑剂及赋形剂。内服可润肠、润肺，外用作为软膏及硬膏基质。还可用作半固体制剂的基质和乳剂的油相基料，代替橄榄油用于制备软膏剂、乳剂、乳膏剂、糊剂、搽剂、药皂等
大豆油（soybean oil）	淡黄色澄明液体；无臭或几乎无臭	可与乙醚或三氯甲烷混溶，在乙醇中极微溶解，在水中几乎不溶。在药剂中用作溶剂和基质，用于挥发油、游离生物碱、树脂及激素等其他油溶性药物的溶解。用于软膏、乳剂、搽剂、药皂等的制备

【应用实例】　烫伤油

处方：马尾连93g，紫草62.4g，黄芩93g，冰片5g，地榆62.4g，大黄62.4g。

制法：以上六味，取马尾连、大黄、紫草、地榆、黄芩用麻油1300g浸泡24小时后炸至枯黄，滤过，立即加入蜂蜡20g，待油温降至60℃左右，加入冰片，搅拌使溶解，降至室温，加入苯酚4.5mL，搅匀，即得。

功能与主治：清热解毒，凉血祛腐止痛。用于Ⅰ、Ⅱ度烧烫伤和酸碱灼伤。

注解：本品收载于《中国药典》2015年版一部。

紫草中主要有效成分为紫草素，具脂溶性，易溶于乙醇、脂肪油等非极性溶剂。故本品选用麻油作分散介质。本品也可以选大豆油为浸出溶媒。

除以上常用的分散介质外，还有以下常用品种。见表3－3。

NOTE

表 3-3 其他分散介质

分散介质	性状	使用特点
聚乙二醇（polyethylene glycol，PEG）	分子量在1000以下者为液体，如PEG200，PEG300，PEG400，PEG600均为中等黏度无色带有微臭的液体	略有引湿性；化学性质稳定，不易水解破坏；有强亲水性，能与水、乙醇、甘油、丙二醇等溶剂任意混溶，溶解许多水溶性的无机盐和水不溶性有机物。作溶剂、助溶剂；对一些易水解药物有一定的稳定作用。在外用制剂中能增加皮肤的柔润性。液体制剂中常用的为聚乙二醇300~600
二甲基亚砜（dimethyl sulfoxide，DMSO）	为无色液体，无臭或几乎无臭；有引湿性	吸收水分可超过其本身重量的70%；能与水、乙醇或乙醚任意混溶，在烷烃中不溶；其2.16%水溶液与血浆等渗，水溶液冰点很低，浓度60%时可降低水的冰点到-80℃；溶解范围很广，对水溶性、脂溶性及许多难溶于水、甘油、乙醇、丙二醇、脂肪油的药物均能溶解，有“万能溶剂”之称。对皮肤和黏膜的穿透力很强，常用于外用制剂中作为渗透促进剂，但对皮肤有轻度刺激性
液状石蜡（liquid paraffin）	为无色澄清的油状液体，无臭，无味，在日光下不显荧光	可与三氯甲烷或乙醚任意混溶，在乙醇中微溶，在水中不溶；能溶解生物碱、挥发油及一些非极性药物。有轻质和重质两种，轻质液状石蜡多用于外用液体制剂；重质液状石蜡常用于软膏剂；日本药局方和FDA准许在其中添加维生素E 10ppm作抗氧剂。可作口服制剂和搽剂的溶剂
乙酸乙酯（ethyl acetate）	为无色澄清的液体，具挥发性，易燃烧，有水果香味	在水中溶解，与乙醇、乙醚、丙酮或二氯甲烷任意混溶，但在空气中容易氧化、变色，需加入抗氧剂。本品能溶解挥发油、甾体药物及其他油溶性药物。常用作搽剂的溶剂
肉豆蔻酸异丙酯（isopropyl myristate）	为无色澄清的油状液体	化学性质稳定，耐氧化，抗水解，不易酸败。不溶于水、甘油和丙二醇，可溶于乙酸乙酯、丙酮、矿物油和乙醇，可与三氯甲烷、乙醚、碳氢化合物和不挥发油混溶，可分散于许多蜡、胆甾醇和羊毛脂中。本品无刺激性、过敏性，易被皮肤吸收，在外用制剂中可取代植物油作为润滑剂，也可作为外用药物的溶剂和渗透促进剂，以便药物直接与皮肤接触透皮吸收

五、中药制剂前处理用辅料

中药制剂是以中药材为原料制备的各类制剂的统称。按照药理作用和组成性质，药材成分可分为有效成分、辅助成分、无效成分和组织物质。中药制剂的前处理即选用适当的辅料和工艺，提取药材中的有效成分或有效部位，尽量除去无效成分或组织物质，然后进行分离纯化。传统的中药有效成分或有效部位的提取方法主要为溶剂浸出法，如热水浸提法和乙醇浸提法。

中药制剂前处理用辅料，主要包括提取用辅料和浸出辅助剂，以及絮凝剂、澄清剂等用于分离纯化的辅料。

（一）提取用辅料

浸出中药制剂提取辅料主要指浸出溶剂。常用的浸出溶剂如下。

1. 水 水为最常用的浸出溶剂。水是一种极性溶媒，且无药理作用，作为溶剂经济易得，溶解范围广，对于极性物质都有不同的溶解性能。药材中的生物碱盐、苷、水溶性有机酸、氨基酸、黏液质以及部分糖、蛋白质、鞣质、树胶、色素、酶等都能被水浸出。挥发油微溶于水，也能被水部分浸出。树脂、脂肪油及其他脂溶性成分能被水少量浸出。其缺点是浸出范围广，不利于选择性浸出，容易浸出大量无效成分，给制剂滤过带来困难，制剂色泽欠佳、易于霉变，不易贮存；能促进某些有效成分的水解或氧化、分解等。

2. 乙醇 乙醇为仅次于水的常用浸出溶剂。乙醇为半极性溶剂，能与水以任意比例混溶。经常利用不同浓度的乙醇有选择性地浸提药材有效成分。一般乙醇含量在90%以上时，适于浸提挥发油、有机酸、树脂、叶绿素等；乙醇含量在50%～70%时，适于浸提生物碱、苷类等；乙醇含量在50%以下时，适于浸提苦味质、蒽醌类化合物等；乙醇含量大于40%时，能延缓许多药物，如酯类、苷类等成分的水解，增加制剂的稳定性；乙醇含量达20%以上时具有防腐作用。在酸性溶液中，乙醇与氧化剂可起剧烈反应；与碱混合可使色泽变深；能使有机盐或阿拉伯胶、蛋白质等从水溶液或分散液中沉淀。

3. 三氯甲烷 三氯甲烷是一种非极性溶剂，在水中微溶，与乙醇、乙醚能任意混溶。能溶解脂肪油、挥发油、树脂、蜡质、生物碱和某些苷等，不能溶解蛋白质、鞣质等，一般多用于有效成分的提纯、精制及药材浸出前的脱脂或脱蜡。三氯甲烷有抑菌作用，常用其饱和水溶液作浸出溶剂。三氯甲烷虽然不易燃烧，但有强烈的药理作用，故在浸出液中应尽量除去。

4. 丙酮 丙酮为无色透明、易挥发、易燃烧、易流动的液体；具微芳香气，味辛辣而甜；可与水、乙醇、乙醚、三氯甲烷、吡啶等任意混溶，能溶解油、脂肪、树脂和橡胶；水溶液对石蕊显中性，沸点为56.5℃。丙酮是一种良好的脱脂溶剂。由于丙酮与水可任意混溶，所以也是一种脱水剂。常用于新鲜动物药材的脱脂或脱水。丙酮也具有抑菌作用。有一定的毒性，故不宜作为溶剂保留在制剂中。

5. 乙醚 乙醚为无色、透明、易流动的液体，具有特殊嗅味，味微甜而有灼烧感。沸点约35℃。是非极性的有机溶剂，微溶于水（1:12），可与乙醇、苯、三氯甲烷、己烷、不挥发油、挥发油等混溶。其溶解选择性较强，可溶解树脂、游离生物碱、脂肪、挥发油、某些苷类。大多数溶解于水中的有效成分在乙醚中均不溶解。乙醚有强烈的药理作用。沸点34.5℃，有极强的挥发性和可燃性，其蒸气与空气混合可燃烧或剧烈爆炸，且价格昂贵，一般仅用于有效成分的提纯精制。本品为全身麻醉药，吸入过量会引起心跳骤停，有一定毒性，在操作中应防护，不宜过量吸入。

6. 超临界流体（supercritical fluid，SF） 随着中药现代化进程的加快，超临界流体萃取技术（supercritical fluid extraction，SFE）被应用到中药有效成分或有效部位的提取和分离中，并发挥了重大作用。超临界流体指某种气（或液）体或气（或液）体混合物在操作压力和温度均高于临界点时，其密度接近液体，而其扩散系数和黏度均接近气体，其性质介于气体和液体之间的流体。超临界流体萃取技术是利用超临界流体为溶剂，从固体或液体中萃取出某些有效成分，并进行分离的技术。可作为超临界流体的气体很多，如二氧化碳、乙烷、乙烯、环己烷、异丙醇等，其中二氧化碳为通常使用的超临界流体，适合于分离挥发性物质及含热敏性组分的物质。

（二）浸出辅助剂

浸出辅助剂（leaching additional ingredients）是指针对欲提取的有效成分或有效部位的理化性质，加入浸出溶剂中，以增加浸出效能的物质。其主要作用为增加欲浸出有效成分或有效部位在选用溶剂中的溶解度，以提高浸出率；增加有效成分或有效部位在浸出过程中的稳定性，减少水解、氧化等；以及除去或减少某些无效成分（杂质）或有害成分。

从中药、天然药物中浸出或提取有效成分或有效部位，常用的浸出辅助剂有酸、碱、稳定剂和表面活性剂。

NOTE

1. 酸　常用作浸出辅助剂的酸包括硫酸、盐酸、醋酸、酒石酸、枸橼酸等。加酸的目的主要是促进生物碱的浸出，提高部分生物碱的稳定性；使有机酸游离，便于用有机溶剂浸提；除去酸不溶性杂质等。如乌头总生物碱的提取，加入适量的盐酸成盐，可大大提高总生物碱的提取转移率。为发挥所加酸的最好效能，可将酸一次加入最初的少量浸提溶剂中，当酸化溶剂用完后，只需使用单纯的浸出溶剂。酸的用量不宜过多，根据欲提有效成分或有效部位的理化性质，以能维持一定的 pH 值即可。

2. 碱　氨水是一种挥发性弱碱，对有效成分破坏作用小，易于控制其用量，常用作浸出辅助剂。氢氧化钠也是较常用的碱。对于特殊浸提，常选用碳酸钙、氢氧化钙、碳酸钠等。加碱的目的是增加有效成分的溶解度和稳定性。例如，浸提甘草时在水中加入少许氨水，能使甘草酸形成可溶性铵盐，保证甘草酸的完全浸出；浸提远志时，在水中加入少量氨水，可防止远志酸性皂苷水解，产生沉淀。另外，碱性水溶液可溶解内酯、蒽醌及其苷、香豆精、有机酸、某些酚性成分。但碱性水溶液亦能溶解树脂酸、某些蛋白质，使杂质增加。

3. 稳定剂　某些有效成分或有效部位可因加入稳定剂而延缓分解或不出现沉淀。稳定剂包括抗氧剂和抗氧增效剂、抗水解剂等。如蛋氨酸、依地酸二钠、抗坏血酸、枸橼酸加入醇中浸出银杏叶有效成分，可防止黄酮氧化和萜类内酯水解，提高转移率。人参、远志药材提取其皂苷时，加入稍过量的氨溶液，使 pH 在弱碱性可防止酸性皂苷的水解。

4. 表面活性剂　对于富含油脂的药材，在浸提溶剂中加入适宜的表面活性剂，能降低药材与溶剂间的界面张力，使润湿角变小，促进药材表面的润湿性，加速有效成分或有效部位的浸出，提高提取转移率。如用水煮醇沉淀法提取黄芩苷，加入适量吐温－80 可以提高其收得率。

5. 甘油　甘油与水及醇均可任意混溶，但与脂肪油不相混溶。本品为鞣质的良好溶剂，将其直接加入最初少量溶剂（水或乙醇）中使用，可增加鞣质的浸出；将甘油加到以鞣质为主成分的制剂中，可增强鞣质的稳定性。

第三节　增溶剂与助溶剂

一、表面活性剂与增溶

表面活性剂：一定温度下纯液体具有一定的表面张力，如 20℃ 时水的表面张力为 72.75mN/m。当向水中加入无机盐或糖类时，水的表面张力略有增加；当向水中加入低级脂肪醇或脂肪酸时，水的表面张力略有下降；但当向水中加入肥皂等时，水的表面张力显著下降。通常表面活性剂（surfactants）是指在液体中仅加入少量即能使液体表面张力急速下降的物质。表面活性剂能显著降低溶液的表面张力，是由于其分子结构上具有特殊性。表面活性剂大多为长链的有机化合物，其分子一般是由非极性烃链（亲油基团）和一个以上的极性基团（亲水基团）组成，烃链长度一般在 8 个碳原子以上，极性基团可以是羧酸、磺酸、氨基或胺基及它们的盐，也可以是羟基、酰胺基、醚键等。如肥皂是脂肪酸类（R—COO—）表面活性剂，其结构中的脂肪酸碳链（R—）为亲油基团，解离的脂肪酸根（COO—）为亲水基团。因此，表面活性剂是既亲水又亲油的两亲性物质。表面活性剂在药剂学中应用广泛，除主要用作增溶剂外，同时还可用作乳化剂、润湿剂、助悬剂、吸收促进剂等，而阳离子型表面活性剂可直接用于消毒、杀菌、防腐等。

溶解度：药物溶解度是直接影响药物在体内吸收与药物生物利用度的重要参数。溶解度（solubility）是指在一定温度（气体在一定压力）下，在一定量溶剂中达饱和时溶解的最大药量，是反映药物溶解性的重要指标。溶解度常用一定温度下 100g 溶剂中（或 100g 溶液或 100mL 溶液）溶解溶质的最大克数来表示。《中国药典》2015 年版关于药物溶解度用以下方式描述：极易溶解、易溶、溶解、略溶、微溶、极微溶、几乎不溶和不溶。

增溶剂：增溶（solubilization）是指某些难溶性药物分散于溶剂中加入表面活性剂形成胶团后，溶解度增大，并形成单相缔合胶体溶液的过程。加入的这种具有增溶作用的表面活性剂叫增溶剂（solubilizers）。常用的增溶剂为聚山梨酯类和聚氧乙烯脂肪酸酯类等。

（一）表面活性剂的增溶原理

表面活性剂的增溶作用，主要是基于表面活性剂具有形成胶团的基本特性。溶液中当表面活性剂的浓度达到临界胶团浓度（critical micelle concentration，CMC）时，即具有增溶作用。非极性药物即被胶团的亲油基团聚集部分包住，增溶位在胶团的内芯；中等极性的药物，部分在烃核，部分在栅状层中；极性较强或水溶性的药物，吸附在胶团的亲水基表面。某些具有聚氧乙烯链的非离子表面活性剂胶团可将药物包裹在聚氧乙烯亲水链中（图 3－1）。

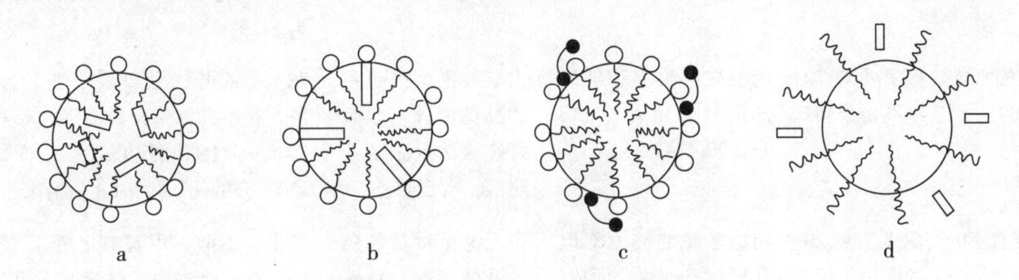

图 3－1　表面活性剂的胶团增溶位置

a. 在胶团烃核的增溶；b. 在胶团栅状层的增溶；c. 在胶团表面的增溶；d. 在聚氧乙烯链间的增溶

（二）增溶剂的分类与选择

根据分子组成特点和极性基团的解离性质将其分为阳离子型、阴离子型、两性离子型以及非离子型等四类。增溶剂的选择，应根据增溶质的性质和制剂的需求，充分结合增溶剂的特性来进行种类和用量的确定，并在使用中考虑增溶效果的影响因素，以及对药物吸收的影响，尽量选择毒、副作用小，增溶量大、价廉易得的增溶剂。

（三）增溶剂的常用品种

聚山梨酯类

poly sorbate

【别名】吐温（tweens）。

【结构式】

O　CH_2OOCR

$H(C_2H_4O)_cO$　$O(C_2H_4O)_aH$

$O(C_2H_4O)_bH$

【来源与制法】聚山梨酯为聚氧乙烯脱水山梨醇脂肪酸酯，为非离子型表面活性剂。

【性状】该类表面活性剂常为黏稠的黄色液体，有异臭而微苦，对热稳定，在酸、碱、酶的作用下也可水解。由于分子结构中增加了亲水性的聚氧乙烯基，使其易溶于水，同时也易溶于乙醇以及多种有机溶剂，不溶于油。本品因脂肪酸种类和数量的不同而有不同的品种。常见品种有聚山梨酯20、聚山梨酯40、聚山梨酯60、聚山梨酯80等，见表3－4。

表3－4　常见的聚山梨酯类

商品名	组成	来源	性状	性质
聚山梨酯20（吐温20）	聚氧乙烯20月桂山梨坦	为月桂山梨坦和环氧乙烷聚合而成。（CAS号：9005－64－5）	为淡黄色或黄色的黏稠油状液体，微有特殊嗅味	在水、乙醇、甲醇和乙酸乙酯中易溶，在液状石蜡中微溶；相对密度1.09～1.12；运动黏度在25℃时为250～400mm²/s；HLB值为16.7
聚山梨酯40（吐温40）	聚氧乙烯20棕榈山梨坦	为棕榈山梨坦和环氧乙烷聚合而成。（CAS号：9005－66－7）	为乳白色至黄色的黏稠液体或冻膏状物，微有特殊嗅味	在温水、乙醇、甲醇或乙酸乙酯中易溶，在液状石蜡中微溶；相对密度1.07～1.10；运动黏度在30℃时为250～400mm²/s；HLB值为15.6
聚山梨酯60（吐温60）	聚氧乙烯20硬脂山梨坦	为硬脂山梨坦和环氧乙烷聚合而成。（CAS号：9005－67－8）	为乳白色至黄色的黏稠液体或冻膏状物，微有特殊嗅味	在温水、乙醇、甲醇或乙酸乙酯中易溶，在液状石蜡中微溶；相对密度在25℃为1.06～1.09；运动黏度在30℃时为300～450mm²/s；HLB值为14.9
聚山梨酯80（吐温80）	聚氧乙烯20油酸山梨坦	为油酸山梨坦和环氧乙烷聚合而成（CAS号：9005－65－6）	为淡黄色至橙黄色的黏稠液体，微有特殊嗅味，味微苦略涩，有温热感	在水、乙醇、甲醇或乙酸乙酯中易溶，在矿物油中极微溶解。相对密度1.06～1.09；运动黏度在25℃时为350～550mm²/s；HLB值为15
聚山梨酯80（供注射用）（吐温80供注射用）	聚氧乙烯20油酸山梨坦	植物来源油酸山梨坦和环氧乙烷聚合而成（CAS号：9005－65－6）	为无色至微黄色黏稠液体，微有特殊嗅味，味微苦略涩，有温热感	在水、乙醇、甲醇或乙酸乙酯中易溶，在矿物油中极微溶解。相对密度1.06～1.09；运动黏度在25℃时为350～550mm²/s；HLB值为15

在以上几种聚山梨酯类中，聚山梨酯80毒性最小，经常用作液体制剂等的增溶剂。

【质量标准来源】《中国药典》2015年版四部。

【应用实例】　通天口服液

处方：川芎、赤芍、天麻、羌活、白芷、细辛、菊花、薄荷、防风、茶叶、甘草。

制法：以上十一味，川芎、羌活、细辛、菊花、防风、薄荷加水蒸馏，收集蒸馏液800mL，蒸馏后的水溶液另器收集；药渣与赤芍、天麻、白芷、甘草加水煎煮2次，每次1小时，合并煎液，滤过；茶叶加新鲜沸水浸泡2次，每次20分钟，合并浸出液，滤过，加入上述滤液及蒸馏后的水溶液，减压浓缩至相对密度为1.14（70℃）的清膏，静置；冷至室温后加乙醇使含醇量达65%，搅匀，冷藏24小时，滤过，滤液减压回收乙醇至相对密度为1.18（70℃）的清膏，加入上述蒸馏液（用适量聚山梨酯80增溶），加水至980mL，再用10%氢氧化钠溶液调节pH值至4.5～6.5，加水至1000mL，搅匀，静置，滤过，即得。

功能与主治：活血化瘀，祛风止痛。用于瘀血阻滞、风邪上扰所致的偏头痛，症见头部胀痛或刺痛、痛有定处、反复发作、头晕目眩，或恶心呕吐、恶风。

NOTE

注解：①本品为口服液，收载于《中国药典》2015年版一部。方中多味药的有效成分为挥发油，如川芎、白芷、羌活、细辛、薄荷等，故需收集其芳香水入药。②挥发油在水中溶解度低，易影响成品质量。口服液的质量要求液体需澄清透明，故考虑加入增溶剂。吐温80能消除药液中的混浊或乳光，使药液澄明。

聚氧乙烯聚氧丙烯共聚物
poloxamer

又名泊洛沙姆，商品名为普流罗尼克 Pluronic，详见第四章第三节。

聚氧乙烯脂肪酸酯类

聚氧乙烯脂肪酸酯系聚氧乙烯与高级脂肪酸的缩合物，这类非离子型表面活性剂用脂肪酸与环氧乙烷加成，或用脂肪酸和聚乙二醇直接酯化来制备。其通式为：$RCOOCH_2(CH_2OCH_2)_nCH_2OH$，产品因 n 的不同和所采用的脂肪酸不同而有不同的种类。常见的有聚氧乙烯月桂酸酯、聚氧乙烯硬脂酸酯（商品名为卖泽 myrj）和聚氧乙烯氢化蓖麻油系列（cremophor RH）等，见表 3－5。

表 3－5　聚氧乙烯脂肪酸酯类

种类	相关品种	状态	HLB	皂化值
聚氧乙烯月桂酸酯	聚氧乙烯（4）月桂酸酯	浅稻草色的液体	9.8	138～150
	聚氧乙烯（8）月桂酸酯	浅稻草色的液体	9.8	138～150
	聚氧乙烯（12）月桂酸酯	浅稻草色的液体	14.5	72～82
	聚氧乙烯（24）月桂酸酯	白色至灰白色软膏状的半固体	16.8	42～48
	聚氧乙烯（40）月桂酸酯	白色至灰白色蜡状固体	17.9	26～31
	聚氧乙烯（100）月桂酸酯	浅黄色蜡状固体	19.1	11～15
聚氧乙烯硬脂酸酯	聚氧乙烯（8）硬脂酸酯	乳白色微具脂肪臭和微苦脂肪味的蜡状半固体	11.1	87～97
	聚氧乙烯（12）硬脂酸酯	白色至灰白色蜡状固体	13.4	65～75
	聚氧乙烯（24）硬脂酸酯	白色至灰白色蜡状固体	15.8	38～47
	聚氧乙烯（40）硬脂酸酯	白色至微黄色微具脂肪臭的蜡状固体	16.9	25～35
	聚氧乙烯（100）硬脂酸酯	白色至灰白色蜡状固体	18.8	10～14
	聚氧乙烯（110）硬脂酸酯	白色至琥珀色蜡状固体	19.1	8～12
聚氧乙烯氢化蓖麻油	聚氧乙烯（10）氢化蓖麻油	稻草色液体	6.3	120～130
	聚氧乙烯（30）氢化蓖麻油	浅稻草色液体		70～80
	聚氧乙烯（40）氢化蓖麻油	白色膏状半固体，具微弱特殊气味		45～69
	聚氧乙烯（50）氢化蓖麻油	白色至灰白色软膏状的半固体	13.8	50～55
	聚氧乙烯（60）氢化蓖麻油	白色膏状物	14.7	45～50

该类化合物为非离子型表面活性剂，都是水溶性的，在药剂中常用作乳化剂、增溶剂和分散剂。脂肪酸（亲油基）与环氧乙烷（亲水基）以不同比例结合，可以合成亲油性或亲水性不同的乳化剂。环氧乙烷 6 个分子时适宜作油溶性乳化剂，尤其适于中性油的乳化；9 分子的缩合物在水中能分散，作为水/油型乳化剂；12～15 个分子的缩合物乳化力弱，适宜作洗涤剂；22 个分子的缩合物则成油/水型的水溶性乳化剂。myrj 类化合物中除硬脂酸酯外，单独使用时乳化力较弱，与某些阴离子表活性剂如十二烷基硫酸钠或硬脂酸钠适当配合，可获得良好

NOTE

的乳化效果，成为很好的油/水型乳化剂。

聚氧乙烯脂肪醇醚类

由聚氧乙烯与脂肪醇缩合而成的醚类，通式为RO（CH_2OCH_2）$_n$H，其产品因聚氧乙烯基聚合物和所采用的脂肪醇的不同而有不同的种类。常见的商品如下：

（1）苄泽类（Brij） 是由不同摩尔数的环氧乙烷与月桂醇、鲸蜡醇、油醇、硬蜡醇缩合而成，如Brij30、Brij35、Brij56、Brij28、Brij76等，常为无色至浅黄色的液体或白色蜡状固体；大多能溶于水及醇类。Brij30、Brij35可作为油/水型乳剂的乳化剂。

（2）西土马哥（cetomacrool1000，CMG） 是聚乙二醇与醇的缩合物。为乳白色无臭无味的蜡状团块，加热熔化成澄明的淡棕黄色液体。可溶于水、乙醇和丙酮。常作挥发油的增溶剂，能使挥发油分散于水中形成透明溶液，常用量为本品10份，挥发油1份。也作液体制剂的乳化剂。本品与酚类配伍因存在络合作用而失效，与季胺类化合物合用能降低药物的抗菌活性。

（3）平平加O（peregal O） 平平加O为十二醇与15个分子环氧乙烷的缩合物。为白色乳膏状物，易溶于水，水溶液呈中性，昙点100℃，对液状石蜡、石蜡以及硬脂酸等乳化力均很强。为优良的O/W型乳化剂，可作增溶剂、增敏剂。

（4）埃莫尔弗（emolphor） 是一类聚氧乙烯蓖麻油化合物，是20个单位以上的聚氧乙烯与蓖麻油的缩合物，为淡黄色油状液体或白色糊状物，易溶于水和乙醇及多种有机溶剂，HLB值在12～18范围内，亲水性强，常作增溶剂及O/W型乳化剂。

十二烷基硫酸钠

十二烷基硫酸钠（sodium dodecyl sulfate）为以十二烷基硫酸钠为主的烷基硫酸钠混合物，为白色至淡黄色结晶或粉末，有特征性微臭。在水中易溶，在乙醚中几乎不溶。对革兰阳性菌有抑制作用，对许多革兰阴性菌无效，但可加强某些药物（如碘、乙醇等）的杀菌作用。本品为阴离子表面活性剂、可溶性润滑剂、乳化剂、去污剂、分散剂、增溶剂、润湿剂、起泡剂，具有乳化、去垢、分散、湿润、起泡等作用，在酸、碱性溶液和硬水中均有效，在药剂制造中用于片剂、颗粒剂、胶囊剂、乳膏剂、药物香波、皮肤清洁剂等。

聚乙二醇类

聚乙二醇（polyethylene glycol，PEG）是乙烯乙醇与环氧乙烷反应缩合而得的聚合物的混合物。分子量（200～8000）因聚合度不同而异。PEG系列有PEG200、PEG300、PEG400、PEG600、PEG900、PEG1000、PEG1450、PEG1500、PEG3350、PEG4000、PEG4500、PEG6000和PEG8000。

本品有广泛的溶解范围、兼容性、成膜性、增塑性、分散性、亲水性等，在药剂中有以下几方面的应用：

（1）较低分子量的PEG用作溶剂、助溶剂和油/水型乳的稳定剂，用于水混悬剂、乳剂等的制备。

NOTE

（2）对皮肤无刺激性而具润滑性，用作水溶性软膏基质和栓剂基质，制备乳膏剂、栓剂等。

(3) 对于水中不易溶解的药物，如氢化可的松、洋地黄毒苷、灰黄霉素等，本品可作固体分散剂的载体，以达到固体分散之目的，提高药物的溶出度或溶解度或增强药理活性。

(4) 较高分子量（4000、6000）的聚乙二醇是良好的包衣材料、亲水抛光材料、膜材和囊材、增塑剂、润滑剂和滴丸基质，用于片剂、丸剂、滴丸剂、胶囊剂、微囊剂等的制备。

(5) 硬、软胶囊的内容填充剂，以及泡腾片的润湿剂。

(6) 用于制备毫微粒、纳米粒，可以达到缓释和靶向效果。

(7) 由于PEG特有的亲水性和柔顺性而不易被体内的内皮吞噬系统识别，可以用PEG修饰脂质体、蛋白质、多肽、抗癌药等药物，以延长这些药物和制剂在体内的循环时间，增强疗效，同时可以降低蛋白质、多肽类药物的免疫原性，减少药物的毒副作用。

(8) 用于制备水凝胶剂，如NVP、AA、PEG等制备的凝胶具有缓释作用。

(9) 可以增加某些药物与环糊精的包合作用，同时也可以增加包合物的溶出。

聚乙二醇400

【化学名】 聚乙二醇400（polyethylene glycol400，PEG400），又名聚氧乙烯二醇、碳蜡，PEG400，Macrogol400等。

【分子式与分子量】 分子式为 $CH_2(OH)(CH_2CH_2O)_nCH_2OH$；平均分子量380～420。

【性状与性质】 为澄明、无色或几乎无色，具轻微吸湿性，并具有轻微特殊臭味的黏稠液体。相对密度为1.110～1.140，5%（*W/V*）水溶液pH值4.5～7.5。25%溶液澄明几乎无色。与水、乙醇、丙酮、氯仿及其醇类可任意混溶；不溶于乙醚和脂肪族碳氢化合物，但溶于芳香族碳氢化合物。

【作用与用途】 PEG400是很好的溶剂和增溶剂，被广泛用于液体制剂。水溶液可高压灭菌。此外PEG400的广泛的黏度范围、吸湿性使其在软胶囊的制作中应用也很广泛。

（四）新型增溶剂

液体制剂的制备中，难溶性药物的增溶应结合剂型要求选择高效、低毒的增溶方法。形成胶束或混合胶束、调节pH值、包合以及乳化或微乳化等都是常用的药物增溶方法。近年来，一些新型增溶剂和新技术用于难溶性药物的增溶研究也逐渐增多，显示较好前景。现简单介绍两种新型增溶剂：

糖酯（海藻糖脂肪单酯）

糖酯是以糖类为亲水基团，以脂肪酸为疏水基团而形成的一类具有两亲结构的非离子型表面活性剂。糖酯的HLB值可从1变化至16，这主要取决于脂肪酸的长度、种类和酯化程度的改变。相比常用的环氧乙烷类非离子型表面活性剂，糖酯类表面活性剂具有毒性低、生物相容性良好和生物降解性优秀等特点。由于糖酯可在较大HLB值范围内变化，使其具有广泛用途，可用作乳化剂、增溶剂、润滑剂、渗透促进剂和致孔剂等。

海藻糖分子上含有羟基亲水基团，在碱性条件下，羟基与带有疏水长碳链的羧酸衍生物发生核取代反应生成酯，海藻糖脂肪酸酯分别由亲水性基团（海藻糖）和疏水性基团（脂肪酸）两部分组成。主要合成方法有化学合成法（酯交换法、直接脱水法、酰氯酯化法）、微生物发酵法和酶催化合成法。

NOTE

随着脂肪酸链碳数的增加，海藻糖脂肪酸单酯的溶解性能逐渐降低，脂肪酸链为直链结构的海藻糖脂肪酸单酯的极性大于支链结构的海藻糖脂肪酸单酯。极性越大，水溶性越好。随着脂肪酸链碳数的减少，海藻糖脂肪酸单酯的 CMC 逐渐升高，在脂肪酸链碳数相同的情况下，含有直链脂肪链结构的海藻糖脂肪酸单酯比相应含支链脂肪链结构的海藻糖脂肪酸单酯的 CMC 大。

海藻糖脂肪酸单酯的血液相容性与脂肪酸链长度、结构有关，随着脂肪酸链碳数的增加，海藻糖脂肪酸酯的细胞毒性逐渐增加。

聚乙二醇 15－羟基硬脂酸酯

聚乙二醇 15－羟基硬脂酸酯（solutol HS15）是一种新型非离子表面活性剂，其亲脂部分由聚乙二醇 12－羟基硬脂酸单酯和双酯的亲脂部分组成，约占总相对分子量的 70%，其余 30%的亲水部分由聚乙二醇组成。室温时呈浅黄色或白色黏稠状，30℃时为液体，其临界胶束浓度为 0.005%～0.02%，HLB 为 14～16。极易溶于水并形成澄明液体，温度升高，溶解度下降；溶于乙醇、异丙醇。水溶液加热过程中 pH 值会略有下降。药理结果显示（对比吐温－80）具有低组织胺释放（60 分钟静脉注射后 HS15 血清组织胺为 8nmol，吐温－80 为 247nmol），低溶血性（1%浓度静脉注射后 HS15 有 1%红细胞溶解，吐温－80 为 4%）。

solutol HS15 具有两亲性、自乳化性和增溶性，能增加水难溶药物的溶解度和提高药物的细胞穿透性。

二、助溶剂

助溶剂（cosolvent）是指由于第二种物质存在而增加难溶性药物在某一溶剂（多为水）中溶解度的现象，这第二种物质称为助溶剂。

（一）助溶剂的增溶原理

1. 络合 碘化钾对碘的助溶即属此类。$I_2+KI \rightarrow KI_3$反应也可以形成 KI_5、KI_7等络合形式，由于形成络合物，碘化钾可使碘在水中溶解度从约 0.03%提高到 5%。

2. 形成复合物（复盐） 苯甲酸钠对咖啡因的助溶作用是这种类型。

苯甲酸钠＋咖啡因→苯甲酸钠咖啡因

溶解度：　1∶50　1∶1.2

3. 分子缔合 氨茶碱在水中溶解度较大，是由于乙二胺与茶碱形成分子缔合物，乙二胺对茶碱起到良好的助溶作用。

茶碱＋乙二胺→氨茶碱

溶解度：　1∶100　1∶5

4. 复分解反应形成可溶性盐 常以有机酸盐作助溶剂与离解型药物发生复分解反应形成盐而增加药物溶解度。也可视为因“成盐”而增加药物溶解度的方法。

由此可见，助溶剂的“助溶”是因与药物按上述四种途径结合，形成复合物，而此复合物在水中溶解度较大的缘故。

（二）助溶剂的分类及常用品种

NOTE

助溶剂多为有机酸及其盐、酰胺或胺类化合物、无机盐、多聚物等，通常用量较大。常用的助溶剂有三类：第一类是无机化合物，如碘化钾、氯化钠等；第二类是有机酸及其钠盐，如苯甲酸钠、水杨酸钠、枸橼酸钠等；酰胺类化合物，如乌拉坦、尿素、烟酰胺、乙酰胺等；第三类胺类及某些生物碱类，如乙二胺、二乙胺、一乙醇胺、二乙醇胺、哌嗪等。助溶剂大多具有一定的毒性及副作用，且又有一定的生理活性，选用时要充分考虑各方面的影响。实际应用时经常联合使用两种助溶剂，效果更好。

一些难溶性药物可选用的助溶剂见表3－6。

表3－6　常见的难溶性药物与助溶剂

药物	助溶剂
碘	碘化钾，聚维酮（PVP）
咖啡因	苯甲酸钠，枸橼酸钠，水杨酸钠，对氨基苯甲酸，烟酰胺，异烟酰胺，乙酰胺，5－氯水杨酸
可可豆碱	水杨酸钠，苯甲酸钠，烟酰胺
茶碱	二乙胺，其他脂肪族胺，烟酰胺，苯甲酸钠
芦丁	乙醇胺
盐酸奎宁	乌拉坦，尿素
核黄素	烟酰胺，尿素，乙酰胺，苯甲酸钠，水杨酸钠，磷酸酯，PAS－Na，维生素C钠，吡嗪酰胺，四甲基尿素，乌拉坦
安络血	水杨酸钠，烟酰胺，乙酰胺
对羟基苯甲酸甲酯、丙酯	烟酰胺，乙酰胺，脲，聚乙二醇4000
氢化可的松	苯甲酸钠，邻、对、间苯甲酸钠，烟酰胺，二乙胺，琥珀酸钠
去氧皮甾醇	苯甲酸钠，邻、对、间－羟苯甲酸钠
葡萄糖酸钙	乳酸钙，α－糖酸钙，枸橼酸钠，氯化钠
氯霉素	N,N－二甲基甲酰胺，N,N－二甲基乙酰胺，琥珀酸钠
土霉素	水杨酸钠，对羟基苯甲酸钠，烟酰胺
链霉素	蛋氨酸，甘草酸
红霉素	乙基琥珀酸酯，抗坏血酸
新霉素	谷氨酸
强的松龙	琥珀酸钠
己烯雌酚	二磷酸酯，磷酸二钠盐，甘氨酸酯
倍他美塞松	磷酸钠，醋酸酯
安定	水杨酸

第四节　乳化剂

乳剂（emulsions）也称乳浊液，是两种互不相溶的液相组成的非均相分散体系，通常是由一种液相的小滴分散在另一种液相中而形成的，乳剂是热力学和动力学均不稳定体系。乳剂可供内服，也可外用。形成乳剂的过程称为乳化，具有乳化作用的辅料叫乳化剂，乳化剂（emulsifiers）是乳剂中除水相和油相外的重要组成部分。乳剂不稳定时，还需加入增强乳化稳定作用的物质，这种物质称为辅助乳化剂或乳化稳定剂。

机械能和降低表面张力是乳剂形成的两个基本要素。采用搅拌等机械方法对体系做功，可以制备乳剂。但当机械能消失后，由于液体表面张力作用，得到的乳剂很不稳定，分散相粒子很快聚结产生相分离。而当大液滴分散成小液滴时，体系的表面自由能增加，液滴有自发地缩小表面积的倾向，为克服表面自由能，降低体系表面张力一般会向体系中加入乳化剂，多为表面活性剂。

一、乳化剂作用原理

一般乳化剂是通过降低界面张力，形成界面膜或电屏障三种作用参与形成乳剂。

1. 降低界面张力 乳化剂的作用之一是降低相界面的界面张力，起到乳化作用。根据能量最低原理，欲使液滴保持高度分散状态，可降低其表面张力，减少表面自由能，使体系稳定。

2. 形成界面膜 乳化剂的作用之二是在分散液滴表面形成界面膜。当液滴的分散度很大时，具有很大的吸附能力，乳化剂能被吸附于液滴的周围，有规律地排列在液滴界面而形成界面吸附膜。界面膜在油水之间起机械屏障作用，阻止内相合并，界面膜的强度与乳化剂用量及结构有关，也决定了乳剂的稳定性。根据乳化剂的种类不同，可在 O/W 型乳剂中形成四种类型的界面吸附膜，即单分子膜、多分子膜、固体粉末膜、复合凝聚膜。

3. 形成电屏障 某些离子型表面活性剂作乳化剂时，带电荷的基团定向排列在分散相液滴周围形成双电层，相同或相似的界面膜在互相趋近的液滴间产生电排斥力。形成电屏障，阻止了聚结，从而起到稳定作用。

二、乳化剂的分类

乳化剂种类较多，按其来源和性质的不同分为天然乳化剂、合成乳化剂与固体乳化剂等几大类。

1. 天然乳化剂 因其来源不同，可分为以下两种：

（1）*植物来源的天然乳化剂* 常用品种有阿拉伯胶、西黄蓍胶、白及胶、果胶、杏树胶、李树胶、桃胶、琼脂、皂苷、豆磷脂、海藻酸钠等。

（2）*动物来源的天然乳化剂* 常用亲水性品种有卵黄、卵磷脂、明胶、胆酸钠、去氧胆酸钠等；亲油性品种有羊毛脂、胆固醇等。

2. 合成乳化剂 合成乳化剂按表面活性剂的分类，分为阳离子型、阴离子型、两性离子型以及非离子型等，其中以阴离子型乳化剂与非离子型乳化剂应用得较多。

（1）*阴离子型乳化剂* 如硬脂酸钠、硬脂酸钾、硬脂酸钙、油酸钠、油酸钾、油酸钙、硬脂酸锌、双硬脂酸铝、三乙醇胺与硬脂酸所成的肥皂、十二烷基硫酸钠，十六烷基硫酸钠、十六烷基硫酸化蓖麻油、阿洛索 OT、烷基苯磺酸钠等。

（2）*非离子型乳化剂* 如单甘油脂肪酸酯（O/W）、三甘油脂肪酸酯（O/W）、聚甘油硬脂酸酯（W/O）、聚甘油油酸酯（W/O）、聚甘油棕榈酸酯、聚甘油月桂酸酯、蔗糖单硬脂酸酯、蔗糖单月桂酸烷、蔗糖单油酸酯、蔗糖单棕榈酸酯、聚氧乙烯蓖麻油（cremophor E1）、聚氧乙烯氢化蓖麻油（cremophoh RH-40，RH-60）、脂肪酸山梨坦（即 span 类，如 20、40、60、80 等，W/O）、聚山梨酯（即 tween 类，如 20、40、60、80 等）、卖泽类（myrj45、52、49

NOTE

等）、苄泽类（brij30、35）、平平加（paregal）1～20、西吐马哥1000、乳白灵A、乳化剂OP、泊洛沙姆（poloxamer）等。

（3）阳离子型乳化剂　该类不少具有抗菌活性，如溴化十六烷基三甲铵、溴化十四烷基三甲铵等，常与鲸蜡醇合用形成阳离子型混合乳化剂，同时有防腐作用。但因该类乳化剂毒性大，做乳化剂不如前两类使用广泛。

此外，还有半合成的高分子化合物，如纤维素衍生物（甲基纤维素和羧甲基纤维素等），也具有乳化、增稠和稳定作用，可作O/W型乳化剂。

3. 固体乳化剂　本类为一些溶解度小、极其细微的固体粉末。乳化时可在油与水间形成稳定的界面膜，防止分散相液滴彼此接触合并，且不受电解质影响，可与天然乳化剂和表面活性剂配合使用。根据亲和性，可分为以下两类：

（1）O/W型乳化剂　为亲水性乳化剂，能被水更多的湿润，可用于制备O/W型乳剂。常用的有氢氧化镁、氢氧化铝、二氧化硅、硅皂土、白陶土等。

（2）W/O型乳化剂　为疏水性乳化剂，能被油更多的湿润，可用于制备W/O型乳剂。常用的有氢氧化钙、氢氧化锌、硬脂酸镁等。

4. 辅助乳化剂　辅助乳化剂（auxilialy emulsifying agenta）主要是指与乳化剂合并使用能增加乳剂稳定性的乳化剂。辅助乳化剂本身无乳化能力或乳化能力极低，但与乳化剂合用后，能与乳化剂形成复合凝聚膜，增加黏度，并增强乳化膜的强度，防止乳滴合并，从而增强乳剂的稳定性。

（1）增加水相黏度的辅助乳化剂　如甲基纤维、羧甲基纤维素钠、羟丙基纤维素、海藻酸钠、琼脂、西黄蓍胶、阿拉伯胶、黄原胶、瓜耳胶、果胶、骨胶原（collagen）、皂土等。

（2）增加油相黏度的辅助乳化剂　如鲸蜡醇、蜂蜡、单硬脂酸甘油酯、硬脂酸、硬脂醇等。

三、乳化剂的选用

（一）乳化剂的基本要求

乳化剂是乳剂必不可少的重要组成部分。优良的乳化剂应使乳剂分散度大、稳定性好、不易受外界因素影响，分散相浓度增大时不转相。因此乳剂应具备下列基本要求：

1. 有较强的乳化能力，能显著降低油水两相之间的表面张力，并能在乳滴周围形成牢固的乳化膜。

2. 本身不具生理活性，对机体无毒副作用、无刺激性，有一定的生理适应能力。

3. 化学性质稳定，不与乳剂处方中药物和其他成分发生作用，不影响药物的吸收；不易受pH值及乳剂储存时温度变化的影响，不受微生物的分解和破坏。

（二）乳化剂的选用

乳化剂的选择应根据乳剂的类型、给药途径、药物的性质（如毒性、刺激性、溶血性等安全因素）、处方的组成、欲制备乳剂的类型、乳化方法（要求有最大的效能和效率）等综合考虑。

1. 根据乳剂的类型选择　乳化剂主要分为水包油型（O/W）和油包水型（W/O）两大类。O/W型乳剂应选择O/W型乳化剂，W/O型乳剂应选择W/O型乳化剂。HLB值是选择乳化剂的重要依据。理论上HLB值在3～8的适于W/O型乳化剂，而在8～16的适用于O/W型

NOTE

乳化剂。

2. 根据乳剂给药途径选择

(1) *口服乳剂* 须无毒、无刺激性。一般为O/W型乳剂。用于制备内服O/W乳浊液的乳化剂常用天然亲水性高分子乳化剂如阿拉伯胶、西黄蓍胶、明胶等，根据需要也可选用毒性小的非离子表面活性剂类乳化剂，如脂肪酸山梨坦类、聚山梨酯类、脂肪酸蔗糖酯等。

(2) *外用乳剂* 可以选用无刺激性的阴离子及非离子型表面活性剂及固体粉末为乳化剂。应特别注意用于破裂皮肤的乳剂，它可能被吸收而出现毒性症状。外用乳剂可以是O/W型或W/O型，O/W型的乳剂除可以选择上述各种乳化剂外，还有十二烷基硫酸酯钠、硬脂酸三乙醇胺、一价皂如油酸钠及自乳化单硬脂酸甘油酯（单硬脂酸甘油一般加入少量一价皂或烷基硫酸盐制成）。外用W/O型乳剂可在皮肤上留下保护油层，且不易洗去。可选择的乳化剂有多价肥皂如棕榈酸钙、司盘类、胆甾醇、羊毛脂以及固体粉末，不宜采用高分子溶液。

3. 根据乳化剂性能选择 乳化剂的种类很多，其性能各不相同。乳剂应选择乳化能力强、性质稳定、受胃肠生理因素和外界因素（酸、碱、盐、pH值等）影响小、无毒、无刺激性的乳化剂。

4. 混合乳化剂的选择 在实际工作中，常使用混合乳化剂，混合乳化剂有许多特点：①可调节HLB值，改善乳化剂的亲油亲水性，使其具有更强的适应能力。如磷脂与胆固醇混合比例为10∶1时可形成O/W型乳化剂，比例为6∶1时则形成W/O型乳剂。②可增加乳化膜的牢固性，使用混合乳化剂（一种为油溶性，另一种为水溶性），可在空气-水及油-水界面形成稳定的复合膜，从而提高乳剂的稳定性。如油酸钠为O/W型乳化剂，与鲸蜡醇、胆固醇等亲油性乳化剂混合使用，可形成络合物，增强乳化膜的牢固性，使乳剂稳定。③改善乳剂的黏度。乳剂中加入混合乳化剂能增加乳剂的黏度，降低油、水分层速度，调节乳剂的稠度、柔润性和涂展性等，提高了乳剂的稳定性。如阿拉伯胶与西黄蓍胶、果胶等合用可增加水相的黏度。

乳化剂混合使用其一般原则为：①类型相反的如W/O和O/W型离子型乳化剂不能混合使用。②阴离子型表面活性剂和阳离子型表面活性剂不能混合使用。③非离子型乳化剂可与其他乳化剂混合使用。④天然乳化剂可以混合使用。一般是非离子表面活性剂相互混合使用或与离子表面活性剂混合使用。加入一些对降低表面张力具有协同作用的物质在乳化体系中，也可以提高乳化效能和效率，如卵磷脂与胆固醇的配合，加入水溶性纤维素以及十六醇、十八醇等高级醇等。⑤与药物具有相反电荷的离子型表面活性剂也不能选用。

乳化剂混合使用必须符合油相对HLB值的要求，乳化油相所需HLB值列于表3-7。

表3-7 乳化油相所需HLB值

名称	所需HLB值		名称	所需HLB值	
	W/O型	O/W型		W/O型	O/W型
液状石蜡（轻）	4	10.5	鲸蜡醇	-	15
液状石蜡（重）	4	10~12	硬脂醇	-	14
棉籽油	5	10	硬脂酸	-	15
植物油	-	7~12	精制羊毛脂	8	15
挥发油	-	9~16	蜂蜡	5	10~16

NOTE

如果两种乳化剂的 HLB 值相差不大，根据乳化剂 HLB 值的加和性（仅适合于非离子表面活性剂）可计算混合乳化剂的 HLB 值。

四、乳化剂的常用品种

阿拉伯胶

acacia

【别名】 gum arabic，gum acacia。

【分子量】 240000～580000。

【来源及制法】 本品系自阿拉伯胶树 *Acacia Senegal*（Linne）Willdenow 或同属近似树种的枝干得到的干燥胶状渗出物。

【性状】 本品为白色至微黄色薄片、颗粒或粉末；在水中略溶，在乙醇中不溶。

【作用与用途】 阿拉伯胶为天然多糖，无毒、安全，具有乳化、增稠、助悬、黏合等作用。在药剂中用作乳化剂、助悬剂、黏合剂、缓释材料和微囊囊膜材料。

由于阿拉伯胶结构上带有部分蛋白物质及结构外表的鼠李糖，使得阿拉伯胶有非常良好的亲水亲油性，可形成 O/W 型乳剂，适于乳化植物油和挥发油。阿拉伯胶广泛用作内服乳剂的乳化剂。因其干燥后常形成一层硬膜，有不适感，故不宜作外用乳剂的乳化剂。因阿拉伯胶羧基离解，在油－水界面上形成具有黏弹性的高分子层膜，膜带负电，形成物理障碍和静电斥力而防止聚集合并。由于阿拉伯酸及其钙、镁盐完全溶于水，且它们同样是 O/W 型乳化剂，故阿拉伯胶乳剂从 pH 2～10 都是稳定的，而且不易被电解质破坏，除非电解质的浓度大到足以引起盐析。作乳化剂常用的浓度为 10%～15%；阿拉伯胶作助悬剂使用的浓度一般为 5%～10%，作黏合剂使用的浓度一般为 1%～5%。

【使用注意】 阿拉伯胶浆应新鲜配制，单独使用制成乳剂容易分层，故常与西黄蓍胶、白及胶、果胶、琼脂等合用，以增加乳剂的黏度，使成品稳定。以西黄蓍胶 1 份与阿拉伯胶 15 份的比例合用最为适宜。

由于阿拉伯胶常含有氧化酶，易使胶腐败，可将胶浆液预先 80℃加热 30 分钟破坏氧化酶。

许多盐能降低阿拉伯胶水溶液的黏度，而三价铁盐则引起凝聚。阿拉伯胶水溶液带负电，能与其他物质形成共凝聚物。在乳剂制备过程中，阿拉伯胶溶液与皂类、乙醇（95%）、鞣酸、香草醛存在配伍禁忌。与酚类、氨基比林等药物配伍时可使主药氧化变质。

【质量标准来源】《中国药典》2015 年版四部，CAS 号：9000－01－5。

【应用实例】　鱼肝油乳

处方：鱼肝油 500mL，阿拉伯胶（细粉）125g，西黄蓍胶（细粉）4g，挥发杏仁油 1mL，糖精钠 0.1g，氯仿 2mL，蒸馏水加至 1000mL。

制法：①干胶法：取鱼肝油和阿拉伯胶粉于乳钵中研匀，加入蒸馏水 250mL，迅速向同一方研磨，直至形成稠厚的初乳，再加糖精钠水溶液、挥发杏仁油、氯仿、西黄蓍胶浆与适量蒸馏水至 10mL，搅匀即得。②湿胶法：先将阿拉伯胶粉与水混合形成胶浆，再将油相分次少量加入，在乳钵中研磨，乳化形成初乳（所用的油、水、胶比例也是 4：2：1），再添加其余成分至足量。

作用与用途：本品为营养药，常用于维生素 A、D 缺乏症。

NOTE

注解：①鱼肝油为鲛类动物 Squalidae 等无毒海鱼肝脏中提取的脂肪油，在0℃左右脱去部分固体脂肪后，用精炼食用植物油、浓度较高的鱼肝油或维生素 A 与维生素 D_2 调节浓度，再加适量稳定剂制成。每1g 中含维生素 A 应为标示量的90.0% ~120.0%；含维生素 D 应为标示量的85%以上。②本品为水包油型乳剂；制备初乳时所用油、水、胶的比例为4∶2∶1；本品在工厂大量生产时可以采用湿胶法，即油相加到含乳化剂的水相中，在电动乳化机中制造。③本品中挥发杏仁油为芳香矫臭剂，也可以其他芳香剂代替，但不得超过1%；氯仿为防腐剂；其他方法也有采用60mL 醇或60mL 橙皮酊代替一部分蒸馏水，或用0.2%苯甲酸，加醇或酊剂时，必须于最后分数次加入，以免乳剂分裂。

西黄蓍胶
tragacanth

【别名】黄蓍树胶；tragacant－ha。

【来源与制法】本品系豆科植物西黄蓍胶树 *Astragalus Gummifer* Labill. 提取的黏液经干燥制得。

【性状】本品为白色或类白色半透明扁平而弯曲的带状薄片，表面具平行细条纹；质硬、平坦光滑；或为白色或类白色粉末，遇水溶胀成胶体黏液。

【作用与用途】西黄蓍胶具有乳化、助悬、胶凝、黏滑、成膜等作用，为常用的乳化剂、辅助乳化剂、黏合剂和增稠剂。按其溶液浓度不同可制成不同黏度的制品。0.1%溶液呈稀胶浆，0.2% ~2%溶液呈凝胶溶液，浓度更大时则成弹性的凝胶。

西黄蓍胶可形成 O/W 型乳剂，其水溶液具有较高的黏度。仅凭其黏稠性，对降低油水间界面张力的作用极微，单纯用西黄蓍胶制成的乳剂油粒较大，仅用于含挥发油的乳剂。一般采用的比例为挥发油50份、西黄蓍胶1~1.5份。因其乳化力较差，分散相颗粒粗大易于聚结，故很少单独使用，而常与阿拉伯胶合用，可增加乳剂的黏度，不致分层。普通的混合比例为西黄蓍胶1份、阿拉伯胶9~14份。

【使用注意】本品在乙醇中不溶，而遇水极易膨胀。在配制胶浆时，宜先用乙醇湿润然后加入全量水，方可制得良好胶浆。

【质量标准来源】《中国药典》2015 年版四部，CAS 号：9000－65－1。

明胶
gelatin

详见第五章第八节。

聚氧乙烯蓖麻油

聚氧乙烯蓖麻油是由环氧乙烷和蓖麻油反应制得。根据环氧乙烷摩尔数的不同，而有聚氧乙烯（10）蓖麻油、聚氧乙烯（35）蓖麻油、聚氧乙烯（40）蓖麻油、聚氧乙烯（60）蓖麻油、聚氧乙烯（80）蓖麻油、聚氧乙烯（90）蓖麻油等一系列的聚氧乙烯蓖麻油衍生物。为淡黄色油状液体或白色糊状物，易溶于水和乙醇及多种有机溶剂，HLB 值在12~18范围内，

NOTE

亲水性强，常作增溶剂及 O/W 型乳化剂。

其他常用乳化剂见表 3－8。

表 3－8　其他常用乳化剂品种

品种	性状与性质	用途
脂肪酸山梨坦类（司盘 span）	白色或黄色油状液体，或为乳白色蜡状固体，有特殊嗅味，味柔和。不溶于水，一般可在水中或热水中分散，易溶于乙醇，多数溶于醚、液状石蜡或脂肪油等溶剂中	HLB 值 1.8～8.6，一般作 W/O 型乳化剂
聚山梨酯类（吐温 tween）	详见本章第三节	详见本章第三节，和司盘混合应用优于单独应用
泊洛沙姆（poloxamer）	详见本章第三节	详见本章第三节
平平加 O（paregal O）	详见本章第三节	详见本章第三节
烷基酚聚氧乙烯醚类（乳化剂 OP）	为黄棕色膏状物，易溶于水	乳化力强，用量一般为油相用量的 2%～10%。耐酸、碱、盐类、还原剂及氧化剂等，但水溶液中有大量金属离子时其表面活性降低
蔗糖脂肪酸酯类（sugar ester，商品名 suges）	一类为蔗糖单脂肪酸酯，亲水性较强，可溶于热水，HLB 值 5～15，另一类为蔗糖双脂肪酸酯或多脂肪酸酯，亲油性较强，难溶于水，HLB 值 2～5，均为白色固体，具有旋光性	毒性低，对黏膜与皮肤无刺激性，在体内可降解为脂肪酸与糖，可作为 O/W 或 W/O 型普通乳或复乳的乳化剂。通常与 span、tween 或单硬脂酸甘油酯等合用
硬脂酸甘油酯	乳白色的片状或粉末状蜡状固体，HLB 值 3.8，熔点 58℃，几不溶于水	可作为 O/W 型或 W/O 型乳化剂或稳定剂
十二烷基硫酸钠（SDS）	详见本章第三节	用于制备内服或外用的 O/W 型乳剂，常用量为 10g/L
纤维素衍生物		乳化能力不强，常用量为 10～15g/L
固体乳化剂	固体乳化剂分为 W/O 型和 O/W 型两类。如高岭土、氢氧化铝和膨润土等是 O/W 型固体乳化剂；滑石、硬脂酸镁、甘油三硬脂酸酯和炭黑因等为 W/O 型固体乳化剂	固体乳化剂可与表面活性剂或与增加黏度的高分子物质配合用

第五节　混悬剂的稳定剂

混悬剂（suspensions）系指难溶性固体药物以微粒状态分散于液体分散介质中形成的非均相液体分散体系。大多数混悬剂是液体制剂，分散介质大多数为水，也可用植物油，混悬剂中药物以微粒状态分散，微粒一般在 0.5～10μm。混悬剂在临床上用于口服和外用的均有，如某些合剂、洗剂、搽剂、注射剂、滴眼剂、气雾剂、软膏等。

混悬剂为动力学与热力学均不稳定体系，存在微粒聚积与沉降的趋势，为使药物能分散悬浮于体系中，提高混悬剂的物理稳定性，在制备时需加入的附加剂称为稳定剂。根据混悬液不稳定的特点以及在混悬液中所起的作用，稳定剂分为助悬剂、润湿剂、絮凝剂和反絮凝剂，这几种附加剂可单独使用或合并使用，合并使用对于混悬液的稳定效果，常比单独使用好。

NOTE

一、助悬剂

助悬剂（suspending agents）系指能增加分散介质黏度以降低微粒沉降速度或增加微粒亲水性的附加剂。

助悬剂多为高分子亲水胶体物质，其助悬作用不仅增加分散介质黏度，还可吸附于微粒表面，形成保护屏障，防止或减少微粒间的吸引或絮凝，维持微粒比较均匀的分散状态，有利于助悬。

（一）助悬剂的种类

助悬剂的种类很多，其中有低分子化合物、高分子化合物，甚至有些表面活性剂也可作助悬剂用。

1. 低分子助悬剂 如甘油、糖浆剂等低分子化合物。

甘油可在微粒周围形成保护膜，并能增加分散媒的黏度。在外用混悬剂中常加入甘油。亲水性药物的混悬剂可少加，疏水性药物的混悬剂应多加。

糖浆剂主要是用于内服的混悬剂，糖浆具有助悬和矫味作用。

2. 高分子助悬剂

（1）天然的高分子助悬剂 主要是树胶类，如阿拉伯胶、西黄蓍胶、槐豆胶、瓜皮树胶、果胶、黄原胶、桃胶等。阿拉伯胶和西黄蓍胶可用其粉末或胶浆，其用量前者为5%～15%，后者为0.5%～1%。

还有植物黏液质及多糖类，如海藻酸钠、琼脂、白及胶、淀粉浆等，以及动物胶类，如明胶等。琼脂用量为0.2%～0.5%。使用时需加抑菌剂。

（2）合成或半合成高分子助悬剂 纤维素类，如甲基纤维素、羧甲基纤维素钠、羟乙基纤维素、羟丙基纤维素、羟丙甲纤维素等，用量为0.1%～1%。其他如卡波姆、聚维酮、葡聚糖等。若为电解质分子作助悬剂时，有些会起絮凝剂的作用。

此类助悬剂大多数性质稳定，受pH值影响小。但应注意某些助悬剂能与药物或其他附加剂有配伍变化，如甲基纤维素与鞣质、盐酸有禁忌，羧甲基纤维素钠与三氯化铁、硫酸铝有禁忌。

3. 皂土类 主要是硅皂土，为天然的水合硅酸铝和（或）硅酸镁，含少量$CaCO_3$，具有乳化、增稠、助悬、吸附等作用，用作O/W或W/O型混悬剂的助悬。

4. 表面活性剂类 表面活性剂能形成界面膜或双电层，减少混悬微粒聚积的趋向，改善分散体系的稳定性。分散的颗粒常常带有电荷，它们间的斥力可以防止凝结作用。阴离子表面活性剂（如月桂基硫酸钠、琥珀酸二辛酯磺酸钠），以及非离子表面活性剂，在水溶液里都带有负电荷，是有效的混悬液稳定剂。吐温类、司盘类，高分子量的聚乙二醇、聚氧乙烯、泊洛沙姆都是常用的稳定剂。

5. 触变胶 利用触变胶的触变性使混悬剂稳定。使用触变性助悬剂可在其静置时形成凝胶，防止微粒沉降，振摇后变为溶胶即可流动，方便混悬剂的取用。如硬脂酸铝溶解于植物油中可形成典型的触变胶。

NOTE

（二）助悬剂的常用品种

甲基纤维素
methylcellulose

【别名】纤维素甲醚；cellulose methylether，cellulose methyl ether。

【分子式与分子量】分子式为 $[C_6H_7O_2(OH)_x(COCH_3)_y]_n$，$x=1.00\sim1.55$，$y=2.00\sim1.45$，$n=100\sim2000$；分子量20000～380000。

【来源与制法】本品为甲基醚纤维素。

【性状】本品为白色或类白色纤维状粉末或颗粒状粉末，无臭、无味。在水中溶胀成澄清或微浑浊的胶状溶液，在无水乙醇、三氯甲烷或乙醚中不溶。

【作用与用途】有增稠和稳定作用，用作助悬剂。常用以延迟悬浮液沉降及增加药物接触时间，如胃中的制酸剂，甲基纤维素溶液可替代糖浆及作即时悬浮基质。低黏度级用于低浓度，增黏用浓度可达5%。

【使用注意】在配制甲基纤维素水溶液时，常先用热水将其湿润，待充分溶胀后，加入冷水后冷藏即可得充分溶解、黏度高、透明度好的溶液。但易生真菌，与尼泊金酯类有结合现象，使用时应增加尼泊金的用量。适合配伍的抑菌剂有硝酸苯汞等。

【质量标准来源】《中国药典》2015年版四部，CAS号：9004－67－5。

【应用实例】　利锌洗剂

处方：利凡诺1g，氧化锌100g，滑石粉100g，薄荷脑3g，甲基纤维素1g，甘油50mL，乙醇100mL，蒸馏水加至1000mL。

制法：取利凡诺溶于约200mL水中，滤过；取甲基纤维素用约10mL冷蒸馏水溶解，另取薄荷脑、甘油加乙醇溶解，取氧化锌、滑石粉过筛至最细粉，在搅拌下加入利凡诺溶液中；再缓缓加入甲基纤维素溶液及薄荷脑乙醇溶液，添加水至全量，搅匀，即得。

功能与主治：主要用于治疗湿疹、急性皮炎（糜烂渗出期）、创伤、黏膜感染、疱疹及瘙痒性、虫咬性、光感性皮肤病。

注解：①本品属医院制剂，加入甲基纤维素作混悬稳定剂，稳定性好，摇匀本品后5分钟内无明显分层现象。②薄荷脑为止痒剂，乙醇能促进薄荷脑在本品中的分散，能加速本品在皮损上形成粉膜，也有助于本品的止痒作用。③滑石粉对酸碱稳定，可分散性好，易附着于皮肤，对皮损具润滑、减少摩擦和干燥的作用。

羧甲纤维素钠
carboxymethylcellulose sodium

详见第九章第三节。

羟丙甲纤维素
hypromellose（HPMC）

【别名】羟丙甲纤维素、纤维素羟丙基甲基醚；cellulose。

【分子量】10000～1500000。

NOTE

【结构式】

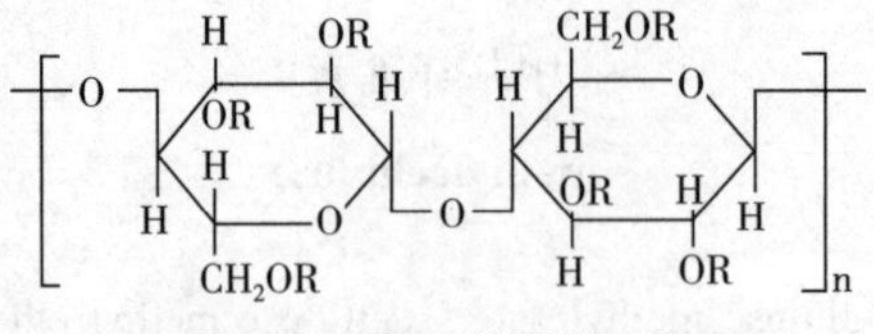

R=H，CH_3，CH_3—CH(OH)—CH_2

【来源与制法】本品为2－羟丙基醚甲基纤维素，为半合成品，可用两种方法制造：①将棉绒或木浆粕纤维用烧碱处理后，再先后与一氯甲烷和环氧丙烷反应，精制，粉碎得到。②用适宜级别的甲基纤维素经氢氧化钠处理，和环氧丙烷在高温高压下反应至理想程度，精制即得。

【性状】本品为白色或类白色纤维状或颗粒状粉末；无臭。在无水乙醇、乙醚或丙酮中几乎不溶；在冷水中溶胀成澄清或微浑浊的胶体溶液。

【作用与用途】本品具有乳化、增稠、助悬、增黏、黏合、胶凝和成膜等特性和作用，其常用量为0.5%～1.5%。HPMC作为助悬剂具有如下特点：①能有效地使疏水药物（如硫黄粉末等）被水充分润湿，从而克服微粒由于吸附空气而漂浮的现象。②能吸附于不溶性微粒周围形成保护膜，阻碍微粒凝集成块，并使微粒沉降缓慢，沉降的微粒经振摇能迅速再均匀分散。③能增加液体分散介质的黏性，降低固液间界面的张力，降低微粒表面自由能，使混悬液趋于稳定状态。④能使固体微粒分散均匀，易于倾倒，分剂量准确。⑤能使外用混悬型液体制剂易于涂展在皮肤患处，且不易被擦掉或流失，保证了药物的疗效。

【使用注意】本品应避免小于2和大于11的极端pH条件及抗氧剂，但是水溶液易受微生物污染，水溶液耐热。

【质量标准来源】《中国药典》2015年版四部，CAS号：9004－65－3。

【应用实例】　炉甘石洗剂

处方：炉甘石15%，氧化锌5%，甘油5%，HPMC等。

制法：取过筛后的炉甘石和氧化锌于研钵中，加入HPMC胶体溶液研磨成糊状，再分次加入甘油混合均匀，最后加蒸馏水至足量混匀，即可。

作用与用途：用于急性瘙痒性皮肤病，如荨麻疹和痱子。

注解：用HPMC制备的炉甘石洗剂，固体微粒疏松，质地细腻均匀，振摇沉降物重新分散如初。留样观察12个月，沉降容积比（F平均值为89.3%）、重新分散性及含量均无变化，其稳定性能良好。

聚维酮
povidone

【别名】聚乙烯吡咯烷酮。

【分子式与分子量】分子式为$(C_6H_9NO)_n$，分子量2500～3000000。

【结构式】

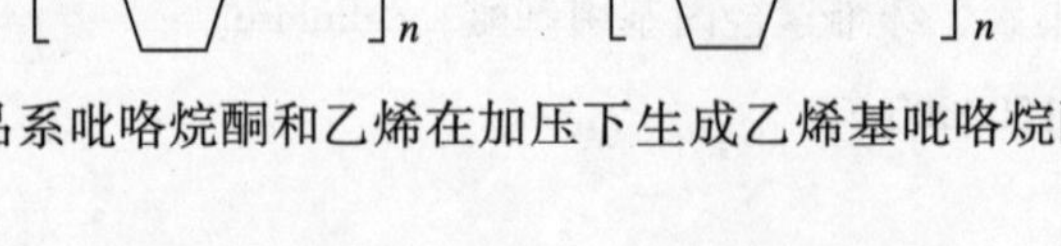

NOTE

【来源与制法】本品系吡咯烷酮和乙烯在加压下生成乙烯基吡咯烷酮单体，在催化剂作用下聚合得到。

【性状】本品为白色至乳白色粉末，无臭或稍有特殊嗅味，无味，具引湿性。在水、乙醇、异丙醇或三氯甲烷中溶解，在丙酮或乙醚中不溶。

【作用与用途】本品具有黏合、增稠、助悬、分散、助溶、络合、成膜等特性和作用，在药剂中常用作增稠剂、助悬剂、分散剂、助溶剂、络合剂、前体药物制剂载体、黏合剂、成膜材料、包衣材料和缓释材料等。PVP5%溶液的pH为3.0~7.0，本品的水溶液具有一定的黏度，广泛用作片剂、颗粒剂等的黏合剂、崩解剂、包衣薄膜等，用量为3%~15%（*W/W*），溶液浓度为0.5%~5%（*W/V*）。聚维酮溶液在片剂湿法制粒过程中作为黏合剂使用。对湿热敏感的药物用本品乙醇溶液制粒，既可避免水分、高热对药物的影响，又可加快干燥速度；对疏水性药物，用本品水溶液作黏合剂制粒，不但易于润湿药物，而且能使疏水性药物颗粒表面具有较好的亲水性，有利于药物的溶出。聚维酮粉末也可以以干态形式直接加到其他粉末中混合，再加入水、醇或水醇溶液制粒，这种方法适用于浸膏和吸湿性大的药物。对于口服或非肠道给药的药物，聚维酮可作为增溶剂加速难溶药物从固体制剂中的溶出。聚维酮溶液也可用作包衣材料。其用量为3%~15%（*W/W*），溶液浓度为0.5%~5%（*W/V*）。

此外，聚维酮在一些局部用和口服的混悬剂以及溶液中也作为助悬剂、稳定剂或增稠剂，许多难溶性药物与聚维酮混合后，溶解度增大。无热原的特殊级别聚维酮已应用于注射用制剂。

【使用注意】

（1）通常条件下，聚维酮不分解或降解，但因粉末吸湿性强，聚维酮应贮藏于阴凉、干燥的密闭容器中。

（2）本品水溶液易生长真菌，需加抑菌防腐剂。聚维酮与水杨酸钠、水杨酸、苯巴比妥、鞣质及某些化学物质在溶液中可形成分子加合物，在选用聚维酮为注射剂附加剂时，应充分考虑药物的性质，在中药注射剂中使用时，应尽量除去注射剂中的鞣质，减少不良反应。

（3）口服后，聚维酮不被胃肠道和黏膜吸收，无毒性。此外，本品对皮肤无刺激性，无致敏反应。

【质量标准来源】《中国药典》2015年版四部收载聚维酮K30、交联聚维酮，CAS号：9003-39-8。

卡波姆

详见第九章第一节。

【应用实例】 氢氧化铝凝胶

处方：氢氧化铝80g，卡波姆9341.8g，甘油50mL，薄荷油0.1mL，苯甲酸钠2g，蒸馏水加至1000mL。

制法：取甘油50mL置容器中，加卡波姆9341.8g，研匀，加蒸馏水约100mL浸泡（Ⅰ）；另取苯甲酸钠2g，用少量蒸馏水溶解，加入到氢氧化铝粉80g，蒸馏水约500mL，混匀（Ⅱ），将Ⅰ、Ⅱ混合，置胶体磨机中，开机研磨后放出置于容器中，取蒸馏水适量清洗胶体磨机数次，洗液并入容器中，再加入薄荷油0.1mL，蒸馏水加至全量，搅匀，分装，即得。

作用及用途：用于治疗胃及二十指肠溃疡。

NOTE

注解：（1）氢氧化铝凝胶为医院常用制剂，具有制酸、收敛作用，用于胃及二十指肠溃疡。选用国产新型药用辅料卡波姆934（carbomer）为助悬剂，以氢氧化铝粉附加矫味、抑菌剂直接配制。成品不溶性微粒均匀细腻，重新分散性好，制备方便，质量稳定，符合混悬剂的质量要求。

（2）卡波姆为白色粉末，疏松质轻，酸性，吸湿性强。可溶于乙醇、水和甘油。制备中，先用甘油将其润湿，加水后使其充分溶胀，避免结块。

硅皂土

bentonite

【别名】皂土、硅藻土。

【分子式与分子量】分子式为 $Al_2O_3 \cdot SiO_2 \cdot H_2O$；分子量359.16。

【来源与制法】硅皂土是天然的水合硅酸铝和（或）硅酸镁，含 $CaCO_3$ 少量，水5%～12%。

【性状】硅皂土为灰黄或乳白色极细粉末，无臭微带土味，不溶于水和有机溶剂。

【作用与用途】本品具有乳化、增稠、助悬、吸附等作用。用作O/W或W/O型混悬剂的助悬剂，使用浓度1%～5%；此外，硅皂土作糊剂、软膏基质的增稠剂时，使用浓度2.0%～6.0%；作乳剂的乳化剂和乳化稳定剂，使用浓度1%～1.5%；在澄明液体制造中用作吸附剂（澄清剂），使用浓度1%～2%。

【使用注意】硅皂土可与30%乙醇、异丙醇、丙二醇或高分子量聚乙二醇、50%甘油同时使用。但乙醇能降低硅皂土制剂的黏度，浓度过度时会使本品沉淀。而加热和长时间贮存会增加硅皂土混合物的黏度。避免与强酸、强电解质相配伍。

二、润湿剂

润湿是液体在固体表面的黏附现象，其实质是固－气两相的结合转变成固－液两相的结合状态，药剂中所指的润湿主要是指分散介质水（或体液）对固体药物的黏附现象，对疏水性药物来说，固气间界面张力小于固液间界面张力，在固体周围形成气膜，要使这类疏水性药物易于润湿，必须降低固液间界面张力，至固体周围的气膜消除。降低固液间界面张力，一般使用表面活性或表面张力较小的溶媒与疏水性药物一起研磨，消除气膜，从而达到润湿目的。润湿剂（wetting agents）系指能增加疏水性药物微粒被分散介质湿润的附加剂。

润湿剂的作用主要是降低药物微粒与液体分散介质之间的界面张力，增加疏水性药物的亲水性，使其易被润湿，从而产生较高的分散效果。

润湿剂除应用于疏水性药物外，亦应用于中药、天然药物的浸出，不易被水润湿的富含脂质的动、植物药材，在浸出或提取过程中，加入表面活性剂可达到促进润湿，加速有效成分或有效部位的浸出。

润湿剂根据其作用强弱分为两类。一类是表面张力小并能与水混溶的溶剂，包括乙醇、丙二醇、甘油、二甲基亚砜等；第二类为表面活性剂，如阴离子表面活性剂、某些多元醇型表面活性剂（司盘类）、聚氧乙烯型表面活性剂（吐温类）。

NOTE

在一般情况下，对疏水性不很强的药物常用乙醇、丙二醇、甘油等表面张力较小的溶媒与之研磨即可达到湿润目的，而对疏水性强的药物或药材，一般选用 HLB 为 6～15 的表面活性剂。

最常用的润湿剂是 HLB 值 7～11、能降低界面张力的表面活性剂，如聚山梨酯类（吐温类）、聚氧乙烯脂肪醇醚类、聚氧乙烯蓖麻油类、磷脂类、泊洛沙姆等。

外用制剂的润湿剂可用肥皂、月桂基硫酸钠、二辛酸酯磺酸钠、硫化蓖麻油等。

内服制剂的润湿剂可用吐温类，如吐温 60 或吐温 80。此外，表面张力较小的液体（如乙醇、甘油、糖浆等），也有一定的润湿作用，但润湿效果不佳。

具体各品种介绍可参见其他章节。

三、絮凝剂和反絮凝剂

混悬剂中的混悬微粒因本身电离、吸附分散介质中的杂质或表面活性剂离子而带电荷，这些微粒表面电荷与分散介质中相反离子之间可构成双电层，即有 ζ 电位。ζ 电位的大小与混悬剂的稳定性有密切关系。如 ζ 电位增大，可增加混悬液聚结的稳定性，但微粒沉降后，又易形成紧密的结块而难以再分散。

絮凝剂（flocculating agents）指使混悬剂 ζ 电位降低而令部分微粒絮凝的电解质。这种加入的电解质可以调节混悬微粒表面电荷，使混悬微粒的电位降低到一定的程度，以致部分微粒絮凝，絮凝的微粒沉降后，形成疏松的沉降物，可防止沉淀结块，一经振摇又可重新均匀分散混悬。

反絮凝剂（deflocculating agents）指使混悬剂 ζ 电位升高，防止混悬液中微粒发生絮凝的电解质。若混悬液中有大量固体微粒，往往容易凝集形成稠厚的糊状物而不易倾倒，加入适量的反絮凝剂即可增加其流动性，便于使用。

絮凝剂和反絮凝剂主要是调整混悬剂 ζ 电位的电解质。絮凝与反絮凝现象，实质是由微粒间的引力与斥力平衡发生变化所致，而斥力、引力的大小变化受微粒 ζ 电位影响。ζ 电位降低，一般斥力 > 引力，微粒单个分散，呈反絮凝态；ζ 电位升高，斥力 < 引力，微粒以簇状形式存在，呈絮凝态。一些亲水胶和阴离子型高分子化合物在低浓度时，也是有效的絮凝剂，其絮凝作用主要是被混悬剂颗粒表面所吸附而中和表面电荷或通过架桥形式使微粒絮凝。

絮凝剂与反絮凝剂的选用，应从用药目的、混悬剂的综合质量以及絮凝剂与反絮凝剂的作用特点来选择，如对于多数需贮放的混悬剂，则宜选择絮凝剂；根据絮凝剂的絮凝能力确定使用品种和用量，同一电解质因用量不同，可能需要絮凝剂，也可能需要反絮凝剂。不同的电解质对 ζ 电位的改变程度不同，阴离子的絮凝作用大于阳离子；另外，离子的价数越高，絮凝或反絮凝作用就越强，如三价离子的絮凝作用是二价离子的 100 倍，是一价离子的 1000 倍。絮凝剂和反絮凝剂的种类、性能、用量、混悬剂所带电荷以及其他附加剂等均对絮凝剂和反絮凝剂的使用有很大影响，应在试验的基础上加以选择。

较常用的絮凝剂或反絮凝剂有枸橼酸盐（酸性盐或正盐），常用量 1mg/mL，含固体量低的混悬剂用 10mg/mL，含固体量高的混悬液用 20mg/mL。还有枸橼酸氢盐、酒石酸盐、酸性酒石酸盐、硫酸钠、硫酸铝、磷酸盐、碳酸钠、聚丙烯酸及其钠盐、氯化铝及聚合氯化铝等。

【应用实例】　口洁喷雾剂

处方：金银花 48g，菊花 72g，板蓝根 120g，薄荷脑 13g，桉油 2.5mL，羟苯乙酯 1g，枸橼

酸钠3.7g，枸橼酸钾3.8g，乙酰磺胺酸钾1g，甘油200g，香精10mL。

制法：以上五味药材，取金银花、菊花、板蓝根，加水煎煮两次，第一次2小时，第二次1小时，合并煎液，滤过，滤液浓缩成相对密度1.18～1.25（50℃）的清膏，放冷，加入乙醇至含醇量为70%，搅匀，静置24～48小时，取上清液，回收乙醇，加入薄荷脑、桉油及甘油、55%乙醇、羟苯乙酯、甜味剂、香精，加水至1000mL，搅匀，滤过，分装，即得。

功能与主治：清热解毒。用于口舌生疮，牙龈、咽喉肿痛。

注解：（1）本品中絮凝剂为枸橼酸钠和枸橼酸钾，枸橼酸钠分子式为$C_6H_5O_7Na_3 \cdot 2H_2O$，分子量为294.10，为无色结晶或白色结晶性粉末；无臭；味咸、凉；在湿空气中微有潮解性，在热空气中有风化性。在水中易溶，在乙醇中不溶。枸橼酸钾分子式为$C_6H_5O_7K_3 \cdot H_2O$，分子量为324.41，为白色颗粒状结晶或结晶性粉末；无臭；味咸、凉；微有引湿性。在水或甘油中易溶，在乙醇中几乎不溶。

（2）乙酰磺胺酸钾为甜味剂，甜味优于蔗糖，甜度是蔗糖的200～250倍。易溶于水，20℃时溶解度为27g，在空气中不吸湿，对热稳定。能耐225℃高温，在pH2～10范围内稳定，无热量，在体内不被代谢，不产生热量，是中老年人、肥胖病人、糖尿病患者理想的甜味剂。

第六节　抑菌剂

抑菌剂（bacteriostatics），系指能抑制微生物生长的化学物质，有时也称防腐剂（antisepticagents）。同一种物质在低浓度时呈现抑菌作用，在高浓度的时候则能杀菌。很多消毒防腐药在制剂中常是良好的抑菌剂，如苯甲酸、苯甲醇、甲酚等。

液体制剂特别是以水为溶剂的液体制剂，易为真菌、细菌等微生物污染，尤其是含有糖类、蛋白质、淀粉等营养物质时，微生物更容易在其中滋长繁殖。如中药合剂、煎膏剂、糖浆剂等，一旦为微生物污染，就很可能使制剂霉败变质，严重影响制剂质量，有时一些微生物及其代谢产物可能直接危害人体。一些固体制剂，如未充分干燥的散剂、片剂、丸剂也可能生霉。

药品的防腐抑菌是一种综合性措施。严格按照GMP生产是防止微生物污染的根本方法，但在药物制备过程中，要完全防止污染是很困难的，并且在其贮存和使用过程中仍可能因与外界环境接触而滋生微生物。因此，在制剂的处方设计中，尤其是液体制剂，采用调整pH值、添加抑菌剂是重要的防范措施。

一、抑菌剂的作用机理

抑菌剂的作用机理随抑菌剂种类的不同而不同。一般有以下几种：

1. 使病原微生物蛋白质变性、沉淀或凝固，如乙醇、苯甲醇等。

2. 与病原微生物酶系统结合，影响或阻断其新陈代谢过程，如苯甲酸和羟苯酯类，作用于细菌的细胞膜或竞争其辅酶。

3. 降低表面张力，增加菌体胞浆膜的通透性，使细胞破裂、溶解，如一些阳离子表面活性剂。

NOTE

二、抑菌剂的分类

抑菌剂的种类很多，可分为以下四类。

1. 酸碱及其盐类 苯酚、甲酚、氯甲酚、麝香草酚、羟苯酯类、苯甲酸及其盐类、硼酸及其盐类、山梨酸及其盐类、丙酸、脱氢醋酸、甲醛、戊二醛等。此类在液体制剂中应用较多。

2. 中性化合物类 三氯叔丁醇、苯甲醇、苯乙醇、三氯甲烷、氯己定、氯己定碘、双醋酸盐、聚维酮碘、挥发油等。此类在注射剂和滴眼剂中应用较多。

3. 有机汞化合物类 硫柳汞、醋酸苯汞、硝酸苯汞、硝甲酚汞等。此类抑菌剂本身的毒性较大，制剂处方中应尽量避免使用。

4. 季铵化合物类 氯化十六烷基吡啶（西吡氯铵）、苯扎氯铵、苯扎溴铵、十六烷基三甲基溴化铵（西曲溴铵）、度米芬等。此类在外用液体制剂中应用较多。

三、抑菌剂的选用原则

1. 选用安全、有效、稳定的优良抑菌剂 抑菌剂的选择，根据各品种要求而不同。理想的抑菌剂应该满足以下的要求：①在水中的溶解度大，能达到所需的有效浓度；②抑菌谱广，对一切微生物（细菌、真菌、酵母菌）有抑制作用；③在抑菌浓度范围内无毒性、无特殊臭味和刺激性；④理化性质稳定及抗微生物作用稳定，不与药剂中其他成分发生反应，也不受制剂中药物的影响，在长期贮藏过程中不分解失效，不挥发，不形成沉淀，不与橡胶塞或其他包装材料起作用。

目前，无一种抑菌剂能充分满足上述要求，但是通过合理使用抑菌剂还是能够保证临床用药安全的。

2. 严格控制抑菌剂的使用范围和用量 大多数的抑菌剂都有一定的毒性，应严格控制使用范围和用量。一般在使用药剂学其他方法能满足药剂无菌或卫生学要求时，可不用或少用抑菌剂。比如复方甘草合剂，含有甘草流浸膏以及复方樟脑酊，甘草流浸膏含有一定的乙醇，以及复方樟脑酊均可起到抑菌作用，故可不加抑菌剂。

抑菌剂在规定的使用浓度范围内，一般不良反应发生极少；但若增加用量，有可能发生原发性刺激和过敏等不良反应。抑菌剂的用量尽量控制在产生抑菌作用的最低有效浓度内。

3. 充分考虑到溶液 pH 值对抑菌效果的影响 常用的抑菌剂多属弱酸性化合物，如苯甲酸、羟苯乙酯、脱氧醋酸等，抑菌效力取决于制剂中未电离分子的浓度，以分子型起作用，其离子几乎无抑菌作用。溶液的 pH 值可决定溶液中分子型与离子型的比例，对这类抑菌剂的抑菌作用影响很大，在酸性环境中，分子型比例愈高，抑菌效果愈好，而在碱性环境中分子型比例降低，其作用也明显降低，如苯甲酸在碱性环境中其用量应增加到 0.5%。

4. 充分考虑制剂中成分与抑菌剂之间的相互作用

（1）协同作用 制剂中某些成分如乙醇、挥发油本身具有一定的抑菌能力，可与加入的防抑菌剂起到协同抑菌作用，这时抑菌剂的用量可适当降低。药物制剂中乙醇的浓度达到 20%（*V/V*）即有抑菌的作用；挥发油普遍具有抑菌作用，如 0.05% 的薄荷油、0.001% 的细辛油均有较好的抑菌能力，而桂皮醛 0.01% 的浓度比 0.05% 羟苯乙酯的抑菌作用强，二者联

NOTE

合使用可增强抑菌力。又如依地酸钠本身没有抑菌作用，但其能使其他抑菌剂对绿脓杆菌的作用增强。

（2）拮抗作用 当制剂中含有表面活性剂或亲水性聚合物时，在一定程度上可影响抑菌剂的抑菌能力。其原因是一些疏水性的抑菌剂被增溶在胶团中，游离的抑菌剂减少，从而使抑菌效力降低或丧失。当制剂中含皂苷类成分的中药如甘草、黄芪、人参等，均可起表面活性剂等作用，在一定程度上也可影响抑菌剂的抑菌能力。亲水性聚合物如分子量在2000以上的PEG、MC、CMC-Na、PVP等也能影响某些抑菌剂的抑菌效力，是因为这些抑菌剂能与亲水性聚合物结合成复合物，从而使游离态抑菌剂减少，抑菌效力降低。在这些制剂中，抑菌剂的用量可适当增加。

在药液中含有生物碱、碱性黄酮苷等碱性成分的弱碱性制剂中，酸类抑菌剂如苯甲酸类、山梨酸和羟苯酯类的抑菌效力会减低，是因这类抑菌剂在微碱性溶液中被解离所致。阴离子型抑菌剂如苯甲酸钠、山梨酸钾和阳离子型物质如生物碱盐类，往往易产生沉淀而影响抑菌力；苯甲酸与氯化钙有拮抗作用，两者不能同时存在。季铵盐类与水杨酸盐、磺胺类的钠盐、氯霉素类等存在配伍禁忌。在这些情况下，抑菌剂的选择应充分考虑与制剂中其他成分的相互作用。

5. 充分考虑包装容器与抑菌剂之间的相互作用 部分容器，特别是塑料容器不但能够吸收抑菌剂，而且会因吸附而使抑菌剂在容器内表面产生较高浓度，影响抑菌效果。

6. 采用复合抑菌剂 当药液中含有营养性物质（如糖类、蛋白质、氨基酸、淀粉等）时，宜采用两种或两种以上的抑菌剂，以避免单一抑菌剂受药液pH值和其他成分影响，达到扩大抑菌谱、提高作用强度的目的。同时复合抑菌剂的协同作用，可降低抑菌剂用量，减小抑菌剂本身的毒性以及增加抑菌剂的溶解度。如苯甲酸与羟苯乙酯混合液的抑菌效果明显好于两者单用。低浓度的季铵盐类抑菌剂可抑制革兰阳性菌，但对革兰阴性菌和真菌需较高浓度，若加入对这些细菌敏感的第二种抑菌剂，便能收到良好效果。

7. 抑菌剂的选择应注意的其他问题 同一种抑菌剂在不同溶液中或不同抑菌剂在同一溶液中，其抑菌作用强弱和抑菌浓度都有很大差别。在实际应用时，必须根据制剂的品种和性质来选择不同的抑菌剂和不同的浓度。抑菌剂的选用还应考虑季节因素。在乳剂中使用的抑菌剂还应考虑抑菌剂的油、水分配系数，避免抑菌剂集中分散在油相中而不足以防止水相中微生物的繁殖。抑菌剂的灭菌过程可能会引起活性下降，不同的灭菌条件会对抑菌剂产生不同程度的灭活作用。故在防腐剂的选择中应与实际应用和生产等情况相结合。

四、抑菌剂的常用品种

苯甲酸（附：苯甲酸钠）

benzoic acid

【别名】安息香酸、苯蚁酸；phenylformic acid。

【分子式与分子量】分子式为$C_7H_6O_2$；分子量为122.12。

NOTE

【结构式】

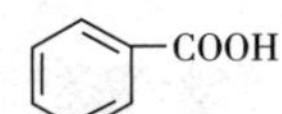

【来源与制法】苯甲酸为天然存在的物质，也可以合成制造。合成方法多种，如将甲苯置于连续液相中氧化，用钴作催化剂，反应温度150～200℃，压力0.5～5.0MPa，收率接近90%；工业上也可由三氯甲苯或邻苯二甲酸酐制得。

【性状】本品为白色有丝光的鳞片或针状结晶性粉末；质轻；无臭或微臭；在热空气中微有挥发性；味微甜带咸。苯甲酸在乙醇、三氯甲烷或乙醚中易溶，在沸水中溶解，在水中微溶。在乙醇中的溶解度为1∶2.3（20℃），在水中的溶解度为1∶345（20℃），其水溶液的pH值约为6，一般配成20%的醇溶液使用。

【作用与用途】苯甲酸有较好的抑制真菌作用，为一类有效低毒的、可用作内服和外用制剂的抑菌剂，也是消毒防腐药。其抑菌作用是靠未解离的分子，而离子则几无抑菌作用，因此pH对苯甲酸类的抑菌作用影响很大。苯甲酸在酸性溶液中抑菌效果较好，在pH2.5～4时效果最强；当溶液pH增高时，解离度增大，抑菌效果降低，故在pH5以上的溶液中苯甲酸的抑菌效果明显降低，用量不少于0.5%。

中药水性制剂如合剂，主要污染的微生物为真菌、酵母菌和少数细菌。苯甲酸的防霉作用较羟苯酯类弱，而防发酵能力则较羟苯酯类强，将二者联合应用，以苯甲酸0.25%与羟苯乙酯0.05%～0.1%联用，对防止发霉和发酵均为理想。

【使用注意】苯甲酸能与碱性物质或重金属反应。

苯甲酸能在多种非极性溶剂中形成二聚化物，此特性与其在溶液中借pH而离解的性质配合后，成为一个在表观分配作用上离解作用与分子缔合的典型范例，此原则可用于水包油乳剂需要在水相中确定苯甲酸抑菌浓度时用以决定采用苯甲酸盐的总量。

苯甲酸或苯甲酸盐的溶液可以用热压灭菌或过滤灭菌。

【质量标准来源】《中国药典》2015年版二部收载苯甲酸，《中国药典》2015年版四部收载苯甲酸钠。

附：苯甲酸钠（sodium benzoate）

苯甲酸在水中溶解度较小，故在许多不宜含醇的液体制剂中，常使用在水中溶解度较大的苯甲酸钠（25℃时1∶1.8）。苯甲酸钠也叫安息香钠，其作用与苯甲酸相当，但苯甲酸钠必须转变成苯甲酸后，才有抑菌作用，故其抑菌力不如苯甲酸。1g钠盐相当于苯甲酸0.847g，其常用量为0.1%～0.2%。当pH超过5时，其用量不得少于0.5%。

【应用实例】 **五味子糖浆**

处方：五味子100g。

制法：取五味子粉碎成粗粉，取粗粉100g，用30%乙醇作溶剂，浸渍72小时后，缓缓渗漉，收集漉液至相当于原药材的2倍，滤过；另取蔗糖600g，制成糖浆，加入上述滤液中，再加入苯甲酸钠及橘子香精适量，混匀，加水调整至1000mL，即得。

功能与主治：益气生津，补肾宁心。用于心肾不足所致的失眠、多梦、头晕；神经衰弱症见上述证候者。

注解：本品收载于《中国药典》2015年版一部。为糖浆剂，苯甲酸钠为抑菌剂，蔗糖、

NOTE

橘子香精为矫味剂。

羟苯酯类

parabens

羟苯酯类即对羟基苯甲酸酯类，又称尼泊金类，是目前国内应用最广的一类优良抑菌剂。具有低毒、无味、无臭、不挥发、用量小、化学性质稳定等特点，其抑菌作用强，尤其是对大肠杆菌有很强的抑制作用。常用羟苯酯类甲酯、乙酯、丙酯、丁酯，分别由甲醇、乙醇、正丙醇、正丁醇和对羟基苯甲酸酯化而制成，多为白色或类白色结晶或结晶性粉末。以羟苯酯乙酯使用范围较广。

羟苯酯类抑菌剂的抗菌机理在于抑制微生物细胞的呼吸酶系与电子传递酶系的活性，以及破坏微生物的细胞膜结构。其抑菌作用受 pH 值影响不大，在酸性、中性（pH4～8）溶液中均有良好的抑菌效果，但在酸性溶液中作用较强；在弱碱性溶液及强酸溶液中易水解而作用减弱。本类辅料的抗菌作用随烃基碳原子数的增加而增强，但其溶解度则正好相反。例如常用的羟苯丁酯抗菌作用最强，但溶解度却最小。因此两种以上的酯混合使用防腐效果更好。通常是乙酯和丙酯（1∶1）或乙酯和丁酯（4∶1）或甲酯与乙酯（1∶3）合用，浓度均为 0.01%～0.25%。羟苯酯类在不同溶剂中溶解度及在水中的抑菌浓度见表 3-9。

表 3-9 羟苯酯类的溶解度及抑菌浓度

名称	溶解度（g/100mL，25℃）				水溶液中抑菌浓度（%）
	水	乙醇	甘油	丙二醇	
羟苯甲酯	0.25	52	1.3	22	0.05～0.25
羟苯乙酯	0.16	70	–	25	0.05～0.15
羟苯丙酯	0.04	95	0.35	26	0.02～0.075
羟苯丁酯	0.02	210	–	110	0.01

吐温类表面活性剂及聚乙二醇虽能增加羟苯酯类抑菌剂在水中的溶解度，但却不能增加其防腐能力。因为二者可发生络合作用，仅有小部分游离体保持抑菌力。故在使用吐温类辅料的药液中，不宜选用羟苯酯类作防腐剂。

本类抑菌剂遇铁盐能变色，遇弱碱或强酸易水解，塑料能吸附本品。在液体制剂中如加入低浓度的丙二醇，可增加其抑菌作用。

羟苯酯类在水中较难溶解，配制时可用下列方法：①先将水加热至 80℃左右，加入羟苯酯类搅拌使溶解；②先将羟苯酯类溶解在少量乙醇中，然后在搅拌下慢慢加入水中使溶解。

《中国药典》2015 年版四部收载羟苯甲酯、羟苯乙酯、羟苯丙酯、羟苯丁酯、羟苯甲酯钠、羟苯丙酯钠及羟苯苄酯。

【应用实例】 金莲花口服液

处方：金莲花 450g。

制法：取金莲花，加水煎煮 3 次，每次 1.5 小时，煎液滤过，滤液合并，减压浓缩至相对密度为 1.15（50℃），静置 24 小时，滤过，滤液中加入蜂蜜或单糖浆适量及苯甲酸钠 1.8g、羟苯乙酯 0.2g，加水至 1000mL，混匀，静置 24 小时，滤过，即得。

NOTE

功能与主治：清热解毒。用于风热邪毒袭肺，热毒内盛引起的上呼吸道感染、咽炎、扁桃体炎。

注解：本品收载于《中国药典》2015 年版一部。本品以苯甲酸钠和羟苯乙酯合用作为抑菌剂，蜂蜜或单糖浆为矫味剂。

山梨酸
sorbic acid

【别名】(*E*, *E*) -2, 4-己二烯酸、花楸酸、清凉茶酸。

【分子式与分子量】分子式为 $C_6H_8O_2$；分子量为 112.13。

【结构式】

H_3C–CH=CH–CH=CH–C(=O)–OH

【来源与制法】山梨酸天然存在于某些水果中，如欧洲花椒（*Sorbus aucuparia*），商品由化学法合成，如由丁烯醛和丙酮在催化剂作用下，于0℃左右反应而得。

【性状】为白色至微黄白色结晶性粉末；有特殊嗅味。在水中溶解度较小（30℃，0.125%），但溶于沸水（3.8%）、丙二醇（20℃，5.5%）、无水乙醇或甲醇（12.9%）、甘油（0.13%）、冰醋酸（11.5%），难溶于乙醚（1∶1000），超过80℃升华。

【作用与用途】山梨酸是脂肪酸，在人体内能像脂肪酸一样被机体代谢成 CO_2 和水，毒性较苯甲酸类和羟苯酯类要低，是对人体毒性最小的抑菌剂。山梨酸能与微生物酶系统中巯基结合，从而破坏微生物的重要酶系作用，达到抑制微生物增殖的目的。常用浓度为 0.15% ~ 0.2%，在水中的最低抑菌浓度为 0.07% ~ 0.08%。其对细菌最低抑菌浓度为 2 ~ 4mg/mL（pH <6），对酵母、真菌最低抑菌浓度为 0.8% ~ 1.2%，对真菌的抑制作用较强。因其防腐作用取决于未解离的分子，所以在酸性水溶液中效果较好，在 pH 为 4.5 时效果最好。

本品适用于含吐温类液体的防腐。山梨酸与吐温虽然也能发生络合作用，但因其抑菌浓度低，在常用浓度约为 0.2% 的情况下，未络合的游离山梨酸的浓度仍高于其最低抑菌浓度，故有一定防腐作用。

【使用注意】山梨酸在空气中不稳定，易被氧化，有吸湿性。没食子酸或苯酚可使其稳定。

山梨酸常与其他抑菌防腐剂、丙烯、甘油、丙二醇或乙二醇类联合使用，相互能产生协同作用。但在塑料容器中活性也会降低。

山梨酸钾、山梨酸钙作用与山梨酸相同，水中溶解度更大。实际常用其钾盐，1g 钾盐相当于山梨酸 0.746g，需在酸性溶液中使用。其抑菌活性取决于 pH 值，并仅在 pH6.5 以下有效。

【质量标准来源】《中国药典》2015 年版四部收载山梨酸、山梨酸钾，CAS 号分别为 22500-92-1、509-00-01。

苯扎溴铵
bonzalkonium bromide

苯扎溴铵又称溴苄烷铵、新洁尔灭，为溴化二甲基苄基烃铵的混合物。本品在常温下为黄色胶状体，低温时可逐渐形成蜡状固体，极易潮解，有特殊嗅味、味极苦、无刺激性。易溶于

NOTE

水和乙醇，微溶于丙酮和乙醚，在乙醚或苯中不溶。水溶液呈碱性，振摇时产生多量泡沫。对金属、橡胶、塑料无腐蚀作用，在酸性和碱性溶液中稳定，耐热压。

苯扎溴铵为季铵盐类化合物，阳离子表面活性剂，用作消毒防腐药、抑菌剂和去垢剂。作抑菌剂时使用浓度为0.02%～0.2%。作器械消毒、手或皮肤消毒浓度为0.1%。遇肥皂及其他阴离子表面活性剂、有机物如血清、脓液等，作用减弱。《中国药典》2015年版四部收载。

除以上常用品种外，乙醇、苯甲醇、甲酚等均具有防腐抑菌作用。具体见表3－10。

表3－10　其他常用抑菌剂

抑菌剂	溶解性	使用特点	选用要点
乙醇 ethyl alcohol	与水、甘油、丙酮、三氯甲烷、乙醚能任意混溶	溶剂、消毒防腐药	常用于中药糖浆剂、合剂、流浸膏等；若溶液中同时含有甘油、挥发油等物质时，用量可低于20%；在中性或碱性溶液中含醇量需在25%以上
苯甲醇 benzyl alcohol	溶于水，与乙醇、三氯甲烷或乙醚能任意混溶	局麻药、消毒防腐药，抑菌剂	可杀死绿脓杆菌、变形杆菌和金黄色葡萄球菌，常用量0.5%～1%。当胃肠道给药时，由于苯甲醇的降解和代谢产物是苯甲醛，它对中枢神经系统存在毒性，欧盟规定禁止用于2岁以下的儿童
苯酚 phenol	溶于水，易溶于乙醇、甘油、三氯甲烷、乙醚、脂肪油或挥发油，在液状石蜡中略溶	消毒防腐药。本品是一种原浆毒，可使蛋白质凝固或变性	适用于偏酸性的药液，常用浓度为0.1%～0.5%。作皮肤或器械消毒剂，常用浓度为1%～5%。在与甘油、油类或醇类共存时抑菌效能可能降低
甲酚 cresol	略溶于水，易溶于乙醇、三氯甲烷、乙醚、甘油、脂肪油等	消毒防腐药。刺激性小，应用广泛	毒性及腐蚀性较苯酚小，作用较苯酚强，水溶液显中性或弱酸性反应，与一般生物碱有配伍禁忌，常用量0.25%～0.3%
醋酸氯己定 chlorhexdine acetate	微溶于水，溶于乙醇、甘油、丙二醇等	消毒防腐药	除对嗜酸杆菌、芽孢、毒菌和病毒无效外，对其他革兰阴性和阳性细菌都有效，以对后者作用更强。常用量0.02%～0.05%
三氯叔丁醇 trichlorobuta-nol	微溶于水，溶于乙醇、三氯甲烷、乙醚等	具有抑制细菌和真菌的作用，且较苯甲醇为强	在高温或碱性条件溶液中容易分解而降低抑菌效能。pH3时稳定性好，pH>3时稳定性逐渐降低。常用于偏酸性的注射剂和滴眼剂。常用量0.25%～0.5%

五、新型抑菌剂

近年来，新型抑菌剂的研究与开发飞速发展。其抗菌谱较广，抑菌活性范围增大，安全，无毒，有些被逐渐应用于食品和药品中。

1. 天然植物成分　很多植物挥发油是天然的抑菌剂，如肉桂油（cinnamon oil）对大肠杆菌、痢疾杆菌、伤寒杆菌、金黄色葡萄球菌均有一定抑制作用，桂皮醛0.01%的浓度能抑制真菌，0.1%的浓度可抑制发酵，且温度及pH值对其抑菌谱效力无明显影响，与八角茴香油（0.3%）混合使用作用更强；茶树油（tea tree oil）0.5%～3%的浓度有杀菌活性；紫苏油（perilla oil）对自然污染的真菌、酵母菌的抑制力明显优于羟苯乙酯，用量较小，较安全，不受pH因素的制约，还能起到矫味作用。还有桉叶油、薰衣草油等，在药剂、食品中发挥芳香矫味和抑菌作用。

除了挥发油，植物中的其他成分也具有良好的抑菌作用。如金银花中的有效成分绿原酸（chlorogenic acid）有较广的抗菌谱，0.02%浓度的绿原酸具有0.03%羟苯乙酯相同的防腐作

NOTE

用。一些含蒽醌类成分的中药如虎杖、决明子、大黄、何首乌等用做天然防腐剂也有很好的前景。

2. 微生物代谢产物　微生物来源的天然抑菌剂包括乳酸菌素、纳他霉素、ε-聚赖氨酸、曲酸、溶菌酶、甲烷氧化菌素、抗菌肽、罗伊氏菌素等。

乳酸菌素（nisin）也叫乳酸链菌肽，是乳酸球菌代谢过程中通过核糖体合成产生的小分子抗菌肽，抑菌范围广，其抗菌作用是通过作用于细菌的细胞膜，在膜上形成离子通道，引起胞内物质的外漏，从而杀死细菌。在世界上50多个国家和地区应用为食品的天然防腐剂。

纳他霉素（natamycin）是一种由恰塔努加链霉菌、纳塔尔链霉菌和褐黄孢链霉菌等链霉菌经过深层发酵产生的多烯大环内酯类抗真菌剂，是一种高效、安全的新型生物防腐剂和医用抑菌剂，几乎对所有霉菌和酵母菌具有抑制作用，对细菌没有作用。在食品、药品等方面具有良好的应用前景。

第七节　矫味剂

在疾病治疗中，矫味、矫臭具有精神上和心理上的积极作用，是提高药品依从性的重要手段。矫味剂是一类能掩盖和矫正药物不良嗅味，使制剂更加可口，便于患者服用的物质。矫味剂广泛用于口服制剂中。

一、味觉与嗅觉的生理学基础

滋味主要是指进食过程中的味觉、嗅觉、触觉、视觉甚至听觉的综合感觉，其中味觉、嗅觉与口腔黏膜对化学刺激的感应占重要地位。此外，温度、稠度、咀嚼与吞咽的难易等也影响滋味。

味蕾是口腔黏膜中辨别滋味的主要器官，成人口腔中平均有几千个味蕾，大部分分布于舌端、舌缘和舌根，小部分分布于软腭、咽后壁与会厌。味蕾是由味觉细胞与支柱细胞组成，其中味觉细胞与特殊神经纤维相连成为感觉刺激装置，并且由短管（即味孔）与口腔相通，能反映甜、酸、苦、咸四种基本味道。能溶于唾液的物质引起扩散，才能刺激味蕾，产生味觉。

影响味觉感应的因素是多方面的，其中最重要的因素就是嗅觉，真正能被舌的味蕾所感觉的味道只有酸、甜、苦、咸，而其他味道要配合嗅觉感受，如因某种原因而丧失了嗅觉，很多味道就不能辨别了。人类鼻腔中的嗅觉细胞对臭气非常敏感，芳香物挥发性愈大，气味愈浓。

二、矫味矫臭的方法

（一）机械性方法

将药物的不快气味掩盖，如将药物加入胶囊中，或制成丸剂、片剂后再包糖衣以达矫味矫臭的目的。此类方法简便易行，应用也比较普遍，但是小儿患者使用困难。

（二）化学方法

将一些有不适气味的药物利用化学方法改变其部分结构，制成另一种药理作用相同的化合物，也可以达到矫味矫臭的目的。例如很多生物碱类可溶性盐的味道极苦，将其制成难溶性酯

NOTE

类化合物就可以改变其不适气味，但这些酯类化合物在肠道中必须经过水解才能生效，故药效产生较慢，在服用时还需适当增加剂量，才能达到治疗效果。

（三）药剂学方法

指在制剂过程中加入矫味剂。大多数中药口服液和片剂均具有使患者不易接受的气味，可通过加入一定的矫味剂，掩盖药物本身的不适气味或改进制剂的味道，便于患者服用，尤其在儿童用药中最为常见。

三、矫味剂的分类

（一）甜味剂

甜味剂（sweetening agents）是具有甜味的物质，包括天然甜味剂与合成甜味剂两大类。

1. 天然甜味剂 它是一类高热量甜味剂，主要包括糖类、糖醇类、苷类，其中以糖类中的蔗糖及单糖浆应用最为广泛。在制剂时为防止蔗糖结晶析出，常与甘油、山梨醇等多元醇合用。另外，柠檬、橙、樱桃等果汁糖浆也是常用的甜味剂。蜂蜜常作为中药制剂的滋补性甜味剂。

2. 人工合成甜味剂 它为无热量或低热量甜味剂，甜度比蔗糖大数十倍至数百倍，应用日益广泛。主要包括糖精钠、阿司巴坦等。

（二）芳香剂

芳香剂（spices flavors）是在药品生产中用于改善药物气味的物质，主要包括天然芳香剂和人工合成香料两大类。

1. 天然芳香剂 包括天然芳香油及其制剂，多含有复杂的成分，如薄荷水、橙皮酊、肉桂油等，以及动物来源的芳香物质，一般都需通过提取、浓缩、纯化和鉴定后方能使用。

2. 人工合成香料 包括醇、醛、酮、酯、萜等香料组成的香精，其中酯类香料应用最广泛。

（三）胶浆剂

胶浆剂（mucilagines）具黏稠缓和的性质，既可阻止药物向味蕾扩散，又可干扰味蕾的味觉，并且能降低药物的刺激性，因而能矫味，在胶浆剂中加入甜味剂可增加胶浆剂矫味的效果。常用胶体有淀粉、阿拉伯胶、羧甲基纤维素钠、海藻酸钠、明胶、琼脂、甲基纤维素等。

（四）泡腾剂

泡腾剂（effervescents）是将碳酸氢盐与有机酸如枸橼酸或酒石酸混合，加适宜辅料制成的。泡腾剂遇水后能产生大量二氧化碳，其溶于水后呈酸性，能麻痹味蕾而达到矫味目的。

（五）新型的矫味剂

近年来，一些新型的矫味剂也被运用于制药工业中，如使用屏味剂、离子交换树脂、蛋白质、沸石等。其中，离子交换树脂作为新型液体制剂适用的矫味剂发展较快，引起了药剂学界的广泛关注。

四、矫味剂的选用原则

在选用矫味剂时，具有苦味的药物可用甜味剂加气味浓烈的芳香剂，比如复方薄荷制剂、巧克力型香精等；具有咸味的药物一般以含芳香成分的糖浆剂进行矫正，如奶油香精、冬青油

等；而对于涩味、酸味的矫正，则常选用适宜黏度的胶浆剂和甜味剂。某些片剂辅料如山梨醇、甘露醇等本身就有甜味，且入口后有清凉感，可适当加入冬青油、薄荷醇等矫味剂，以促进这类片剂的适味感；枸橼酸可以增加维生素 C 的甜酸味。另外，凡是酸性物质大都可以用柑橘类添加剂矫味。

使用矫味剂调整药物制剂的香、味是制药过程的重要环节，必须在不影响药物质量和保证用药安全的前提下，根据药物性质不同，服用人群各异而有针对性地采用不同的矫味物质。合适的矫味剂及其用量需反复试验和总结，才能达到最理想的效果。选用矫味剂应注意以下几点：

1. 矫味剂是在安全，且对人体无害的前提下使用的，所用矫味剂应符合国家的相关规定，以保证药物的安全与稳定。

2. 必须注意选择的矫味剂对制剂处方中的其他药物与辅料无配伍禁忌，不影响药物的治疗作用。如在水杨酸钠合剂中加入枸橼酸糖浆，会导致水杨酸游离析出。

3. 芳香剂中的香料易受酸碱影响，在选用时应注意其适宜的 pH 范围。

4. 在矫味前应先关注其用药目的，如中药中的一些健胃剂是利用其苦味产生作用的，将苦味矫除则失去了用药的意义。

五、矫味剂的常用品种

（一）甜味剂的常用品种

蔗　糖
sucrose

【别名】白糖、砂糖、β－D－呋喃果糖基－α－D－吡喃葡萄糖苷。

【分子式与分子量】分子式为 $C_{12}H_{22}O_{11}$；分子量为 342.30。

【结构式】

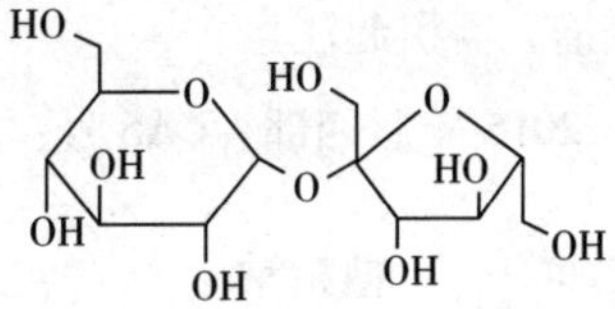

【来源与制法】本品广泛分布于植物中，由甘蔗或甜菜经压榨或渗滤后澄清、蒸发、结晶而得。

【性状】本品为无色结晶或白色结晶性的松散粉末，无臭，味甜。在空气中稳定，但当相对湿度在约 85% 时，可吸湿而变潮，甚至溶化。加热到 160℃ 时糖焦化。在水中极易溶解，水溶液对石蕊显中性，在乙醇中微溶，在无水乙醇中几乎不溶，微溶于甘油和吡啶，不溶于三氯甲烷和乙醚。9.25% 水溶液与血清等渗，熔程 160～185℃（分解）。无还原性，热溶液也不使非林溶液还原，在不加热情况下硫酸可使其变黑和炭化。可被发酵，稀溶液经发酵后生成乙醇，最终产物为乙酸；能被稀矿酸或转化酶水解成葡萄糖及果糖，稀溶液易受微生物污染。

【作用与用途】蔗糖是药品生产中应用最广泛的辅料，常在固体制剂中作矫味剂、稀释剂、黏合剂等，在液体制剂中作矫味剂。

NOTE

【使用注意】本品为天然食用甜味剂，无毒，安全，但糖尿病、肥胖病人及对糖代谢不良症患者应控制使用。另外，摄入高糖饮食易造成龋齿。

【质量标准来源】《中国药典》2015 年版四部，CAS 号：57－30－1。

阿司帕坦

aspartame

【别名】天门冬酰苯丙氨酸甲酯、阿斯巴甜、天冬甜素、甜味素、蛋白糖；N－L－α－天冬氨酰－L－苯丙氨酸－1－甲酯。

【分子式与分子量】分子式为 $C_{14}H_{18}N_2O_5$；分子量为 294.31。

【结构式】

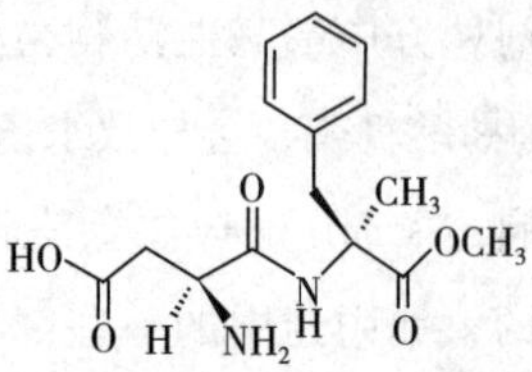

【来源与制法】由 L－天冬氨酸和 L－苯丙氨酸甲酯盐酸盐缩合而成。

【性状】本品为白色结晶性粉末，味甜，甜度约为蔗糖的 200 倍，无不良的苦味或金属后味。在水中极微溶解，溶解度约为 1g/100mL，在乙醇、正己烷或二氯甲烷中不溶。在干燥状态下性质稳定，水溶液的稳定性易受温度、pH 值、时间等影响，易分解失去甜味，一般于 25℃、pH 值 4.3 左右稳定性最好。

【作用与用途】本品是一种非营养型氨基酸甜味剂，广泛用于食品、饮料、医药等行业，不产生热量，尤其适合于糖尿病、肥胖症病人，一般用量在 0.01%～0.6%。

【使用注意】每人每天允许摄入量为 40mg/kg，遇氧化剂、碱性药物发生氧化、分解反应。阿司帕坦进入人体后代谢产生天冬氨酸和苯丙氨酸而被吸收，不积存于组织中。本品对苯丙酮尿症患者应避免或限制使用。随着研究的深入，对其安全的隐患仍有报道，如研究人员发现阿司巴坦可以引起实验室动物产生脑瘤，需引起注意。

【质量标准来源】《中国药典》2015 年版四部，CAS 号：22839－47－0。

糖精钠

saccharin sodium

【别名】可溶性糖精、糖精、1,2－苯并异噻唑－3（2H）－酮－1,1－二氧化物钠盐二水合物。

【分子式与分子量】分子式为 $C_7H_4NSO_3Na \cdot 2H_2O$；分子量为 241.19。

【结构式】

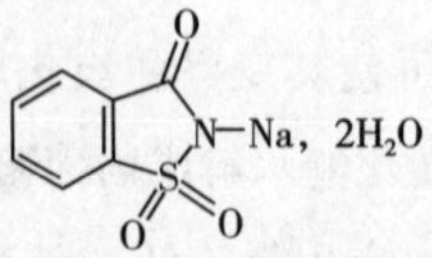

【来源与制法】由甲苯与氯磺酸进行氯磺化作用，得油状的邻甲苯磺酰氯和副产品结晶状对甲苯磺酰氯，分离后与氨作用并氧化后得糖精，再用氢氧化钠碱化而成。

NOTE

【性状】本品为无色结晶或白色结晶性粉末，无臭或微有香气，易风化。味极甜而带苦，甜度相当于蔗糖的200～700倍，不产生热量。易溶于水，溶解度随温度升高而迅速增大，略溶于醇。

【作用与用途】本品主要用于食品加工和药物制剂，如片剂、散剂、含药的糖果、凝胶、混悬液、液体制剂，适合用作糖尿病、心脏病、肥胖病人等患者的甜味剂。高浓度水溶液略有苦味，使用浓度不宜超过0.02%。

【使用注意】本品遇酸或酸性物质，遇热不稳定，易分解形成邻氨基磺酰苯甲酸而失去甜味呈现苦味。

【质量标准来源】《中国药典》2015年版二部。

果糖

fructose

参见第九章第五节果糖项下。本品在片剂、糖浆剂及溶液剂中用作填充剂、矫味剂。果糖也是营养药，易消化，不需要胰岛素作用，能直接被人体代谢利用，适于幼儿和糖尿病患者。

需注意其与强酸强碱配伍时变成褐色。

蜂蜜

mel

本品为半透明、带光泽、浓稠的液体，白色至淡黄色或橘黄色至黄褐色，放久或遇冷渐有白色颗粒状结晶析出。气芳香、味极甜。为食用和药用甜味剂，用量15～30g。糖尿病、肥胖病人需注意禁忌。

甜菊素

steviosin

甜菊素是以甜菊素为主的混合苷。为白色或类白色粉末；无臭，味浓甜微苦，甜度约为蔗糖的300倍。在酸性或碱性环境中稳定，溶于乙醇，微溶于水。本品为不产生热量的甜味剂，广泛应用于食品、医药等行业。

乳糖

lactose

参见第五章第二节乳糖项下。本品广泛用于片剂和胶囊剂，作为填充剂和矫味剂等。需注意凡对乳糖吸收不良者服用后会引起气腹、腹绞痛、腹泻、有时呕吐等副作用。

D－木糖

xylose

本品为白色或类白色晶体，或无色针状物，略有甜味，甜味类似果糖，甜度约为蔗糖的0.65倍。不能被微生物发酵，熔点145～150℃，在水中易溶，在热乙醇中溶解，在乙醇中微溶，不溶于乙醚。在制剂中作为甜味剂和稀释剂等使用。本品在人体内不易吸收利用，部分被

NOTE

吸收后代谢成 CO_2 和水。是不能产生热能的甜味剂，适用于制备糖尿病、肥胖患者和高血压患者所用制剂。

（二）芳香剂的常用品种

薄荷素油

peppermint oil

别名薄荷油。为无色或淡黄色澄清液体，有特殊清凉香气，味初辛、后凉。存放日久，色渐变深。与乙醇、三氯甲烷或乙醚能任意混溶，也易溶于大多数非挥发性油中。可用作食品添加剂，主要用于食品、烟草、酒类等，有清凉、驱风、消炎、镇痛等作用，常用作外用制剂的芳香剂和疼痛减轻剂，内服制剂的芳香矫味剂。注意遇碱类物质、氧化剂易发生氧化、水解反应。

肉桂油

cinnamon oil

别名桂油、桂皮油。为黄色或黄棕色澄清液体，有肉桂的特异香气，味甜、辛。露置空气中或存放日久，色渐变深，质渐浓稠。在乙醇或冰醋酸中易溶。本品在药剂中用作芳香剂、着色剂、防腐剂，也可作为矫味剂用于化妆品和食品工业中，是一种食用天然芳香油。与铁剂、酸、碱以及氧化性药物有配伍禁忌。

八角茴香油

star anise oil

别名大茴香油。为无色或淡黄色的澄清液体；气味与八角茴香类似，冷时常发生浑浊或析出结晶，加温后又澄清。在90%乙醇中易溶。在药剂中用作着香剂和芳香剂，用于制备内服或外用的液体、半固体制剂，本品也是常用的烹调用辛香料，广泛用于食品、化妆品中。遇酸、碱和氧化性药物易发生氧化、水解反应。

此外，液体制剂还会使用抗氧剂、pH 调节剂等辅料，详见第四章。

NOTE

第四章　注射剂及无菌制剂用辅料

第一节　概　述

注射剂（injection）系指药物制成的供注入体内的无菌溶液（包括乳浊液和混悬液）以及供临用前配成溶液或混悬液的无菌粉末或浓溶液。

无菌制剂（sterile preparation）系指在无菌环境中采用无菌操作法或无菌技术制备的不含任何活的微生物的一类药物制剂。对于热敏性药物，多肽、蛋白质类等大分子药物常采用无菌操作法制备成无菌制剂。

在注射剂制备过程中常常加入辅料以增加药物的溶解度、提高稳定性等，因此，药用辅料对注射剂的有效性、稳定性、安全性产生重要影响。《中国药典》2010 年版收载供注射用辅料仅有注射用甘油，而《中国药典》2015 年版注射用辅料有 13 个，新增 12 个，对规范国内的注射剂质量有重大意义。

一、注射剂辅料的特殊要求

注射剂直接进入体内，吸收快、作用迅速，如果辅料出现质量问题，就会迅速对机体产生危害，所以对注射用辅料有更为严格的要求。注射用辅料应从来源、生产工艺、质量检验等环节进行严格控制，以符合注射使用的质量要求。

1. 注射剂、滴眼剂等无菌制剂用辅料应符合注射级或眼用制剂的要求，除检查、杂质等项下要求更为严格外，还增加了无菌、细菌内毒素、微生物限度和控制菌要求。
2. 主药及辅料之间无配伍禁忌，不影响药物疗效，避免对检验产生干扰。
3. 化学性质稳定，不易受温度、pH 值等影响。
4. 使用浓度不得引起毒性或明显的刺激性，不应有药理作用。
5. 在满足要求的前提下，尽量减少注射用辅料的种类和用量。
6. 应尽可能选用注射剂常用辅料品种。

二、注射剂辅料的分类

配制注射剂时，可根据需要加入适宜的附加剂，常用辅料主要有 pH 调节剂、等渗调节剂、增溶剂、助悬剂、抑菌剂、抗氧剂、金属螯合剂、填充剂等，其主要作用为增加药物溶解度、增强药物稳定性、调节渗透压或 pH 值、抑制微生物生长、减轻疼痛或对组织的刺激性等。

NOTE

第二节　注射剂的溶剂

一、注射用水

1. 注射用水（water for injection）　是以纯化水经蒸馏所得的水。为配制注射剂用的赋形剂、溶剂。注射用水的质量要求在《中国药典》2015年版中有严格规定。除一般蒸馏水的检查项目如酸碱度、氯化物、硫酸盐、钙盐、铵盐、二氧化碳、易氧化物、不挥发物及重金属等均应符合规定外，尚须通过热原检查。

2. 灭菌注射用水（seile water for injection）　为注射用水依照注射剂生产工艺制备所得的水。不含任何添加剂，主要用于注射用无菌粉末的赋形剂和溶剂或注射液的稀释剂，以及吸收疗法、冲洗疗法的稀释剂和洗涤剂。

【应用实例】　注射用双黄连（冻干）

处方：金银花提取物2500g，连翘5000g，黄芩2500g，制成1000瓶。

制法：取黄芩提取物，加入适量水，加热，用10%氢氧化钠调pH值7.0使溶解，加入金银花提取物和连翘提取物及适量注射用水，每1000mL溶液加入5g活性炭，调pH值7.0，加热煮沸15分钟，冷却，滤过，灭菌，滤过，罐装，冷冻干燥，压盖即得。

作用与用途：清热解毒，疏风解表。

注解：（1）配制注射剂所用金银花提取物、连翘提取物均以水煎醇沉法制得。

（2）配制注射剂所用黄芩提取物系用水煎法提取，并经酸碱法纯化处理制得。

（3）用高效液相色谱法测定成品中绿原酸、黄芩苷和连翘苷的含量及指纹图谱，作为质量控制指标。

二、注射用非水溶剂

1. 乙醇　乙醇可供肌内或静脉注射，采用乙醇作注射用溶剂时浓度可高达50%，如氢化可的松注射液，但浓度超过10%肌内注射有疼痛感，可用混合溶剂来克服。许多高浓度乙醇制成的注射液大都在临用时加氯化钠葡萄糖注射液将其稀释后使用。乙醇作静脉注射用溶剂时，要注意配方浓度及实施注射时的浓度，以防产生溶血现象。

2. 丙二醇　注射用丙二醇增加了乙二醇、细菌内毒素及无菌（无除菌工艺的无菌制剂）检测。作为注射剂溶媒，有速效或延效作用。注射液溶剂浓度为10%～60%，可供肌内、静脉等给药。此外，不同浓度的丙二醇水溶液有冰点下降的特点，可用以制备各种防冻注射剂。

丙二醇在等渗情况下引起人血溶血的浓度是33%～35.8%，临界溶血浓度是30%左右。

丙二醇作皮下或肌内注射用溶剂有一定的局部刺激性，加入1%～5%苯甲醇可减轻其刺激。

【应用实例】　盐酸氮芥注射液

处方：盐酸氮芥5g，丙二醇加至1000mL。

制法：称取丙二醇（用塑料布两层包扎）先以流通蒸汽100℃灭菌1小时，待冷后，加入

盐酸氮芥并不断搅拌使完全溶解。用无菌操作法灌封于安瓿中（装量1mL），不予灭菌。

作用与用途：主要用于恶性淋巴瘤，尤其是霍奇金病的治疗，腔内用药对控制癌性胸腔、心包腔及腹腔积液有较好疗效。

注解：本品收载于《中国药典》2015年版二部。盐酸氮芥为白色或几乎无色的澄明黏稠液体，毒性大剂量小，以丙二醇作为溶剂。

3. 注射用油　油作注射用溶剂只能供肌内注射。油溶性药物不易与体液混合，释放缓慢，吸收速度降低，故有延长药效的作用。如麻油可以用作油质混悬注射剂的赋形剂；大豆油可以用于制备静脉乳剂注射液。

常用的注射用油为大豆油（注射用），性状等内容见第三章第二节"脂肪油"条，其与大豆油的区别见表4-1。

表4-1　大豆油与大豆油（供注射用）的区别

控制指标	大豆油	大豆油（供注射用）
酸值与皂化值	酸值不得过0.2；皂化值为188~200	酸值不得过0.1；皂化值为188~195
吸光度	无要求	以水为空白，在450nm处吸光度不得过0.045
过氧化物	消耗硫代硫酸钠滴定液（0.01mol/L）不得过10.0mL	消耗盐酸滴定液（0.01mol/L）不得过0.1mL
重金属	不得过百万分之五	不得过百万分之二
碱性杂质	无要求	消耗硫代硫酸钠滴定液（0.01mol/L）不得过3.0mL
砷盐	符合规定（0.0002%）	符合规定（0.00004%）
其他	无微生物限度、无菌检查要求	需经微生物限度、无菌检查（无除菌工艺的无菌制剂）

第三节　增溶剂、助悬剂和乳化剂

一、增溶剂

聚山梨酯80（供注射用）

polysorbate 80

性状等内容详见第三章第三节聚山梨酯类。

吐温80为注射液常用增溶剂或乳化剂。吐温类其他品种如吐温20、吐温40等因较强的溶血性而不用于注射途径。含挥发油的中药注射剂，如柴胡、当归、冰片、麝香、细辛等，一般多采用吐温80作增溶剂，复方柴胡注射液、复方当归注射液、细辛注射液等均采用吐温80增溶，可有效消除中药注射液的混浊或乳光，使药液澄明。

吐温80常用量为0.5%~1%，4%的吐温80有轻微的溶血作用，在临床静脉注射使用时应慎重。用吐温80增溶偏酸性溶液，如含酚性成分的注射液，会使溶液变浑浊；某些中药注射剂中含有鞣质，与吐温80可能产生络合反应，使其产生沉淀或浑浊。

吐温 80 的昙点为93℃。加有吐温 80 的注射液，经灭菌后会出现起昙现象，振摇后恢复澄清，吐温 80 在不同的被增溶物质中昙点不同。注射液中加入止痛剂如苯甲醇或等渗调节剂氯化钠等均能使吐温 80 的昙点降低，吐温 80 与注射剂中所含的抑菌剂如苯酚会发生变色或/和沉淀反应，并会使苯甲醇、三氯叔丁醇及羟苯酯类的抑菌活性降低。因此，注射剂中是否加入吐温 80，应根据注射剂的质量作全面考虑。聚山梨酯 80 与聚山梨酯 80（供注射用）的区别见表 4－2

表 4－2　聚山梨酯 80 与聚山梨酯 80（供注射用）的区别

控制指标	聚山梨酯 80	聚山梨酯 80（供注射用）
性状	淡黄色至橙黄色的黏稠液体	无色至微黄色黏稠液体
黏度	350～550mm^2/s（25℃）	350～450mm^2/s（25℃）
酸值与过氧化值	酸值不得过 2.0；过氧化值不得过 10	酸值不得过 1.0；过氧化值不得过 3
颜色	与同体积对照液（比色用重铬酸钾液与比色用氯化钴液混合液）比较不得更深	与同体积的黄色 2 号标准液比较不得更深
气相色谱检查	乙二醇、二甘醇不得过 0.01%；环氧乙烷不得过 0.0001%；二氧六环不得过 0.001%	乙二醇、二甘醇、三甘醇不得过 0.01%；环氧乙烷不得过 0.0001%；二氧六环不得过 0.001%
水分	不得过 3.0%	不得过 0.5%
炽灼残渣	遗留残渣不得过 0.2%	遗留残渣不得过 0.1%
脂肪酸组成	油酸含量不得低于 58%，肉豆蔻酸、棕榈酸、棕榈油酸等含量也有一定要求	油酸含量不得低于 98%，肉豆蔻酸、棕榈酸、棕榈油酸等含量不得过 0.5%
其他	无细菌内毒素、无菌检查要求	需经细菌内毒素、无菌检查（无除菌工艺的无菌制剂）

【应用实例】　利血平注射液

处方：利血平 2.5g，苯甲醇 20mL，无水枸橼酸 2.5g，吐温 80 10mL，注射用水加至 1000mL。

制法：取利血平与枸橼酸，加苯甲醇微热溶解，再加入吐温 80 及适量注射用水至 1000mL，G－3 垂熔玻璃漏斗滤清后，灌封，100℃流通蒸汽灭菌 15 分钟，即得。

作用与用途：本品对高血压病有特殊疗效，其降血压作用较为温和而持久，对中枢神经有镇静作用，常用于治疗各种类型的高血压症。兼治神经过敏、神经不安、失眠、焦虑以及突眼性甲状腺肿等症。

注解：本品收载于《中国药典》2015 年版二部。利血平是吲哚类生物碱，为白色有光泽的针状结晶，不溶于水，在各种有机溶媒中能中度溶解。本品中加吐温 80 作为增溶剂。

泊洛沙姆 188

poloxamer 188

【别名】 a－氢－ω－羟基聚（氧乙烯）$_a$－聚（氧丙烯）$_b$－聚（氧乙烯）$_a$嵌段共聚物。商品名为普流罗尼克（pluronic），F－68。

【分子式与分子量】 分子式为 $H(C_2H_4O)_a(C_3H_6O)_b(C_2H_4O)_aOH$，$a=75\sim80$，$b=25\sim30$；平均分子量 7680～9510。

NOTE

【结构式】

$$H-\left[O-CH_2-CH_2\right]_a-\left[O-CH(CH_3)-CH_2\right]_b-\left[O-CH_2-CH_2\right]_a-OH$$

【来源与制法】环氧丙烷和丙二醇反应形成聚氧丙烯乙二醇，然后加入环氧乙烷形成嵌段共聚物。

【性状】本品为白色半透明蜡状固体，微有异臭。在水或乙醇中易溶，在无水乙醇、乙酸乙酯、氯仿中溶解，在乙醚或石油醚中几乎不溶，具有一定的起泡性；2.5%水溶液的pH值5.0~7.5，注射用者pH值在6.0~7.0；1%（*W/V*）和10%（*W/V*）的泊洛沙姆188水溶液昙点大于100℃，HLB为29；其性质稳定，水溶液在酸、碱和金属离子存在下仍然稳定，遇光则使pH值下降，且水溶液易生霉菌。

【作用与用途】可作为分散剂、乳化剂和共乳化剂、增溶剂、片剂润滑剂和湿润剂。作为一种水包油型乳化剂是目前极少数可用于静脉乳剂的合成乳化剂之一。用量0.1%~5%。用本品制备的乳剂，乳粒少，一般在1μm以下，吸收率高。物理性质稳定，能够耐受热压灭菌和低温冰冻。

【使用注意】与苯酚和羟苯酯类的配伍禁忌取决于相对密度。

【质量标准来源】《中国药典》2015年版四部，CAS号：9003-11-06。

【应用实例】**注射用脂肪乳输液（商品名：Lipomul）**

处方：棉籽油150g，大豆磷脂12g，泊洛沙姆188 3g，葡萄糖40g，注射用水加至1000mL。

作用与用途：能量补充药，为机体提供能量和必需脂肪酸，用于胃肠外营养补充能量及必需脂肪酸。

注解：泊洛沙姆188在此作乳化剂和稳定剂。

聚乙二醇400（供注射用）

性状等内容详见第三章第三节。聚乙二醇400与聚乙二醇400（供注射用）的区别见表4-3。

表4-3　聚乙二醇400与聚乙二醇400（供注射用）的区别

控制指标	聚乙二醇400	聚乙二醇400（供注射用）
甲醛	吸光度不得大于对照溶液的吸光度（30%）	吸光度不得大于对照溶液的吸光度（10%）
还原性物质	无还原性物质检查要求	颜色不得深于参比液橙红色2号
其他	无细菌内毒素、无菌检查要求	需经细菌内毒素、无菌检查（无除菌工艺的无菌制剂）

在注射剂生产中经常使用的助溶剂有葡甲胺、有机酸、氨基酸和维生素类，如苹果酸、蛋氨酸、甘氨酸、精氨酸、烟酰胺和维生素B_6等。例如：阿奇霉素氯化钠注射液使用苹果酸作为助溶剂；穿琥宁氯化钠注射液用碳酸氢钠作为助溶剂；阿昔洛韦氯化钠注射液中就使用了烟酰胺、苯丙氨酸和维生素B_6作为助溶剂。

二、助悬剂或乳化剂

混悬型注射剂、乳浊液型注射剂等通常需要加入一些助悬剂以增加注射液的稳定性。应用于注射液的混悬剂应具有无抗原性、无热原、无刺激性、不溶血，有高度分散性和稳定性，使用剂量小，耐热等特点。注射液常用的助悬剂主要为药用高分子材料，包括天然胶类的如明胶（非抗原性）和果胶，常用量分别为2.0%、0.2%；纤维素类的甲基纤维素、羧甲基纤维素钠，此外还有聚乙烯吡咯烷酮等。

供肌内注射用的乳化剂有非离子型表面活性剂如吐温；供静脉注射用的乳化剂有卵磷脂，如精制豆磷脂、蛋磷脂，或一些非离子型表面活性剂如泊洛沙姆。

在注射剂中，乳化剂不仅需符合其基本要求，还需要具有高效的乳化能力（乳化后油滴在1μm左右），无抗原性、无热原、无刺激性、不溶血，能耐受高压灭菌和长时间贮存不分解。国外在生产脂肪乳注射剂中常用的乳化剂有卵磷脂（或豆磷脂）、泊洛沙姆188、胆固醇、甘油单油酸酯等，以卵磷脂最多使用。其中可以静脉注射用的只有卵磷脂和泊洛沙姆188。乳化剂用量一般为油的1%~10%。

蛋黄卵磷脂

egg yolk lecithin

【别名】蛋黄磷脂、卵磷脂。

【来源与制法】本品系以蛋黄粉为原料，经丙酮处理脱油、脱水，再用无水乙醇提取精制而得。含氮（N）应为1.75%~1.95%，含磷（P）应为3.5%~4.1%，含磷脂酰胆碱（PC）不得少于68.0%，含磷脂酰乙醇胺（PE）应不得过20.0%，含PC和PE的总量不得少于80%。

【性状】本品为乳白色或淡黄色的粉末或蜡状固体，具有轻微的特殊嗅味，触摸时有轻微滑腻感。在乙醇、乙醚、氯仿或石油醚（沸程40~60℃）、脂肪油中溶解，在丙酮和水中几乎不溶。卵磷脂分子呈微小柱状，含磷酸根、胆碱基的极性端具有亲水性，由碳氢键组成的非离子端具有亲脂性，故有良好的乳化性能，并有耐热、稳定、毒性小的优点。

【作用与用途】卵磷脂具有乳化、分散、助渗、润湿等特性，并对皮肤和黏膜有很强的亲和力，用作乳化剂、增溶剂、脂质体膜材等，广泛用于液体制剂（注射液、脂质体、乳剂等）、半固体制剂（乳膏剂、油膏剂等）、固体制剂（片剂、颗粒剂、胶囊剂等）和前体药物制剂的制备。用卵磷脂作乳化剂时，可形成稳定的水包油乳剂。

【使用注意】卵磷脂极易氧化，见光后颜色极易变深，使乳剂不美观，因此常在通惰性气体条件下制乳，或加入适量的维生素E为抗氧剂。卵磷脂遇较强的酸、碱可发生分解等反应，也能被酯酶水解。pH过高过低均易分解。

由于卵磷脂是由复杂的类脂混合体分离而得，应用时应注意与处方中其他成分的相互作用；药用卵磷脂，尤其是作注射用的乳化剂卵磷脂，须严格检查，控制质量。注射用蛋黄卵磷脂应增加有关物质、蛋白质、细菌内毒素等检查。

【质量标准来源】《中国药典》2015年版四部，CAS号：93685-90-6。

【应用实例】 脂肪乳注射液

处方：注射用大豆油50g，注射用中链甘油三酸酯50g，注射用卵磷脂12g，注射用甘油25g，注射用水加至1000mL。

本品系由注射用大豆油经注射用卵磷脂乳化并加注射用甘油制成的灭菌乳状液体。

作用与用途：能量补充药。本品适用于需要静脉输注营养的病人。手术前后营养失调；营

养障碍或氮平衡失调；烧伤；长期昏迷；肾功能损害；恶病质；必需脂肪酸缺乏或者摄取不足的患者；改善肿瘤患者对化学和放射性治疗的耐受性；改变细胞膜组成和调节多种介质的产生。

注解：卵磷脂可辅助治疗动脉粥样硬化、脂肪肝、小儿湿疹以及神经衰弱症。在药用辅料中作增溶剂、乳化剂及油脂类的抗氧化剂。

大豆磷脂

soybean lecithin

【别名】豆磷脂。

【来源与制法】系从大豆中提取精制而得的磷脂混合物。其中绝大部分为胆碱磷脂，并含有少量乙醇胺磷脂、丝胺酸磷脂和肌醇磷脂等。以无水物计算，含磷量应不得少于2.7%；含氮量应为1.5%～2.0%；含磷脂酰胆碱应不得少于45.0%，含磷脂酰乙醇胺应不得过30.0%，含磷脂酰胆碱和磷脂酰乙醇胺总量不得少于70%。

【性状】大豆磷脂为黄色至棕色半固体、块状物；吸湿性强，易氧化。在乙醚、乙醇中易溶，在丙酮中不溶。大豆磷脂有耐酸、耐盐性，溶液的pH值约为6.6，呈微酸性。注射用大豆磷脂除了增加有关物质、蛋白质、细菌内毒素等检查，重金属不得过百万分之五。

【作用与用途】大豆磷脂具有很强的乳化作用，能使油水间界面张力大大降低，形成一种稳定的高度分散而均匀的水包油型乳剂。大豆磷脂能经受热压灭菌不被破坏，毒性小，不会产生致热、降压、刺激性等副反应，因此被认为是一种理想的可供注射用乳化剂。在注射剂中用量为0.3%～2.3%，如脂肪乳输液剂鸦胆子乳剂等多种药物制剂。在口服混悬剂中用量为0.25%～10%。

【使用注意】本品由于含有不饱和双键，遇氧化剂、较强的酸、碱发生氧化、分解等反应，也能被酯酶水解，故应密封保存。

【质量标准来源】《中国药典》2015年版四部，CAS号：8030－76－0。

【应用实例】　**鸦胆子油乳注射液**

处方：精制鸦胆子油100mL，精制豆磷脂15g，甘油25mL。

制法：以上三味，取精制豆磷脂与温热的甘油与适量注射用水混合，转入高速组织捣碎机内（8000转/分），搅拌2次，第一次5分钟，第二次2分钟，使其分散均匀，加入温热的鸦胆子油，搅拌3次，每次2分钟，使成初乳，加入注射用水至1000mL，再转入高压乳匀机内（40MPa）匀化3次，滤过，取滤液，灌封，灭菌，即得。

功能与主治：抗癌药。用于消化道肿瘤及宫颈癌，也可用于肺癌。

注解：（1）本品收载于《部颁标准》中药第14册，标准号为WS3－B－2739－97。

（2）鸦胆子油为苦木植物鸦胆子的干燥成熟果实经石油醚提取后所得的脂肪油。鸦胆子油为黄色澄明液体，气特异，味苦。能与乙醚、氯仿、四氯化碳任意混合，在甲醇、乙醇、戊醇中微溶，在水中不溶。

（3）本品为乳白色的均匀乳状液，pH值为4.0～6.0，粒径应不超过15μm。

NOTE

海藻酸钠
sodium alginate

【别名】藻酸钠、藻朊酸钠、褐藻胶。.

【分子式与分子量】分子式为（$C_6H_7O_6Na_4$）$_n$；单元结构平均值220，理论值198.11。分子量32000～250000。

【结构式】

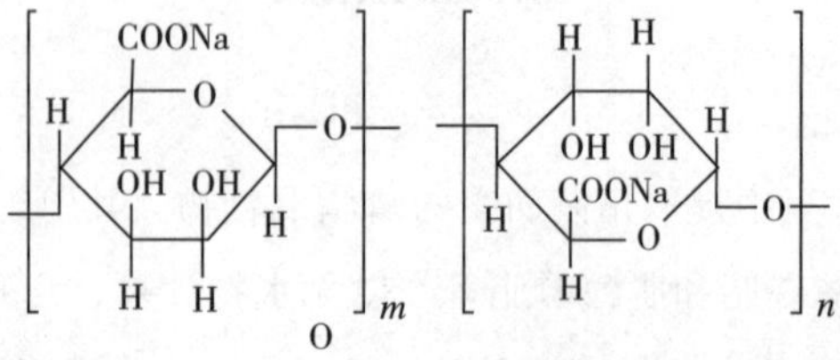

【来源与制法】本品系用稀碱从褐色海藻中提取精制而得，其主要成分为海藻酸的钠盐。

【性状】本品为白色至浅棕黄色粉末，几乎无臭无味，有吸湿性。溶于水而形成黏稠胶体溶液，不溶于乙醇和其他有机溶剂，以及pH值低于3的酸。可与蛋白质、树胶、碱肥皂、糖、油类及甘油等混合。

海藻酸钠水溶液的黏度随聚合度、浓度及pH值而异，pH5～10时黏度最大，也最稳定，当pH值在4以下时，会析出海藻酸沉淀，pH值在10以上，则因在碱性中被水解，同时失去黏稠度。在高温状态下，由于藻蛋白酶的作用使分子解聚，黏度降低。

本品具有吸湿性，一般含水量为10%～30%（RH为20%～40%），其平衡含水量与相对湿度有关，如置于25℃以下和低相对湿度环境下其稳定性很好。

【作用与用途】本品为常用的黏合剂、增稠剂、助悬剂、辅助乳化剂。作助悬剂和乳化剂时，常用浓度为2%。配制时先加甘油湿润，然后加水不断搅拌使完全溶解。海藻酸钠的乳化效力不强，需和其他乳化剂合用，如用明胶乳化液状石蜡时，加0.5%的海藻酸钠后，可增加乳化剂的黏稠度，使乳剂稳定。5%的植物油乳可加中等黏度的海藻酸钠1%。少量乙醇也可使海藻酸钠乳剂的黏度增加，但当含醇量增至30%～40%时，会沉淀。

【使用注意】海藻酸钠液与酸和二价金属离子（除Mg^{+}外）发生反应，遇酸析出沉淀，遇钙盐时将析出海藻酸钙的胶状沉淀，遇铝、铁、锌、铜、钡、铅等时会生成不溶性的金属盐。

此外，海藻酸钠溶液还须添加防腐剂，防止微生物侵蚀变质。

【质量标准来源】《中国药典》2015年版四部，CAS号：9005－38－3。

【应用实例】复方曲安奈德混悬型注射液

处方：醋酸曲安奈德2.0g，维生素$B_1$10.0g，盐酸利多卡因8.0g，氯化钠4.7g，海藻酸钠5.0g，聚山梨醇酯80 2.0g，注射用水加至1000mL。

制法：①将海藻酸钠加注射用水500mL，搅拌均匀，于冰箱中过夜，全溶后，减压抽滤，200目尼龙布滤过。②用2mL热注射用水溶解聚山梨醇酯80、盐酸利多卡因、维生素B_1、氯化钠溶液，经3号垂熔漏斗滤过。③将①、②项混匀后，加入醋酸曲安奈德，研磨混匀，减压抽滤，用滤过的注射用水加至1000mL，搅匀，pH值应为5.5～6.5，边搅拌边分装，熔封，100℃灭菌45分钟。

NOTE

功能与主治：用于神经性皮炎、脂溢性皮炎、异位性皮炎、慢性接触性皮炎、慢性湿疹、银屑病、扁平苔藓及类风湿性关节炎、肛门及外阴瘙痒、斑秃、瘢痕疙瘩、结节性痒症、皮肤淀粉样变、疥疮结节等。

注解：（1）聚山梨酯80 2.0g，海藻酸钠5.0g，研磨时间2分钟为最佳，配制复方曲安奈德混悬注射液稳定性最好，易于重新分散。

（2）海藻酸钠作为助悬剂，是复方曲安奈德混悬注射液长期稳定的主要原因，聚山梨醇酯80作为润湿剂，对制剂的稳定性有辅助作用。

第四节　抑菌剂

注射剂、滴眼剂加抑菌剂应慎重，一般多剂量包装、采用滤过灭菌法或无菌操作法制备和低温灭菌的注射剂、滴眼剂宜加抑菌剂；而静脉给药或脊椎腔用注射剂和眼外伤的眼用制剂不得添加抑菌剂。抑菌剂的作用机理、分类及常用品种详见第三章第六节抑菌剂。

一、注射剂中抑菌剂的选用

大多数注射剂不需要加入抑菌剂，加抑菌剂的注射液一般为肌内或皮下注射剂。对一次剂量超过5mL的注射液添加抑菌剂应慎重。注射剂中常用的抑菌剂主要有苯酚、甲酚、氯甲酚、三氯叔丁醇、苯甲醇、苯乙醇、硫柳汞、羟苯甲酯、羟苯丁酯等。

二、滴眼剂中抑菌剂的选用

滴眼剂系无菌制剂。对眼部有外伤的患者和手术用的滴眼剂要求绝对无菌，而且不得加抑菌剂，多为单剂量包装。一般滴眼剂（用于无眼外伤者）要求无致病菌，即不得含有绿脓杆菌和金黄色葡萄球菌，常为多剂量包装，故应加抑菌剂。

用于滴眼剂的抑菌剂不但要求有效，无刺激性，本身性质稳定，还要求作用迅速，在病人两次使用的间隔时间内达到抑菌。常用于滴眼剂的抑菌剂见表4-4。

表4-4　滴眼剂常用的抑菌剂

品种		浓度	选用要点
有机汞类	硝酸苯汞	0.002%～0.005%	在pH6～7.5时作用最强，与氯化钠、碘化物、溴化物等有配伍禁忌
	硫柳汞	0.005%～0.01%	不能与含巯基化合物、溴化物、氢溴酸盐及磺胺嘧啶配伍，稳定性较差，日久变质
季铵盐类	苯扎氯铵	0.001%～0.002%	为阳离子表面活性剂，抑菌力都很强，稳定，但这类化合物的配伍禁忌很多，需慎用。在pH小于5时作用减弱，遇阴离子表面活性剂或阴离子胶体化合物失效，对硝酸根离子、碳酸根离子、蛋白银、水杨酸盐、脂肪类的钠盐、荧光素钠、氯霉素等有配伍禁忌。此外，苯扎溴铵、洗必泰等季铵盐类也可用于滴眼剂
醇类	三氯叔丁醇	0.35%～0.5%	在弱酸中作用较好，与碱有配伍禁忌
	苯乙醇	0.5%	配伍禁忌很少，但单独用效果不好。与其他类抑菌剂有良好的协同作用。如与对羟基苯甲酸酯类联合应用以增强抑菌能力
	苯氧乙醇	0.3%～0.6%	对绿脓杆菌有特殊的抑菌力

NOTE

续表

品种		浓度	选用要点
羟苯酯类	羟苯甲酯	0.03% ~0.1%	在弱酸中作用力强，但某些患者感觉有刺激性。与PVP、吐温80、甲基纤维素、聚乙二醇6000、明胶等不能配伍。羟苯甲酯与丙酯混合用，其浓度分别为0.16%（甲酯）及0.02%（丙酯）
	羟苯乙酯	0.03% ~0.06%	
	羟苯丙酯	0.02%	
酸类	山梨酸	0.15% ~0.2%	微溶于水，最低抑菌浓度为0.01% ~0.08%，对真菌有较好的抑菌力。适用于含有聚山梨酯的眼用溶液

第五节　抗氧剂

药剂中所有能延缓药物制剂产生氧化作用的物质称为抗氧剂（antioxidants）。某些易被氧化的药物经配制成注射液后，也可发生自氧化反应，出现药液颜色加深、析出沉淀、药效降低或消失，甚至产生毒性物质等现象。因此，为防止药物氧化，增加药物的稳定性，可在注射剂中添加一些适宜的抗氧剂。抗氧剂是一种有效的游离基抑制剂，它能向游离基提供一个氢原子或一个电子并接受活化分子的过多能量，以中断反应过程中产生的链。

一、抗氧剂的作用机理

药物的氧化是指药物分子结构上失去电子或失去荷正电的原子、原子团，或者获得氧原子或获得荷负电的原子、原子团。在氧化还原反应中，失电子的物质是还原剂，即电子给予体，其本身被氧化；得电子的物质是氧化剂，即电子接受体，其本身被还原。一般认为自氧化反应分链引发、链传播、链终止三步。

常见自动氧化的药物有阿扑吗啡、吗啡、维生素A、C、D、E、B_{12}、氯丙嗪和其他苯丙噻嗪类衍生物、肾上腺素、异丙基肾上腺素、去甲肾上腺素、麦角新碱、肝素、氢化可的松、甲醛、青霉素、毒扁豆碱、间苯二酚、普鲁卡因、链霉素、磺胺嘧啶、萜类等。自动氧化受温度、溶液pH值、微量金属或过氧化物以及光线的催化。

基于化合物发生氧化反应的原理，作为一种有效的抗氧剂，其化合物的结构必须能提供一个H或一个电子，并能消耗存在的氧气。抗氧剂的作用机理可以概括为以下三方面：①抗氧剂一般具有较高的标准电位势，较药物先受到氧化破坏。如亚硫酸盐、维生素C等。②抗氧剂作为游离基的接受体，抑制游离基连锁反应过程。如维生素E、叔丁基对羟基茴香醚。③阻碍游离基的形成，阻滞自氧化反应中链反应的进行。如金属螯合剂乙二胺四乙酸。

二、抗氧剂的分类

1. 按作用特点分类　根据抗氧剂各自抗氧化的作用特点，将抗氧剂分为以下四类：

（1）还原剂（reducing agents）　这类抗氧剂本身即为强还原剂，在制剂中可先于药物被氧化，从而避免主药被氧化，在此过程中抗氧剂逐渐被消耗。这是抗氧剂中品种最多的一类，常用的有亚硫酸盐类、维生素C、硫脲、半胱氨酸等。

（2）阻滞剂（blocking agents）　这类抗氧剂是链反应阻滞剂，能阻断自氧化的链式反应，从而保护主药不被氧化。这类抗氧剂自身不被消耗。如抗坏血酸棕榈酸酯、维生素 E、二丁甲苯酚（BHT）等皆属于此类抗氧剂。

（3）协同剂（synergists）　这类抗氧剂主要是增强其他抗氧剂的效能，特别是增强阻滞自氧化反应链反应的抗氧剂（即阻滞剂）的效力，也可与某些金属离子发生伪络合作用。如枸橼酸、酒石酸、柠檬酸等。

（4）螯合剂（chelating agents）　这类抗氧剂是金属离子络合剂，能与金属离子形成环状结构的化合物，从而阻止金属离子对自氧化反应中链反应的催化作用，达到抑制自氧化反应的目的。常用的有乙二胺四乙酸（EDTA）、乙二胺四乙酸二钠（EDTA－2Na）或依地酸钙钠等。

2. 按溶解性能分类

（1）水溶性抗氧剂　常用的有亚硫酸钠、焦亚硫酸钠、亚硫酸氢钠、甲醛合亚硫酸氢钠、维生素 C、异抗坏血酸、硫代甘油、硫代乙酸、硫代山梨酸、硫脲、巯基醋酸、半胱氨酸、蛋氨酸、α－硫代甘油等。

（2）油溶性抗氧剂　常用的有二丁甲苯酚（BHT）、对羟基叔丁基茴香醚（BHA）、培酸丙酯（PG）、维生素 E、抗坏血酸棕榈酸酯、卵磷脂、去甲双氢愈创木酸（NDGA）、焦性没食子酸及其酯、苯基－1－萘基胺等。

3. 按化学结构分类

（1）无机硫化物　常用的以亚硫酸盐类为主，如亚硫酸氢钠、焦亚硫酸钠、连二亚硫酸钠、硫代硫酸钠等。

（2）有机硫化物　常用的有硫代甘油、半胱氨酸、硫代苹果酸、硫代乳酸、巯基乙酸、二巯基丙醇等。

（3）烯醇类　常用抗坏血酸、抗坏血酸酯等。

（4）多元酚类　常用氢醌、没食子酸丙酯、生育酚、对苯二酚、正双氢愈创木酚、叔丁基对羟基茴香醚等。

（5）氨基酸类　常用甘氨酸、苯丙氨酸、L－半胱氨酸、L－蛋氨酸、L－赖氨酸、L－精氨酸、L－谷胱甘肽等。

三、抗氧剂的选用原则

药物制剂是否需要选用抗氧剂，以及选用抗氧剂的种类及其用量，与药物的剂型、理化性质、药液 pH 值、制剂有效期及包装容器等有关，并应经过试验研究决定，且须遵循以下的选用原则。

（一）易被氧化的还原性药物中需加入抗氧剂

凡还原性药物的氧化还原电位（E_0）在酸性、中性和碱性 pH 值范围内分别小于 +1.239V、+0.815V 和 +0.40V 时，应加入抗氧剂。抗氧剂的 E_0 不仅要相应地小于上述各值，而且要小于制剂中药物的 E_0，使抗氧剂可以首先被氧化，起到抗氧化作用。

（二）抗氧剂应具备高效、安全的特点

抗氧剂除应具备药剂辅料一般特点外，还应有高抗氧化效力，即使在低浓度时，也应具有抗氧化能力；理化性质稳定，安全无毒，其经氧化还原反应后的产物须对人体无害；不与药剂中其他成分发生反应也不受制剂中药物的影响，不与容器或包装材料发生反应。

NOTE

(三) 避免药物与抗氧剂发生配伍变化

亚硫酸盐类等抗氧剂因其具有较强的化学活性，可与某些醛、酮类药物发生加成反应，也可与钙盐生成沉淀。如亚硫酸钠在 pH5 左右可使维生素 B_1（盐酸硫胺）分解失效；又如亚硫酸氢盐可与肾上腺素反应，生成光学与生理均不活泼的化合物。因此，使用这类抗氧剂时应慎重。

(四) 根据药液的 pH 值选用抗氧剂

药液的 pH 值不仅影响药物的氧化还原电位，也能影响抗氧剂的理化性质。因此，应根据药液的 pH 值选用抗氧剂。如亚硫酸盐类抗氧剂、焦亚硫酸钠与亚硫酸氢钠适用于偏酸性药液；亚硫酸钠与硫代硫酸钠仅适用于偏碱性药液；抗坏血酸则适用于偏酸性或微碱性药液。

(五) 与抗氧增效剂联合使用

某些抗氧剂，如维生素 C、亚硫酸盐类，与抗氧增效剂联合使用，抗氧效果更佳。应用最广的抗氧增效剂是螯合剂乙二胺四乙酸（EDTA）及其钠或钙盐。增加制剂溶液黏度的化合物能降低氧扩散速率，也能起到增效作用。

(六) 抗氧剂的用量限度

水溶性抗氧剂与油溶性抗氧剂的用量多在 0.02% 左右。有机硫化物的用量多在 0.05% 左右，也有用量低至 0.00015%（如半胱氨酸），这类含巯基的抗氧剂具有用量少、毒性小、性质稳定、不易变色等优点，是有效的药物制剂稳定剂。表 4-5 为注射剂中常用的抗氧化剂及其用量。

表 4-5 注射剂中常见的抗氧剂

名称	常用量（%）	备注
水溶性抗氧剂		
亚硫酸钠	0.1~0.3	水溶液偏碱性，常用于碱性药液
亚硫酸氢钠	0.1~0.2	水溶液微酸性，适用于偏酸性药液
焦亚硫酸钠	0.1~0.5	水溶液弱酸性，适用于偏酸性药液
硫代硫酸钠	0.1~0.3	水溶液中性或微碱性，适用于碱性药液
硫脲	0.05~0.1	水溶液中性，适用于中性溶液或微酸性药物
维生素 C（抗坏血酸）	0.1~0.2	水溶液呈酸性，适用于偏酸性或微碱性药物
L-盐酸半胱氨酸	0.00015~0.05	水溶液呈酸性，适用于偏酸性药液
脂溶性抗氧剂		
抗坏血酸棕榈酸酯	0.02~0.2	适用于脂溶性药液
二丁基羟基甲苯（BHT）	0.005~0.02	适用于脂溶性药液
丁基羟基茴香醚（BHA）	0.005~0.02	适用于脂溶性药液
维生素 E（α-生育酚）	0.05~0.5	对热和碱稳定

四、抗氧剂的常用品种

亚硫酸钠
sodium sulfite

【分子式与分子量】 分子式为 Na_2SO_3；分子量为126.04。

【来源与制法】 本品系将结晶碳酸钠溶液与二氧化硫充分饱和，所产生的亚硫酸氢钠液再用等量碳酸钠溶液饱和，在隔绝空气情况下，浓缩结晶而得。

【性状】 本品为无色透明结晶或白色结晶性粉末，具二氧化硫气味，其味清凉而咸，几乎无臭。在空气中，含结晶水的亚硫酸钠易被氧化成硫酸钠，加热则分解为硫酸钠及硫化钠，与强酸作用生成相应盐并放出二氧化硫。溶于水、甘油，几乎不溶于95%乙醇。其水溶液呈弱碱性，pH为8.3～9.3（1%水溶液）。在pH7～10范围较为稳定，在酸存在的条件下分解产生二氧化硫。

【作用与用途】 本品具有强还原性，用作碱性药物的抗氧剂。多用于液体制剂，常用浓度为0.1%～0.5%。每日允许摄入量为0.35～1.5mg/kg。

【使用注意】 不宜与酸性药物配伍，在pH5～6时，维生素 B_1（盐酸硫胺）与亚硫酸钠作用分解为嘧啶与噻唑而致失效。亚硫酸钠可使氯霉素中硝基还原和脱氯变化，而致药效降低。

【应用实例】　何首乌注射液

处方：何首乌200g，氯化钠0.8g，亚硫酸钠0.4g，注射用水加至1000mL。

制法：取何首乌饮片200g，以水醇法提取后得醇提取液，用20%氢氧化钠溶液调pH，值为8，沉淀、过滤，滤液用10%盐酸溶液调pH，值为7，回收乙醇，药液浓缩成糖浆状后，加水稀释、过滤，滤液加4%明胶适量以沉淀鞣酸与植物蛋白，滤液再加乙醇至乙醇含量达85%，以沉淀杂质与剩余明胶，回收乙醇，加注射用水至500mL左右，过滤，滤液检查鞣质，待鞣质除尽后，加4g氯化钠（调节渗透压）、2g亚硫酸钠及注射用水至1000mL，再以氢氧化钠调节pH值8.0～8.5，精滤，灌封，100℃流通蒸汽灭菌30分钟，即得。

功能与主治：养心安神。用于治疗失眠。

注解：本品应为橙红色澄明水溶液，pH值应为6.0～8.0。

亚硫酸氢钠
sodium bisulfite

【别名】 酸式亚硫酸钠、重亚硫酸钠。

【分子式与分子量】 分子式为 $NaHSO_3$；分子量为104.06。

【来源与制法】 本品系向氢氧化钠溶液或饱和碳酸钠溶液中通二氧化硫，经结晶、脱水、干燥制得，为亚硫酸氢钠与焦亚硫酸钠的混合物。

【性状】 本品为白色单斜形结晶粉末，有强烈的二氧化硫气味。久置空气中易失去二氧化硫，并被氧化成硫酸氢钠，与强酸反应产生二氧化硫，遇热（高于65℃时）易分解出二氧化硫。本品易溶于冷水（1∶3.5）、沸水（1∶2），可溶于乙醇（1∶70）。水溶液呈酸性（1%水溶液pH4.0～5.5）。

NOTE

【作用与用途】本品具还原性，常用作酸性药液的抗氧剂，使用浓度为0.05%～1.0%。常用于注射剂，使用浓度一般为0.1%左右。另外，由于亚硫酸盐存在 HSO_3^- 和 SO_2^- 是亲核性基团，故醛酮类药物和亚硫酸氢钠发生加成反应，生成易溶性磺酸盐，从而增大药物溶解度，并具有较强化学活性，故亚硫酸氢钠也可增加此类药物的溶解度。

【使用注意】本品与钙盐配伍易产生沉淀，还可与邻位或对位羟基衍生物发生反应，在配伍时也要注意。本品应避免强酸及在40℃以下密闭保存。

【质量标准来源】《中国药典》2015年版，CAS号：7631－90－5。

【应用实例】 **盐酸多巴胺注射液**

处方：盐酸3－羟酪胺100g，亚硫酸氢钠20g，注射用水加至10000mL。

制法：取总体积70%的注射用水，通 CO_2 使之饱和。将3－羟酪胺与 $NaHSO_3$ 相继溶于以上 CO_2 饱和水中搅拌均匀后，加注射用水近总量。测定中间体pH值（必要时用2% HCL或2% NaOH调pH3.6～4.2）。加活性炭2g（0.02%），搅拌均匀后，经粗滤、精滤至澄明度合格为止。灌封时液面通 N_2，过滤过程中不断通 CO_2。100℃流通蒸汽灭菌30分钟，即得。

作用与用途：本品为儿茶酚胺类药物，用于各种休克。

注解：盐酸3－羟酪胺为类白色微带灰白色片状结晶；无嗅，味微苦；在空气中色渐变深。其水溶液放置空气中渐变粉红色。盐酸多巴胺的分子结构中带有两个游离的酚羟基，在空气中与氧作用先生成醌。为了防止氧化，本品中需加入0.2%亚硫酸氢钠为抗氧剂，亦可加乙二胺四醋酸二钠为稳定剂。配剂时应通 N_2，以防氧化变质。

焦亚硫酸钠
sodium metabisulfite

【别名】偏亚硫酸钠、偏重亚硫酸钠；sodium pyrosulfite。

【分子式与分子量】分子式为 $Na_2S_2O_5$；分子量190.10。

【结构式】

$$NaO-\overset{\overset{\displaystyle O}{\|}}{S}-O-\overset{\overset{\displaystyle O}{\|}}{S}-ONa$$

【来源与制法】本品系向氢氧化钠溶液或碳酸钠溶液通二氧化硫吸收饱和后得亚硫酸氢钠，经分离干燥脱水制得。

【性状】本品为无色至类白色结晶或结晶性粉末。微有二氧化硫臭气，味酸、咸，久贮色渐变黄，缓慢氧化，有吸湿性，溶于水和甘油，极微溶于乙醇。水溶液显酸性反应，pH为3.5～5.0［20℃，5%（*W/V*）水溶液］。

本品在酸性溶液中稳定有效，置于空气中则释放出二氧化硫。在水溶液中，以钠离子和酸性硫酸根离子存在，在空气中，特别是在加热条件下，焦亚硫酸钠的水溶液发生分解，热压灭菌时应以氮气等惰性气体置换掉容器中的空气。葡萄糖能降低焦亚硫酸钠水溶液的稳定性。

【作用与用途】用作酸性药物抗氧剂，常用浓度为0.025%～0.1%。广泛用于注射剂、滴眼剂等液体和半固体制剂。

【使用注意】本品能加速磺胺醋酰钠的水解，能与交感神经药物和其他邻位或对位羟基苯甲醇衍生物发生反应，生成无药理或药理活性很弱的磺酸衍生物，如肾上腺素及其衍生物。此

NOTE

外，与氯霉素发生更复杂的配伍反应。在滴眼剂的热压灭菌中，与醋酸苯汞产生配伍禁忌。本品与西林瓶的橡胶塞起反应，因此橡胶塞最好先用焦亚硫酸钠进行处理。本品应在40℃以下密闭贮存。

【质量标准来源】《中国药典》2015年版四部；CAS号：7681－57－4。

【应用实例】　盐酸阿扑吗啡注射液

处方：盐酸阿扑吗啡5g，焦亚硫酸钠5g，注射用水加至1000mL。

制法：取注射用水（20℃以下）通入CO_2使饱和。加入适量浓盐酸（使含盐酸浓度约0.02%）。加入焦亚硫酸钠和盐酸阿扑吗啡使全溶，加二氧化碳饱和注射用水至全量，并以10%盐酸调节pH至2.5～2.7，过滤、灌封（药液与安瓿空间均通二氧化碳）。用100℃流通蒸汽灭菌15分钟，即得。

作用与用途：催吐药 apomorphine hydrochloride

注解：盐酸阿扑吗啡，为白色或灰白色细小有闪光的结晶或结晶性粉末。属异喹啉衍生物。盐酸阿扑吗啡极易氧化，粉末或溶液置空气或日光中，即缓缓变成绿色，不得再供注射用。本品中应加入0.5%焦亚硫酸钠作抗氧剂，亦有加亚硫酸氢钠0.05%与硫脲0.012%作抗氧剂。本品制备时，溶液中和安瓿空间均通二氧化碳以驱氧，对产品稳定性较好，亦可以通氮气。

维生素C
vitamin C

【别名】L－抗坏血酸；L－ascorbic acid。

【分子式与分子量】分子式为$C_6H_8O_6$；分子量176.12。

【结构式】

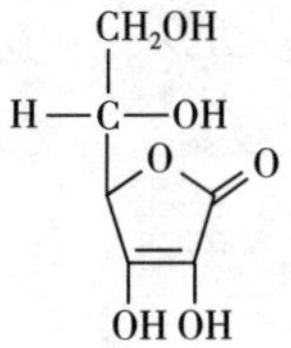

CH_2OH
H—C—OH
O　O
OH OH

【来源与制法】本品可通过合成法制备，也可从植物中提取。市售商品由葡萄糖通过山梨醇合成或微生物发酵而得。

【性状】本品为白色或略带淡黄色的结晶或粉末，无臭，有强烈的酸味。久置色渐变微黄，光照下颜色逐渐变暗。本品易溶于水（5℃ 1∶2.9、45℃ 1∶2.5、100℃ 1∶1.3）、微溶于乙醇，不溶于苯、乙醚、氯仿、石油醚和脂肪类溶剂。水溶液呈酸性反应，pH为2.1～2.6［20℃，5%（*W/V*）水溶液］，0.5%水溶液pH为3，5%水溶液pH为2。

本品在空气中相对稳定，在无氧气或其他氧化物质存在时，对热也稳定。在溶液中不稳定，尤其是碱性溶液。其溶液在pH为5.4时呈最大稳定性，其结晶在室温中接触空气及在光线照射下几乎不分解。氧化反应能被光和热加速，并被微量铜和铁催化，加速氧化反应。抗坏血酸水溶液具一元酸的性质，遇金属离子形成盐。

维生素C是一个强还原剂，可以和氧结合生成去氢抗坏血酸而显示其抗氧作用。维生素C的氧化速度由pH和氧的浓度决定，并受金属离子特别是Cu^{2+}影响。如0.0002mol/L的铜能使维生素C氧化速度增大10000倍。

【作用与用途】其水溶液为弱酸性，在酸性中较稳定，故适用于偏酸性药剂作抗氧剂，用量通常为0.01～0.1%（W/V），也可用作助溶剂。

【使用注意】不宜与氧化剂、重金属（特别是Fe^{3+}、Cu^{2+}）配伍，并应避光、密闭贮存在非金属容器中。

【应用实例】 盐酸异丙嗪注射液

处方：盐酸异丙嗪25g，亚硫酸氢钠1g，无水亚硫酸钠1g，氯化钠6g，抗坏血酸2g，注射用水加至1000mL。

制法：取亚硫酸氢钠及无水亚硫酸氢钠溶于适量注射用水中，加入抗坏血酸及盐酸异丙嗪溶解后，加入氯化钠，并用注射用水稀释至全量，调节pH至4.1～4.5，滤过，灌封，用100℃流通蒸汽灭菌30分钟，即得。

作用与用途：抗组织胺药。用于变态性反应，如荨麻疹、枯草热及支气管哮喘等，也可用于防止晕动病、人工冬眠、强化麻醉。与其他中枢抑制药同用，可增强中枢抑制作用。

注解：异丙嗪属苯骈噻嗪类药物，很容易氧化，对光亦很敏感，遇光渐变为蓝色，其盐酸盐为白色或浅黄色粉末，几乎无臭，味苦，在潮湿空气中久置，逐渐氧化转为蓝色。异丙嗪的氧化变色与光、金属离子、氧、pH、温度等因素有关，故本处方中加入亚硫酸及抗坏血酸为抗氧剂。

硫代硫酸钠
sodium thiosulfate

【别名】次亚硫酸钠、大苏打、海波。

【分子式与分子量】分子式为$Na_2S_2O_3 \cdot 5H_2O$；分子量为248.19。

【来源与制法】本品有三种制备方法。方法一：亚硫酸钠法。将纯碱溶解后，用亚硫酸钠溶液中和至碱性，再加入硫黄粉进行吸收反应，经浓缩、过滤、结晶、脱水而制得。方法二：硫化钠法。用硫化钠经蒸发、结晶制得。方法三：重结晶法。将粗制硫代硫酸钠晶体溶解，经除杂、浓缩、结晶得本品。

【性状】本品为无色透明结晶或结晶性细粒。无臭，有咸味。在33℃以上的干燥空气中风化，在潮湿空气中潮解。加热到48℃熔融，100℃时失去结晶水。易溶于水和松节油，不溶于醇。水溶液呈弱碱性，pH值为6.5～8.0。

本品在常温下缓慢分解，加热则是分解速度加快。在酸性溶液中易分解。

【作用与用途】用作药物制剂的抗氧剂、洗涤剂等。因其水溶液呈中性或微碱性，遇酸可产生沉淀，故适用于偏碱性药物的抗氧剂。常用浓度为0.1%～0.25%。

【使用注意】本品不与强酸及重金属盐类配伍。

维生素E
vitamin E

【别名】生育酚。

NOTE

【分子式与分子量】分子式为$C_{29}H_{50}O_2$；分子量430.70。

【结构式】维生素 E 有三个手性中心，产生了 8 种异构体。天然产物为 *d*－α－生育酚。合成产物为所有异构体等量消旋混合物，即*dl*－α－生育酚或单一 α－生育酚。β、γ、δ－生育酚也存在类似的情况。α－生育酚的结构式为

$$\text{(chroman ring: } H_3C\text{, HO, 2×}CH_3\text{ on ring; O; C2: }CH_3\text{ and }(CH_2CH_2CH_2\overset{CH_3}{\overset{|}{C}H})_3-CH_3)$$

【来源与制法】天然生育酚由植物油蒸气馏出物提取或分子蒸馏得到。合成消旋的生育酚可能由适宜的甲基化氢醌与消旋异植醇的缩合反应制得。维生素 E 的主要成分为 α－生育酚。

【性状】α－生育酚为淡黄色至黄褐色黏稠透明液体，几乎无臭。对热稳定，即使加热至200℃，也几乎不分解。在空气中或暴露于阳光下则缓慢氧化至暗褐色。不溶于水，溶于乙醇、丙酮、乙醚、石油酚、氯仿和植物油中。α－生育酚在空气中缓慢氧化，在铁盐和银盐存在时氧化速度更快。

【作用与用途】除作为抗氧剂外，因其为高亲脂性化合物，是很多难溶性药物良好的溶剂，浓度常为 0.001% ~0.05%（*V/V*）。

【使用注意】应避免与氧化剂及铁、铜等金属离子配伍。生育酚可被塑料吸收。

L－半胱氨酸盐酸盐

L－cysteine hydrochloride

【分子式与分子量】分子式为 $C_3H_7NO_2S \cdot HCl \cdot H_2O$；分子量 175.64。

【结构式】

$$HSCH_2\underset{\overset{|}{\overset{+}{N}H_3}\overset{-}{Cl}}{CH}COOH \cdot H_2O$$

【来源与制法】将毛发用浓盐酸加热，使其水解，用氨水中和，使析出 L－胱氨酸，经精制重结晶后溶于盐酸，经电解还原或用盐酸－锡还原制得 L－半胱氨酸。

【性状】本品为无色至白色结晶或白色结晶性粉末，有特异臭和酸味。易溶于水、乙醇、丙酮，不溶于乙醚、苯。其 1% 水溶性显酸性，pH 值为 1.7。半胱氨酸盐酸盐比半胱氨酸稳定，但也易氧化，特别是在中性或碱性水溶液及在微量金属离子（铁及重金属离子）存在下，更易被空气氧化成胱氨酸。

【作用与用途】本品具有强还原性，一般用作酸性溶液的抗氧剂，使用浓度为 0.1% ~0.5%。

【使用注意】不与含铁离子以及重金属离子的化合物配伍，遇较强的酸碱均可成盐。

【应用实例】　左旋多巴注射液

处方：L－多巴 2.5g，L－半胱氨酸盐酸盐 0.5g，1N NaOH 适量，注射用水加至 1000mL。

制法：取 L－半胱氨酸盐酸盐溶解于预先用氮气饱和的新鲜注射用水中，待溶解后，放入 L－多巴，充分搅拌至全溶，加原料固体量5% 的注射剂用活性炭，搅拌放置 15 分钟，脱炭后，用 1N NaOH 调 pH 值 3.8 ~4.3，然后用氮气饱和的注射用水加至全量。药液在氮气流下经 6 号滤棒过滤，然后用 0.6μm 左右的微孔滤膜滤净，灌注，熔封，100℃流通蒸汽灭菌 30 分钟，取出避光保存。灭菌后含量在标示量的 90% ~110%，成品 pH 应在 3.5 ~5.0。

功能与主治：左旋多巴为目前治疗帕金森综合征较好的药物，对一氧化碳中毒引起的震颤

NOTE

性麻痹综合征亦有较好的疗效。

注解：L－多巴化学结构式为

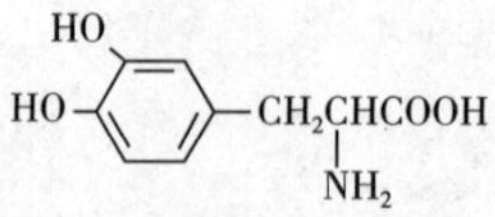

HO

HO－⟨苯环⟩－$CH_2CHCOOH$

NH_2

因其在苯环上含有两个酚羟基，因此极易被氧化。本品结晶吸湿后极易被空气中的氧所氧化而变为绿色。注射液极易氧化，迅速变黄变黑，且放置后很易析出“微晶”。上述处方中加入的L－半胱氨酸盐酸盐作抗氧剂，防止L－多巴氧化变黑。亦有试用二巯基丙烷磺酸钠0.2%作为抗氧剂。其他含—SH 基的化合物如谷胱甘肽、巯基乙酸、α－硫代甘油等均可作为稳定剂。

乙二胺四乙酸

ethylenediamine tetracetic acid，EDTA

【别名】依地酸（edetic acid）。

【分子式与分子量】分子式为 $C_{10}H_{16}N_2O_8$；分子量 292.24。

【结构式】

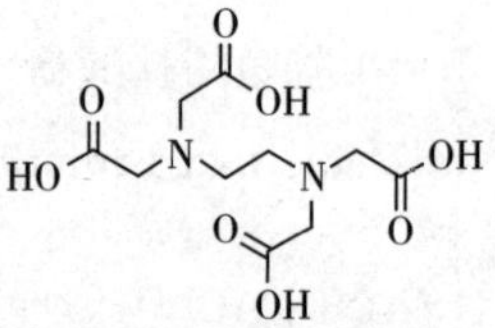

O OH O HO N N OH O O OH

【来源与制法】本品是乙二胺与氯乙酸钠缩合制得。90℃下反应物在水溶液中反应 10 小时，冷却，加盐酸使其析出即得。

【性状】本品为白色结晶性粉末，能溶于氢氧化钠、碳酸钠及氨溶液中，能溶于沸水(1∶160)，微溶于冷水，不溶于醇及一般有机溶剂。EDTA 及其盐类性质稳定，均具有酸性，能使碳酸盐放出二氧化碳。

乙二胺四乙酸二钠盐，也叫依地酸二钠盐（ethylene diamine tetraacetic acid disodium salt，EDTA－2Na)。EDTA 二钠盐的结构式为（$COOHCH_2C)_2NCH_2CH_2N(CH_2COONa)_2$，分子式为 $C_{10}H_{14}O_8N_2Na_2 \cdot 2H_2O$，分子量 372.24。为白色结晶粉末，无臭，带有轻微酸味，溶于水，微溶于醇，几乎不溶于如氯仿、乙醚等一般有机溶剂。

EDTA－2Na 也是一种有效的金属离子络合剂，在药剂上作掩蔽剂，它能与碱金属以外的绝大多数金属如碱土金属、重金属等离子生成稳固的螯合物，以提高药物制剂稳定性。常用浓度为 0.01% ~0.075%，不得用于静脉注射。

【作用与用途】EDTA 及其盐在药物制剂、化妆品和食品中常被用作螯合剂、抗氧增效剂和稳定剂。可单独使用，也可与其他抗氧剂合用，使用浓度为 0.005% ~0.1%（*W/V*)。用作抗氧增效剂和稳定剂时，常与其他抗氧剂、螯合剂合并使用。EDTA 及其盐类均还能使细菌不能获得生长发育所必需的微量金属离子而发挥抑菌作用，故而也作抗菌增效剂。

【使用注意】EDTA 和 EDTA 盐与强氧化剂、强碱和高价金属离子如铜、镍和铜合金有配伍禁忌。在使用 EDTA 及其盐类时，因其能螯合钙，大剂量时可导致低钙血症，应加以注意。

NOTE

【应用实例】　**水杨酸钠注射液**

处方：水杨酸钠100g，亚硫酸氢钠2g，依地酸钠0.5g，注射用水加至1000mL。

制法：取亚硫酸氢钠与依地酸钠，加入新煮沸并放冷的注射用水约800mL，溶解后，加入水杨酸钠，搅拌至溶解，然后添加新煮沸放冷的注射用水，使全量成1000mL，滤过，装入安瓿中，立即熔封，用100℃流通蒸汽灭菌30分钟，即得。

功能与主治：镇痛、解热消炎药。用于活动性风湿病和类风湿性关节炎。

注解：本品在贮藏期间能逐渐氧化，使溶液颜色变深。在碱性溶液中，或有微量铁盐存在时氧化作用明显，此变色作用被认为是由于水杨酸钠的酚羟基逐渐氧化成有色的醌式结构物质所致。本品加入依地酸钠作络合剂，以除去微量金属离子，防止对水杨酸钠氧化变色反应的催化作用，并加入亚硫酸氢钠或焦亚硫酸钠作抗氧剂。

第六节　pH 调节剂

人体可耐受的pH值范围为4～9，如果体液超出可耐受范围时，可能引起酸中毒或碱中毒，产生生理上的不适应，甚至危及生命。因此，一般需加入适当的酸、碱或缓冲溶液，使药物制剂处于最佳pH状态，以满足药物制剂安全、有效、稳定的要求。这些加入的酸、碱或缓冲溶液称为pH调节剂（pH adjustment agents）。

一、pH 调节剂在制剂中的作用

1. 控制弱酸弱碱盐类药物的溶解度　游离酸、碱药物溶解度较小，常与酸、碱成盐以增加溶解度。这些盐类药物在水中的溶解度受pH影响大，应控制在适应的pH范围内，才能保持溶解状态。

2. 使易水解、易氧化药物处于稳定 pH 状态　不少酯类、酰胺类药物的水解受 H^+ 或 OH^- 的催化，在适宜的pH条件下其水解速度最缓慢，药物处于相对稳定的状态。

3. 使制剂 pH 处于生理适应性要求　人体可耐受的pH范围为4～9。注射剂、滴眼剂的pH如超出了人体可耐受范围，则会产生生理上的不适，因此应在制剂中加入pH调节剂，以满足生理适应性要求。

4. 调节制剂 pH 值，使其发挥最佳效力　药物以未离解型存在时，易透过生物膜发挥药效。在制剂过程中，调节溶液的pH使药物以未离解形式存在，使药物发挥最佳的效果。

二、pH 调节剂的分类

pH调节剂以酸、碱为主，常用的pH调节剂分为下列三种类型：

1. 酸类　不同浓度的无机酸或有机酸。

（1）无机酸类　如盐酸、硫酸、磷酸等。

（2）有机酸类　如醋酸、枸橼酸、马来酸、乳酸、酒石酸、苹果酸、酸性氨基酸等。

2. 碱类　不同浓度的无机碱或有机碱。

（1）无机碱类　如浓氨溶液、氢氧化钠、氢氧化铵、碳酸钠、碳酸氢钠等。

（2）有机碱类　如枸橼酸钠、醋酸钠、二羟甲基氨基甲烷、乙醇胺、乙二胺、碱性氨基酸等。

3. 缓冲溶液　是较为理想的pH调节剂，用其缓冲作用可阻止少量酸、碱引起的pH变化，达到维持pH相对稳定的目的。常用的如磷酸氢二钠、磷酸二氢钠等。

三、pH调节剂的选用原则

1. 根据药物制剂需要选择pH调节剂

（1）增加药物的溶解性　在水中溶解度较小的成分（一般有机类成分在水中的溶解度较小），常加入一定浓度的酸或碱，使之成盐，将pH值调至临界值上下，不能过高或过低，以增加药物的溶解性。

（2）增加药物的稳定性　某些药物溶液易受酸、碱催化而发生降解，而pH的微小变化都会造成药物的降解速度成倍增加，故选用缓冲溶液来调节药液的pH值，以达到增加药物稳定性的目的。

2. 根据原药液pH值选择pH调节剂　每种药物均有各自最适的稳定pH值和发挥最佳疗效的pH值，如生物碱类以pH3.5～5.0为宜，有机酸、黄酮类则以pH7.5～8.5为宜，这些pH值有时与生理所需pH值相矛盾。因此，根据原药液的pH值选择适宜的pH调节剂，使药物尽可能保持最大治疗活性与最高的稳定性与溶解性。

3. 充分考虑pH对附加剂的影响　注射液或滴眼液处方中除主药外，还有一些附加剂如增溶剂、助溶剂、抗氧剂、抑菌剂等，在调节pH值时时必须考虑。例如吐温类对药物分子增溶作用良好，但在一定的酸碱环境中，药物呈离子状态，增溶作用减弱。又如抗氧剂亚硫酸氢钠、焦亚硫酸钠、维生素C等，本身呈弱酸性，也适用于偏酸性的溶液。选择抑菌剂时也要考虑pH的影响，如苯酚、氯甲酚、三氯叔丁醇等适用于偏酸性注射液，而苯甲醇适用于偏碱性注射液，尼泊金类则在pH3～6时应用，pH8以上易水解。由此在对某种注射液或滴眼液进行pH调节时，不但要考虑主药在什么条件下最稳定、疗效最好，刺激性最小，还要考虑其他附加剂的需要。但首先应该注意主药的稳定性和疗效，如果处方中的附加剂不适用于此pH值的溶液，可以选择其他附加剂。

4. 根据用药部位的生理适应性选择　注射剂和滴眼液因其用药部位特殊，应严格控制溶液的pH值范围。注射液的pH值一般应在4～9，小量静脉注射液的pH值可以放宽到pH值3～10，因为血液本身具有一定的缓冲作用，可耐受pH值3～10的注射剂，而输液剂则应尽量接近人体正常血液的pH值（7.4），特别是用于脊椎腔注射的注射液pH值必须严格控制，且剂量应控制在60～80mL。肌内注射则要考虑pH值是否导致注射局部疼痛或有刺激反应，甚至引起组织坏死。对冻干粉针剂，由于注射前还需用注射用水或5%葡萄糖或0.9%氯化钠注射液稀释，一般也可在pH值3～10范围。

一般认为，正常人的眼睛可耐受的酸碱环境为pH5.0～9.0，否则就会损伤眼膜。所以在配制滴眼液时，应根据具体药物的性质加入缓冲物调节适宜的pH值。

5. pH值的调节方法　在预知原药液pH值、确定最适pH值、选择恰当的pH调节剂的基础上，计算应加入的pH调节剂的量。加入药液时，一般先以计算量的大部分加入，用pH值试纸初试，使所测值接近所调pH值，然后慢慢加入剩余药液，使达到要求的pH值。

NOTE

四、pH 调节剂的常用品种

（一）常用 pH 调节剂

pH 调节剂常用的酸类有盐酸、硫酸、磷酸、枸橼酸、酒石酸等，碱类有氢氧化钠、碳酸钠、碳酸氢钠等，缓冲溶液类有磷酸氢二钠与磷酸二氢钠等。现将常用品种列表如下：

表 4-6 pH 调节剂的常用品种表

名称	分子式	选用要点
盐酸 hydrochloric acid	HCl	有腐蚀性，能溶于水及醇，1mol/L 的 HCl，其 pH 值为 0.1，0.1mol/L 的 HCl 其 pH 值为 1.1，常用作酸化剂、pH 调节剂、辅助浸出剂等
稀硫酸 dilute sulfuric acid	H_2SO_4	腐蚀性很强，与水或醇混合时会产生大量热，配制时将酸小心加入稀释剂中，以免灼伤皮肤
乳酸 lactic acid	$C_3H_6O_3$	有吸湿性，水溶性呈酸性。能与水、醇、乙醚和甘油任意混溶，在氯仿、石油醚、二硫化碳中几乎不溶。常用量 0.1%
枸橼酸 citric acid	$C_6H_8O_7$ 及 $C_6H_8O_7 \cdot H_2O$	含水物在干燥空气中会风化，在潮湿空气中微潮解，在 50℃ 失去结晶水，可溶于水、乙醇、乙醚，易溶于甲醇，与钙或钡盐会产难溶性的枸橼酸盐。用作泡腾剂，pH 调节剂。常用量 0.5%
枸橼酸钠 sodium citrate	$C_6H_5Na_3O_7 \cdot 2H_2O$	溶液 pH 值约为 8，易溶于水，不溶于醇，用作缓冲剂、螯合剂和抗氧增效剂。枸橼酸钠可以防止铁和含鞣质制剂相遇变黑，常用量 4.0%
酒石酸 tartaric acid	$C_4H_6O_6$	水溶液显酸性。在水中较易溶解，在乙醇、甲醇、丙醇、甘油中易溶，在乙醚中微溶，不溶于氯仿，常用量 0.65%。用作酸化剂、矫味剂、络合剂、抗氧增效剂和泡腾剂，在生药浸提时用作辅助浸出剂
碳酸钠 sodium carbonate	$Na_2CO_3 \cdot H_2O$	在空气中稳定，水溶液呈强碱性，pH 值约为 11.5。能溶于水，不溶于乙醇。酸、酸性盐都会引起其分解，大多数金属与其溶液会成碳酸盐沉淀，生物碱盐会从其溶液中沉淀析出
碳酸氢钠 sodium bicarbonate	$NaHCO_3$	在干燥空气中稳定，在潮湿空气中缓慢分解，水溶液呈碱性，不溶于乙醇，易被分解，与生物碱及盐溶液产生沉淀，用作泡腾剂、局部外用糊剂、pH 调节剂
氢氧化钠 sodium hydroxide	$NaOH$	暴露于空气迅速吸收二氧化碳变成碳酸钠及水分，本品 1g 溶解于水 1mL，易溶于乙醇或甘油，水溶液呈强碱性；与脂肪或脂肪酸形成肥皂
磷酸氢二钠 sodium hydrogen phosphate	$Na_2HPO_4 \cdot 12H_2O$	溶于水，不溶于乙醇。水溶液呈碱性，在 25℃，10% 水溶液的 pH 值约 9.1。100℃时失去结晶水成无水物，水溶液呈弱碱性反应。常用量为 1.7%
磷酸二氢钠 sodium dihydrogen phosphate	$NaH_2PO_4 \cdot 2H_2O$ 或 $NaH_2PO_4 \cdot H_2O$	易溶于水，几乎不溶于乙醇，水溶液显酸性，0.1mol/L 水溶液在 45℃ 时的 pH 值为 4.5，常用量 0.71%
浓氨水 strong ammonia solution	NH_4OH	本品为氨的水溶液，具强烈的腐蚀性，有强刺激性气味，易与乙醇混合，处理时严防气体刺激眼和鼻

（二）常用缓冲溶液

硼酸盐缓冲液（巴氏缓冲液）

本品包括硼酸与硼砂分别配成的酸性与碱性两种贮备液（表 4-7），酸性溶液含硼酸 1.24%，碱性溶液含硼砂 1.19%，临用时将二液按不同比例混合，得到各种 pH 值范围较大的缓冲液（pH 值 6.77～9.11）。其适用药物有可卡因、丁卡因、水杨酸毒扁豆碱、盐酸肾上腺素等。另外，硼酸盐缓冲液能使磺胺类药物的钠盐溶液稳定而不析出结晶。

NOTE

表 4-7 不同 pH 值的硼酸盐缓冲液配比表

pH 值	酸性溶液	碱性溶液
	硼酸溶液（mL）	相当于硼砂（mL）
6.77	97	3
7.09	94	6
7.36	90	10
7.60	85	15
7.89	80	20
7.94	75	25
8.08	70	30
8.20	65	35
8.41	55	45
8.60	45	55
8.69	40	60
8.84	30	70
8.98	20	80
9.11	10	90

沙氏磷酸缓冲液

本品包括酸性溶液和碱性溶液两种（表 4-8），酸性溶液含无水磷酸二氢钠 0.8%，碱性溶液含无水磷酸氢二钠 0.934%；临用时将二液按不同比例混合后，得到范围在 pH5.91～8.04 的缓冲液。在实际应用中还要加入适量氯化钠调节等渗，并加入适量防腐剂。其适用药物有阿托品、麻黄碱、毛果芸香碱、东莨菪碱及抗生素等。

表 4-8 不同 pH 值的沙氏磷酸缓冲液配比表

pH 值	酸性溶液	碱性溶液
	磷酸二氢钠溶液（mL）	磷酸氢二钠硼砂（mL）
5.91	90	10
6.24	80	20
6.47	70	30
6.64	60	40
6.81	50	50
6.98	40	60
7.17	30	70
7.38	20	80
7.73	10	90
8.04	5	95

吉斐氏缓冲

NOTE

本品包括酸性与碱性两种贮备液（表 4-9），酸性溶液含硼酸 1.24%，氯化钾 0.74%；碱性溶液含无水碳酸钠2.12%，临用时按比例配制，pH在4.66～8.47范围内，应用于盐酸丁卡因、盐酸可卡因、东莨菪碱、阿托品等滴眼剂中。

表4-9　不同pH值的吉斐氏缓冲液配比表

pH值	酸性溶液	碱性溶液
	硼酸、氯化钾（mL）	无水碳酸钠（mL）
4.66	30	0.00
5.90	30	0.05
6.47	30	0.10
6.24	30	0.25
6.62	30	0.50
7.23	30	1.00
7.42	30	1.50
7.58	30	2.00
7.81	30	3.00
7.97	30	4.00
8.47	30	8.00

醋酸钠-硼酸缓冲液

本品是以2%醋酸钠溶液与1.9%硼酸溶液两种溶液作为贮备液（表4-10），临用时按比例混合，可得pH值5.0～7.6的缓冲溶液，适用于含生物碱盐及硝酸银的滴眼剂。

表4-10　不同pH值的醋酸钠-硼酸缓冲液配比表

pH值	醋酸钠溶液（mL）	硼酸溶液（mL）
5	0	100
5.7	5	95
6.05	10	90
6.3	20	80
6.5	30	70
6.65	40	60
6.75	50	50
6.85	60	40
6.95	70	30
7.1	80	20
7.25	90	10
7.4	100	5
7.6	100	0

五、pH调节剂的应用

（一）pH值调节剂在注射剂中的应用

血液正常pH值在7.3～7.4之间，如果血液的pH值小于7.0或大于7.6时则不利于生理

NOTE

机能的正常运转。注射液的pH值过高或过低均可引起局部组织的刺激或坏死，大剂量注射液尚有引起酸、碱中毒的危险。

注射剂中常用的pH调节剂有盐酸、硫酸、乳酸、苹果酸、醋酸、枸橼酸、磷酸、氢氧化钠、碳酸钠、碳酸氢钠、磷酸氢二钠、磷酸二氢钠等。例如诺氟沙星氯化钠注射液用柠檬酸钠；阿奇霉素氯化钠注射液用精氨酸；盐酸奈福泮氯化钠注射液、盐酸奈福泮葡萄糖注射液用磷酸二氢钠等。

中药注射剂中的成分复杂，进行pH调节更为重要，应根据具体药物性质、临床用药要求、药液澄明度、稳定性和人体的耐受性等进行综合考虑，以选择最佳的pH调节剂。最常用的pH调节剂有10%盐酸、10%枸橼酸、10%枸橼酸钠、10%氨溶液、10%氢氧化钠溶液等，如含有灯盏细辛药材提取物的注射剂，应选用枸橼酸和氢氧化钠作pH调节剂，pH值较适宜的范围为6.0~7.5。又如含有银杏叶提取物的注射剂，最适宜pH值应为3.5~5.0，如果pH值高于5.0，则白果内酯几乎全部水解损失。人参四逆注射剂，其最适宜的pH值应为5.0~7.0，如pH值低于5.0，人参酸性皂苷易破坏而损失，如果pH高于7.0，则附子生物碱类溶解度降低，易于产生沉淀而使含量降低。

【应用实例】

1. 维生素C注射液

处方：维生素C、碳酸氢钠、亚硫酸氢钠、依地酸二钠、注射用水。

性状：本品为无色的澄明液体。

作用与用途：本品参与体内氧化还原及糖代谢过程，增加毛细血管致密性，减少通透性和脆性，加速血液凝固，刺激造血功能；促进铁在肠内的吸收；增加机体对感染的抵抗力，并有解毒等作用。用于防治坏血病、各种急慢性传染病、紫癜、高铁血红蛋白症、肝胆疾病及各种过敏性疾患，亦可用于冠心病的预防等。

注解：维生素C分子中有烯二醇结构，显酸性，注射时刺激性大，产生疼痛，本品加入碳酸氢钠的目的是使维生素C部分中和成钠盐，以避免疼痛，同时调节pH值以提高制剂的稳定性，一般认为用碳酸氢钠将pH值调节在5.5~6.0时较稳定。

2. 叶酸注射液

处方：叶酸、氢氧化钠或碳酸钠、注射用水。

作用与用途：本品用于各种巨噬细胞性贫血及口炎性腹泻，尤适用于妊娠期及婴儿型巨噬细胞性贫血（维生素B_{12}及干浸膏对之疗效不佳），用于恶性贫血时，宜与肝制剂合用。本品亦可用于因化学物质（如铅、苯等）引起的贫血。

注解：叶酸的干燥结晶性粉末极稳定，无吸水潮解或风化现象。单纯的叶酸溶液或与其他药物配伍时，其pH值等于5或低于5时很不稳定。在中性或碱性溶液中易保存，叶酸注射液调节pH值至7.6，并灌封于棕色玻璃安瓿中其稳定性最好，故在此加入氢氧化钠或碳酸钠调节其pH值保持稳定。

（二）pH值调节剂在滴眼剂中的应用

滴眼剂的pH值对主药的溶解度、稳定性、疗效及对眼部的刺激性等均有较大影响。正常人眼睛的pH值耐受范围在5.0~9.0之间。酸性过大时，可凝固眼黏膜的蛋白质，碱性过大时可使眼黏膜的上皮细胞膨胀，对眼部有较大的刺激性，因此，在配制滴眼剂时，常选择适宜的

NOTE

缓冲溶液作为溶剂，使其 pH 值稳定在一定范围内。滴眼剂较适合的 pH 值范围在 6～8 之间，在实际工作中，常将缓冲溶液配成贮备液作为溶剂配置滴眼剂。常用的缓冲溶液有巴氏缓冲液、沙氏磷酸缓冲液、吉斐氏缓冲液、醋酸钠－硼酸钠缓冲液。

在滴眼剂中若溶液缓冲力过强，在滴眼时往往有一定的刺激性，使舒适感降低，故在实际应用中，需充分考虑缓冲液的优点和缺点，选择最适宜的缓冲溶液使用。

【应用实例】

1. 鱼腥草滴眼液

处方：鱼腥草、聚山梨酯 80、氯化钠、硼酸－硼砂缓冲液。

功能与主治：清热、解毒，利湿。用于风热疫毒上攻所致的暴风客热、天行赤眼、天行赤眼暴翳，症见两眼刺痛、目痒、流泪；急性卡他性结膜炎、流行性角结膜炎见上述症状。

注解：鱼腥草滴眼液呈酸性，对眼睛有刺激作用，可选择碱性溶液也可选择缓冲溶液作为 pH 调节剂。实验表明，若用 NaOH 作为调节剂，溶液的 pH 值不稳定，灭菌前后 pH 值有较大变化，而运用硼酸－硼砂缓冲液后，其溶液的稳定性增加，灭菌后 pH 值变化较小，且中医理论认为硼砂外用有清热解毒作用，故在此选择更加合适的硼酸－硼砂缓冲液作为 pH 调节剂。

2. 黄连素滴眼液

处方：盐酸小檗碱、硼砂、硼酸、蒸馏水。

注解：0.5% 盐酸小檗碱溶液的 pH 值为 4.2，对眼粘膜有一定的刺激性，因此加入硼酸和硼砂的缓冲液，使 pH 值调节至 7.4。这样与泪液的 pH 值相近，同时溶液接近弱碱性，促使生物碱微量游离，增强疗效。

（三）pH 值调节剂在其他制剂中的应用

pH 值调节剂除了可以用于注射剂及滴眼剂外，还能运用于其他液体制剂，如合剂、滴鼻剂等。根据药物本身的性质，加入合适的 pH 调节剂可以保持溶液的稳定性，增强治疗效果。

【应用实例】　复方甘草口服溶液

处方：甘草流浸膏 120mL，复方樟脑酊 180mL，甘油 120mL，愈创木酚甘油醚 5g，浓氨溶液适量，水加至 1000mL。

制法：取甘草流浸膏，加甘油混匀，加水 500mL 稀释后，缓缓加浓氨溶液适量，调节 pH 至 8～9，再加愈创木酚甘油醚的水溶液（取愈创木酚甘油醚，加适量热水溶解制成），随加随搅拌，最后加复方樟脑酊，再加适量的水使成 1000mL，摇匀，即得。本品中需加适量的稳定剂。

作用与用途：本品为祛痰镇咳药，用于上呼吸道感染、支气管炎和感冒时所产生的咳嗽及咳痰不爽。

注释：（1）本品中甘草流浸膏为保护性祛痰剂，复方樟脑酊为镇咳药，愈创木酚甘油醚为祛痰止咳剂，并有一定的防腐作用。甘油、浓氨溶液为辅料，可保持制剂稳定，防止沉淀生成及析出。

（2）甘草流浸膏中含有甘草甜素（甘草酸的钠、钾、钙盐），溶于水，遇酸则析出甘草酸。甘草酸在氨水中极易溶解。故本处方中加入浓氨水调节 pH 值在 8～9。

NOTE

第七节 局部疼痛减轻剂与渗透压调节剂

一、局部疼痛减轻剂

有的注射剂经肌肉或皮下注入人体后，由于某些药物具刺激性或浓度过高以及在制备过程中引入了钾离子或其他杂质等原因，可导致注射局部组织产生刺激或引起疼痛，首先应除尽可能找出原因，采取相应措施。

注射剂产生局部疼痛的主要原因有三方面：

一是为发挥药物疗效，保证其稳定性和溶解性，注射剂处方设计时，常出现 pH 值和渗透压并非生理需要最佳点，因而出现的生理不适应性现象。

二是某些药物本身具刺激性或浓度过高，特别是一些中药注射剂，如缓激肽、前列腺素、奎宁、大蒜素、黄芩苷及苦参中提取的苦参碱等。

三是制剂制备中可能引进的杂质或分解产物，如钾离子、组胺、5－羟色胺、鞣质等。

其解决办法是除尽可能除去杂质，调节 pH 值和渗透压，维持药物有效浓度外，还可加入某些辅料，即局部疼痛减轻剂（local pain alleviator）。

（一）局部疼痛减轻剂的选用

1. 局部疼痛减轻剂需满足的条件 注射液中局部疼痛减轻剂除应符合辅料的一般要求外，还应满足以下条件：

（1）止痛效果强、毒性低、无刺激。

（2）不影响主药的吸收和疗效。

（3）不应给机体带来损害，如产生硬结。

（4）不得影响注射剂的澄明度。

（5）用量小，除具明显的止痛作用外，不得引起过敏等副作用。

局部疼痛减轻剂并不一定同时具备以上条件，在选择时要针对品种进行实验筛选，才能找出最佳者。

2. 局部疼痛减轻剂选用注意事项

（1）应注意注射液的 pH 值，如盐酸普鲁卡因在 pH 值 4.5～6.5 较稳定，pH 值过高易游离出碱基而沉淀，pH 值过低则易引起酯解。

（2）应注意使用浓度，如苯甲醇一般使用浓度为 0.5%～1.0%，超过 1.0% 则可引起溶血现象发生，或在局部发生硬结，有些国家已经禁止在儿童用注射剂中使用苯甲醇，不管使用哪种局部疼痛减轻剂，都应对使用浓度进行筛选，以选择适宜的浓度。

（二）局部疼痛减轻剂的分类

按化学结构和性质分为醇类、酚类和氨基苯甲酸酯类、酰胺类。醇类包括苯甲醇、三氯叔丁醇等；酚类包括丁香酚、异丁香酚等；氨基苯甲酸酯类、酰胺类，包括盐丁卡因、盐酸甲哌卡因、盐酸利多卡因、盐酸普鲁卡因等。

NOTE

按使用方法可分为直接加入到注射液中的局部疼痛减轻剂，如醇类、酚类，以及既可直接加入注射剂中，也可单独制成注射液，临用时与易发生疼痛注射液混合后使用，如氨基苯甲酸酯类、酰胺类等，即为临床上使用的局部麻醉剂。

（三）局部疼痛减轻剂的常用品种

如苯甲醇、三氯叔丁醇、盐酸普鲁卡因、盐酸利多卡因、氯化镁、硫酸镁、乌拉坦等。但如遇药物刺激性较强，特别是中草药注射剂，还必须改进工艺来减少刺激，而不能单靠增加局部止痛剂来解决。如果有效成分刺激性强，加入局部止痛剂效果也不明显时，则应考虑改变给药途径或者改变剂型，不宜制成注射剂。

苯甲醇

benzyl alcohol

【别名】苄醇、α－羟基甲苯；phenyl methnol。

【分子式与分子量】分子式为 C_7H_8O；分子量为 108.14。

【结构式】

OH

【性状】本品为无色液体；具有微弱香气；遇空气逐渐氧化生成苯甲醛及苯甲酸。本品在水中溶解，与乙醇、氯仿或乙醚能任意混合。

【作用与用途】本品有局部麻醉和杀菌作用，用作防腐剂和局部止痛剂。在水溶液或油质制剂中，用量可高达 20%，作止痛剂，常用量为 0.5%～2.0%，在滴眼剂中用量为 0.5%～1.0%，作助溶剂可用 5%～20%，同时，本品也是食用香料。

【使用注意】苯甲醇溶液有一定溶血作用，只能作皮下或肌内注射。注射时吸收差，浓度 0.5%～2.0% 连续注射可能产生局部硬结，影响注射液吸收。本品不作青霉素的溶剂应用，禁止用于儿童肌肉注射。苯甲醇溶液贮存过程中有可能产生苯甲酸、苯甲醛等不溶物而影响注射液的澄明度。本品遇氧化剂和强酸发生配伍反应。本品还可缓慢吸附于氯丁二烯橡胶塞、丁基橡胶塞，若塞子是氟化聚合物能增强抗吸附能力。

【质量标准来源】《中国药典》2015 年版四部；CAS 号：100－51－6。

【应用实例】　氟奋乃静癸酸酯注射液

处方：氟奋乃静癸酸酯 250g，苯甲醇 150g，注射用油加至 10000mL。

制法：取注射用油加热至 150℃ 灭菌 2 小时，放置过夜，次日加温至 60℃ 左右，加氟奋乃静癸酸酯、苯甲醇，搅拌溶解，以干燥的 3 号垂熔玻璃漏斗过滤，通氮气，灌封，100℃ 流通蒸汽灭菌 30 分钟，即得。

作用与用途：本品为长效安定药，具有安定和镇吐等中枢作用，用于急、慢性精神分裂症等。

注解：氟奋乃静癸酸酯为黄棕色澄明或微呈浑浊的油状液体，在水中不溶，在甲醇、乙醇、氯仿及无水乙醚中易溶。注射用油国外有用芝麻油为原料，国内有用茶油为原料。本品用苯甲醇以减轻注射疼痛。

NOTE

盐酸普鲁卡因
procaine hydrochloride

【别名】4－氨基苯甲酸－2－（二乙氨基）乙酯盐酸盐。

【分子式及分子量】分子式为 $C_{13}H_{21}ClN_2O_2$；分子量为272.78。

【性状】本品为白色结晶或结晶性粉末；无臭，味微苦，随后有麻痹感。本品在水中易溶，在乙醇中略溶，在氯仿中微溶，在乙醚中几乎不溶。

【作用与用途】本品具有良好的局部麻醉作用，主要用作局部疼痛减轻剂，用于某些引起疼痛的肌内注射剂和外用制剂，以减轻药物引起的疼痛或病灶的疼痛，使用浓度0.25%～1.0%。作为局麻药主要用于浸润麻醉、神经传导阻滞，作止痛剂止痛时间较短，常用量0.5%～2.0%，一般维持1～2小时。也用于"封闭疗法"，使用浓度0.25%～0.5%。可单独作成注射液，在临用时与药液混合后注射。

【使用注意】个别注射者可出现过敏反应。对过敏性体质病人应作皮内试验（0.25% 0.1mL皮内注射）。本品在碱性溶液中易析出沉淀，遇氧化剂、碱及较强的碱性药物可发生氧化、水解等反应而分解失效。

盐酸利多卡因
lidocaine hydrochloride

【别名】N－（2,6－二甲苯基）－2－（二乙氨基）乙酰胺盐酸盐一水合物。

【分子式及分子量】分子式为 $C_{14}H_{22}N_{20}\cdot HCl\cdot H_2O$；分子量为288.82。

【性状】本品为白色结晶性粉末；无臭，味苦，继有麻木感。本品在水或乙醇中易溶，在氯仿中溶解，在乙醚中不溶。

【作用及用途】本品为局麻药和抗心律失常药，也作局部止痛剂，常用量0.5%～1.0%。可单独作成注射液，在临用时与药液混合后注射。用于肌肉注射疼痛的药物，如青霉素、卡那霉素等，也用于局部制剂中，如软膏剂、栓剂。

【使用注意】在碱性水溶液中易水解重金属盐发生沉淀反应。作为局部止痛剂，使用浓度不宜过高，否则会引起药物吸收不良和其他副作用。

对刺激性较持久的注射液可添加0.5%～1.0%利多卡因，利多卡因在体内代谢慢，作用较普鲁卡因持久，效力也约强2倍。

本品在碱性水溶液中易水解，重金属盐可发生沉淀反应。

【应用实例】 **0.2%盐酸利多卡因注射液（溶剂用）**

处方：盐酸利多卡因、盐酸、注射用水等。

制法：取盐酸利多卡因2.5g，溶于适量注射用水中，用1mol/L盐酸0.02mL，调节pH至3.5～5.5，注射用水加至全量，过滤，100℃流通蒸汽灭菌30分钟即得。

作用与用途：作为注射用青霉素肌内注射的溶媒。

注解：0.2%盐酸利多卡因注射液镇痛效果好，对青霉素比较稳定。

二、渗透压调节剂

NOTE

人体血浆的渗透压是749.62kPa（7.4大气压），该渗透压相当0.9%氯化钠溶液的渗透压。

药剂学上把两种与血浆或体液渗透压相同的溶液，被一种理想的半透膜隔开时出现的渗透平衡现象称为等渗，这两种溶液称为等渗溶液（isosmotic solution），高于或低于血浆渗透压的则相应地称为高渗溶液或低渗溶液。注射剂渗透压应与血浆渗透压相等，才能保证用药安全。因人体自身调节作用，肌肉注射时可耐受0.45%～2.7%氯化钠溶液产生的渗透压（即0.5～3个等渗浓度）。在静脉注射时，当大量低渗溶液（低于0.44%氯化钠渗透压）进入血液后，大量水分子透过红细胞膜进入红细胞内，使红细胞胀破产生溶血，病人会感到头胀、胸闷，严重时可发生麻木、寒战，随之发高烧，尿中有血色素等。而从静脉大量注入高渗溶液，红细胞内水分渗出，细胞将逐渐萎缩。但如果缓慢注入，人通过自身调节功能可短时间恢复，不致产生不良反应。供脊髓腔内注射的药液必须调节至等渗。皮内或皮下注射虽然要求不严但也要注意调节渗透压以减少注射时的疼痛。

由于细胞膜并非典型的半透膜，糖类、氨基酸、金属离子等能透入细胞。因此，按物理化学概念计算出的某些药物的等渗溶液，有的仍会产生不同程度的溶血现象。如2.6%的甘油溶液，是等渗但仍100%溶血，这是由于不等张的缘故。等张也是一种渗透平衡现象，与等渗的不同点是渗透膜不一样，是以红细胞膜隔离两种溶液出现的渗透平衡现象，其张力与红细胞张力相等，或者说红细胞在其中能保持正常功能和形态，这两种溶液称为等张溶液（isotonic solution）。实际上，等张仅在注射量大的输液剂中要考虑。

等渗溶液与等张溶液的定义不同，等渗不一定等张，等张不一定等渗，在新药试制中，为安全起见，配置的等渗溶液也应进行溶血性试验，必要时加入葡萄糖、氯化钠等调节成等张溶液。

（一）渗透压调节方法

常用的渗透压调节方法包括冰点降低数据法和氯化钠等渗当量法。

1. 冰点降低数据法　血浆和泪液的冰点均为-0.52℃，故凡调节药液的冰点为-0.52℃，即与血浆和泪液等渗。在复方药液中，ΔT_f值具有加和性，因此，可以方便地计算任何一种药液是否等渗或调节等渗需要加多少等渗调节剂。

调节药物溶液等渗，应加入渗透压调节剂的量可用以下公式进行计算：

$$W = 0.52 - a/b \tag{4-1}$$

式中，W为每100mL溶液中需加入的渗透压调节剂的量（g）；a为药物溶液测得的冰点降低值（℃）；b为1%渗透压调节剂的冰点降低值（℃）。

2. 氯化钠等渗当量法　氯化钠等渗当量值指与1g药物呈现等渗效应的氯化钠的量，用E表示。E值是已知0.9%氯化钠溶液与体液等渗，故在100mL溶液中，与0.9g氯化钠相当者即为等渗。如无水葡萄糖的$E=0.18$，表明1g无水葡萄糖在溶液中产生的渗透压（或质点数）与0.18g氯化钠相同。按下式计算渗透压调节剂的用量。

$$X = 0.009V - EW \tag{4-2}$$

式中，X为配成体积为V的等渗溶液需加入的氯化钠量（g）；V为欲配制溶液的体积（mL）；E为1g药物的等渗当量（可由表查得或测定）；W为配制用药物的重量（g）；0.009为每毫升等渗氯化钠溶液中所含氯化钠的量（g）。

3. 以溶血性计算药物的等张浓度　由溶血法求药物等张浓度的方法，一般分两步进行，先求药物的渗透系数，即溶血法的i值，然后与等张的氯化钠溶液（0.9%）比较，按下式可

NOTE

求出某些药物的等张浓度：

$$1.86 \times 氯化钠克数/100mL 溶液 58.45 = i \times 某药物克数/100mL 溶液药物摩尔质量 \tag{4-3}$$

式中，1.86 为氯化钠的 i 值，58.45 为氯化钠的分子量。

（二）等渗调节剂的选用

1. 等渗调节剂应无毒、无刺激、无过敏、无异味，符合注射用标准。

2. 等渗调节剂不应与主药发生反应，不影响制剂的检查和含量测定。如含有灯盏细辛药材的中药输液制剂不能使用氯化钠作渗透压调节剂，否则影响灯盏花乙素的含量测定，使含量下降90%左右，宜选用葡萄糖、甘油等作等渗调节剂。

3. 选用等渗调节剂时应考虑药液的 pH 值范围，渗透压调节剂在此 pH 值范围内应稳定，如药液的 pH 值在6.0 以上主药才稳定，则不应选用葡萄糖作等渗调节，否则葡萄糖分解生成5－羟甲基糠醛，使药液颜色加深，应考虑使用 0.9% 氯化钠或 2.6% 甘油作渗透压调节剂。

4. 在使用等渗调节剂时，应首先计算药液中主药和其他辅料的总渗透压或用渗透计测得药液的渗透压，如果总渗透压或药液渗透压已在临床正常值 275～310mOsm/L 范围内，或者稍高于正常值，则不必再加入等渗调节，如果低于临床正常值范围，应加等渗调节剂调整。

（三）渗透压调节剂的常用品种

渗透压调节剂主要用于注射剂与滴眼剂两类剂型中。

1. 注射剂中常用的渗透压调节剂 注射剂中常用的等渗调节剂有氯化钠、葡萄糖、果糖、甘油（用于脂肪乳中）、山梨醇（多用于氨基酸注射液中）、木糖醇（用于脂肪乳中）等，也有用氯化镁、磷酸盐、枸橼酸钠和甘露醇等作为等渗调节剂的。

目前在注射剂中使用最多的渗透压调节剂是氯化钠，常用量 0.5%～0.9%；以及葡萄糖，常用量4%～5%。

2. 滴眼剂中常用的渗透压调节剂 眼球能适应的渗透压范围相当于浓度为 0.5%～1.6% 的氯化钠溶液，超过2%时有明显不适感。滴眼剂使用的等渗调节剂除氯化钠、葡萄糖外，还有硼酸、硼砂、硝酸钠等。滴眼剂是低渗溶液时应调成等渗，但因治疗需要也可采用高渗溶液。而洗眼剂则力求等渗。

【应用实例】 氯霉素滴眼液

处方：氯霉素 0.25g，氯化钠 0.9g，尼泊金甲酯 0.023g，尼泊金丙酯 0.011g，蒸馏水加至100mL。

制法：取尼泊金甲酯、丙酯，加沸蒸馏水溶解，于60℃时溶入氯霉素和氯化钠，过滤，加蒸馏水至足量，灌装，100℃、30 分钟灭菌。

作用及用途：本品用于治疗沙眼、急慢性结膜炎、眼睑缘炎、角膜溃烂、睑腺炎、角膜炎等。

注解：氯霉素对热稳定，配液时加热以加速溶解，用100℃流通蒸汽灭菌。处方中氯化钠为渗透压调节剂，尼泊金甲酯与尼泊金丙酯同为抑菌剂。另可加硼砂、硼酸做缓冲剂，亦可调节渗透压，同时还增加氯霉素的溶解度，但此处不如用生理盐水为溶剂者更稳定及刺激性小。

NOTE

第八节　冻干保护剂与填充剂

在低温减压条件下，将被干燥物料冷冻成固体，利用水的升华性能，使物料低温脱水而达到干燥的方法称为真空冷冻干燥（vacuum freeze - drying），简称冷冻干燥（freeze - drying）、冻干（lyophilization）；因利用升华达到去水目的，所以又称为升华干燥（sublimation）。冷冻干燥得到的产物称为冻干物（lyophilizer）。

冷冻干燥与其他干燥方法相比，具有三个优点：第一，冻干在低温下进行，能够保护热敏性物质，不会破坏制品原有特性，经该方法处理后的生物活性物质可继续存活3～5年。第二，冻干在真空、缺氧条件下进行，可保护易氧化物质。第三，被干燥物质在预冻时被均匀分布在冰晶的骨架之中，所以干燥后产品疏松多孔，使内表面积增大，具有较好的“亲和”特性，加水后能恢复原状。

一、冻干保护剂

冻干保护剂是一类能防止活细胞和生物活性物质在冻干过程中受到破坏的物质。冻干保护剂的基本要求为：①无抗原性，不含任何毒性或过敏源，对人体无害；②冷冻升华时不起泡，干燥后复水性好；③可形成均匀的溶液；④在冻干过程中，对活菌菌苗一般存活率能达到50%以上，对活毒疫苗一般要求滴度下降小于0.5；⑤在冻干和贮存期中对产品有保护作用，但不与药性成分产生化学反应，不损害物质的活性；⑥不影响对制品的检测；⑦保护剂的崩解温度尽量高。

（一）冻干保护机理

由于冷冻干燥过程存在多种应力损伤，如低温应力、冻结应力和干燥应力，其中冻结应力又可分为枝状冰晶的形成、离子浓度的增加、pH值的改变和相分离四种情况。因此保护剂保护药品活性的机理也不同，可以分为低温保护和冻干保护。

1. 低温保护　液体状态下蛋白质稳定的机理之一是优先作用原理。优先作用是指蛋白质优先与水作用（优先水合），而保护剂优先被排斥在蛋白质区域外（优先排斥）。在这种情况下，蛋白质表面就比其内部有较多的水分子和较少的保护剂分子。

2. 冻干保护　在冻干过程中，由于蛋白质的水合层被除去，优先作用机理不再适用。对于冻干保护机理，仍在研究探讨之中。

（二）冻干保护剂分类

按其化学性质分类可分为盐类、糖类、醇类、酸类、复合物、聚合物等类。

盐类：氯化钠、氯化钾、谷氨酸钠、硫酸钠、乳酸钙、硫代硫酸钠、醋酸铵、氯化铵、碳酸氢钠和乙二胺四乙酸二钠（EDTA - 2Na）。

糖类：蔗糖、乳糖、麦芽糖、葡萄糖、果糖、海藻糖等。

醇类：山梨醇、甘露醇、甘油、肌醇、木糖醇等。

酸类：柠檬酸、酒石酸、氨基酸、乙二胺四乙酸（EDTA）等。

复合物：脱脂乳、明胶、蛋白质、蛋白胨多肽、糊精、血清、甲基纤维素、尿素等。

聚合物：葡聚糖、聚乙二醇、聚乙烯吡咯烷酮（PVP）等。

其他：维生素 C、维生素 E、硫脲、二甲基亚砜（DMSO）、Picoll 等。

（三）冻干保护剂的选用原则

在选择冻干保护剂时，应考虑其溶液在冷冻干燥时的崩解温度，在此温度以上时，冻干保护剂的崩解温度过低而失去支架作用，即刚性差，显有黏性，妨碍水分蒸发（即水蒸气不易逸出）。所以，在达到相同保护效用原则下，应选取崩解温度较高的保护剂，一些常用保护剂的崩解温度见表 4－11。

表 4－11　几种冻干保护剂的崩解温度

保护剂	崩解温度（－℃）	保护剂	崩解温度（－℃）
明胶	8	肌醇	27
葡聚糖	9	蔗糖	32
甲基纤维素	9	乳糖	32
白蛋白	10	麦芽糖	32
氯化钾	11	葡萄糖	40
聚乙二醇	13	谷氨酸钠	50
聚乙烯吡咯烷酮	23		

（四）冻干保护剂的常用品种

冻干保护剂常用的品种有海藻糖、蔗糖、葡萄糖、果糖、乳糖、麦芽糖、葡聚糖、甘露醇、山梨醇；还有白蛋白、甘氨酸、精氨酸、L－丝氨酸、谷氨酸钠、丙氨酸、肌氨酸等。

海藻糖
trehalose

【别名】 D（＋）－海藻糖、D（＋）－海藻糖二水合物。

【分子式与分子量】 二水物的分子式为 $C_{12}H_{22}O_{11}\cdot 2H_2O$，分子量为 378.33；无水物的分子式为 $C_{12}H_{22}O_{11}$，分子量为 342.30。

【结构式】

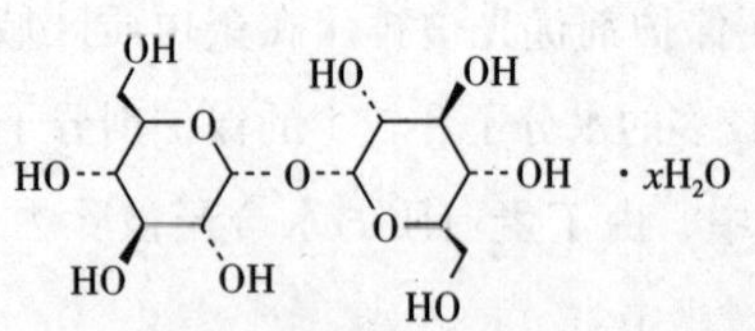

【来源与制法】 本品由两个吡喃环葡萄糖分子以 1,1－糖苷键连接而成的非还原性双糖。是由食用级淀粉酶解而成，来源广泛，酵母、真菌、藻类、蕨类、蕈类、昆虫、线虫、海虾等生物体内的海藻糖含量高达 15%～30%，天然淀粉中海藻糖的含量也较高。

【性状】 本品为粉状白色结晶，无臭，甜味为蔗糖的 45%，在水中溶解度和麦芽糖相似，低于蔗糖（20℃时，溶解度是蔗糖的 33.79%），微溶于乙醇。对热非常稳定，是天然双糖最稳定的一种，结晶性能优异。海藻糖化学性质非常稳定，对热、酸等环境非常稳定，加热时也不会焦化，在体内可被酶水解成葡萄糖而参与糖代谢，无毒性。

【作用与用途】 药品、食品保护剂、生物活性物质冻干保护剂、食品保鲜剂、稳定剂，还可以用作移植器官保护液、干燥微生物、生物制品。

【质量标准来源】《中国药典》2015年版四部，二水物CAS号：6138-23-4；无水物CAS号：99-20-7。

【应用实例】　**重组MVA病毒载体疫苗**

处方：重组MVA疫苗，保护剂为海藻糖3%，甘露醇3%，右旋糖苷2%和肌醇1.5%。

制法：按照上述保护剂分组的百分比（*W/V*）要求，加入磷酸盐溶液（PB）中，待保护剂充分溶解后，用孔径0.22μm滤膜过滤除菌，即得保护剂。

将MVA疫苗浓缩液按1∶1比例分别加入上述含有冷冻干燥保护剂的PB中混合，调整pH，无菌分装，0.1mL/安瓿，进行真空冷冻干燥。

作用与用途：用于预防人类AIDS（艾滋病）。

注解：MVA病毒对热及反复冻融敏感，容易失活。本品为重组MVA病毒载体疫苗的冻干制剂，海藻糖、甘露醇、右旋糖苷和肌醇等按比例配伍而成保护剂，对MVA病毒载体疫苗显示了较好的保护性。海藻糖能够降低冻干过程对细胞膜、脂质体等的伤害作用。甘露醇上的羟基能替代部分结构水，与病毒蛋白外壳中羰基或氨基结合，且能形成玻璃样结晶颗粒，能够有效保持病毒外壳的空间构型以及病毒活性。

二、冻干填充剂

冻干填充剂，也叫赋形剂或支架剂，主要用于冷冻干燥的注射剂。有些药物溶液中总固体含量较低，容易出现药物随水蒸气飞散逸出，致使成品含量偏低；另外，冻干后制品易潮解而萎缩，药物外观质量差。一般情况下，冷冻干燥处方中固体的百分含量应该在7%~25%，最佳浓度控制在10%~15%，对于糖类则为5%~10%。药物溶液中总固体物低于5%时，就应该考虑加入赋形剂。

用作冻干剂的填充剂要求纯度高、无毒、无抗原性、热原易除去、引湿性小、低共熔点高，冻干后外观洁白、均匀、细腻、价廉易得等。

常用的填充剂为有机物类和盐类。有机物类如乳糖、葡萄糖、蔗糖、甘露醇、山梨醇、水解明胶、甘氨酸、枸橼酸、维生素C、右旋糖酐等，可适当增加冷冻物的固体量。常用的盐有磷酸二氢钠和磷酸氢二钠，去氧胆酸钠、氯化钠也常使用。但单独使用盐类，冻干后饼状物的体积多显著缩小，并出现硬壳和脆散。常与其他支架剂配比使用，比例一般为1∶1，可以增加冻干品的机械强度，但是容易出现复溶性不好的现象，表现为乳光。常用冻干填充剂见表4-12。

表4-12　常用冻干填充剂

名称	常用量	选用要点	应用举例
甘露醇	1%~10%	为很好的冻干填充剂，常为填充剂的首选	注射用氧氟沙星、注射用硫酸川芎嗪、注射用苦参素
葡萄糖	1%~10%	葡萄糖可以减轻痛感，冻干产品呈海绵状。葡萄糖成型性稍差，冻出的产品外形易发生萎缩，共熔点较甘露醇低。但安全，毒副作用小	

NOTE

续表

名称	常用量	选用要点	应用举例
乳糖	1% ~8%	应用乳糖的成品，空隙较为紧密、外观饱满、洁白，有一定结构强度，但引湿性高，成本高于甘露醇，且用 HPLC 检测有时会有杂质峰	
蔗糖	2% ~5%	易溶于水。冻干共熔点较低。糖尿病人禁用	
甘氨酸	1% ~2%	成型性好。但性质较为活泼，有些药物容易与其反应，有较多的配伍禁忌	注射用水溶性维生素

甘露醇

mannitol

【别名】1, 2, 3, 4, 5, 6 - 己六醇；mannite、manna sugar。

【分子式与分子量】分子式为 $C_6H_{14}O_6$；分子量为 182.17。

【性状】本品为白色结晶性粉末；无臭，味甜。水中易溶，在乙醇或乙醚中几乎不溶。5.07% 水溶液为等渗溶液，引湿性小。此外，甘露醇粉粒粗、性脆。

【作用与用途】本品在冻干针剂中用作填充剂，常用量为 5%，对不易成型的主药，其用量也可以加大（20% ~90%）。本品具有络合作用，在小容量注射剂中使用甘露醇可起助溶作用和抗氧化作用，用作抗氧增效剂。

本品常用作片剂等的填充剂（10% ~90%）。因本品无吸湿性，可用于易吸湿性药物，便于保持颗粒的干燥。广泛用于咀嚼片的矫味剂，使片剂溶解时吸热，使口腔清凉有舒适感；用于硝酸甘油片的基料，颗粒可作为直接压片的赋形剂。

本品在悬浮剂中可作增稠剂（约 7%），在冻干剂中用作载体（20% ~90%）。颗粒甘露醇的流动性好，可将其加入不易流动的物质内，以改进其流动性，但加入的量不超过其他物质浓度的 25%（*W/W*）。另外，本品具有络合作用，所以还可用作抗氧增效剂

【使用注意】本品 20% 水溶液不可与头孢匹林钠溶液（20 ~30mg/mL）配伍。本品不可与木糖醇输液配伍。本品可与一些金属离子（Fe^{2+}、Al^{3+}、Ca^{2+}）形成复盐。

【应用实例】 **注射用左泮托拉唑钠**

处方：左泮托拉唑钠 21.2g，依地酸二钠 1.0g，甘露醇 20g，0.1mol/L 氢氧化钠溶液适量，加注射用水至 1000mL。

制法：将处方量依地酸二钠、甘露醇加至总溶液量 80% 的注射用水中，用 0.1mol/L 氢氧化钠调节溶液的 pH 值为 11.0 ~11.5。加入处方量的左泮托拉唑钠，搅拌使溶解。按溶液量的 0.05% 加入针用活性炭，室温搅拌 30 分钟，过滤脱炭，经微孔滤膜（0.45μm），补加注射用水至全量，过 0.22μm 微孔滤膜，测定含量后，灌装于管制瓶中，每支 1mL。将灌装好的样品置于冷冻干燥机中，先降温至 -45℃，预冻 2 小时，然后抽真空，并按约 3℃/h 升温至 -10℃，之后按 5℃/h 升温至 30℃，保温 2 小时，加胶塞，轧盖，即得成品。

作用与用途：本品为质子泵抑制剂，可治疗胃溃疡、十二指肠溃疡等。

注解：①左泮托拉唑钠［（L）-pantoprazole sodium］为泮托拉唑钠的消旋体单体，具有比泮托拉唑钠更高的疗效。左泮托拉唑钠对光、热、氧和水均不稳定，不能满足注射剂的要

求。为了临床应用的需要，特研制了注射用左泮托拉唑钠。②2%（W/V）甘露醇作为冻干填充剂。③由于左泮托拉唑钠易氧化，而金属离子能够起催化作用，因此在处方中加入金属离子络合剂依地酸二钠。④左泮托拉唑钠对酸极不稳定，对碱稳定，由于依地酸二钠溶液显酸性，故先用氢氧化钠将依地酸二钠溶液的pH值调至>11.0，再加入主药，可显著增加其稳定性。⑤活性炭量在溶液量0.05%～0.20%范围内，对左泮托拉唑钠均有吸附，因此，需适当加大投药量来保证制剂的含量。

冻干制品中的其他辅料：注射用冻干粉针所需药用辅料主要包括溶剂（注射用水）、填充剂、助溶剂、pH值调节剂、抗氧剂、吸附剂等。注射用粉针药用辅料常需用填充剂，不用非水溶剂，一般不加抑菌防腐剂和局部止痛剂等。辅料在减压干燥条件下必须是不挥发的，不能使用苯酚、苯甲醇、三氯叔丁醇等挥发性物质。在中药冻干粉针中必须使用膨松剂，使冻干后形成饱满而膨松的骨架。中药冻干粉针剂使用的膨松剂与化学药品冻干粉针剂使用的膨松剂是相同的，膨松剂起两种作用，一种起膨松骨架作用，一种是起助溶作用，使冻干后易于溶解形成澄明溶液。膨松剂分为两大类，氨基酸类，如甘氨酸、丙氨酸、组氨酸、精氨酸、天冬氨酸、天冬酰胺等主要起膨松骨架作用，甘露醇、山梨醇、乳糖、葡萄糖、蔗糖、右旋糖酐、多元醇肌醇、白蛋白、明胶等主要起助溶作用，但也起膨松骨架作用，尤其是葡聚糖、甘露醇、聚乙二醇有良好的助溶和膨松骨架作用，在中药冻干成型工艺中最常用。

NOTE

第五章 固体制剂用辅料

第一节 概 述

固体制剂泛指以固态形式存在，供诊断、预防、治疗疾病用的各种药物制剂。一般由原料药（又称主药）、辅料两部分组成（极个别仅含主药，如牛磺酸散）。

固体制剂中主药分别以分子、固体小颗粒或两种状态兼有的形式分散于辅料中，形成多种物质组成的固体混合体系。就物态而言，主药一般为固态，也可以是半固态或液态；就来源而言，主药可以是全合成化学药物或以天然成分为原料的半合成化学药物，也可以是采用生物技术制备的产物或从中药材中提取获得的浸出物，或是中药材经粉碎而得的粉末。

固体制剂的辅料是根据固体制剂的类型、主药性质、给药部位的生理环境以及疾病治疗的药剂学需求等实际需求所选用的辅助制剂成型、增强疗效、降低或消除毒副作用、提高药物稳定性、改变药物的溶出和吸收以及方便服用等功用的必需物质，是影响固体制剂质量的重要因素。

一、固体制剂的特点

固体制剂是目前临床应用最为广泛的一大类制剂，与其他物态制剂相比，主要优点如下：①剂型十分丰富，选择范围广；②制剂质量更稳定，制剂中主药以固态形式存在，能有效降低外界各种因素如温度、光线、空气（氧）、湿度或水分、微生物等对制剂质量的影响，稳定性优于半固体制剂、液体制剂、气体制剂等其他制剂；③给药途径较为广泛，固体制剂主药供口服，也可供外用、腔道用药如皮肤、口腔、鼻腔、阴道、尿道、直肠等，也有供注射或眼部用，如注射用粉针剂；④具有生产成本低，包装、运输、贮存、携带、服用方便等优点。

但是，固体制剂也有其自身的缺点，如：①需加入若干赋形剂，部分制剂需经过压缩成型，使溶出度和生物利用度受到影响；②不利于儿童及昏迷患者吞服；③挥发性成分贮存日久含量下降等。

二、固体制剂及其辅料的分类

目前，临床使用的常用固体剂型有胶囊剂、片剂、丸剂、颗粒剂、散剂等。本章主要阐述涉及常规固体制剂成型的主要辅料，而对于速释、缓控释、靶向、黏膜给药等新型固体制剂中所使用的特殊辅料，将在第九章新型制剂技术辅料中详细讨论。

NOTE

固体制剂用辅料习称赋形剂，根据使用目的，赋形剂主要包括填充剂、黏合剂与湿润剂、崩解剂、润滑剂、包衣材料、胶囊材料等大类，其中填充剂又可分为稀释剂和吸收剂，包衣材料中又包含成膜材料、增塑剂、着色剂等。

三、固体制剂的质量要求

制剂的质量涵盖制剂在外观性状、安全性、有效性、稳定性等方面的具体情况，固体制剂要产生预期的疗效，一般都存在崩解、释放、溶出、吸收等过程，其中任何一个环节发生问题都将影响药物的实际疗效。

固体制剂的质量除另有规定外，各剂型均需符合《中国药典》2015 年版制剂通则项下的有关规定。

第二节　填充剂

填充剂（filler）包括稀释剂和吸收剂。用以增加药物重量与体积或分散主药以降低物料黏性，利于制剂成型和分剂量的赋形剂称为稀释剂（diluent）；用以吸收原料中多量液体成分的赋形剂称为吸收剂（absorbent）。

填充剂广泛用于片剂、颗粒剂、胶囊剂、散剂等固体制剂。片剂中填充剂主要用于调节片剂的体积、压片前物料的黏性以及部分液态物料的固化。受压片工艺、制剂设备等因素影响，为了应用和生产的方便，片剂的直径一般不能小于6mm，片重多在100mg 以上。因此，如果片剂中的主药只有几毫克或几十毫克时，制片困难；如果片剂中的主药为中药浸膏或其他高黏性物料，则无论是颗粒压片或是粉末直接压片，均需要加入适量低黏性稀释剂以降低物料的黏性，防止压片时黏冲现象；当主药中含有挥发油、脂肪油类液体物料时，需要预先用适量吸收剂吸收物料使其固态化，然后压片。

固体制剂中各剂型在主药性质、制备工艺、物态特征等方面具有相似性，因此填充剂在颗粒剂、胶囊剂、散剂等其他固体制剂中的应用情况，与在片剂中的基本一致。

填充剂对制剂的质量有着重要的影响。一般来说，填充剂应具备以下基本性质，以确保其在制剂中发挥应有作用的同时，不影响制剂的疗效：①填充剂应为惰性物质，无显著生理活性，对人体无害；②理化性质应稳定，不与主药发生反应，不影响主药的定性与定量检查；③应具有较大的“容纳量”，以较少的用量与药物或药材提取物混合时，物料仍具有良好的成型性和流动性，不易吸湿等；④对药物的溶出、吸收应无不良影响；⑤来源应较为广泛，容易获得，且成本低廉。

一、填充剂的分类

（一）稀释剂

1. 水溶性稀释剂　水溶性稀释剂有乳糖、蔗糖、甘露醇、山梨醇等。

2. 水不溶性稀释剂　水不溶性稀释剂有淀粉、微晶纤维素、硫酸钙、磷酸氢钙等。

3. 直接压片用稀释剂 此类稀释剂有喷雾干燥乳糖、改良淀粉等。直接压片用稀释剂的发展趋势是将崩解剂、润湿剂加入，一并作为填充剂使用，压片时不再加这些赋形剂。如蔗糖－转化糖复合物（Na－Tab）就是直接压片填充剂，由95%加工蔗糖、4%转化糖、0.1%～0.2%淀粉和硬脂酸镁组成。

（二）吸收剂

若原料药中含有丰富的挥发油、脂肪油或其他液体，需采用吸收剂吸收。有不少稀释剂同时也可作吸收剂，如淀粉；但一般油类药物常用无机盐进行吸收，如硫酸钙、磷酸氢钙、氧化镁、碳酸镁、活性炭、氢氧化铝凝胶粉等。

二、填充剂的选择

选择填充剂，主要从以下两个方面考虑：

1. 应考虑填充剂本身吸湿性对制剂质量的影响 在固体制剂中填充剂的用量一般都较大，特别是对于剂量小的化学药，填充剂的用量常超过主药。因此，若填充剂易于吸湿，则将增加混合后物料的吸湿性，给制剂的成型、分剂量带来困难，且对制剂在贮存期的稳定性造成不利影响。

通常可用临界相对湿度（CRH）来衡量水溶性物质吸湿性强弱，CRH愈大愈不易吸湿。几种水溶性物质混合后其CRH不像水不溶性混合物那样具有加和性，而是遵从Elder假说，即“混合物的临界相对湿度大约等于各物质的临界相对湿度的乘积，而与各组分的比例无关”。因此，混合物的CRH一定比其中任何一个组分的CRH更低，例如半乳糖（CRH＝95.5%）与蔗糖（CRH＝84.5%）混合，混合物CRH＝95.5%×84.5%＝80.7%；若半乳糖与果糖（CRH＝53.5%）混合，则CRH＝95.5%×53.5%＝51.1%。

因此，当选用水溶性填充剂时，应在查阅或测定其CRH后，选用CRH值尽可能大的填充剂；当选用水不溶性填充剂时，由于一般不存在CRH，则应是吸湿量愈低愈好，以保证混合后物料在通常湿度条件下不易吸湿。

2. 应针对药物不同剂型的特点和要求分别进行考虑

（1）*片剂* 片剂的填充剂应选用塑性变形体，而不是完全弹性体。在全粉末直接压片时，一般宜选用流动性好，可压性高，“容纳量”大的填充剂；当主药为黏性较大的中药浸膏或其他药物时，应加入适量稀释剂以改善其黏性，便于制剂成型，并要求稀释剂自身具有低黏性、流动性良好的特点，要选择能以最小用量达到相同效果的稀释剂，以尽量降低制剂剂量。此外，根据各种片剂的不同用法，对填充剂也有不同要求，如用于溶解片的填充剂，必须具有良好的溶解性能，如糖粉、乳糖等；又如用于咀嚼片的填充剂，则应具有良好的口感，如甘露醇常与糖粉配合使用，在口腔中有凉爽和甜味的感觉。

（2）*散剂与胶囊剂* 当散剂中含有毒性药物时，需加入一定比例的辅料稀释制成倍散，以保证分剂量的准确性，方便服用。加入的稀释剂的性质对散剂混合、分装、贮存等过程有着重要的影响。稀释剂与散剂的混合过程，要求稀释剂相对密度应与被稀释的主药接近，否则会因密度差异大而导致分层，造成药物分布的不均匀，影响制剂的安全性、有效性。散剂的分装过程，要求稀释剂具有良好的流动性，使混合后的散剂易于分装，保证单剂量的准确。而稀释

NOTE

剂的吸湿性将影响混合后物料的吸湿性，从而对制剂的制备过程及在贮存过程中的稳定性产生重要影响。当散剂处方中含有较多量液体成分，不能被其他组分完全吸收时，方可考虑加入适宜辅料（如乳糖、淀粉、蔗糖等）吸收，以不显潮湿为度。

胶囊剂内容物一般为药物粉末或颗粒，制备也涉及物料的混合、填装等环节，与散剂相似，因此，其填充剂的使用与散剂有类似之处。

（3）颗粒剂　颗粒剂由于具有较大的载药量，能较好地保留汤剂的特色，是中药制剂常用剂型。中药颗粒剂中的主药大部分为中药材的粗提浸膏，一般具有较大的黏性、吸湿性，物料的流动性差，且浸膏的剂量较大，影响制剂的制备。针对以上问题，需重点选用“容纳量”大、CRH 值大、黏性小的水溶性填充剂或吸湿性小的非水溶性填充剂，在有效解决物料黏性、吸湿性、流动性问题的同时，尽量减少辅料用量。

（4）丸剂　丸剂除需选择可将药物制备成球状固体的适宜辅料如黏合剂、润湿剂外，与颗粒剂一样，也涉及填充剂的选择，两者具有相似性。而丸剂由于物料所具有的特殊性，对填充剂的选择有独特之处：对于全部用药材细粉为主药制备的丸剂，一般无需再加入填充剂，只需加入适量黏合剂即可，其中药材中除药效成分以外的纤维、淀粉类物质充当了填充剂；而对于含有中药材提取物的浓缩丸或半浓缩丸，为保证制剂成型，一般需加入填充剂，其选择要求与中药颗粒剂基本一致。

三、填充剂的常用品种

目前，在各种固体制剂中常用的填充剂有淀粉、乳糖、糊精、糖粉、硫酸钙、磷酸氢钙、微晶纤维素、氧化镁、碳酸镁、碳酸钙、氢氧化铝凝胶粉、甘露醇、预胶化淀粉（可压性淀粉）等，部分品种介绍如下。

淀　粉
starch

【别名】 amylum。

【分子式与分子量】 分子式为（$C_6H_{10}O_5$）$_n$，分子量 50000～160000，其中 n = 300～1000。

【结构式】 淀粉中含有直链淀粉和交链淀粉，两者结构不同。

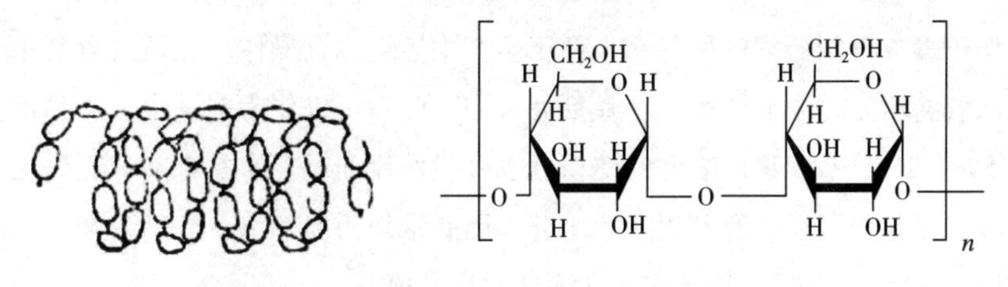

直链淀粉示意图　　　　直链淀粉结构式

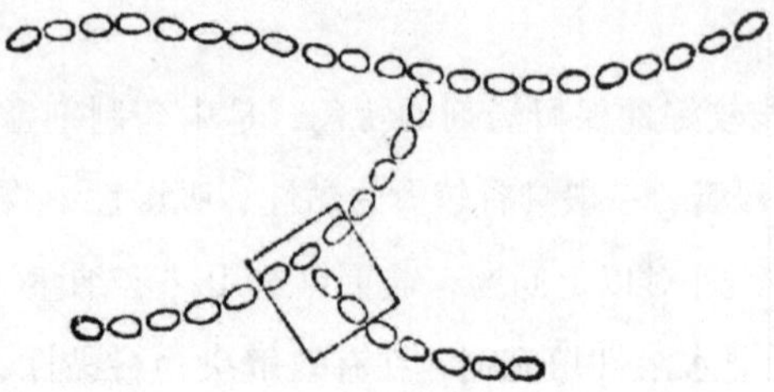

支链淀粉示意图 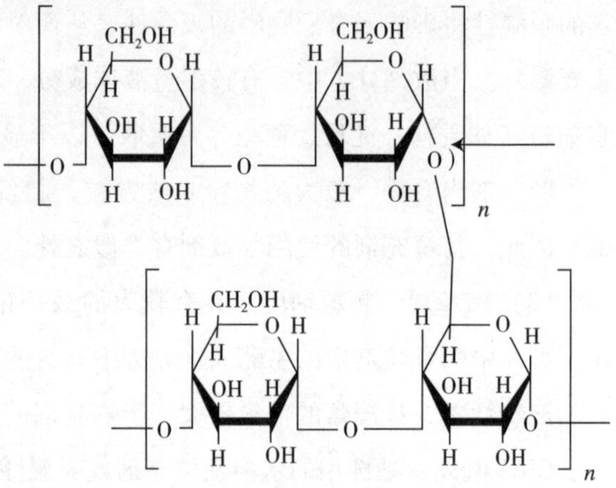　　支链淀粉结构式

n：聚合度，n 约为60，1：α-1,6 苷键

【来源与制法】《中国药典》2015 年版四部将“淀粉”分为小麦淀粉、马铃薯淀粉、木薯淀粉和玉米淀粉。小麦淀粉系自禾本科植物小麦 *Triticum aestivum* L. 的颖果中制得。马铃薯淀粉系自茄科植物马铃薯 *Sdanum tuberosum* L. 的块茎中制得。木薯淀粉系自大戟科植物木薯 *Manihot utilissima* pohl. 的块根制得。玉米淀粉系自禾本科植物玉蜀黍 *Zea mays* L. 的颖果制得。

【性状】本品为白色粉末，无臭、无味。粉末由微小的球状或卵形颗粒组成，其大小、形状决定于植物种类。淀粉的一般性质主要包括：

pH 值：25℃时，2%（*W/V*）玉米淀粉水溶液 pH 值为 5.5 ~ 6.5。

流动性：玉米淀粉流动性差。30% 玉米淀粉为 10.8g/s ~ 11.7g/s。

胶化温度：植物种类不同，淀粉的胶化温度也不同，玉米淀粉为 73℃，马铃薯淀粉为 72℃，小麦淀粉为 63℃。性质很稳定，与大多数药物不起作用。

吸湿性：所有淀粉均易吸湿，能迅速吸收空气中的水分，不潮解。在相对湿度 50% 的条件下，含水分量为玉米淀粉 11%，马铃薯淀粉 18%，木薯淀粉 14%，小麦淀粉 13%。在相对湿度 30% ~ 80% 条件下，玉米淀粉吸湿性最小，马铃薯淀粉吸湿性最大。市售淀粉一般含水分 10% ~ 14%。

溶解性：淀粉在冷的 95% 乙醇和冷水中不溶解，在 37℃ 水中体积迅速膨胀 5% ~ 10%，pH 值几乎对溶胀没有影响。常用浓度为 3% ~ 5%。

【作用与用途】淀粉是口服固体制剂的常用辅料，常用作黏合剂、稀释剂及崩解剂。淀粉在散剂中用作色素或毒剧药物的稀释剂，便于生产中后续混合操作。在硬胶囊剂中，淀粉作为稀释剂，用于胶囊填充时调节体积。在片剂处方中，淀粉可以作为剂量小、高黏性主药的稀释剂，新配制 5% ~ 25%（*W/W*）浓度的淀粉糊也可用作片剂颗粒的黏合剂，通过工艺优化确定用量。淀粉具有巨大表面积，有利于吸收水分，因此常作为崩解剂，常用浓度 3% ~ 15%（*W/W*）。但普通淀粉可压性差，制片易碎，高浓度时易于顶裂。

此外，淀粉也被用作新的药物传递系统的辅料，如鼻黏膜、口腔、牙周等部位传递系统；还可用于局部用制剂，例如淀粉胶浆用作润肤剂，用来制备灌肠剂的基料，处置碘中毒等。

【使用注意】

1. 淀粉可食用，无毒、无刺激性，使用时极少有过敏反应。口服过量有害，可形成淀粉结石，引起肠梗阻。淀粉接触到腹膜、脑膜可引起肉芽肿反应，手术伤口被外科手术手套上的淀粉污染也可引起肉芽肿损害。淀粉极少有过敏反应，LD_{50}（小鼠，IP）6.6g/kg。

2. 使用本品作崩解剂时，湿颗粒温度不能太高，以60℃为宜，如果温度过高可导致淀粉糊化，不但颗粒坚硬而且片剂不易崩解。

3. 水杨酸钠、对氨基水杨酸钠遇水溶解，能引起淀粉胶化而失去膨胀性，反而使片剂的崩解时间延长，故上述药物不应使用本品作崩解剂。

4. 淀粉浆能妨碍钙离子的扩散，影响吸收。本品对一些药物有吸附作用，如能吸附度米芬，使其含量降低，抑菌效力减弱。

【质量标准来源】玉米淀粉参照2015年版《中国药典》四部，药用辅料“玉米淀粉”项下相关规定；小麦淀粉参照2015年版《中国药典》四部，药用辅料“小麦淀粉”项下相关规定；马铃薯淀粉参照2015年版《中国药典》四部，药用辅料“马铃薯淀粉”项下相关规定；木薯淀粉参照2015年版《中国药典》四部，药用辅料“木薯淀粉”项下相关规定。CAS号：9005-25-8。

【应用实例】

1. 心血宁片

处方：山楂提取物25g，葛根提取物150g，淀粉25g，硬脂酸镁10g。

共制成1000片

制法：按处方取山楂提取物与葛根提取物混匀，加淀粉后，粉碎成14目颗粒，加硬脂酸镁混匀，压片，每片重0.2g，包糖衣，即得。

功能与主治：活血，散瘀，解痉。可扩张冠状动脉血管，增加冠状动脉及脑动脉血流量，降低血脂及血压。用于冠心病、高脂血症、心绞痛及高血压引起的颈项强痛等症。

注解：①本制剂用于治疗心血管系统疾病，处方中主药为山楂提取物、葛根提取物，其中所含的黄酮类成分为有效成分。②本方中主药为黏性较大的中药材粗提物，吸湿性较大，剂量较小，因此，加入适量淀粉作为稀释剂，改善主药的黏性，并调整药片的重量，以便于制备。

2. 复方乙酰水杨酸片

处方：乙酰水杨酸268g，对乙酰氨基酚136g，咖啡因33.4g，淀粉266g，淀粉浆（15%~17%）85g，滑石粉25g，轻质液状石蜡2.5g，酒石酸2.7g，共制成1000片。

制法：咖啡因、对乙酰氨基酚与1/3处方量的淀粉混匀，加淀粉浆制软材，过14目或16目尼龙筛制粒，70℃干燥，过12目尼龙筛整粒，将此颗粒与乙酰水杨酸混匀，加剩余的淀粉及吸附有液状石蜡的滑石粉，混匀后，再过12目尼龙筛，压片，即得。

功能与主治：解热镇痛。用于发热、头痛、神经痛、牙痛、月经痛、肌肉痛、关节痛等。

注解：①乙酰水杨酸遇水易水解成水杨酸和醋酸，其中水杨酸对胃粘膜有较强的刺激性，长期应用会导致胃溃疡。因此，加入乙酰水杨酸量1%的酒石酸，可有效减少水杨酸水解。②本品中三种主药混合易产生低共熔现象，所以采用分别制粒的方法，并且可避免乙酰水杨酸与水直接接触，保证了制剂的稳定性。③乙酰水杨酸的水解受金属离子的催化，必须采用尼龙筛网制粒，不得使用硬脂酸镁，而应使用滑石粉作为润滑剂。④乙酰水杨酸的可压性极差，因而采用了较高浓度的淀粉浆（15%~17%）作为黏合剂。⑤处方中的液状石蜡用量为滑石粉的10%，它可使滑石粉更易于黏附在颗粒表面，在压片震动时不易脱落。⑥处方中1/3量的淀粉作为稀释剂参与湿法制粒，剩余部分作为崩解剂外加到干颗粒中。

NOTE

附：变性淀粉

淀粉来源不同，使用性能不一，主要是由于每种淀粉的支链和直链结构不同所致。另外淀粉在制造过程中，糊化程度不同，也将影响其性能。

乳 糖

lactose

【别名】 4-*O*-β-D-吡喃半乳糖基-D-葡糖糖一水合物；4-*O*-（β-D-galactoside）-D-glucose，lactose hydrate，milk sugar，α-saccharum lactis。

【分子式与分子量】 分子式为 $C_{12}H_{22}O_{11} \cdot H_2O$；分子量为 360.31。

【结构式】

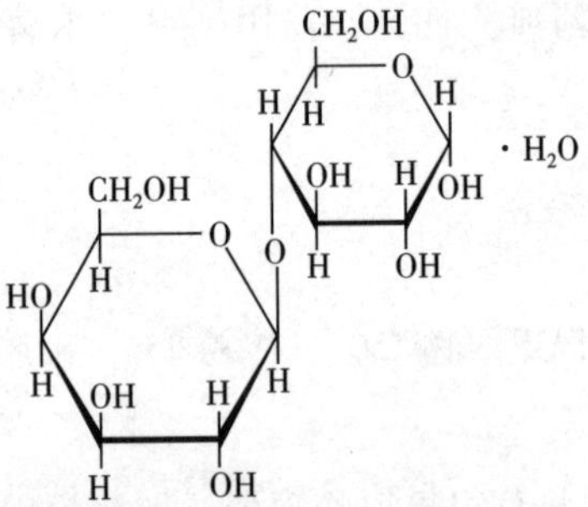

【来源与制法】 本品天然存在于动物乳液中，人乳中含5%~8%，牛乳中含4%~5%，分为α、β两型。市售商品是从牛乳乳清中提取的。使用的干燥方法不同，其产品有结晶型和非结晶型、含水和不含水等不同品种。药剂中使用的常为α-型乳糖。

【性状】 本品为白色或类白色结晶性颗粒或粉末，无臭，味微甜。乳糖包括α-乳糖和β-乳糖，α-乳糖的甜度是蔗糖的15%，β-乳糖比α-乳糖甜度大。

溶解性：在水中易溶，在乙醇、氯仿或乙醚中不溶。

流动性：3.9g/s。

吸水性：乳糖一水合物在空气中稳定，室温下不受潮湿度影响。但无定型乳糖的吸水性则视其干燥程度而定，可能会受到潮湿度影响而变为一水合物。

熔点：α-乳糖一水合物为201~202℃，无水α-乳糖为223℃，无水β-乳糖为252℃。

含水量：无水乳糖含水一般可达1%（*W/W*），乳糖一水合物约含结晶水5%（*W/W*），一般是4.5%~5.5%。

等渗量：9.75（*W/V*）水溶液与血清等渗。乳糖与制剂相关的一些机械性能见表5-1。

表5-1 乳糖与制剂相关的机械性能

型号	压缩压力（kN/cm^2）	拉伸强度（kN/cm^2）	永久变形压力（kN/cm^2）	脆碎指数	结合指数	对比弹性模量
无水乳糖（EM工业公司）	17.78	0.2577	52.1	0.0362	0.0049	5315
乳糖一水合物	19.10	0.2517	48.5	0.0883	0.0052	5155
乳糖一水合物（EM工业公司）	18.95	0.2987	37.0	0.0749	0.0081	1472
喷雾干燥乳糖	15.49	0.2368	54.3	0.1671	0.0044	5648

NOTE

【作用与用途】用作固体制剂的稀释剂。

乳糖广泛用作片剂和胶囊剂的稀释剂。目前，乳糖的类型主要有无水α－乳糖、α－乳糖一水合物和无水β－乳糖。

装胶囊时胶囊填充机器的型号决定乳糖粒度的选择范围。在片剂湿法制粒以及伴有研磨混合的制备工艺中，宜选择细小粒度级别的乳糖，以更易于与其他成分混合，保证其他辅料发挥作用。

片剂生产中乳糖为直接压片的主要辅料，常作为其他直接压片用辅料的标准参照物。直接压片用乳糖与结晶型乳糖和粉末型乳糖相比，流动性和可压性更好，它含有经过特殊处理的、纯的乳糖一水合物和少量无定型乳糖，无定型乳糖的作用是改善乳糖的压力/硬度比。直接压片用乳糖可与微晶纤维素或淀粉混合使用，通常需要使用润滑剂，如0.5%（*W/W*）硬脂酸镁，其中乳糖的浓度常占到65%～85%，因此常用于含药量较小的片剂。与其他直接压片用辅料，如预胶化淀粉相比，喷雾干燥乳糖的用量可以更少。乳糖也可作为载体或稀释剂应用于粉雾剂和冻干制剂。乳糖加至冻干溶液中可增加体积并有助于冻干块状物形成。乳糖和蔗糖以约1:3比例混合，可用作包糖衣溶液。

【使用注意】

（1）本品为天然食品，无毒、安全。但部分人群缺乏小肠乳糖酶，服用本品会导致肠痉挛、腹泻、腹胀、气滞等。

（2）本品与伯氨化合物如苯胺类、氨基酸等发生化学反应形成棕色结块；与砷化合物、甘油三硝酸酯也会形成有色产物。

（3）本品应密闭贮存，与有气味的药品隔离存放，防止串味。

【质量标准来源】2015年版《中国药典》四部收载；CAS号：5989－81－1。

【应用实例】 硝酸甘油片

处方：乳糖88.8g、糖粉38.0g、17%淀粉浆适量，10%硝酸甘油乙醇溶液6mL（含硝酸甘油0.6g），硬脂酸镁1.0g，共制成1000片（每片含硝酸甘油0.6mg）。

制法：先取各辅料制备空白颗粒，然后将硝酸甘油制成10%的乙醇溶液（按120%投料）拌于空白颗粒的细粉中（30目以下），过10目筛两次后，于40℃以下干燥50～60分钟，再与事先制成的空白颗粒及硬脂酸镁混匀，压片，即得。

功能与主治：血管扩张药，用于心绞痛及充血性心力衰竭。

注解：①本品为采用舌下吸收治疗心绞痛的小剂量片剂，不宜加入不溶性的辅料，因此选择了能溶于水、无吸湿性、可压性好的乳糖为主要稀释剂；②为防止混合不匀造成含量均匀度不合格，本例制备采用主药溶于乙醇再加入空白颗粒的方法。

附：喷雾干燥乳糖（spray－dried lactose）

本品为待乳糖析出部分结晶后，将混悬液喷雾干燥而制得，约含90%α－乳液糖晶体和约10%玻璃体（无定形物），含水分约5%。本品主要用于作直接压片的填充剂，用量在25%左右。本品流动性较好，但可压性差，常与微晶纤维素等合用；粉碎后失去流动性和可压性，制成的片剂不能返工重压；若未除去5－羟甲基糖酸等杂质，成片在贮存时会变色。

NOTE

蔗 糖
sucrose

本品来源、制法及性状见第三章第七节蔗糖项下有关内容。

【作用与用途】 蔗糖广泛用于固体制剂制备。在药剂中常作为固体制剂的稀释剂、黏合剂、润湿剂、矫味剂和液体制剂的赋形剂等。50% ~67%（*W/W*）的糖浆作湿法制粒的黏合剂以及片剂包衣辅助剂，浓度太高时，部分糖转化而使包衣困难；可压蔗糖可作干法压片的黏合剂，一般用量为2% ~20%（*W/W*）；还可作咀嚼片和锭剂的填充剂和甜味剂。

【使用注意】

（1）本品粉末中常混有微量重金属、亚硫酸盐等，微量金属会导致易氧化的活性成分（如抗坏血酸等）氧化变质，亚硫酸盐会使糖衣变色。

（2）蔗糖用作含药糖果的基质，温度从110℃升高到145℃，能转化为果糖，增加糖果黏性，尤其在130℃以上、有酸存在条件下，蔗糖转化速度加快，而在稀酸、浓酸存在的条件下，蔗糖水解或形成转化糖，糖尿病患者应禁止使用本品。

（3）片剂处方中含糖分较多时，蔗糖能够增加片剂的硬度但使崩解度变差。

（4）蔗糖水溶液用热压灭菌法或过滤法灭菌。蔗糖稀溶液，尤其是20%浓度以下者易受微生物污染。

（5）散装的蔗糖应保存于密闭容器中，置阴凉、干燥处。

【质量标准来源】《中国药典》2015年版四部，CAS号：57-30-1。

【应用实例】

1. 珍冰愈喉散

处方：珍珠粉20g，冰片120g，朱砂20g，蔗糖750g。

制法：取朱砂、珍珠水飞成极细粉，冰片研细，配研，过筛，混匀，将蔗糖置容器内加热熔化，至蔗糖全熔后加入上述粉末搅匀，冷却后研碎，过4号筛即得。

功能与主治：用于治疗急慢性咽炎。

注解：蔗糖作为稀释剂和矫味剂，起到稀释药物、矫正药物不良口味的作用。

2. 阿胶泡腾冲剂

处方：阿胶、蔗糖、小苏打、柠檬酸。

制法：取阿胶、蔗糖粉碎，过筛，分成两份。一份加入小苏打混匀，制成碱性颗粒，干燥；另一份加入柠檬酸等混匀，制成酸性颗粒，干燥。将两种干燥颗粒混匀，喷入香精，密封一段时间后，分装，每袋重6g，铝塑袋装。

功能与主治：补血滋阴，润燥，止血。用于血虚萎黄，眩晕心悸，肌萎无力，心烦不眠，虚风内动，肺燥咳嗽，劳嗽咯血，吐血尿血，便血崩漏，妊娠胎漏。

注解：本处方中蔗糖作为稀释剂、黏合剂、矫味剂。阿胶为驴皮熬制的固体胶，质硬而脆，加入蔗糖，既能稀释药物，调整重量便于分装，同时，蔗糖具有黏性和甜味，分别起到改善混合物料黏性及口感的作用。

甘露醇

mannitol

【别名】mannite，manna sugar，mannitolum，mannogem。

【分子式与分子量】分子式为 $C_6H_{14}O_6$；分子量为182.17。

【结构式】

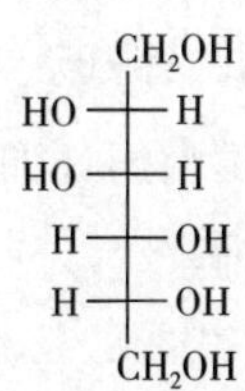

【来源与制法】本品由单糖如甘露糖、葡萄糖等加镍催化电解还原，加氢制得；亦可用热乙醇或其他适宜溶剂从木蜜的树干汁或从其他植物中提取制得。

【性状】本品为白色或无色结晶性粉末，无臭且清凉味甜，无吸湿性，在水中易溶，可溶于甘油，在乙醇中略溶，在乙醚中几乎不溶。20%水溶液的pH值为5.5～6.5，化学稳定性好，水溶液对稀酸、稀碱、热和空气稳定。熔程为166～170℃。相对密度1.49，旋光度-0.40，甜度约为蔗糖的57%～72%。

【作用与用途】本品常用作片剂和胶囊剂的稀释剂以及甜味剂、冷冻干燥制剂的骨架剂等。

甘露醇广泛用于药物制剂。在制剂工艺中，主要作为稀释剂（10%～90%，*W/W*），由于其无吸湿性，可与湿敏感性活性组分配伍，因此具有特殊的应用价值。

甘露醇可用于直接压片工艺，许多药物如巴比妥、苯海拉明、盐酸普鲁卡因等溶于熔融的甘露醇中，可形成固体分散体，此种分散体可直接压片。含甘露醇的颗粒具有易干燥的优点。甘露醇可用于特殊片剂，包括抗酸剂、硝酸甘油片和维生素制剂。甘露醇因其溶解热为负值、有甜度、口感好等优点，通常作为咀嚼片的赋形剂应用。

在冷冻干燥制剂中，甘露醇（20%～90%，*W/W*）可作为载体用于形成硬质的均匀骨架，以改善冷冻干燥制剂的外观。此外，甘露醇也可用作混悬剂的增稠剂。

【使用注意】本品20%水溶液不可与2mg/mL和30mg/mL的头孢匹林钠溶液配伍。本品不可与木糖醇输液配伍。本品可与一些金属离子（如 Fe^{2+}、Al^{3+}、Ca^{2+} 的离子）形成复盐。20%（*W/V*）或更高浓度的甘露醇溶液可能在氯化钾或氯化钠存在下盐析。本品应避光、密封保存。

口服给药后，甘露醇基本不被胃肠道吸收，口服大剂量时可引起渗透性腹泻。当甘露醇作为增稠剂在食品中应用且每日摄入量超过20g时，产品标签应注明“过量食用具有缓泻作用”。静脉注射后甘露醇被代谢量不大，小部分由肾小管重吸收，80%的甘露醇3小时后从尿中排泄。

甘露醇的不良反应已有报道，主要是针对具有治疗作用的20%（*W/V*）的甘露醇的静脉输注溶液的研究。作为辅料使用的甘露醇的量远远小于治疗量，因此，不良反应的发生率较低，然而当甘露醇作为辅料使用时也会出现过敏和高敏反应。由于甘露醇作为甜味剂所用剂量不足以危害健康，较为安全，因此，世界卫生组织（WHO）还没有对甘露醇每日允许摄入量作出限定。

NOTE

【质量标准来源】《中国药典》2015年版二部；CAS号：69－65－8。

【应用实例】 盐酸氨溴索口腔崩解片

处方：盐酸氨溴索30g，甘露醇20g，微晶纤维素50g，羟丙基纤维素10g，碳酸氢钠2g，甜菊素3g，谷氨酸钠1g，枸橼酸适量，硬脂酸镁适量，共制成1000片。

制法：取处方量盐酸氨溴索、甘露醇、甜菊素、微晶纤维素、羟丙基纤维素、枸橼酸等辅料，分别过80目筛，充分混匀，加95%乙醇制成软材，过40目筛制粒，60℃烘箱干燥2小时，干颗粒过40目筛整粒，加入碳酸氢钠、谷氨酸钠和硬脂酸镁，混匀，压片，铝塑包装。

功能与主治：用于治疗急、慢性呼吸道疾病（如急慢性支气管炎、支气管哮喘、支气管扩张、肺结核等）引起的痰液黏稠、咳痰困难。

注解：甘露醇作为稀释剂、矫味剂。

微晶纤维素

microcrystalline cellulose，MC

【别名】 cellulose microgranulare，cellulose gel，crystalline cellulose。

【分子式与分子量】 分子式为 $(C_{12}H_{20}O_{10})_n$，分子量36000，其中 $n=110$。

【结构式】

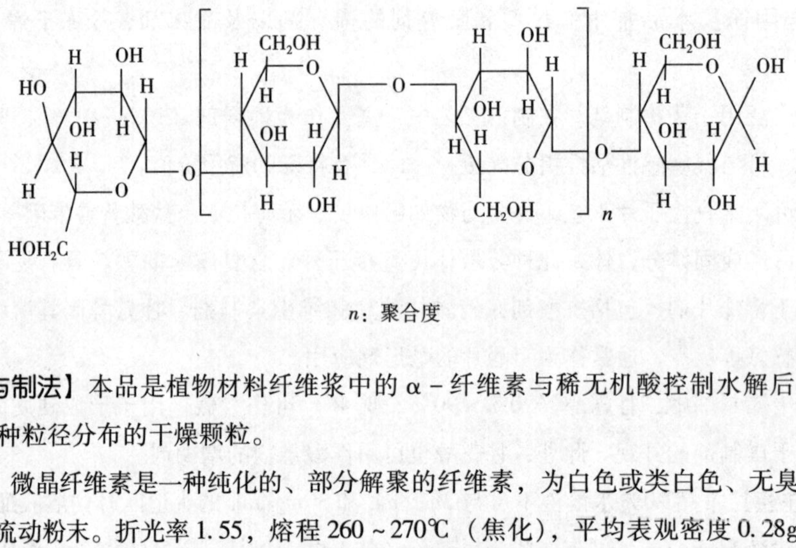

n：聚合度

【来源与制法】 本品是植物材料纤维浆中的α－纤维素与稀无机酸控制水解后，经喷雾干燥得到的多种粒径分布的干燥颗粒。

【性状】 微晶纤维素是一种纯化的、部分解聚的纤维素，为白色或类白色、无臭、无味、细微的晶状易流动粉末。折光率1.55，熔程260～270℃（焦化），平均表观密度0.28g/cm^3，平均实密度0.43g/cm^3。不溶于水、稀酸和一般有机溶剂，在稀碱中部分溶解并膨胀，微溶于5%氢氧化钠溶液，露置空气中仅吸收少量水分而无其他变化。本品混悬液呈中性，含水量不超过5.0%，氧化物含量不超过0.03%，能全部通过100目筛网。微晶纤维素无论是在动态还是静态，其摩擦系数均很小，流动性良好。用量一般为5%～15%。

常用的四种型号的微晶纤维素商品性质见表5－2。

表5－2 几种型号的微晶纤维素的商品性质

型号	比表面积（m^2/g）	平均粒径（μm）	筛目	粒径分析滞留（%）
Avicel PH－101	11.2	50	60	≤0.1
			200	≤30.0

NOTE

续表

型号	比表面积（m^2/g）	平均粒径（μm）	筛目	粒径分析滞留（%）
Avicel PH－102	10.0	100	60 200	≤8.0 ≤45.0
Avicel PH－103	11.4	50	60 200	≤1.0 ≤30.0
Avicel PH－105	20.7	20	60 200	≤0.1 ≤1.0

【作用与用途】本品因具有赋形、黏合、吸水膨胀等作用，在制剂中主要用作直接压片的黏合剂、崩解剂和填充剂。

用量在15%～45%之间。本品流动性良好，当药物或其他辅料的含量不超过20%时，压片时一般不需要另加润滑剂。微晶纤维素在加压过程中呈塑性变形，可压性好，易于压制成片。进入体内后，在毛细血管作用下，极易使水进入，破坏粒子之间的结合力，促使片子崩解。

微晶纤维素根据粒径大小和含水量高低分为多种规格，即 Avicel PH－101、PH－102、PH－103、PH－105，其中 PH－102 粒子最大，平均粒径为62μm，PH－105 最小，平均粒径为25μm，PH－103 含水量较少。广泛用作片剂辅料的为 PH－101 和 PH－102 两种规格，其可压性好，兼具黏合、助流、崩解等作用，尤适用于直接压片工艺，压制所得片剂硬度好，又易崩解。

本品也是食品添加剂，在食品工业中用作抗结块剂、分散剂、黏结剂，用于奶油和冰冷饮料食品的制造。

【使用注意】本品遇湿特别敏感，使用前应经80～100℃烘干4小时，密闭保存备用。本品须在阴凉干燥的环境，置于密闭性容器中贮藏。对于碱性硬脂酸盐类润滑剂，当本品用量较高（高于0.75%）及混合时间较长时，片剂有软化现象，在这种情况下，相对来说，使用 PH－102 优于 PH－101。对水分敏感及强氧化性药物不宜使用微晶纤维素为添加剂。

本品与阿司匹林、青霉素、维生素类有配伍禁忌。本品口服后不吸收，几乎没有潜在的毒性，大量使用可能会引起轻度腹泻，但作为药剂辅料使用因用量不大，一般不存在这一问题。此外，如滥用含有纤维素的某些制剂，如吸入或注射给药，会导致纤维素肉芽肿。

【质量标准来源】《中国药典》2015年版四部；CAS号：9004－34－6。

【应用实例】　咳必清片

处方：咳必清25g，微晶纤维素25g，淀粉8g，铝镁原粉75g，滑石粉8g，硬脂酸镁4g，共制备成1000片。

制法：将各辅料在100℃烘干4小时，然后将辅料与铝镁原粉混合均匀后直接压片。

功能与主治：主要用于治疗上呼吸道感染引起的无痰干咳和百日咳等。

注解：微晶纤维素做为粉末直接压片的稀释剂，兼有黏合、助流、助崩解的作用。该法避免了咳必清湿法制粒压片易吸潮而出现的黏冲现象，同时制得的片剂外观整洁，崩解迅速。

葡萄糖
glucose

【别名】dextrose anhydrous and monohydrate，d－glucose，anhydrous d－glucose。

NOTE

【分子式与分子量】无水物的分子式为 $C_6H_{12}O_6$，分子量为 180.16；一水物的分子式为 $C_6H_{12}O_6 \cdot H_2O$，分子量为 198.17。

【结构式】

【来源与制法】本品广泛存在于植物中，市售产品一般是由玉米淀粉经酸水解或酶水解而制得。

【性状】本品为无色结晶或白色、乳白色结晶或颗粒状粉末，无臭，味甜。甜度约为蔗糖的 70%，易溶于水（1.0g/mL），极易溶于沸水，略溶于沸乙醇，微溶于乙醇（1∶200），溶于甘油，不溶于乙醚、丙酮和氯仿。无水葡萄糖在 25℃时相对湿度为 35%～85%，能吸入大量水分，在湿度较高的情况下生成一水葡萄糖。无水葡萄糖熔点为 146℃，一水葡萄糖熔程为 118～120℃。0.5mol/L 水溶液 pH 值为 5.9，5.51% 葡萄糖水溶液与血清等渗。

【作用与用途】本品在制剂中用作稀释剂、矫味剂、黏合剂、渗透压调节剂、增塑剂等。

直接压片时，本品的性能可与喷雾干燥的乳糖相比，制成的片剂与用乳糖制成的片剂相类似。无水葡萄糖主要用作直接压片黏合剂，一水葡萄糖主要用作填充剂和黏合剂，尤其适用于咀嚼片。用本品作黏合剂、填充剂时，需要更好的润滑，否则制成的片剂容易变硬。作为注射剂辅料应根据处方药物渗透压情况，通过计算添加适宜量以获得等渗或高渗溶液。

【使用注意】本品无毒，安全。葡萄糖与许多药物如维生素 B12、硫酸卡那霉素、新生霉素钠和华法林钠有配伍禁忌。复合维生素 B 与葡萄糖一起加热会导致复合维生素 B 的降解。醛式葡萄糖可以与有机胺、酰胺、氨基酸、多肽和蛋白质反应。葡萄糖与强碱作用可降解，颜色变成棕色。葡萄糖可导致含胺基的药片变为棕色。使用葡萄糖做辅料的片剂，不宜再加淀粉或微晶纤维素。静注或静滴葡萄糖时应防止局部刺激和静脉炎发生。

【质量标准来源】《中国药典》2015 年版二部；CAS 号：5996-10-1（一水物）、50-99-7（无水物）。

【应用实例】 糖盐散（口服补液盐）

处方

	处方Ⅰ	处方Ⅱ
氯化钠	175g	175g
氯化钾	75g	75g
碳酸氢钠	125g	/
枸橼酸钠	/	145.6g
葡萄糖	1000g	1000g

分别制成 100 包。

制法：称取上列药物，先将氯化钠、氯化钾及碳酸氢钠（处方Ⅰ）或枸橼酸钠（处方Ⅱ）混合，过 60 目筛，加葡萄糖粉，混匀，分包即得。

NOTE

功能与主治：用于治疗因腹泻、呕吐、经皮肤和呼吸道的液体丢失，而引起的轻、中度失水。

注解：葡萄糖作为稀释剂、矫味剂，起到便于分剂量、矫正制剂口味的作用。

另外，其他常用的一些填充剂品种见表5-3。

表5-3 其他常用的填充剂

填充剂	性状及特点
蔗糖-糊精混合物（Di-Pac）	为97%蔗糖和3%糊精混合物，具有较好的流动性，仅在相对湿度大于50%时才需要加助流剂。其可压性与含水量有密切关系，含水量在0.4%时适于许多药物的制备。本品大多应用于咀嚼片，特别是不适宜加人工甜味剂的片剂
糖类混合物（emdex）	为淀粉水解后喷雾干燥而得。含有90%～92%的右旋糖，3%～5%的麦芽糖等，有无水物和含水物（含水量9%）两种，都有较好的可压性，单独压片时的可压性仅次于微晶纤维素。使用时应先用药物细粉混合，使其黏附于本品表面，以达到均匀混合的目的。
糊精（dextrin）	为白色或微带淡黄色的无定型粉末或颗粒，成分除糊精外，尚含有可溶性淀粉及葡萄糖等。微溶于水，溶于沸水中成黏胶状溶液，呈弱酸性，不溶于醇和醚。糊精常与淀粉配合使用作为片剂的填充剂，兼具黏合剂的作用
硫酸钙二水物（calcium sulfate dihydrate）	为白色粉末，不溶于水，无引湿性。本品对油类有极强的吸附能力，但对有机化合物无吸附作用。可与多种药物配伍，不宜用糖浆作黏合剂制颗粒，以免压制的片剂日久会逐渐变硬。可广泛用作维生素类和其他对水分敏感药物的填充剂
磷酸氢钙一水物（calcium phosphate hydrate）	为白色结晶性粉末，不溶于水、乙醇和乙醚，溶于稀醋酸和稀硝酸，在相对湿度80%以下不引湿，在常温下不易失去结合水。流动性好，不需要加助流剂。可压性不及微晶纤维素，但优于喷雾干燥乳糖和改性淀粉。多用作维生素一类片剂的填充剂，可直接压片，也可补充磷和钙元素
磷酸钙（tricalcium phosphate）	为白色、无臭或几乎无臭、无味的无定形粉末。在空气中稳定存在，可溶于稀矿物酸，极微溶于水，不溶于乙醇。在相对湿度大约75%以上，本品可吸收少量水分。强酸和弱碱基形成的有机盐类和无机醋酸盐、水溶性的维生素B类或某些酯类等药物不宜采用磷酸钙作填充剂。本品为油类的良好吸收剂，可用于许多有机药物的制备，如氢氯噻嗪、巴比妥等
碳酸钙（calcium carbonate）	为白色极细微粉末或无色结晶性粉末，无臭无味，几乎不溶于水，乙醇中不溶，可溶于酸，在空气中稳定，是一种良好的抗酸剂。常用作某些药物如青霉素等片剂的填充剂，利用本品的抗酸作用，服用后可以中和部分胃酸而保持青霉素的稳定。碳酸钙易引起酸性药物变质，故酸性药物制备不适宜使用本品。碳酸钙亦常用作油类的吸附剂，吸附能力较磷酸钙稍差，但价格较低
山梨醇（sorbitol）	山梨醇广泛用于牙膏，近年来将其应用于制剂中，用作填充剂和黏合剂，取得了良好的效果。具体请见第三章第七节山梨醇项下
速溶山梨醇（sorbitol instant）	为将纯度极高的山梨醇浓缩液经喷雾干燥而得的含90%以上的多型性山梨醇。与普通山梨醇不同，本品为疏松堆积、随机无定向、或交织成丝状结晶的凝聚体。速溶山梨醇具有优良可压性，流动性好，吸湿性低，其可压性优于直接压片用乳糖、微晶纤维素和葡萄糖压片。用速溶山梨醇制备的片剂具有凉爽的口感，含片或舌下片应首选此辅料，但很少用于制备咀嚼片
微粉纤维素（microfine cellulose eluma）	为微细纤维素粉，商品（G-250）呈粒状，具有良好流动性、可压性，且有润滑、抗黏作用。适用于直接压片，与微晶纤维素不同，与可压性差的药物配伍，不易压制成片。由于颗粒粒度较大，同时在加压过程中不易碎裂，故不作为干燥黏合剂

第三节 黏合剂与润湿剂

黏合剂（adhesive）是指一类使无黏性或黏性不足的物料粉末聚结成颗粒，或压缩成型的固体粉末或溶液，在药剂制备中常用的是黏合剂溶液，在干法制粒、压片中，则多使用固体黏

NOTE

合剂。

润湿剂是指本身无黏性，但可以诱发待制粒、压片物料的黏性，以利于制粒、压片的液体。

黏合剂与润湿剂不仅用于片剂生产，在冲剂、颗粒剂、中药丸剂等剂型中也普遍使用。

一、黏合剂与润湿剂的作用机理

黏合剂与润湿剂在制剂中起到了使固体粉末黏结成型的重要作用，其作用机理为：

（一）通过液体桥使粉末黏结成颗粒

冲剂、颗粒剂、片剂湿法制颗粒时以及丸剂用泛制法制备时，均需加入润湿剂或黏合剂溶液，当液体渗入固体粉末间时，借助其表面张力与毛细管力使粉末黏结在一起，这种结合力称为液体桥。由于液体量的差异，液体桥结合的粉末形状有多种，如钟摆状、索带状、毛细管状和液滴状等。湿颗粒干燥前液体桥是主要的结合力形式。

（二）通过固体桥使粉末黏结成颗粒

湿颗粒在干燥过程中，虽然水分绝大部分被除去，液体桥大大削弱，但粉末仍然黏结在一起。这是因固体桥的结合作用。有以下几种情况可形成固体桥：一是由黏合剂形成固体桥联结粉粒。黏合剂多系亲水性高分子化合物，具胶体特性，有较高内聚力，与粉末混合成颗粒后，使内聚力增高，形成坚固的固体桥。也可因具较强的黏合力，足以对抗颗粒压缩成片时形成的弹性回复力，保持片剂的外形。二是可溶性成分因干燥时溶剂蒸发，使在相邻粉粒间结晶，形成固体桥，而将粉粒连接。三是物料受压会产生热，导致局部温度升高，使某些成分在粉粒间熔融，随后又凝固形成固体桥。

（三）通过范德华力、表面自由能使粉末固结

用干法制粒时，干燥黏合剂是借助压缩的机械力，使粉粒间距离接近，以分子间力和表面自由能为主要结合力。

二、黏合剂的分类

1. 按来源分类

（1）天然黏合剂　如淀粉浆、蔗糖、明胶浆、阿拉伯胶浆等。

（2）合成黏合剂　此类黏合剂多为高分子聚合物，如 CMC－Na、PVP、PEG4000、EC 等等。

2. 按用法分类

（1）做成水溶液或胶浆才具黏性的黏合剂　如淀粉、明胶、CMC－Na 等。

（2）干燥状态下也具黏性的干燥黏合剂　本类黏合剂在溶液状态下的黏性一般更强（约为干燥状态的两倍），如高纯度糊精、改良淀粉等。

（3）经非水溶剂溶解或润湿后具黏性的黏合剂　此类黏合剂适用于遇水不稳定的药物，如乙基纤维素、PVP、HPMC 等。

三、黏合剂与润湿剂的选用原则

黏合剂与润湿剂选用是否恰当，不仅影响制剂成型和外观质量，也影响成品的内在质量。如选用不当，既可能使颗粒、丸剂和片剂不能成型，或易在运输贮存过程中松散、碎裂；也可

能使制剂长时间不溶解、崩解，或有效成分不能溶出，生物利用度低。因此，黏合剂与润湿剂的正确选用关系到制剂的整体质量。其选用一般应注意以下几点：

（1）应注意黏合剂的黏性强弱以及处方中辅料本身是否具有黏性或诱发黏性。不具黏性或不诱发黏性者可考虑使用有较强黏合力的品种，相反者考虑使用黏合力较弱的品种，或使用润湿剂即可。

（2）应注意黏合剂的用量和使用浓度。一般来讲，随着黏合剂使用浓度和用量的增加，颗粒和片剂的硬度也随之增加，而崩解时限或溶出时间则延长，溶出量减少。恰当的用量要通过实验筛选，也要注意其他因素的影响，一般以用尽可能少的黏合剂，既满足制剂硬度，又能满足崩解度和溶出度要求为原则。不少资料中提供了常用黏合剂的用量和浓度，在使用这些参考数据时，要分清是制软材时黏合剂的浓度，还是干颗粒中的用量（或浓度）。表5－4所列黏合剂用量供参考：

表5－4　一些黏合剂的常用量

黏合剂的名称	制粒胶浆的浓度%（*W/V*）	干颗粒中用量%（*W/W*）
阿拉伯胶	5～15	1～5
甲基纤维素	2～10	0.5～3
明胶	5～20	1～3
液状葡萄糖	10～30	5～20
乙基纤维素	2～5	0.5～3
聚乙烯吡咯烷酮	2～10	0.5～3
羧甲基纤维素钠	5～15	1～5
淀粉	5～15	1～5
蔗糖	10～50	1～5
西黄蓍胶	0.5～2	0.5

（3）应注意润湿剂的品种、用量和浓度（指不同浓度的乙醇）。如处方中原辅料经水润湿可产生极强的黏性，则应选用较高浓度乙醇作润湿剂，使用量不宜过大；反之则应选用较低浓度乙醇，并可酌情增加用量。

（4）应根据工艺不同选用黏合剂，如直接压片工艺应选用固体黏合剂。

（5）应注意原料药的种类，如为化学药品，一般应使用黏合剂；如为中药、天然药物，应注意浸膏的黏度，黏度强的浸膏本身就是黏合剂，不必另外使用黏合剂，或使用不同浓度乙醇作润湿剂即可。

（6）应根据制剂质量要求选用黏合剂，如要求制成水溶性片剂、颗粒剂，则应选用水溶性黏合剂，以使制成的片剂、颗粒剂能溶解澄明。

四、黏合剂的常用品种

淀粉浆

【来源与制法】淀粉浆的制法主要有煮浆和冲浆两种方法，均利用淀粉能够糊化的性质。所谓糊化（gelatinization）是指淀粉受热后形成均匀糊状物的现象（玉米淀粉完全糊化的温度是77℃)。糊化后，淀粉的黏度急剧增大，从而可以作为片剂的黏合剂使用。具体说来，冲浆是将淀粉混悬于少量（1~1.5倍）水中，然后根据浓度要求冲入一定量的沸水，不断搅拌糊化而成；煮浆是将淀粉混悬于全部量的水中，在夹层容器中加热并不断搅拌（不宜用直火加热，以免焦化），直至糊化。

【性状】本品为均匀的白色或乳白色混悬液，无臭、微有特殊口感，黏合性良好，是片剂中最常用的黏合剂。

【作用与用途】淀粉价廉易得且黏合性良好，所以凡在使用淀粉浆能够制粒并满足压片要求的情况下，大多数选用淀粉浆这种黏合剂。其用量根据药物、其他辅料、颗粒松紧等情况而定，适用于对湿热稳定的药物。

【使用注意】若处方中含有淀粉等物质时，加入淀粉浆的温度不宜过高，否则会造成淀粉糊化。

【质量标准来源】《中国药典》2015年版四部。

预胶化淀粉

pregelatinized starch

【别名】胶化淀粉、预胶化淀粉。

【分子式与分子量】$(C_6H_{10}O_5)_n$，$n=300\sim1000$。

【结构式】

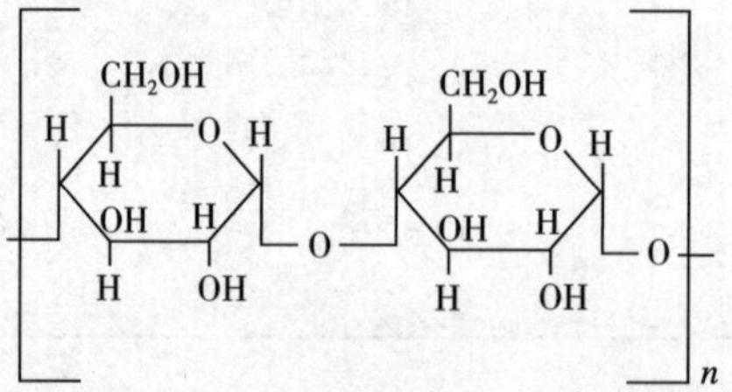

直链淀粉结构式

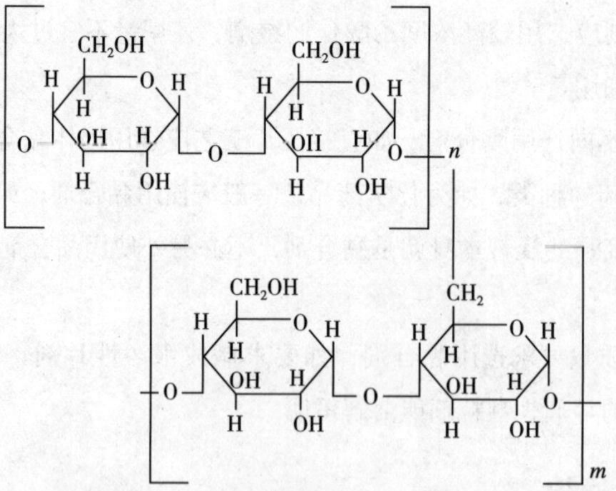

支链淀粉结构式

【来源与制法】将玉蜀黍淀粉的浆液加热至糊状，然后除去水分而得。产品干燥失重不超过11%。胶化淀粉是用化学法或机械法将淀粉颗粒部分或全部破裂，使淀粉具流动性及直接可压性。部分预胶化淀粉已有市售。一般来说，预胶化淀粉有5%游离直链淀粉，15%游离支链淀粉，80%未改性淀粉。

NOTE

【性状】本品为白色或类白色粉末，粒径不等。无臭、微有特殊口感。能溶于温水，黏合力较一般的淀粉浆略强；其10%（W/V）水溶液pH值为4.5～7.0；休止角为40.7°；松密度为0.586g/cm³，轻敲密度为0.879g/cm³，真密度为1.516g/cm³；粒度主要分布在30～150μm，平均粒径为52μm，90%能通过100目筛（149μm），不能通过40目筛（420μm）的不超过0.5%。

本品在有机溶剂中不溶解，依胶化度不同，微溶或可溶在冷水中。将预胶化淀粉筛入搅拌的冷水中可得淀粉糊，部分预胶化淀粉在冷水中可溶10%～20%；25℃时2%（W/V）其水分散液的动力黏度为8～10mPa·s。

【作用与用途】预胶化淀粉是改性淀粉，用于口服胶囊剂、片剂处方中。常用作黏合剂、稀释剂及崩解剂。与淀粉比较，预胶化淀粉能增加流动性与可压性，用于干法压片工艺中用作黏合剂，当它取代一般处方中淀粉的5%时，可明显改善片剂的硬度、崩解与片面光亮度，更重要的是提高溶出度。其中，预胶化淀粉起到自润滑剂作用。与其他辅料合用时，还需要加入润滑剂，一般加入0.25%（W/W）硬脂酸镁。用量太大对于片剂强度和溶出度不利。因此，一般最好用硬脂酸来润滑预胶化淀粉。预胶化淀粉也可用于湿法制粒。见表5-5。

表5-5　预胶化淀粉的用途

用途	浓度（%）
硬胶囊稀释剂	5～75
直接压片的黏合剂	5～20
湿法制粒的黏合剂	5～10
片剂崩解剂	5～10

【使用注意】胶化淀粉广泛用于口服固体药物制剂中。在直接压片处方中加入胶化淀粉作为润滑剂，用量一般不超过0.5%。胶化淀粉可食用，无毒、无刺激性。口服过量有害，形成淀粉结石，引起肠梗阻。胶化淀粉接触到腹膜、脑膜引起肉芽肿反应，手术伤口被外科手术手套上的淀粉污染也可引起肉芽肿损害。胶化淀粉极少有过敏反应。贮藏时应密闭，置于阴凉、干燥处。

【质量标准来源】《中国药典》2015年版四部。

【应用实例】　氨茶碱片

处方：氨茶碱1000g，磷酸三钙500g，胶化淀粉150g，水适量，滑石粉300g，矿物油（轻质）20g。

制法：将氨茶碱、磷酸三钙及胶化淀粉混合，用水湿润，过12目筛制成颗粒，在45℃干燥，干粒通过20目筛，加入滑石粉混合，再加矿物油，混合10分钟，用8mm凹冲压片后，包肠溶衣，即得。

功能与主治：平滑肌松弛药、利尿药。

注解：本品收载于《中国药典》2015年版二部。用本品制得的片剂崩解时间较快，故其用量可较淀粉少。预胶化淀粉可提高片子的机械强度，减少片子在装卸或运输途中的破损率。

NOTE

糊　精

dextrin

【别名】avedex，british gum，cystal gum。

【分子式与分子量】分子式为 $(C_6H_{10}O_5)_n \cdot xH_2O$，分子量为 $(162.14)_n$，典型分子量为 4500～85000，具体分子量与聚合物链中葡萄糖单元（$C_6H_{10}O_5$）的数目有关。

【结构式】

【来源与制法】本品为淀粉或部分水解的淀粉，在干燥状态下经加热而制得的聚合物。

【性状】为白色、淡黄色或棕色粉末，无臭，味微甜。在沸水中易溶，并形成黏液，呈弱碱性反应，在冷水中微溶，不溶于乙醇、丙醇或乙醚。熔点 178℃（分解），含水量 5%。

【作用与用途】糊精是葡萄糖的聚合物，用作外科手术敷料的黏合和硬化剂。也用作片剂和胶囊剂的稀释剂，片剂颗粒的黏合剂；糖包衣配方中的增塑剂和黏合剂；或混悬剂的增稠剂。此外，由于糊精的低电解质含量以及不含乳糖和蔗糖，也作为特殊营养需求人群的糖源。糊精也在化妆品中应用。

【使用注意】一般认为，作为辅料应用的剂量下，糊精无毒、无刺激性。虽然非常大量摄入可能有害，但较大剂量用于营养补充未见不良反应。散装材料应置于密闭容器内，于阴凉、干燥处贮存。与强氧化剂有配伍禁忌。

【质量标准来源】《中国药典》2015 年版四部；CAS 号：9004－53－9。

阿拉伯胶

acacia gum

具体见第三章第四节阿拉伯胶项下有关内容。

聚维酮

polyvinyl pyrrolidone，PVP

具体见第三章第五节聚维酮项下有关内容。

乙基纤维素

ethylcellulose，EC

【别名】纤维素乙醚；ethylcellulosum，ethocel，aquacoat ECD，aqualon。

【分子式与分子量】分子式为 $C_{12}H_{23}O_6(C_{12}H_{22}O_5)_nC_{12}H_{23}O_5$，根据 n 值不同，分子量存在很大差异。

NOTE

【结构式】

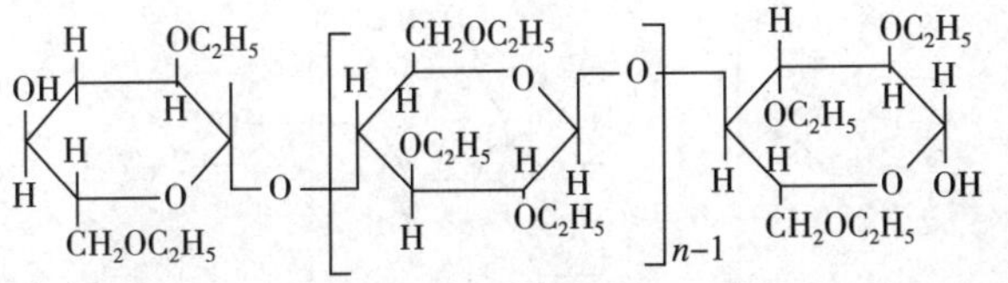

【来源与制法】本品是由纯化的纤维素在碱溶液中碱化后，与氯乙烷发生乙基化反应制得。

【性状】本品为白色或类白色颗粒或粉末，无臭，无味；易溶于氯仿、95%乙醇、乙酸乙酯、甲醇、甲苯或乙醚，不溶于甘油、聚乙二醇和水；基本不从湿空气或沉浸的水中吸收水分，且吸收的水分也易于蒸发。

【作用与用途】本品广泛应用于口服和外用制剂。一般用本品乙醇溶液作为颗粒的黏合剂，主要用于不易压片的颗粒，如对乙酰氨基酚、咖啡因、氯噻嗪、甲丙氨酯等，也可用作阿司匹林类药物的黏合剂。用乙基纤维素制得的片子硬、脆性低，溶出度差。

EC具有良好的成膜性，在口服制剂中，乙基纤维素主要作为片剂和颗粒的疏水性包衣材料，目前多采用EC水分散体包衣技术。用乙基纤维素包衣主要是为了调整药物的释放速度，掩盖不良气味，增加制剂的稳定性，例如，颗粒用乙基纤维素包衣可防止氧化。

乙基纤维素溶于有机溶剂或有机溶剂的混合物，其自身可制成水不溶性膜，越高黏度的乙基纤维素制成的膜越牢固持久。加入羟丙甲纤维素或增塑剂后可调整乙基纤维素膜的溶解性。

缓释片可用乙基纤维素作为骨架材料，不同黏度的乙基纤维素制得的骨架片释放速度不同，调节乙基纤维素或水溶性黏合剂的用量，可改变药物的释放速度。高黏度的乙基纤维素可用于药物微囊化，药物从乙基纤维素包衣微囊的释放过程与微囊壁厚度和表面积有关。

外用制剂中，乙基纤维素可在软膏、洗剂或凝胶中作为增稠剂。

此外，乙基纤维素还可用在化妆品和食品。本品也是食品添加剂，在食品工业上用作色素等的稀释剂及纤维粉的黏结剂。

【使用注意】本品应保存在温度不超过32℃的干燥绝热处。一般认为本品是无毒、无致敏性、无刺激性的物质。本品稳定、略吸湿；耐碱（稀碱或浓碱）、耐盐，比纤维素酯对酸更敏感。本品禁止与石蜡、微晶石蜡合用，本品口服后不参与人体代谢，不可用于注射制剂，经日光或紫外线照射后升温易氧化降解，禁止与过氧化物及氧化剂混合放置；易燃，操作中注意防火，并防止空气中粉尘达到爆炸极限；粉末对眼部有刺激性，需带护目镜操作。可加入抗氧剂和在230～340nm波长范围内的吸光化学物质防止氧化。

【质量标准来源】《中国药典》2015年版四部；CAS号：9004－57－3。

羟丙基纤维素

hydroxypropylcellulose，HPC

【别名】klucel，methocel，HPC，cellulose，hydroxypropyl ether。

【分子式与分子量】分子式为（$C_{15}H_{28}O_8$）$_n$，分子量50000～1250000。

NOTE

【结构式】

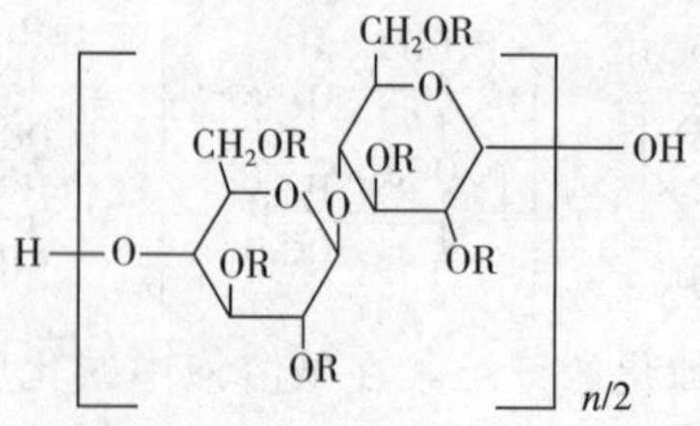

$R=H或[CH_2CH(CH_3)O]_mH$

【来源与制法】由碱性纤维素与环氧丙烷在高温高压下反应制得。

【性状】本品为白色或微黄色，无臭无味的粉末。pH 5.0～8.5［1%（*W/V*）水溶液］，松密度约为 $0.5g/cm^3$，0.1%（*W/V*）水溶液与矿物油间界面张力为12.5mN/m。在130℃软化，在260～275℃焦化。本品有引湿性，吸水量因本身初始含水量、温度和周围空气的相对湿度不同而异。

【作用与用途】本品具有黏合、成膜、乳化等作用。

本品在药剂制备中主要用作片剂薄膜包衣材料、黏合剂。低取代羟丙基纤维素作为片剂的黏合剂，湿法制粒时一般加入5%～20%，用于原粉本身具有一定黏性的品种；粉末直接压片时，本品用量为5%～20%。

本品作为崩解剂使用时，用于小剂量的西药或中草药片剂，作为片剂崩解剂的用量为2%～10%，一般为5%。

对于不易成型的原料，加入本品后易于成型，并可改善片剂的成型性、脆性和疏散性，提高片剂硬度，加速片剂崩解。

本品可用于制备骨架片、胃内漂浮片、渗透泵片等缓释控释剂型以及脉冲给药系统。

本品还可用于制备膜剂、滴眼剂、微囊和口腔黏附剂。

【使用注意】一般认为是无毒、无刺激性的材料。过量摄取羟丙纤维素可致腹泻。本品水溶液长期贮藏需加抗菌防腐剂，因微生物产生的某些酶可使溶液中的羟丙基纤维素降解。本品应于阴凉、干燥处密闭保存。

本品在溶液状态与苯酚衍生物的取代物、对羟基苯甲酸盐和高浓度的电解质有配伍禁忌，例如羟苯甲酯、羟苯丙酯等。阴离子聚合物的存在可使羟丙基纤维素溶液的黏度增加。

本品与无机盐的相溶性根据盐的种类、浓度而异。本品的亲水－亲脂平衡性质（即溶解度上的双亲性）能降低其水合能力，在其他高浓度可溶性物质的存在下盐析作用增强。本品在其他高浓度可溶性物质存在下，由于在系统中与水相竞争，沉淀温度有所降低。

【应用实例】

1. 茶碱缓释小丸

处方：茶碱－水合物400g，微晶纤维素10g，羟丙基纤维素7g，0.25%羟丙甲纤维素水溶液60g。

制法：将茶碱－水合物、微晶纤维素、羟丙基纤维素混合均匀，于制丸机内，喷入0.25%羟丙甲纤维素水溶液制丸，过筛，取16～20目含药小丸即得。

功能与主治：松弛平滑肌平喘，主要用于治疗哮喘。

NOTE

注解：本制剂以0.25%羟丙甲纤维素水溶液为黏合剂，制得的小丸光滑均匀，药物溶解度好。

2. 抗银屑涂膜

处方：水杨酸60g，煤焦油溶液100mL，甘油50mL，邻苯二甲酸二丁酯10mL，羟丙基纤维素30g，乙醇加至1000mL。

制法：取羟丙基纤维素加适量乙醇溶解，搅匀。另取水杨酸加乙醇溶解，滤入上液内，加煤焦油溶液、甘油、邻苯二甲酸二丁酯，混合，加乙醇至全量，搅匀即得。

功能与主治：有止痒及角质层促成、角质层剥离作用。用于银屑病、神经性皮炎及皮肤淀粉样病变等。

注解：本品忌与金属器皿接触，以免水杨酸变色；忌与对羟基苯甲酸盐和高浓度的电解质配伍。

羧甲纤维素钠

carboxymethyl cellulose sodium

具体见第九章第三节羧甲纤维素钠项下有关内容。

【作用与用途】本品可用于口服、局部以及注射用制剂，同时也广泛用于化妆品、食品。通常认为本品无毒性、无刺激性，但大量服用有缓泻作用。临床上，每日分剂量服用4～10g中黏度或高黏度的羧甲纤维素钠可作为容积性泻药。

1%～3%的本品溶液可用于片剂湿法制粒的黏合剂，干压时将低黏度的羧甲纤维素钠直接加入混匀，可提高片剂的崩解度，螯合微量的金属离子，延缓或防止药片变色。此外，1%～2%的本品水溶液还可作丸剂、搽剂的润湿剂和黏合剂。

【使用注意】本品与强酸溶液、可溶性铁盐以及一些其他金属如铝、汞和锌等有配伍禁忌；与乙醇混合时，会产生沉淀；与明胶及果胶可以形成共凝聚物，也可以与胶原形成复合物，能沉淀某些带正电的蛋白。

尽管羧甲纤维素钠是吸湿性物质，但却是稳定的。在高湿条件下，可以吸收大量水分（>50%）。当本品应用于片剂时，这一性质可使片剂硬度降低和崩解时间延长。本品水溶液在pH值2～10内稳定。当pH值小于2时，会产生沉淀；当pH值大于10时，溶液的黏度急剧下降；在pH值为7～9时，羧甲纤维素钠的黏度最大且稳定。

羧甲纤维素钠在160℃干热灭菌1小时，会导致黏度急剧降低，同时溶液的部分性质也会改变。水溶液采用加热法灭菌，同样会导致黏度下降。灭菌后，水溶液黏度会下降大约25%，但比之干燥状态下灭菌制备的溶液黏度下降要少得多。黏度的下降程度取决于分子量和取代度，分子量越大，黏度的下降度就越大。经γ射线辐射的灭菌溶液也会导致黏度降低。

本品水溶液长期保存，需要加入抑菌剂。固体羧甲纤维素钠应于密封容器中，在阴凉干燥处保存。

五、润湿剂常用品种

水

水作为润湿剂应用时，由于物料往往对其吸收较快，因此较易发生润湿不均匀的现象，最好采用低浓度淀粉浆或乙醇代替，以克服不足。

乙 醇

具体见第三章第二节乙醇项下有关内容。

乙醇作为一种润湿剂，可用于遇水易分解的药物，也可用于遇水黏性太大的药物。随着乙醇浓度的增大，润湿后所产生的黏性降低。因此，醇的浓度要视原辅料的性质而定，一般为30%~70%。中药浸膏片常用乙醇作润湿剂，但应注意操作要迅速，以免乙醇挥发而产生强黏性团块。

第四节 崩解剂

崩解剂（disintegrants）系指加入固体制剂中能促使其在体液中迅速崩解成小粒子的辅料，从而使有效成分迅速溶解吸收发挥作用。崩解是药物溶出发挥疗效的第一步，药物被制成固体制剂后，其在水中溶解也需要一定的时间，由此限制了药物的吸收速度。为使固体制剂更好地发挥疗效，除希望药物缓慢释放的口含片、舌下片、植入片、长效片等片剂外，一般均需加入崩解剂。理想的崩解剂要能使片剂崩解成颗粒，再进一步分散成制粒前的细粉状。崩解剂的使用方法一般有以下三种：内加法，外加法，内、外加法。就崩解速度而言，外加法>内、外加法>内加法；就溶出度而言，内、外加法>内加法>外加法。

一、崩解剂的作用机理

崩解剂主要应用于片剂，本节以片剂崩解剂为例讲解。崩解剂的主要作用在于消除因黏合剂或由压片过程形成的黏合力，使片剂崩解。崩解机理因制片所用原、辅料的性质不同而异，现简介如下。

（1）毛细管作用　某些崩解剂使片剂内部保持一定空隙结构，形成易于润湿的毛细管通道，并在水性介质中呈现较低的界面张力，当片剂置于水中时，水能迅速随毛细管通道进入片剂内部，使整个片剂润湿而促进崩解。属于此类崩解剂的有淀粉及其衍生物和纤维素类衍生物等。这类崩解剂一般采用内、外加法相结合的方法，外加法有利于片剂迅速崩解成颗粒，内加法则有利于颗粒做较微细的分散，并能改善片剂的硬度。

（2）膨胀作用　有些崩解剂除了毛细管作用外，自身还能遇水后充分膨胀，体积增大而促进片剂崩解。如淀粉衍生物羧甲基淀粉钠在冷水中能膨胀，其颗粒的膨胀作用十分显著，致使片剂迅速崩解。这种膨胀作用还包括由润湿热所致的片剂中的残存空气的膨胀作用。

（3）产气作用　遇水产生气体，借助气体的膨胀作用而使片剂崩解，可产生气体的崩解剂主要用于需要迅速崩解或快速溶解的片剂，如泡腾片、泡沫片等。在泡腾崩解剂中常用枸橼酸或酒石酸加碳酸钠或碳酸氢钠，遇水产生 CO_2 气体，借助气体膨胀而使片剂崩解。

（4）酶解作用　有些酶对片剂中的某些辅料有作用，当把它们配制在同一片剂中，片剂遇水即能迅速崩解。如以淀粉浆作为黏合剂时，可将淀粉酶加到干颗粒中，遇水即能崩解。用酶作为崩解剂的应用还不多，常用的黏合剂及其相作用的酶有淀粉与淀粉酶、纤维素类与纤维素酶、树胶与半纤维素酶、明胶与蛋白酶、蔗糖与转化酶、海藻酸盐类与角叉菜胶酶等。

NOTE

二、崩解剂的分类

崩解剂接结构和性质可以分为以下几类。

(1) *淀粉及其衍生物*　此类崩解剂是指淀粉及经过专门改良变性后的淀粉类物质，其自身遇水具较大膨胀特性。如羟丙基淀粉（淀粉羟基丙酸酯）、羟丙基淀粉球、预凝胶淀粉、羧甲基淀粉钠等。

(2) *纤维素类*　此类崩解剂吸水性强，易于膨胀，如低取代羟丙基纤维素、微晶纤维素、交联羧甲基纤维素钠。

(3) *表面活性剂*　表面活性剂做崩解剂主要是为了增加片剂的润湿性，使水分借片剂的毛细管作用，迅速渗透到片芯引起崩解，但实践表明，表面活性剂单独应用效果欠佳，应与其他崩解剂合用，起到辅助崩解作用，如聚山梨酯80、十二烷基硫酸钠。

(4) *泡腾崩解剂*　此类崩解剂是借遇水能产生CO_2气体的酸碱中和反应系统起到崩解作用，一般由碳酸盐和酸组成。

(5) *其他类*　其他崩解剂包括胶类，如西黄蓍胶、琼脂等；海藻酸盐类，如海藻酸、海藻酸钠等；黏土类，如皂土、胶体硅酸镁铝；阳离子交换树脂，如弱酸性阳离子交换树脂钾盐及甲基丙烯酸二乙烯基苯共聚物等；酶类，此类酶可消化黏合剂，具有特异性，如以明胶为黏合剂，其中加入少许蛋白酶，可使片剂迅速崩解。

三、崩解剂的选用

崩解剂的选择关系到片剂的崩解时限是否符合要求，其实质是影响片剂的生物利用度，是片剂处方设计的关键之一。

1. 根据崩解剂性质选用崩解剂　使用不同崩解剂制成的同一药物的片剂崩解时限差异较大，如用浓度为5%的不同崩解剂制成的氢氧化铝片，其崩解时限分别为：淀粉29分钟，海藻酸钠11.5分钟，羧甲基淀粉钠不足1分钟。可见，羧甲基淀粉钠具有良好的崩解效能，其原因可能是该崩解剂有较高的松密度，遇水后体积能膨胀200～300倍的缘故。若崩解剂的水溶液具有较大的黏性，可因其黏度影响扩散，使片剂崩解时限延长，溶出度降低。

2. 根据主药性质选择崩解剂　同一种崩解剂可因主药性质不同，表现出不同的崩解效能。如淀粉是常用的崩解剂，但仅对不溶性或疏水性药物的片剂才有较好的崩解作用，而对水溶性药物的片剂则作用较差。这是因为水溶性药物溶解时产生的溶解压力，使水分不易透过溶液层到片内，致使崩解缓慢。有些药物易使崩解剂变性失去膨胀性，使用时应尽量避免。如卤化物、水杨酸盐、对氨基水杨酸钠等能引起淀粉胶化，阻止水分渗入，失去膨胀条件，反而使片剂崩解时限延长。

3. 根据制剂性质选择崩解剂的用量　一般情况下，崩解剂用量增加，崩解时限变短。但是，若崩解剂水溶液具黏性，则用量愈大，崩解和药物溶出的速度愈慢。如在相同条件下制备加入不同崩解剂的阿司匹林片，测其崩解时限，5%淀粉为5秒钟，10%淀粉为7秒钟。表面活性剂做辅助崩解剂时，若选择不当或用量不适，反而会影响崩解效果。因此，一定要通过实验确定崩解剂用量。

四、崩解剂的常用品种

崩解剂的常用品种有淀粉、羧甲基淀粉钠、微晶纤维素、交联羧甲基纤维素钠、低取代－羟丙基纤维素、枸橼酸、聚山梨酯80等。

羧甲基淀粉钠

carboxymethylstarch sodium

【别名】 淀粉甘醇酸钠、淀粉乙醇酸钠；sodium starch glycolate，CMS－Na，primojel，explotab；sodium carboxymethyl starch

【分子式与分子量】 本品为淀粉在碱性条件下与氯乙酸作用生成的淀粉羧甲醚的钠盐，分子式为（$C_9H_{13}O_{11}Na_3$）$_n$，n为100～2000。按80%乙醇洗过的干燥品计算，含钠（Na）应为2.0%～4.0%。分子量随聚合度不同变化很大，一般为1106～5105。

【结构式】

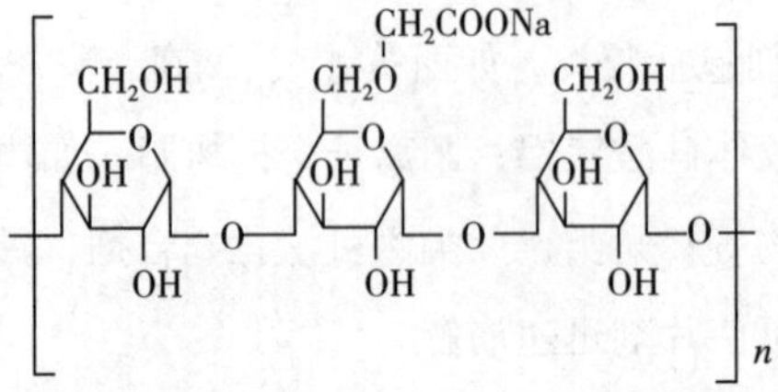

CH_2COONa
CH_2OH　CH_2O　CH_2OH
O　OH　O　OH　O　OH　O
OH　OH　OH
n

【来源与制法】 本品是淀粉中大约25%的葡萄糖单元引入羧甲基钠基团制得的多糖衍生物。

【性状】 本品为白色或类白色粉末，无臭，流动性好，有较强的吸湿性，吸水能力强，能吸收其干燥体积30倍的水分，但不完全溶于水，不溶于乙醇、乙醚等有机溶剂；酸碱度为pH值3.0～5.0或5.5～7.5，灰分不超过15%，松密度为0.756g/cm^3，堆密度为0.945g/cm^3，真密度1.443g/cm^3，在200℃可碳化。

【作用与用途】 本品主要用作片剂、丸剂的崩解剂和黏合剂以及液体药剂的助悬剂，做崩解剂使用时，用量一般为2%～6%。本品外加比内加效果好，与阳离子交换树脂合用效果更好。本品10%溶液可制得内服混悬剂。本品也是食品添加剂，并可用于日化工业。

【使用注意】

（1）本品在体内可分解为葡萄糖和乙酸等衍生物，进入糖代谢，安全无毒。

（2）本品遇酸会析出沉淀，遇多价金属离子则生成不溶于水的金属盐沉淀。

（3）含本品的片剂在高温和高湿中贮存后，崩解时间延迟且溶出速度降低。

【质量标准来源】《中国药典》2015年版四部，CAS：9063－38－1。

【应用实例】 呋喃唑酮片

处方：呋喃唑酮0.1g，淀粉（120目）0.3g，硬脂酸镁0.0025g，羧甲基淀粉钠（80目）0.005g，12%淀粉浆适量。

制法：取前两者混合，加12%淀粉浆适量混合制粒，过14目筛，干燥后再过14目筛，最后加入硬脂酸镁与羧甲基淀粉钠，混匀，压片即得。

功能与主治：主要用于敏感菌所致的细菌性痢疾、肠炎、霍乱，也可以用于伤寒、副伤寒、贾第鞭毛虫病、滴虫病等。与制酸剂等药物合用可治疗幽门螺杆菌所致的胃窦炎。

NOTE

注解：本品中的羧甲基淀粉钠为崩解剂，采用外加法，所得片剂崩解度优良。12%淀粉浆为黏合剂，淀粉作稀释剂及崩解剂，硬脂酸镁外加作润滑剂。

交联羧甲纤维素钠
crosarmellose sodium

【别名】交联 CMC－Na、交联 SCMC、Ac－Di－Sol。

【分子式】[$(C_{10}H_7O_2COH)_x$ $(OCH_2COONa)_y$ $]_n$

【结构式】

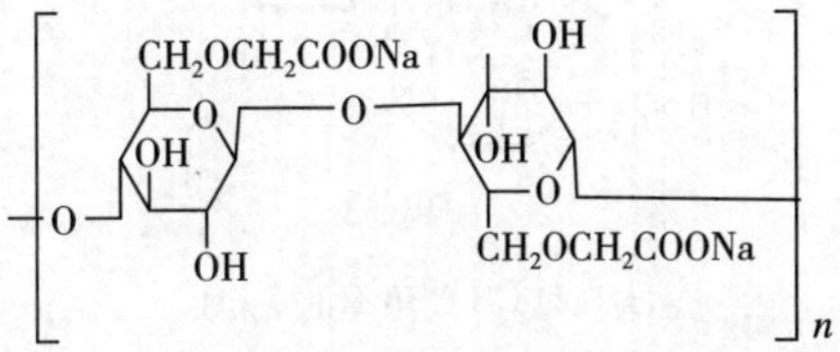

【来源与制法】本品是由羧甲基纤维素钠交联而得的交联聚合物。将碱纤维素与氯乙酸钠反应得到羧甲基纤维素钠，待取代反应完成，且全部 NaOH 耗尽后，过量的氯乙酸钠缓慢水解为乙醇酸。乙醇酸将部分羧甲基钠基团转化为游离酸，并催化交联生成 CMC－Na。

【性状】本品为白色或类白色粉末，无臭无味；具有吸湿性，吸水膨胀力大，并能形成混悬液，稍具黏性；在乙醇、乙醚和大多有机溶剂中不溶解。松密度为 $0.529g/cm^3$，真密度为 $1.543g/cm^3$，比表面积为 $0.81 \sim 0.83m^2/g$；解离指数 $pK_m = 4.30$；熔点约为227℃；通常含水量约为10%。

【作用与用途】本品主要用作崩解剂，具有可压性好、崩解力强的特点，做片剂崩解剂时既适用于湿法制粒压片工艺，也适用于干法直接压片工艺。在湿法制粒压片工艺中，本品外加法效果强于内加法，并且所制片剂的崩解时限和释放效果不会经时而变。本品作为崩解剂使用，常用量为0.5%～5%。

【使用注意】本品作为崩解剂适用于酸性药物，不适于有机碱的无机酸盐药物。本品性质稳定，但遇强氧化剂、强酸和强碱会被氧化和水解。本品被广泛认为是一种无毒无刺激性的物质，然而同其他纤维素衍生物一样，大量口服有轻泻作用。每日允许摄入量未作限制性规定。

【质量标准来源】《中国药典》2015 年版四部；CAS 号：74811－65－7。

【应用实例】 **泼尼松片**

处方：泼尼松 20mg，速溶山梨醇 126mg，微晶纤维素 10mg，交联羧甲基纤维素钠 6mg，硬脂酸镁 2mg。

制法：用直接压片工艺法制片重 200mg 的片剂即得。

功能与主治：主要用于过敏性与自身免疫性炎症性疾病及结缔组织病，如风湿病、类风湿性关节炎、红斑狼疮、严重支气管哮喘、肾病综合征、血小板减少性紫癜、颗粒细胞减少症、急性淋巴性白血病、各种肾上腺皮质功能不足症、剥脱性皮炎、天疱疮、神经性皮炎、湿疹等。

注解：本品中速溶山梨醇为填充剂，可直接压片；微晶纤维素为崩解剂和填充剂；交联羧甲基纤维素钠为崩解剂，硬脂酸镁为润滑剂。所制得片剂的崩解时限为 3 分钟。

NOTE

低取代羟丙基纤维素
low - substituted hydroxypropyl cellulose，L - HPC

【别名】hyprolose，cellulose，2 - hydroxypropyl ether，L - HPC，oxypropylated cellulose；低取代 - 2 - 羟丙基纤维素，纤维素羟丙基醚。

【结构式】

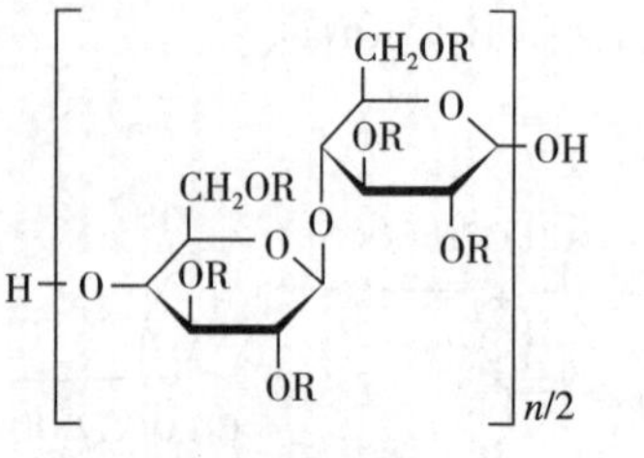

R=H或[$CH_2CH(CH_3)O$]$_m$H

【来源与制法】本品为纤维素碱化后与环氧丙烷在高温条件下发生醚化反应，然后经中和、重结晶、洗涤、干燥、粉碎和筛分制得。按干燥品计算，含羟丙氧基（—$OCH_2CHOHCH_3$）应为5.0% ~16.0%。

【性状】本品为白色或类白色粉末；无臭，无味。在乙醇、丙酮或乙醚中不溶。

【作用与用途】本品可作为片剂的崩解剂，用于小剂量的西药或中草药片剂，用量2% ~10%，一般5%。

【使用注意】本品与碱性物质可发生反应。片剂处方中如含有碱性物质，经过长时间贮藏后，崩解时间有可能延长。L - HPC 为无毒、无刺激性辅料。兔和大鼠每天口服5g/kg 未见致畸作用。

【质量标准来源】《中国药典》2015 年版四部；CAS 号：9004 - 64 - 2。

【应用实例】　扑热息痛片

处方：扑热息痛 0.5g，淀粉 0.015g，冲浆淀粉 0.03g，滑石粉 0.03g，硬脂酸镁 0.003g，低取代羟丙基纤维素 0.015g，硫脲 0.0005g（用水溶解后加入浆中）。

制法：将原辅料（除滑石粉、硬脂酸镁外）混合过筛，用15%淀粉浆制成软材，过 18 目筛制粒，70℃ ~80℃干燥，加入滑石粉、硬脂酸镁，混匀后压片。

功能与主治：用于感冒发烧、关节痛、神经痛及偏头痛、癌性痛及术后止痛，尤其适用于阿司匹林不耐受或过敏者。

注解：扑热息痛在水中微溶，生产的片剂结合力较弱，脆性较大，易缺角。为克服这些缺点，多用黏性强、浓度较高的黏合剂制成紧密结实的颗粒，待颗粒干燥后补加崩解剂，按此方法制备的片剂崩解度较差，用少量低取代羟丙基纤维素制得的颗粒虽较松软，但压制的片剂硬度好，崩解度和药物释放度也大为提高。

枸橼酸
citric acid

【别名】柠檬酸；citric acid anhydrous，citric acid monohydrate。

【分子式与分子量】一水物的分子式为 $C_6H_8O_7 \cdot H_2O$，分子量为 210.14；无水物分子式为 $C_6H_8O_7$，分子量为 192.14。

【结构式】

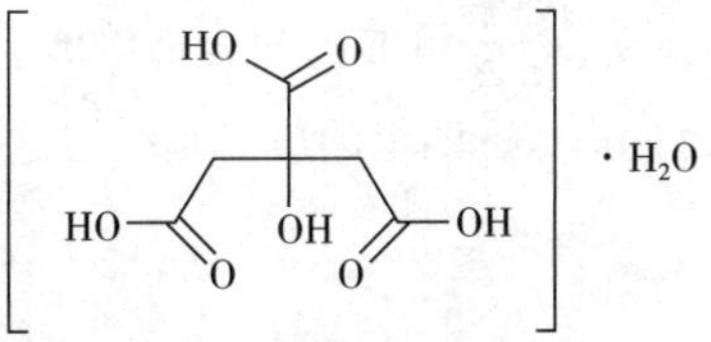

$\cdot H_2O$

【来源与制法】本品天然存在于许多水果中。市售无水枸橼酸是由粗糖和黑曲霉菌经发酵制成，也可以从柠檬果实和菠萝废液中提取，还可以由淀粉经水解发酵而制得。枸橼酸水合物结晶是将无水枸橼酸的水溶液冷却而形成的结晶。

【性状】本品为无色、半透明结晶，或白色颗粒到细微结晶性粉末，无臭，味极酸，在干燥空气中微有风化性。在135℃变成无水物，在相对湿度为65%～75%时可吸收大量水分。极易溶于水，易溶于乙醇，略溶于乙醚。水合物熔点为100℃，无水物熔点为153℃，1%（*W/V*）水溶液的pH值为2.2，在潮湿空气中略潮解，25℃时 $pK_{a_1}=3.128$、$pK_{a_2}=4.761$、$pK_{a_3}=6.396$，相对密度1.542g/cm^3；性质稳定，溶液可高压灭菌。稀溶液放置后可发酵。

【作用与用途】本品主要用作矫味剂、缓冲剂、抗氧增效剂、酸性泡腾剂、稳定剂和助溶剂。本品作矫味剂、多价金属螯合剂和抗氧增效剂常用量为0.3%～2.0%。制备缓冲液时，常用量大于1mol/L。本品也可用作食品添加剂，作酸味剂、螯合剂、增香剂等，常用于饮料、糖果、糕点等。在泡腾片中，崩解剂常用枸橼酸加碳酸钠或碳酸氢钠，遇水后产生CO_2气体，由于膨胀作用而使片剂崩解。

【使用注意】枸橼酸与酒石酸钾、碱金属、碳酸盐、碳酸氢盐、醋酸盐及亚硫酸盐有配伍禁忌。且与氧化剂、碱、还原剂、硝酸盐也有配伍禁忌。遇硝酸金属盐可能发生爆炸。在贮藏过程中，蔗糖能从枸橼酸糖浆中析晶，需要阴凉、干燥处密封贮存。

枸橼酸存在于人体内，主要存在于骨骼中。枸橼酸通常作为正常食物的一部分消耗，口服能够吸收，作为辅料使用时是无毒。然而，过多或频繁使用会导致牙齿腐蚀。枸橼酸和枸橼酸盐还能增加肾病患者肠道内铝的吸收，从而导致有害的血清铝浓度增加，因此建议肾功能不全的患者在服用铝化合物来控制磷酸盐吸收时不要使用枸橼酸或枸橼酸盐产品。

【应用实例】　甲硝唑阴道泡腾片

处方：

一组：甲硝唑2kg　　淀粉500g

二组：硼酸1kg　　枸橼酸1.5kg

三组：碳酸氢钠1.1kg

四组：羧甲基纤维素钠170g　　聚山梨酯80 180g　　淀粉250g

五组：硬脂酸镁适量

共1000片。

制法：先称取第四组的羧甲基纤维素钠，加水1500mL，让其自然溶胀，再加第四组的聚山梨酯80搅匀，再将第四组的淀粉用冲浆法制成1000mL淀粉浆，与前面制得的溶液混合，得黏合剂浆液。分别取第一、二、三组原辅料粉碎，过6号筛，分别加黏合剂浆液制软材，用2号尼龙筛制粒，于60℃烘干，得一、二、三组颗粒备用。将上面三组颗粒整粒，加入适量硬脂酸镁，充分混匀，测定主药含量，计算片重，压片即得。

NOTE

功能与主治：用于厌氧菌或滴虫性阴道炎。

注解：第一组的淀粉为填充剂；二、三组的硼酸、枸橼酸与碳酸氢钠是最常用的泡腾崩解剂，遇水产生二氧化碳，使片剂迅速崩解；四组的羧甲基纤维素钠、淀粉为黏合剂；五组的硬脂酸镁为润滑剂。

交联聚维酮

crospovidone，CPVP

【别名】 交联聚乙烯吡咯烷酮、不溶聚维酮、交联 PVP；insoluble polyvinylpyrrolidon。

【分子式】 $(C_6H_9NO)_n$。

【结构式】

$$\left[-CHCH_2- \right]_n \text{（N 连接 2-吡咯烷酮环）}$$

【来源与制法】 本品由 N－乙烯基－2－吡咯烷酮在碱性催化剂等存在条件下进行聚合、交联反应生成交联均聚物粗品，再用水、5% 醋酸和 5% 乙醇回流至萃取物≤50mg/kg 为止，得纯交联均聚物。整个合成时间约 3 小时。

【性状】 本品为白色或类白色粉末；无臭或微臭；有吸湿性。在水、乙醇、三氯甲烷或乙醚中不溶。具有聚乙烯吡咯烷酮相同的络合能力，能络合多种物质，如酚类、碘等；1% 水混悬液 pH 值为 5.0～8.0，最大吸水量接近 60%，遇水可迅速溶胀，其吸水膨胀体积可增加 150%～200%，因其不溶于水，溶胀时不出现高黏度的凝胶层，崩解力强。

【作用与用途】 本品主要用作片剂的崩解剂，使用量为 1%～2% 时，便可取得较好的崩解作用，回收加工时也不需再加入多量的崩解剂，超过 5% 则崩解时间无明显的改变。本品也可用作丸剂、颗粒剂、硬胶囊剂的崩解剂和填充剂。本品主要的崩解原理是毛细管作用，粉末粒子外表呈现海绵样的多孔状结构，水合能力极强，吸水膨胀能力强，因此可迅速吸收大量水分至片剂中，片剂内部的溶胀压力超过片剂本身的强度，片剂瞬间崩解。本品松密度较小，内加法和外加法都能很好地分散，可用于直接压片和干法或湿法制粒压片。本品制得的片剂硬度大、外观光洁美观、崩解时限短、溶出速率高。本品还可用作食品添加剂，在食品等工业中主要用作澄清剂，用以吸附除去酶类、蛋白质等。

【使用注意】 本品与大多数无机或有机酸类药物相溶，但暴露在湿度较高的环境中时，交联聚维酮可与这些物质形成加合物。

【质量标准来源】《中国药典》2015 年版四部；CAS 号：9003－39－8。

其他常用品种见下表：

NOTE

表5-6　崩解剂的其他常用品种

品种名称	性状	作用与用途
羟丙基淀粉（淀粉羟基丙酸酯）hydroxypropyl starch（HPS）	无臭，适口，粒径约15~40μm，相对密度1.3~1.5，含水量15%以下。糊化迅速，颗粒崩解快，具润滑性，不黏冲，不易裂片，可克服淀粉的一些缺点	优良崩解剂，以本品60%、微晶纤维素20%、硅酸铝20%混合后，加入到片剂处方中（加入此混合物20%~25%）压片，可得质量较优良的片剂。克服了淀粉的黏结性、压片成型性差、裂片、黏冲模、吸湿性等缺点
羟丙基淀粉球 perfiller-101	为白色无臭无味的球形细粒，粒度100目以上，休止角40°以下，水分10%以下，遇光、热稳定，与主药无相互作用	是一种快速崩解剂，与药物颗粒混合即可直接压片。片剂含量均匀，无裂片、黏冲现象，硬度、抗磨损度均好。湿法制粒的颗粒中可加入本品3%~20%作崩解剂再压片，由于崩解力强，主药溶出快
预凝胶淀粉 pre-gelatinized starch	为白色的物理变性的淀粉粉末。含水量12%，堆密度0.63g/mL，粒度分布：80目以上含2%，200目以上含25%，通过270目者为50%	是一种良好的崩解剂，干粉和湿粉具有较好的流动性，可压性好，适用于直接压片，有自我润滑作用，减少片剂从模圈顶出的力量，与主药不起作用，对一些对湿、热敏感的药物有稳定作用。在直接压片处方中加入硬脂酸镁作为润滑剂的量不可超过0.5%，以免产生软化效应

第五节　润滑剂

润滑剂主要用于片剂、胶囊剂等固体制剂，尤其以片剂中应用最常见，因此本节以片剂用润滑剂为例进行阐述。

药物颗粒（或粉末）在压片时，有时会出现黏冲现象，有时颗粒不能顺畅地流入模孔内，因此颗粒在压片前，常须加入一定量具有润滑作用的物料，以增加流动性，减少与冲模的摩擦力，使片面光洁美观。此类物料一般称作润滑剂（lubricants）。润滑剂除了矿物油等外，大多兼具抗黏和助流作用。

在药剂学中，润滑剂是一个广义的概念，是助流剂、抗黏剂和（狭义）润滑剂的总称，但因其作用不同，很多药剂学专著中已经将它们单独列出，为了叙述的方便，后面仍统称润滑剂。

1. 润滑剂（lubricants）　润滑剂是指压片前加入，用以降低颗粒或片剂与冲模间摩擦力的辅料。因其减少了与冲模的摩擦，可增加颗粒的滑动性，使填充良好、片剂的密度分布均匀，也保证了冲模推出片剂的完整性。硬脂酸镁、硬脂酸等是常见的润滑剂。

2. 助流剂（glidants）　助流剂是指压片前加入，以降低粉粒或颗粒间摩擦力的辅料。助流剂的加入，减少了颗粒间的摩擦力，增加了流动性，以满足高速转动的压片机迅速、均匀填充的要求，也能保证片重差异符合要求。微粉硅胶、玉米淀粉等是良好的助流剂。

3. 抗黏着剂（antiadherents）　抗黏着剂是指压片前加入，用以防止压片物料黏着于冲模表面的辅料。“黏冲”是压片过程中经常可能发生的问题，受“黏冲”影响的片子，轻者表面光洁度差，重者表层脱落贴于冲面上。要解决“黏冲”问题，除了使用改进设备和工艺外，还可选择适宜的抗黏着剂，如三硅酸镁作黏着剂可使阿司匹林颗粒压制时产生的静电荷散失，

NOTE

避免黏冲。滑石粉是最常用的优良抗黏着剂。

一、润滑剂的作用机理

有关润滑剂的作用机制至今尚不很清楚，一般认为主要有以下几方面的作用：

1. 液体润滑作用　当在粗糙颗粒表面包裹一层液体润滑剂（如某些矿物油）的连续液层后，可以降低颗粒与冲模壁之间的摩擦力，且颗粒自身的滑动性也有所增加。但这类润滑剂不宜直接加入颗粒中，须先通过雾化或形成均匀的分散体后加入，以免药片表面产生油斑。

2. 边界润滑作用　固体润滑剂特别是一些长链脂肪酸及其盐类润滑剂，既能定向排列覆盖在颗粒表面形成一薄粉层，填平粒子表面的微小凹陷，降低颗粒间的摩擦力，同时其极性端又能吸附于金属冲模表面，起到润滑、助流和抗黏附作用。

3. 薄层绝缘作用　一些药物在压制过程中可能产生静电吸附，有绝缘作用的润滑剂薄膜可阻止静电荷的聚集，避免了黏冲或流动性降低现象，而具有助流和抗黏附作用。

二、润滑剂的分类

润滑剂可以分为疏水性及水不溶性润滑剂、水溶性润滑剂、助流剂三类。

1. 疏水性及水不溶性润滑剂　此类润滑剂主要有硬脂酸、硬脂酸钙和硬脂酸镁、滑石粉、氢化植物油。

2. 水溶性润滑剂　此类润滑剂主要有聚乙二醇（PEG）、十二烷基硫酸镁（钠）等。

3. 助流剂　助流剂主要有气相微粉硅胶（200、300、380）、合成微粉硅胶（65、72、244、246）及滑石粉。

三、润滑剂的选用

（一）润滑剂剂的选用原则

润滑剂按作用不同，分为润滑剂、助流剂和抗黏剂三类，这对有针对性地选用这类辅料有指导意义，但在生产实际中，又很难用这三种作用将润滑剂截然分开，一种润滑剂常兼有多种作用。因此，在选择与应用时不能生搬硬套，应灵活掌握，既要遵循经验规律，又要尽可能采用量化指标。

1. 应考虑润滑剂对片剂质量的影响　选择润滑剂时，还应考虑其对片剂硬度、崩解度与溶出度的影响。通常情况下，片剂的润滑性与硬度、崩解和溶出是相矛盾的。润滑剂降低了颗粒间摩擦力，也就削弱了颗粒间结合力，使硬度降低，润滑效果愈好，影响愈大；多数润滑剂是疏水性的，能明显影响片剂的润湿性，妨碍水分透入，使片剂崩解时限延长，也相应地影响了片剂的溶出，疏水性润滑剂覆盖在颗粒周围，即使片剂崩解，也会延缓颗粒中药物的溶出。因此，选用润滑剂时，除参考压片力这一量化指标外，还应满足硬度、崩解与溶出的要求，采取综合评价方法，才能筛选出适宜的润滑剂。

2. 用压片力参数筛选润滑剂　影响润滑剂三种作用（润滑、助流、抗黏）的因素是互相关联的，多由摩擦力所决定，只是摩擦力作用部位或表现形式不同而已。因此，可以用压片时力的传递与分布变化来区分和定量评价润滑剂的作用。片剂压制过程中可以用电测法测得上冲力（F_a）、冲力（F_b）、径向力（F_r）、推片力（F_e）等压片力参数，通过这些参数可衡量摩擦

NOTE

力的大小。一般说来，冲力比（$R = F_b/F_a$）愈接近1，表明上冲力通过物料传递到下冲的力愈多，因粒间摩擦引起的力损失少，这种润滑剂以助流作用为主，兼具良好润滑作用。若推片力或径向力小，说明颗粒或片剂与冲模壁间摩擦力小（因粒－壁间摩擦力 $F_a = \mu F_r$），片子易于从模孔中推出，这种润滑剂以润滑作用为主，兼具良好的抗黏作用。

（二）润滑剂剂的使用注意

润滑剂的作用机理表明，无论是润滑、助流或抗黏，润滑剂越好地覆盖在物料表面，其效果越佳。因此，在润滑剂使用中应注意以下几点：

1. 润滑剂粉末的粒度　润滑作用与润滑剂的比表面有关，一般固体润滑剂应愈细愈好，最好能通过100～200目筛。

2. 加入方式　润滑剂的加入方式一般有三种：①直接加到待压的干燥颗粒中，此法不能保证分散混合均匀；②用60目筛筛出颗粒中的细粉，将细粉用配研法与润滑剂充分混匀后，再加到颗粒中混合均匀；③将润滑剂溶于适宜溶剂中或制成混悬液或乳浊液，喷入颗粒混匀后挥去溶剂，液体润滑剂常用此法。

3. 混合方式和时间　在一定范围内，颗粒与润滑剂的混合作用力愈强，混合时间愈长，润滑效果愈好，但同时应注意对硬度、崩解、溶出的影响也就愈大。

4. 用量　在达到润滑目的的前提下，润滑剂的用量原则上是愈少愈好，一般为1%～2%，必要时增至5%。常用润滑剂用量见表5－10、表5－11。

表5－10　常用的水不溶性润滑剂及其用量

品名	常用量（%）
硬脂酸盐（镁、钙、锌）	0.25～2
硬脂酸	0.25～2
滑石粉	1～5
石蜡	1～5

表5－11　常用的水溶性润滑剂及其用量

品名	常用量（%）
硼酸	1
月桂醇硫酸镁	1～5
苯甲酸钠＋醋酸钠	1～5
亮氨酸	1～5
聚乙二醇4000	1～5
聚乙二醇6000	1～5
十二烷基硫酸钠	1～5
氯化钠	5
油酸钠	5
苯甲酸钠	5
醋酸钠	5

四、润滑剂的常用品种

润滑剂常用品种有硬脂酸镁、滑石粉等，其他还有氢化植物油、氢氧化铝凝胶、氧化镁、

NOTE

石蜡、白油、甘油、甘氨酸等。其中，氢氧化铝凝胶粉和原、辅料混合后能以无数小球分布于原辅料周围而起助流作用。

硬脂酸镁

magnesium stearate

【别名】magnesium octadecanoate，octadecanoic acid magnesium salt，stearic acid。

【分子式与分子量】分子式为 $C_{36}H_{70}MgO_4$，分子量为 591.24。

【结构式】

$(H_2C)_{16}H_3C$—C(=O)—O—Mg—O—C(=O)—$C H_3(CH_2)_{16}$

【来源与制法】本品是将硬脂酸加 20 倍量的热水溶解，加热到 90℃左右后加入烧碱，制得稀皂液，再加入硫酸镁溶液进行复分解反应，得到硬脂酸镁沉淀，用水洗涤，离心脱水，再于 100℃左右干燥即得。

【性状】本品为白色疏松无砂性的细粉，微有特殊嗅味；与皮肤接触有滑腻感，易于粘到皮肤上；熔点 88.5℃；不溶于水、醇、醚，微溶于热醇及苯；性质稳定，不自身聚合。

【作用与用途】本品具有润滑、抗黏、助流等作用，在药剂中主要用作片剂、胶囊剂等的润滑剂、助流剂和抗粘剂，W/O 型固体乳化剂。使用浓度为 0.25% ~2.0%。

【质量标准来源】《中国药典》2015 年版四部；CAS 号：557 -04 -0。

【使用注意】由于本品具有疏水性，可延迟固体药物的溶出率，因此，要求使用量尽可能低。本品应存放于通风、阴凉、干燥的地方，远离火源，不能与腐蚀性气体接触。也不能与有毒物和强碱、酸性物质以及铁盐、强氧化剂接触。本品与阿司匹林、碱性及酸性物质、铁盐、强氧化剂有配伍禁忌。

滑石粉

talc

【别名】精制滑石粉；purified talc

【分子式与分子量】分子式为 $Mg_3(Si_4O_{10})(OH)_2$，分子量为 379.22。

【结构式】

O=Mg O=Mg O=Mg O=Si=O O=Si=O O=Si=O O=Si=O H_2O

【来源与制法】本品为硅酸镁盐类矿物滑石族滑石，主要成分为含水硅酸镁。系滑石经精选净制、粉碎、干燥制成。

NOTE

【性状】本品为白色或类白色、微细、无砂性的粉末。手摸有滑腻感，易附着于皮肤，气微，味淡。pH7～10［20%（W/V）水分散液］，硬度（摩尔）为1.0～1.5，折射率1.54～1.59，比重2.7～2.8，比表面积2.41～2.42m^2/g。本品在水、稀盐或稀氢氧化碱溶液中均不溶解。

【作用与用途】本品具有润滑、抗黏、助流、吸收等作用，是口服制剂常用润滑剂和稀释剂。在散剂中作稀释剂、吸收剂，在制备液体制剂时作吸附剂和助滤剂。在片剂和胶囊剂中作为润湿剂、抗黏剂和助流剂。另外，本品作为润滑剂时，一般使用量为3%～6%。

滑石粉也可用作控释制剂的溶出阻滞剂。在局部制剂中，滑石粉可用作扑粉，但是不可以用于手术手套的防黏。本品也用于日化工业，制备霜剂、香粉等化妆品。

【质量标准来源】《中国药典》2015年版四部；CAS号：14807－96－6。

【使用注意】

（1）本品与季铵化合物有配伍禁忌，对部分脂溶性激素有吸附作用。

（2）本品经口服后不会被吸收，被认为是一种无毒物质，但是对胃肠道有刺激性，另外本品吸入后会产生刺激反应，长期大量接触会导致肺尘症。鼻内和静脉内大量使用含有滑石粉的产品，可导致体内组织（特别在肺中）产生肉芽肿。伤口和体腔内被滑石粉污染同样可产生肉芽肿，因此本品不能涂在外科手术手套上。

（3）在局部制剂中，滑石粉可用作扑粉，但是不可以用于手术手套的防黏。

（4）滑石粉是天然物质，可能含有微生物，做扑粉前应灭菌。滑石粉性质稳定，可以在160℃加热灭菌1小时以上，应置密闭容器中，贮于阴凉干燥处。

微粉硅胶
colloidal silicon dioxide

【别名】药用白炭黑、胶性硅胶、胶性二氧化硅。

【分子式与分子量】分子式为SiO_2；分子量为60.08。

【性状】本品是采用气相法制备的亚微米大小的硅胶，质轻，疏松、蓝白色、无臭、无味、无沙砾感的无定型粉末。本品酸碱度为3.5～4.4［4%（W/V）水分散液］，粒径分布是7～16nm，松密度为0.029～0.042g/cm^3，流动性是35.52%（Carr压缩指数），折射率是1.46，比重为2.2，比表面积是200～400m^2/g（stroehlein比表面积测定仪器，单点）和50～380m^2/g（BT法）。微粉硅胶比表面积大，具有极强的吸湿作用，其吸附能力远较氧化镁、碳酸镁等吸附剂强。本品几不溶于有机溶剂、水、酸（氢氟酸除外）；溶于热碱，在水中呈胶态。

【作用与用途】本品主要用作片剂的助流剂和吸附剂，用于油类、浸膏类等药物的吸附。本品配制成的颗粒具有很好的流动性和可压性，广泛应用于维生素E片和浸膏等的片剂。本品也用于稳定乳剂，在凝胶和半固体制剂中作为触变性增黏剂和助悬剂使用。本品与其他具有相似折射率的组分一起可以形成透明的凝胶，其黏度的增加取决于液体的极性（极性液体需要微粉硅胶的浓度高于非极性液体）；黏度不受温度的影响，但是体系pH值的变化会影响黏度，在非吸入用气雾剂中，本品常用于促进颗粒的悬浮性，以免产生坚硬的沉淀，减少喷口堵塞。

本品也用作片剂的崩解剂，在散剂中做液体的吸附分散剂。微粉硅胶的用途与常用量见表5－12。

表 5-12 微粉硅胶的用途与常用量

用途	常用量（%）
气雾剂	0.5~2.0
乳剂稳定剂	1.0~5.0
助流剂	0.1~0.5
助悬剂和增稠剂	2.0~10.0

【质量标准来源】《中国药典》2015 年版四部收载“二氧化硅”；CAS 号：14464-46-1。

【使用注意】微粉硅胶广泛应用于口服和一些局部用制剂中，一般认为是无毒、无刺激的辅料。但用于腹腔和皮下注射可能导致局部组织坏死和肉芽肿，因此不宜用于注射。

微粉硅胶具有吸湿性，但能吸收大量水分而不液化。当应用在 pH <7.5 的水体系中时，微粉硅胶可有效增加体系的稠度，但是当 pH >7.5 时，微粉硅胶的增稠作用减弱，当 pH >10.7 时，由于微粉硅胶溶解成硅酸盐，增稠能力完全丧失。微粉硅胶干燥粉末应密闭保存。某些微粉硅胶的表面经疏水处理，吸水性可大大降低。

本品与二乙基己烯雌酚有配伍禁忌。

第六节 包衣材料

为进一步保证某些固体制剂的质量，或达到某种特殊目的如控释、肠溶等，需在其表面包裹适宜的物料成衣膜，使药物与外界隔离，此过程称为包衣，该物料为包衣材料（coating materials）。

一般说来包衣材料应具有如下要求：①无毒，化学惰性，对热、光、水分、空气稳定，不与药物发生反应；②能溶解或均匀分散在适宜的分散介质中；③能形成连续、牢固、光滑的衣层，有抗裂性并具良好隔水、隔湿、遮光、不透气作用；④溶解性能满足要求，不受 pH 值影响，必要时又只能在一定 pH 值范围内溶解；⑤有可接受的色、嗅、味，并能保持稳定。

同时具备以上特点的包衣材料还不多见，实践中应根据包衣目的，结合包衣材料的特点，使用多种不同的材料协同作用。

一、包衣的作用及目的

包衣工艺始见于早期的丸剂，如今，包衣技术已广泛用于片剂、丸剂、胶囊剂等，但包衣的必要性或包衣的类型，是根据药物的性质和使用目的决定的。基于以下原因可考虑包衣：①药物本身性质不稳定，与空气中的氧气、二氧化碳、湿气等长期接触时容易起变化，或光线照射时不稳定，或在空气中极易吸潮的药物；②药物本身具有不良气味，口感不适，吞服中易引起恶心、呕吐的药物，以及对胃有刺激性的药物；③需控制药物的释放部位时，如在胃液中易被破坏，包衣后使其在肠中释放；④控制药物扩散、释放速度，以达控释；⑤克服配伍禁忌，调节药效等。

二、包衣材料的分类

包衣材料主要分为糖衣衣料、薄膜衣料和肠溶衣料。

（一）糖衣衣料

糖衣系指在片芯之外包以蔗糖为主要包衣材料的衣层。糖衣具有防潮、隔绝空气的作用，以保护作用为主。包糖衣的一般工序分为5步：隔离层→粉衣层→糖衣层→有色糖衣层→打光。每道工序的目的既是选用衣料的依据又是糖衣衣料分类的依据。糖衣衣料可分为：

1. 隔离衣料 该衣料的作用是将药物与糖衣层隔离，防止糖衣被破坏或药物吸潮而变质。同时隔离层还能起到增加片剂硬度的作用。一般片剂不需包隔离层。包衣厚度一般4～5层，以起到隔湿作用为限，否则会影响片芯的崩解和溶出。隔离衣料应以隔湿性能良好为基本要求，大多用胶浆，或用胶糖浆，另加少量滑石粉。常用的有邻苯二甲酸醋酸纤维素（CAP）、玉米阮、虫胶、丙烯酸树脂等非水溶液，这些物料目前也多用于薄膜包衣技术，将在后面的章节详细叙述。

2. 粉衣衣料 粉衣层的目的是使药片消失原有棱角，片面包平，为包好糖衣层打基础。包衣时，需先用黏合剂润湿，然后加入撒粉适量，使其黏附于片芯表面，至片芯的棱角全部消失、圆整、平滑为止。粉衣层一般15～18层。因此，粉衣衣料包括了黏合剂与撒粉，黏合剂常用糖浆、明胶浆、阿拉伯胶浆，或蔗糖与阿拉伯胶的混合浆，胶浆浓度一般在10%以下，糖浆则相当高；撒粉常用滑石粉、糖粉、白陶土、糊精、沉降碳酸钙、淀粉、阿拉伯胶粉、可可粉、硫酸钙等，其粒度要求至少能通过100目筛。

3. 糖衣衣料 糖衣层主要目的是形成蔗糖晶体薄膜，增加衣层的牢固和美观。多以浓糖浆为衣料，浓度为65%～75%（*W/W*），相对密度在1.313以上。糖衣层通常包10～15层。

4. 色衣衣料 目的是使片衣有一定的颜色，以区别不同品种；深色或加入遮光剂的糖衣层对光敏性药物具有保护作用。常用的遮光剂是二氧化钛。色衣层一般要包8～15层。

5. 打光衣料 打光是在片子表面擦上极薄的一层蜡，其目的是使片衣表面光亮美观，同时有防止吸潮作用。打光衣料多为蜡粉，也可加入少量硅油。常用的蜡粉为虫蜡，主要指四川产的米心蜡，又叫白蜡、川蜡。一般使用前应精制。精制方法为80～100℃熔化，过100目筛去除悬浮物，掺入20%硅油，冷却后制成80目粉供用。

（二）薄膜衣料

薄膜衣料是用于包薄膜衣的材料，更需要满足前述包衣材料的各项要求，尤应具备良好的成膜性能。薄膜包衣较糖衣相比有明显的优点：节省物料，缩短时间，降低成本；衣层牢固光滑，片重增加不大（薄膜衣片重仅增加2%～4%，糖衣增重50%～100%）；不掩盖片芯标记，对制剂崩解的不良影响小，同时具有良好的保护稳定作用。因此薄膜包衣技术已广泛用于片剂、丸剂、颗粒剂、胶囊剂等，以提高制剂质量，拓宽医疗用途。

薄膜衣料大多属于高分子材料，由于其分子结构和分子量的不同，对其成膜性能、溶解性能均有影响，常使用两种以上成膜材料以弥补单一材料的不足。成膜材料根据来源分为天然高分子材料和合成高分子材料；根据溶解性能，可以分为胃溶性、肠溶性、胃肠两溶性和不溶性材料；根据结构类型，分为纤维素及其类衍生物、丙烯酸树脂、乙烯聚合物等。其中丙烯酸树脂类聚合物通常为甲基丙烯酸聚合物（methacrylic acid copolymer）和甲基丙烯酸酯聚合物（polymethacrylates）等的统称，用作薄膜包衣材料虽较纤维素类衍生物晚，但由于其成膜性能好、安全无毒、在体内不被吸收等优点，发展极快。聚丙烯酸树脂易溶于甲醇、乙醇、异丙醇、丙酮等有机溶剂，在水中的溶解度取决于树脂结构中的侧链基团和水溶液pH值，此类产品溶解性能各不相同，有胃溶型、肠溶型和不溶型等。国外商品名称为“Eudragit”，有多种型号，包括 Eudragit E、L、S 等，其中 Eudragit E 型为甲基丙烯酸酯和它的二甲胺基乙酯的共聚物，属胃溶型包衣材料；Eudragit L 和 Eudragit S 属肠溶型包衣材料。国内已开发的有聚丙烯酸树脂Ⅰ、Ⅱ、Ⅲ、Ⅳ号，其中Ⅰ、Ⅱ、Ⅲ号可作为肠溶型包衣材料，相当于 Eudragit L 型、Eudragit S 型；Ⅳ号的成膜性、在各种缓冲液中的溶解度和吸湿率等均与 Eudragit E 基本相似，成为目前较为理想的胃溶型薄膜材料。聚丙烯酸树脂Ⅱ、Ⅲ、Ⅳ号已收入《中国药典》2015 年版四部。

（三）肠溶衣料

肠溶衣料是需在特定 pH 值条件下溶解的薄膜，即在胃液中（pH 值 1.5～3.5）不溶解，只在肠液中（pH 值 4.7～6.7）溶解，以确保遇胃液变质的药物不被破坏，也可防止对胃刺激性太强的药物引起的不适，并保证作用于肠道的药物或者需要在肠道保持较久以延长作用的药物，能够顺利到达肠内崩解以发挥疗效。

三、包衣材料的常用品种

二氧化钛

titanium dioxide

【别名】钛白粉。

【分子式与分子量】分子式为 TiO_2，分子量为 79.88。

【来源与制法】二氧化钛可来源于天然的矿物质，金红石、锐钛矿石、板钛矿石；可用高品位的钛矿石经氯化反应生成 $TiCl_4$，精制后，再氧化分解；钛直接与氧化合；在水溶液中加热处理钛盐后，再焙烧；直接用氧与挥发性的无机钛化合物反应等方法而制得。

【性状】本品白色无臭无味无定形粉末。无吸湿性。相对密度 3.84 或 4.26。不溶于水、盐酸、硝酸、稀硫酸。溶于热的浓硫酸及氢氟酸。溶解度大小依赖于前期热处理过程，加热时间长，溶解度会变得更小。可与亚硫酸钾、氢氧化碱或碳酸盐共熔。1% 或 10% 水混悬液对石蕊试纸显中性。相对密度 3.84～4.26。尽管二氧化钛的平均粒径小于 1μm，但是，市售的二氧化钛产品由于颗粒间的聚集粒径通常约为 100μm。

二氧化钛具有很高的折射率，它的这种光散射特性使它作为白色着色剂和遮光剂被广泛应用。通过改变二氧化钛的粒径可以改变它的光散射范围。例如平均粒径为 230nm 的二氧化钛可以散射可见光，而平均粒径为 60nm 的二氧化钛可以散射紫外线和可见光。

【作用与用途】用作包衣剂、遮光剂、着色剂和紫外线吸收剂，也用作遮盖剂以使色泽均匀。

二氧化钛作为白色着色剂广泛应用于糖果、化妆品、食品、塑料工业、外用制剂和口服制剂中。还可以应用于皮肤制剂和化妆品（如防日晒制品）中。

二氧化钛是生产不透明胶囊的添加剂，既有助于增加胶壳的机械强度，又有避光作用。使用时一般与少量明胶加水通过球磨或胶体磨制成极细的钛白粉糊（1∶10），再与少量明胶混合，用量根据处方而定。也可与十二烷基硫酸钠一起制成混悬液备用，用量约为明胶的 2%。

NOTE

【使用注意】本品具有催化作用，可与某些活性物质发生反应。二氧化钛作为包衣层的惰性填充剂和增白剂时，可以单一地降低膜的机械性能并提高聚乙烯醇（PVA）膜的水通透性。二氧化钛还可以引起不饱和脂肪的光氧化反应。二氧化钛应置于遮光、密闭的容器中，贮于阴凉干燥处。

二氧化钛是一种硬质的磨蚀性物质。含有二氧化钛的包衣混悬液会引起钢铁表面磨损，易造成白色片剂上出现黑斑。当与甲基纤维素联用的时候，会降低膜的延展性和拉伸强度，同时略能增加着色膜与片剂表面的黏附力。

【质量标准来源】《中国药典》2015 年版四部；CAS 号：3463－67－7。

羟丙甲纤维素
hypromellose（HPMC）

详见第三章第五节羟丙甲纤维素。

【作用与用途】本品为应用较广的包衣材料，成膜性能好，能溶解于任何 pH 值的胃肠液内，膜透明坚韧，包衣时无黏结，可单独作为成膜材料应用，也可加聚丙烯酸树脂类材料Ⅱ号、Ⅳ号以改善抗湿性、外观等。

【使用注意】如片芯耐磨性差或对水不稳定，可先包一层隔离膜再包 HPMC 层。其中 HPMC 是薄膜衣料，吐温 80 增加衣料液和片剂的润湿性，蓖麻油、丙二醇或 PEG400 是增塑剂，滑石粉是分散剂，钛白粉是遮光剂。本品与强酸、强碱有配伍禁忌。本品无毒，每日允许摄入量低于 25mg/kg。

羟丙基纤维素
hydroxypropyl cellulose（HPC）

详见本章第三节羟丙基纤维素。

【作用与用途】用 2% 水溶液包衣，但包衣时易发黏，不易控制，可加入少量滑石粉改善。本品也可用有机溶剂配制包衣液。由于 HPC 薄膜较黏，在快速包衣时应用受限；HPC 薄膜较脆，常与其他聚合物合并使用，有效地提高其对片芯的黏附性。

乙基纤维素
ethylcellulose（EC）

详见本章第三节乙基纤维素项下。

【作用与用途】①具有黏性，2%～10% 乙醇液用作黏合剂。②溶于有机溶剂进行包衣，可提高膜的韧性，增加片剂表面的光泽。③乙基纤维素疏水性好，不溶于胃肠液，与亲水性包衣材料合用，可调节片剂的崩解时限。常与水溶性聚合物如甲基纤维素、羟丙甲纤维素共用，改变乙基纤维素和水溶性聚合物的比例，可以调节药物扩散速度，常用于缓释包衣膜。乙基纤维素与多种增塑剂都有良好的相容性。

醋酸纤维素

cellulose acetate（CA）

【结构式】

—O—[葡萄糖单元：OAc，OAc，CH₂OAc]—O—[CH₂OAc，OAc，OH]—O—[OAc，OAc，CH₂OAc]—O—

【来源与制法】醋酸纤维素是部分乙酰化的纤维素，其含乙酰基（CH_3CO）29.0%～44.8%（*W/W*），即每个单元约有1.5～3.0个羟基被乙酰化。醋酸纤维素混杂的游离醋酸不得超过0.1%。醋酸纤维素系将纯化的纤维素为原料，以硫酸为催化剂，加过量的醋酐，使全部酯化成三醋酸纤维素，然后水解降低乙酰基含量，达到所需酯化度的醋酸纤维素由溶液中沉淀出来，经洗涤、干燥后，得固态产品。

【性状】本品为白色、无臭味的片状或颗粒状物，耐稀酸，耐油，强碱中水解，可溶于氯仿、二氯甲烷及丙酮等有机溶剂。具有热塑性，遇热变软熔化，无明显熔点，大于260℃时分解。常添加邻苯二甲酸二乙酯为增塑剂，以改进它的冲击强度。

【作用与用途】醋酸取代基数量不同的醋酸纤维素主要作为成膜材料和缓释材料，制备涂膜剂、膜剂、微囊剂、粘贴片剂和其他缓释制剂。可溶于丙酮-乙醇混合液中，进行喷雾包衣。此外还用于制备过滤膜、印刷制备板及制涂料、玻璃纤维黏接剂等。醋酸纤维是制备CAP的原料。

【使用注意】遇较强酸、碱发生水解被还原成纤维素。本品对人体无毒，对皮肤粘膜无刺激性。

【质量标准来源】《中国药典》2015年版四部；CAS号：9004-35-7。

羟丙甲纤维素邻苯二甲酸酯

hypromellose phthalate（HPMCP）

【结构式】

[H，OR，OR，H，H，H，CH₂OR —O— CH₂OR，H，H，OR，H，H，H，OR]$_n$

R=H，$—CH_3$，$—CH_2CHOHCH_3$，$—\underset{\|}{C}C_6H_4COOH$（C=O）或$—CH_2CHOCC_6H_4COOH$（$CH_3$，C=O）

【来源与制法】本品为羟丙甲纤维素与邻苯二甲酸的单酯化物。

【性状】本品为白色或类白色的粉末或颗粒，无臭，无味。无水乙醇中几乎不溶，在丙酮、甲苯中极微溶解，在甲醇-丙酮（1:1）、甲醇-二氯甲烷（1:1）中溶解。

【作用与用途】为性能优良的薄膜包衣材料。

【质量标准来源】《中国药典》2015年版四部。CAS号：9050-31-1。

NOTE

丙烯酸乙酯－甲基丙烯酸甲酯共聚物水分散体

ethyl acrylate and methyl methacrylate copolymer dispersion（Eudragit E30D）

【分子式与分子量】平均分子量约为 800 000 的丙烯酸乙酯－甲基丙烯酸甲酯中性共聚物的 30% 水分散体。

【结构式】

$$\left[-CH_2-\underset{\underset{OC_2H_5}{|}}{\underset{C=O}{\underset{|}{CH}}}-CH_2-\overset{CH_3}{\underset{\underset{OCH_3}{|}}{\underset{C=O}{\underset{|}{\overset{|}{C}}}}}-\right]_n$$

【性状】本品为乳白色低黏度的液体，具有微弱的特殊气味。能与任何比例的水混溶，呈乳白色。与丙酮、乙醇或异丙醇（1∶5）混合，开始会有沉淀析出，加过量溶剂后溶解成透明或略微混浊的黏性溶液。与 1mol/L 氢氧化钠溶液按 1∶2 混合时，分散体不溶解且依然呈乳白色。相对密度为 1.037～1.047。

【作用与用途】可掩盖药物的不良口味；所形成的薄膜不溶于水和消化液中，但能膨胀并具渗透性；并且薄膜的渗透性与 pH 值无关，因此药物释放受消化道影响较小；加入水溶性物质及在水中能膨胀的辅料后，可使薄膜迅速崩散。

【质量标准来源】《中国药典》2015 年版四部。

甲基丙烯酸三甲铵乙酯－甲基丙烯酸酯共聚物

eudragit RL100

【分子式与分子量】平均分子量不少于 100 000。

【结构式】

$$\left[-CH_2-\overset{CH_3}{\underset{\underset{\underset{O-CH_2-CH_2-\overset{+}{N}(CH_3)_3}{|}}{C=O}}{\overset{|}{\underset{|}{C}}}}-CH_2-\overset{R}{\underset{\underset{\underset{OR'}{|}}{C=O}}{\overset{|}{\underset{|}{C}}}}-\right]_n Cl^-$$

$R=H, CH_3$

$R'=CH_3, C_2H_5$

【来源与制法】是含季铵基团的甲基丙烯酸酯与丙烯酸酯和甲基丙烯酸酯聚合的共聚物，含 10% 季铵基团。

【性状】无色、透明或乳白色的颗粒状固体。微具有氨臭，溶于丙酮、乙醇与二氯甲烷的混合溶剂，不溶于石油醚、苯，可分散于热水中形成粒径 <0.1μm 稳定的乳胶液。

【作用与用途】可制成无色、透明、略带脆性的薄膜，不溶于水，在水、人工胃、肠液和缓冲液中能膨胀，并具渗透性。

【使用注意】加入 eudragit RS、eudragit E 或 eudragit L/S 等材料可以调节薄膜的渗透性；加入增塑剂，以增强 eudragit RL 薄膜韧性；加入如滑石粉、硬脂酸镁可减少包衣过程中的黏结，并可使表面更加光滑。10% 聚乙二醇的水与丙酮混合液常用作包衣片的打光剂。

甲基丙烯酸三甲铵乙酯 - 甲基丙烯酸酯共聚物
eudragit RS100

【结构式】同 eudragit RL100，平均分子量不少于 100000。

【来源与制法】是含季铵基团的甲基丙烯酸酯与丙烯酸酯和甲基丙烯酸酯聚合的共聚物，含季铵基约 5%。

【性状】无色、透明或乳白色颗粒状固体，略具芳香气味，可溶于丙酮与异丙醇的混合液中，性质与 eudragit RL 接近。

【作用与用途】所形成的膜无色、透明、略带脆性，不溶于水，在水、胃、肠液和缓冲液中能膨胀，渗透性小。用量在 10% ~25%，包衣膜的渗透性可受增塑剂种类和用量的影响。

【使用注意】加入 eudragit RL 可以调节 eudragit RS 膜的渗透性。加入增塑剂，可增强 eudragit RS 薄膜的韧性。加入滑石粉、硬脂酸镁能减少包衣时的粘连，并可使其表面更加光滑。加入疏水性物质可降低包衣膜的渗透性，亲水性物质则相反。10% 聚乙二醇溶液常用作包衣片的打光剂。

玉米朊
zein

【来源与制法】为从玉米麸质中提取所得的醇溶性蛋白。

【性状】本品为黄色或淡黄色薄片，一面具有一定的光泽，无臭、无味，相对密度 1.226，溶于 80% ~92% 乙醇、70% ~80% 丙酮中易溶，在水或无水乙醇中不溶。

【作用与用途】抗湿性较好，因此目前生产多用于包隔离层，一般用量约为 5% 的乙醇溶液，包 2 ~3 层即可，防止水分进入片芯。为增加膜的可塑性，有时需加入增塑剂如邻苯二甲酸二乙酯等。由于本品黏性很强，包衣时需加入硅油。该类包衣片的抗潮性和抗热性均较糖衣强，崩解时间较短。

【使用注意】与酸、碱溶液有配伍禁忌。安全无毒。

【质量标准来源】《中国药典》2015 年版四部。CAS 号：9010 -66 -6。

聚维酮
povidone（PVP）

详见第三章第五节。作为薄膜包衣材料，其优点在于柔韧性较好，可改善衣膜对片剂表面的黏附能力，减少碎裂现象；可作为薄膜包衣的增塑剂；缩短疏水性材料薄膜的崩解时间；改善色素或染料、遮光剂的分散性及延展能力，最大程度地减少可溶性染料在片剂表面的颜色迁移，防止包衣液中颜料与遮光剂的凝结。

虫 胶
shellac

NOTE

【别名】紫胶、漂白紫胶、脱色紫胶。

【来源与制法】本品为寄生在树上的紫胶虫树脂状分泌物加热熔融后趁热过滤，或用酒精溶解过滤，真空干燥后而得。

【性状】本品是一种天然的混合物产品，为浅黄色透明片状或不透明白色颗粒。质坚脆，无臭、无味。相对密度 1.08～1.13，软化点 72℃，熔点 115～120℃，在 125℃加热 3 小时变成不溶于乙醇的物质。皂化值 185～210，碘值 10～18。溶于乙醚（13%～15%）、苯（10%～20%）、石油醚（2%～6%）、松节油及碱液，不溶于水。

【作用与用途】作包衣材料、成膜材料、成囊材料和缓释材料。将虫胶加无水乙醇制成 15%～30% 溶液，使用时加适量增塑剂以减低其脆裂性。其缺点是在胃中能崩解，同时虫胶的 pK 值约 6.9～7.5，形成的薄膜在略带酸性的十二指肠部分较难溶解，因而影响某些药物的疗效。本品很早即已应用于片剂包肠溶衣，近年来已逐渐被淘汰。

【应用注意】本品不宜贮存时间过长，宜新鲜使用。

纤维醋法酯
cellacefate

【别名】邻苯二甲酸醋酸纤维素；cellulose acetate phthalate（CAP）。

【分子式与分子量】分子式为 $(C_{18}H_{18}O_{10})_n$，分子量为 $(394.33)_n$。

【来源与制法】为部分乙酰化的纤维素与苯二甲酸酐缩合制得。

【性状】本品为白色或类白色的无定形纤维状、细条状、片状、颗粒或粉末。在水或乙醇中不溶；在丙酮中溶胀成澄清或微浑浊的胶体溶液。不溶于酸水，不会被胃液破坏，但在 pH 值为 6 以上的缓冲液中可溶解，因此一般作为肠溶包衣材料，常加入酞酸二乙酯作为增塑剂，以有机溶剂溶解包衣。分子中含游离羧基，其相对含量决定其在水溶液的 pH 值及能溶解 CAP 的溶液的最低 pH 值。胰酶能促进其消化。长时间处于高温和高湿条件下将发生缓慢水解，并导致酸度、黏度的增加，并使醋酸臭味增加。

【作用与用途】肠溶衣使用量为片芯的 0.5%～0.9%，配成 8%～12% 的丙酮乙醇液。CAP 具有吸湿性，贮藏于高温和潮湿空气中易水解而影响片剂质量，因此，本品常与其他增塑剂或疏水性辅料如苯二甲酸二乙酯、虫胶或十八醇等合用，除能增加包衣的韧性外，还能增强包衣层的抗透湿性。

【使用注意】本品与硫酸亚铁、三氯化铁、硝酸银、枸橼酸、硫酸铝、氯化钙、氯化汞、硝酸钡、碱式乙酸铅和强氧化剂、强碱、强酸有配伍禁忌。动物实验未见毒性反应。

【质量标准来源】《中国药典》2015 年版四部。

【应用实例】 **肠溶衣处方**

处方：CAP 10.0g，十八醇 4.0g，邻苯二甲酸二乙酯 1.0mL，异丙醇 40.0mL，丙酮 45.0mL。

制法：将 CAP 溶于丙酮中，加入邻苯二甲酸二乙酯，另将十八醇溶于异丙醇中，然后将两种溶液混合即得。

丙烯酸树脂类共聚物
acrylic acid resin

这类材料透湿性仅为 CAP 的 1/4～1/2，肠液中崩解较虫胶、CAP 好，但包衣时易黏结，

NOTE

可加入适量的增塑剂，如甲基丙烯酸十二酯和十六酯等，以改善黏结现象，便于操作。如丙烯酸－丙烯酸甲酯类共聚物，游离酸含量在9～42摩尔百分数之间，丙烯酸甲酯－甲基丙烯酸类共聚物，游离酸含量在19～52摩尔百分数之间。含游离酸量的多少可决定在小肠中溶解的难易和部位，如甲基丙烯酸－甲基丙烯酸甲或乙酯共聚物的L型，含酸较多（50%），易于溶解，在pH＞5.5的十二指肠液中即溶，而其S型含酸较少（33%），难溶，在pH＞6.5的小肠中下段亦难溶。国内产品肠溶Ⅱ号和Ⅲ号聚丙烯酸树脂，也属这类肠溶衣料，pH 5以下不溶，pH 6以上可溶。目前，《中国药典》2015年版收载聚丙烯酸树脂Ⅱ、聚丙烯酸树脂Ⅲ和聚丙烯酸树脂Ⅳ三个品种，见下表5－13。

表5－13 丙烯酸树脂类共聚物

品名	组成	性状
聚丙烯酸树脂Ⅱ	为甲基丙烯酸与甲基丙烯酸甲酯以50∶50的比例共聚而得	为白色条状物或粉末，在乙醇中易结块。本品（如为条状物断成长约1cm，粉末则不经研磨）在温乙醇中1小时内溶解，在水中不溶
聚丙烯酸树脂Ⅲ	为甲基丙烯酸与甲基丙烯酸甲酯以35∶65的比例共聚而得	为白色条状物或粉末，在乙醇中易结块，本品（条状物断成长约1cm，粉末则不经研磨）在温乙醇中1小时内溶解，在水中不溶
聚丙烯酸树脂Ⅳ	为甲基丙烯酸二甲氨基乙酯与甲基丙烯酸酯类的共聚物	为淡黄色粒状或片状固体；有特殊嗅味。在温乙醇中（1小时内）溶解，在盐酸溶液（9→1000）中（1小时内）略溶，在水中不溶

第七节 成膜材料

从广义上讲，凡物质分散于液体介质中，当分散介质被除去后，能形成一层薄膜，称为成膜材料（film－forming materials）。成膜材料在药物制剂中主要用于薄膜包衣、膜剂、涂膜剂、喷雾膜剂等。本节中的成膜材料是指膜剂和涂膜剂的成膜材料。

膜剂系指药物与适宜的成膜材料经加工制成的膜状制剂，可供内服、外用、腔道给药、植入及眼部给药等。膜剂是20世纪60年代发展而来的新剂型。膜剂在生产工艺、质量及作用范围等方面独具特色，加之新型高分子聚合物不断涌现，使可供选用的成膜材料大大增加，膜剂在短短几十年里得到了飞速的发展，已从眼用发展到内服、外用、腔道用、植入等多种给药途径；从单层的片状膜发展到多层的复合膜；从非控释型发展到恒速控释型。

涂膜剂系指药物溶解或分散于含成膜材料溶剂中，涂搽患处后形成薄膜的外用液体制剂，一般用于无渗出液的损害性皮肤病等。其形成薄膜保护患处，并缓慢释放药物起治疗作用，是近年来出现的新剂型。

一、成膜材料的分类

高分子成膜材料一般分为天然高分子和合成高分子。

（一）天然高分子成膜材料

NOTE

天然高分子成膜材料有明胶、虫胶、阿拉伯胶、白及胶、淀粉、糊精、琼脂、壳聚糖、海藻酸、玉米朊、纤维素等，多数可降解或溶解，但成膜、脱膜性能、成膜后的强度与柔韧性等方面，在单独使用时均欠佳，常与合成成膜材料合用。

（二）合成高分子成膜材料

合成的高分子成膜材料成膜性能良好，成膜后的拉伸强度与韧性能满足膜剂的要求。常见的有 PVA、EVA、甲基丙烯酸酯－甲基丙烯酸共聚物、羟丙基纤维素、羟丙甲纤维素、聚维酮、硅橡胶、聚乳酸等。

二、成膜材料的质量要求

1. 无毒、无刺激，不引起过敏，不干扰机体的防御和免疫机能。
2. 性质稳定，无不良臭味，不影响主药疗效。
3. 成膜、脱膜性能好，成膜后具有足够的强度和柔韧性。
4. 口服、腔道用和眼用膜剂的成膜材料应具备良好的水溶性或生物降解性，在用药部位逐渐降解、吸收，在体内能代谢或排泄；外用膜剂则应能迅速、完全地释放药物。
5. 来源丰富、价格低廉。

三、成膜材料的选用原则

膜剂的成膜材料常选用 PVA、聚丙烯酸树脂类、纤维素类以及其他天然高分子材料。涂膜剂的成膜材料常选用 PVA、聚维酮、乙基纤维素、聚乙烯缩甲乙醛、聚丙烯酸树脂类、火棉胶等。经实验证明，成膜性及膜的抗拉强度、柔韧性、水溶性和吸水性等以（聚乙烯醇）PVA 最好，适用于各种给药途径，应用较广泛；水不溶性的（乙烯－醋酸乙烯共聚物）EVA 则常用于制备复合膜的外用控释膜。内服膜剂所载药物大多数药效强、剂量小，其含量均匀度直接影响用药的安全和有效，故膜剂符合质量标准，宜选用黏度适宜、成膜均匀性好的成膜材料，并通过试验筛选确定使用浓度。

四、成膜材料的常用品种

白及胶

bletilla glucomanan

【来源与制法】本品为从兰科植物白及 *Bletilla striata*（Thunb.）Reichb. f. 的干燥块茎中提取的多糖类物质。提取方法为水提醇沉，精制，干燥成粉末，也可以直接提取白及胶浆液。

【性状】白色或灰白色干燥粉末，无味、无臭。不溶于乙醇，溶于水，且成稠厚的亲水胶液，手感光滑。白及胶具有特殊的黏度特性，其理化性能与阿拉伯胶和西黄耆胶类似，在酸性溶液中较稳定，在碱性溶液中易失去黏性。

【作用与用途】作黏合剂、成膜剂、助悬剂、乳化剂。

1. 黏合剂 用2%白及胶浆作为磺胺噻唑、碳酸氢钠及氢氧化铝等片剂的黏合剂，用量少而黏合力大，制成的颗粒较紧密均匀，片重差异较其他黏合剂小。但必须注意对崩解度的影响。

2. 成膜剂 成膜脱膜性能好，有一定柔韧性，并能承受一定拉力，遇水能迅速膨胀形成

NOTE

保护膜，无异臭味，并且原料丰富、价格低廉、生产工艺简单等。

3. 助悬剂 白及胶的白及多糖有很大的黏性，是植物多糖高分子助悬剂。

4. 乳化剂 具有较强的乳化能力，能显著降低油水两相之间的表面张力，并能使乳滴周围形成牢固的乳化膜，是良好的天然 O/W 型乳剂，同时具有较大的黏性，提高乳剂的物理稳定性。

【使用注意】 白及胶水溶液在强酸、碱性条件下黏性降低，其颜色随 pH 值升高而变深。

白及胶脱膜性能的优劣在于白及胶胶浆的制备。胶浆的黏度和白及胶与水的比例有关。最佳的浆液制膜应在 1 周内完成，长时间静置浆液则易分层，上层为黄色透明溶液，而沉淀大多为药材杂质、不溶性有机物、粗纤维，黏度降低，成膜脱膜的性能减弱。

【应用实例】 爽口托疮膜

处方：黄柏 100g，冰片 40g，甘草 100g，青黛 5g，白及胶 50g。

制法：以上五味，黄柏、甘草加水煎煮提取，合并煎液，滤过，浓缩；将青黛与 34% 甘油溶液 150mL 研磨均匀，加入上述药液中混匀；再将冰片溶于 75% 乙醇溶液 300mL 中，加入白及胶粉后，与上述药液混合，搅拌至溶解，涂膜，切割成 3000 片，即得。

注解：采用白及胶作为膜剂的成膜材料，既能体现其收敛止血、消肿生肌的功效，又具有良好的成膜性能，常用于制备口腔或鼻腔溃疡、烧伤、出血等病的膜剂。

壳聚糖
chitosan

【别名】 几丁质、壳多糖、甲壳质、聚 - *N* - 乙酰葡萄糖胺。

【分子式与分子量】 *N* - 乙酰 - 氨基葡萄糖以 β - 1,4 - 苷键结合而形成的一种氨基多糖，其基本结构单元是壳二糖单元，分子式为（$C_6H_{13}ON_5$）$_n$；动物甲壳素经提取后相对分子质量在 1.0×10^6 ~ 1.2×10^6 之间。壳聚糖是葡萄糖胺以 β - 1,4 - 苷键连接而成多聚线性碱性多糖，分子式为 $[C_8H_{13}NO_5]_{n_1}$ $[C_6H_{11}NO_4]_{n_2}$；$n_2/(n_1+n_2)>60\%$，其相对分子量约为 3.0×10^5 ~ 6.0×10^6。

【结构式】

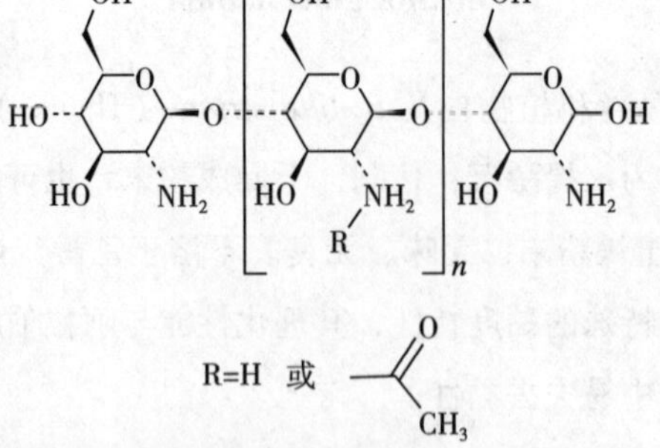

【来源与制法】 壳聚糖是甲壳素进行部分或完全脱乙酰化产物，N - 乙酰 - D - 氨基葡萄糖和 D - 氨基葡萄糖组成的无分支二元多聚糖。

【性状】 本品为类白色粉末，无臭，无味。微溶于水，几乎不溶于乙醇。

【作用与用途】 作片剂的填充剂（稀释剂）、黏合剂，可改善药物的生物利用度及片剂的流动性、崩解性和可压性；作控释制剂的赋形剂和控释膜材料；作植入剂的载体，具可降解性；作微囊和微球的囊材、抗癌药物的复合物、薄膜包衣材料、透皮给药制剂的基质等。

【使用注意】与强氧化剂有配伍禁忌。

将壳聚糖粉末置密闭容器中，在常温、干燥条件下，至少3年内可保持质量稳定。但吸湿或水溶液不稳定，会产生分解，分解速度随温度的升高而加快。

壳聚糖膜对玻璃的黏附性很强，脱模性差，可改用一定极性的塑料板制膜。

改善壳聚糖膜的性能，可以通过加入甘油增加膜的韧性，加入明胶共混增加膜的硬度。壳聚糖膜的稳定性是由壳聚糖的稳定性决定的，随pH值的降低而下降。

【质量标准来源】《中国药典》2015年版四部。CAS号：9012－76－4。

聚乙烯醇

polyvinyl alcohol（PVA）

【别名】arivol，elavnol，gohsenol，vinyl alcohol polymer。

【分子式与分子量】用（CH_2CHOH）$_n$（$CH_2CHOCOCH_3$）$_m$表示，其中$m+n$代表平均聚合度，m/n应为0～0.35。平均分子量为20 000～150 000。

【结构式】

$$\left[-CH_2-\underset{\displaystyle OH}{\underset{|}{CH}}- \right]_n$$

【来源与制法】为聚乙酸乙烯酯的甲醇溶液中加碱液醇解反应制得。PVA因聚合度和醇解度不同而有多种规格，如04－86M、05－88、17－88、124等。

【性状】本品为白色至微黄色粉末或半透明状颗粒；无臭、无味。本品在热水中溶解，乙醇中微溶，在丙酮中几乎不溶。

【作用与用途】作成膜剂、包衣剂、助悬剂、乳剂稳定剂、增稠剂、黏合剂、骨架材料、制剂基质等。

1. 成膜剂 具有极强的亲水性和良好的成膜性，成膜后柔软性及黏附性均佳，常用做膜剂、涂膜剂的成膜材料。用于皮肤创面、黏膜溃疡及口腔，虽然能很快溶胀，但充分溶胀需长达数小时之久，药物随膜片溶蚀慢慢扩散渗入皮内，延长药物作用时间，减少用药次数；并与皮肤或病灶紧密接触，提高疗效，免去绷带、棉纱等材料。此外也可作为包衣成膜材料。PVA的成膜性能与聚合度和醇解度有关，其变化的规律见表5－14、15。

表5－14 不同聚合度、醇解度对成膜性能的影响

一般性质	聚合度（小→大）	醇解度（小→大）
在冷水中的溶解性	大→小	大→小
在热水中的溶解性	大→小	小→大
水溶液黏度	小→大（明显增大）	小→大（稍增大）
膜强度	小→大	小→大
膜伸长率	大→小	大→小
膜耐溶剂性	小→大	小→大

NOTE

表 5-15 常用 PVA 成膜材料物理性质

	04-86M	05-88	17-88	124
平均聚合度	—	500~600	1700~1800	2400~2500
分子量	—	22000~26400	74800~79200	—
醇解度	85.0~87.0	86~89	86~89	98.5±0.5
黏度	3.0~5.0	5.0~6.0	21.0~26.0	60.0±0.3
挥发度	≤5%	≤5%	≤5%	—
pH	5~7	5~7	5~7	—

2. 乳剂稳定剂 具有表面活性，当与一些表面活性剂合用时，具有辅助增溶、乳化及稳定作用，常用量为0.5%~1%。

3. 增稠剂、助悬剂 具有不同的黏度，可用作黏性制剂的增稠剂和助悬剂。滴眼剂、人工泪眼以及隐形眼镜溶液中作增稠剂、润滑剂和保护剂，不会影响角膜的生理活性，不影响视力。

4. 释放控制剂 利用热、反复冷冻以及醛化等交联手段制备不溶性 PVA 凝胶，具有很好的生物相容性和良好的理化性能，用于药物控释等方面。

5. 透皮吸收制剂辅料 具有极强的亲水性和良好的黏着性，可用作巴布膏剂的基质，既可作黏结剂，起增强巴布膏剂膏体的内聚力和黏弹性作用；也可作巴布膏剂的骨架（载体）材料，承载药物，防止药物逸散。

此外，具有优良的黏结性能，常被用作片剂的黏合剂，也可作骨架材料，能缓释、控释药物。PVA 溶于水且具有很低的表面张力，在制备载药微球或微囊中，既可作微球或微囊的致孔剂，也可作分散介质。

【使用注意】强酸中降解，在弱酸和弱碱中软化或溶解。与大多数无机盐有配伍禁忌，特别是硫酸盐和磷酸盐。硼砂能与 PVA 溶液作用形成凝胶。

PVA 溶于水，水温越高则溶解度越大，但几乎不溶于有机溶剂。溶解时首先将固体在室温下分散在水中，然后加热混合物至90℃，加热时间约 5 分钟，不断搅拌直至溶液冷却至室温。可用水和乙醇混合溶剂溶解 PVA，允许加入的醇量与醇解度有关，醇解度较低时，需加入较多的乙醇来帮助溶解。醇解度 88% 以上的 PVA，溶剂最大含醇量约为 40%~60%（*W/V*），含醇量继续增加会导致不溶。

【应用实例】 疏痛安涂膜剂

处方：透骨草 143g，伸筋草 143g，红花 48g，薄荷脑 6.7g。

制法：以上四味，除薄荷脑外，其余透骨草等三味加水适量，用稀醋酸调至 pH4~5，煎煮三次，每次 1 小时，煎液滤过，滤液合并，浓缩至相对密度为 1.12~1.16（80℃），加乙醇使含醇量达60%，放置过夜，滤过，滤液备用。另取聚乙烯醇（药膜树脂 04）100g，加 50% 乙醇适量使溶解，加入上述备用液，再加薄荷脑及甘油 8.3g，搅匀，加 50% 乙醇调整总量至 1000mL，即得。

功能与主治：舒筋活血，消肿止痛。用于风中经络、脉络瘀滞所致的头面疼痛、口眼歪斜，或跌打损伤所致的局部肿痛；头面部神经痛、面神经麻痹、急慢性软组织损伤见上述证候者。

注意：孕妇慎用；皮肤破损处不宜使用；偶有过敏性皮疹，停药后即可恢复。

注解：本品收载于《中国药典》2015 年版一部。采用药膜树脂 04 为成膜材料，甘油为增塑剂，50% 乙醇为溶剂制备涂膜剂。

【质量标准来源】《中国药典》2015 年版四部。CAS 号 9002 - 89 - 5。

乙烯 - 醋酸乙烯共聚物

ethylene - vinyl acetate - copolymer（EVA）

【分子式与分子量】分子式为 $C_6H_8O_2$，分子量为 20000 ~ 200000。

【结构式】

$$\left[\left(CH_2 - CH_2 \right)_x \left(CH_2 - \underset{\underset{\displaystyle O = C - CH_3}{|}}{\underset{|}{\overset{}{\underset{O}{CH}}}} \right)_y \right]_n$$

【来源与制法】EVA 是由乙烯（E）和醋酸乙烯（VA）共聚制得，聚合方法有高压本体聚合（塑料用）、溶液聚合（PVC 加工助剂）、乳液聚合（黏合剂）、悬浮聚合。VA 含量高于 30% 的采用乳液聚合，含量低的就用高压本体聚合。

【性状】本品为透明至半透明、略带弹性、无色粉末或颗粒，无臭。

EVA 可视为聚乙烯和聚醋酸乙烯的改进品，兼具两者共聚物的性能，性能随 VA 含量和分子量变化而异。聚乙烯的玻璃转化温度（T_g）在 -68℃左右，是结晶性聚合物，聚醋酸乙烯的 T_g 在 28℃，结晶性能较差。随分子量增加，T_g 和机械强度均增加。VA 含量在 7% 以下为聚乙烯改性，60% 以上为聚醋酸乙烯改性。在分子量相同时，VA 的加入，引入了极性基因，使结晶度减小，T_g 降低，弹性、柔韧性、耐冲击性、耐水耐碱性、透明度等均有明显提高；相反，VA 含量下降，则性质偏向于聚乙烯的性质。相对密度 0.935 ~ 0.947。不溶于水、乙醇，能溶于二氯甲烷、氯仿等有机溶剂。

【作用与用途】作成膜材料，常用的有 EVA14/5 和 EVA28/250 两种型号。本品熔点低，成膜性能好，膜柔软，强度大，常用于制备皮肤、眼、阴道、子宫、植入等控释膜剂。目前已上市有眼用毛果芸香碱膜、硝酸甘油透皮给药系统、宫内避孕器等。

EVA 作为控制释放材料时，药物的释放与 EVA 的性质有关。在 VA 含量超过 50% 时，EVA 的 T_g 随 VA 含量的增大而增大，药物的通透性受 T_g 和结晶度综合作用的影响；较低 VA 含量时，药物通透性主要受结晶度的影响。加入增塑剂或其他聚合物（如聚丙烯、聚氯乙烯、硅氧烷等）共混，可调节 EVA 的通透性，使结晶度及 T_g 降低，提高药物的通透性，但低分子量增塑剂因自身的迁移和挥发容易造成释药速率的波动。通过与其他聚合物共混，能够形成聚合物以极小的微粒分散于 EVAc 中的非均组织态结构，从而达到调整药物通透性的目的，也可克服增塑剂的加入导致的材料强度下降和释药波动等缺点。含有羟基或酮基的药物因可与 EVA 的羰基发生氢键缔合而通透性下降。

【使用注意】EVA 化学性质稳定，耐强酸和强碱，但对油性物质耐受性差，例如，蓖麻油对其有一定的溶蚀作用。另外，强氧化剂使之变性，长期高热使之变色。

【应用实例】　复方阿托品控释眼膜

处方：阿托品 5.0g，氯霉素 2.5g，新福林 5.0g，可卡因 5.0g，聚乙烯醇 2.5g，乙烯 - 醋

NOTE

酸乙烯共聚物25g，氯仿适量，糊精12.5g，纯化水25mL。

制法：取EVA溶解于氯仿中，加入致孔剂糊精，涂布，氯仿挥发后即得控释外膜。取阿托品、氯霉素、新福林、可卡因、聚乙烯醇用温水溶解，涂布，常温干燥后，冲药膜1000张。

注解：以EVA为成膜材料和控制释放材料，使药物缓慢释放。

第八节 胶囊材料

胶囊剂系指将饮片用适宜方法加工后，加入适宜辅料填充于空心胶囊或密封于软质囊材中的剂型。目前软、硬胶囊剂均可填充固体的药物粉末、颗粒、油性溶液、混悬体或糊状物等。随着制剂技术和设备的不断更新发展和药用高分子新辅料的开发与应用，相继出现了一些有特殊作用或用途的新型胶囊，如速效胶囊、缓控释胶囊和定位靶向胶囊等。普通硬胶囊和软胶囊的囊壳材料组成基本相似，都是明胶、甘油、水以及其他附加材料，但各成分的比例不尽相同，制备方法也不同。凡用于制备胶囊壳的材料，统称为胶囊材料（capsule materials），包括成囊材料、增稠剂、增塑剂、遮光剂、着色剂、防腐剂、矫味剂等。胶囊材料见表5-16。

表5-16 常用的胶囊材料

胶囊材料种类	常用品种	用途
成囊材料	明胶、羟丙甲基纤维素、甲基纤维素等	形成胶囊壳壳体
增塑剂	甘油、山梨醇	增加胶囊的韧性及弹性
增稠剂	琼脂	增加明胶液的黏度和胶冻力
遮光剂	二氧化钛、硫酸钡等	避光，增强药物稳定性
着色剂	柠檬黄、姜黄色素等	避光，增加美观，便于识别
抑菌剂	苯甲酸、羟苯酯类、山梨酸	防止胶液和空心胶囊受微生物污染
矫味剂	乙基香草醛等	调整胶囊剂口感
其他材料	阿拉伯胶或蔗糖	提高囊壳的机械强度

一、胶囊材料的选择

胶囊剂囊壳的材料和胶囊剂的外观性状、崩解与溶出、稳定性等质量指标密切相关，同时胶囊内容物（药物、药物载体、药物基质、辅料）的组成和性质也影响着胶囊剂囊壳的稳定性，因此选用时应慎重。在成囊材料、增塑剂、增稠剂等的选择方面应注意以下内容：

（一）成囊材料

明胶是组成胶囊壳的主要材料，明胶的性质对胶囊的成型及溶解十分重要。明胶为蛋白质类，自身存在“老化”等问题，可影响胶囊的崩解时限，因此明胶的质量除了应符合《中国药典》的规定外，还应具有一定的冻力、黏度、pH值等物理性质。

1. 冻力 冻力是反映明胶内在质量的重要指标，单位为勃鲁姆克（bloom grams）。明胶的冻力越大，所制成的胶囊具有更强的拉力和更好的弹性，且厚薄均匀，不易变形。

2. 黏度 明胶溶液的黏度决定明胶的成膜特性，而黏度反映明胶中多肽链的长短、分子量的大小。一般而言，明胶的分子量大，黏度高，表明其吸水率高，在明胶制备中受到的破坏少。

（二）增塑剂

增塑剂在配方中所占的比例是影响药物溶出的主要因素。通常增塑剂和明胶的比为0.3～0.5：1时制成的囊壳适用于药液为油脂的软胶囊；增塑剂和明胶的比为0.4～0.6：1时制成的囊壳适用于药液为油脂和表面活性剂混合液为基质的软胶囊；增塑剂和明胶的比为0.6～1：1时制成的囊壳适用于药液与水混溶的溶液为基质的软胶囊；增塑剂与明胶之比为1.5：1适用于阴道用软胶囊。

（三）填充物

填充物的性质、含水量、pH值等对胶囊囊壳有影响。如中药软胶囊应尽量选用提取物作为填充物，尽量避免药材细粉的加入沉降在囊壳上，吸收水分，造成崩解时限不合格以及含量测定的误差；以明胶为囊壳的软胶囊，由于明胶的亲水性，因此填充物含水量小于3%，以防囊壳变形及渗漏；在填充液体药物时，pH应控制在2.5～7.5，否则软胶囊在贮存期间可因明胶的酸水解而泄漏，强碱性药物可使明胶变性而影响软胶囊的溶解性，软胶囊的原料明胶中铁含量不能超过0.0015%，以免对铁敏感的药物产生变质。

二、胶囊材料的常用品种

（一）成囊材料

胶囊用明胶

gelatin for capsules

【别名】白明胶、药用明胶；gelatina medicinmalis。

【分子式与分子量】胶原水解生成明胶的过程中，会有一部分明胶继续水解为较小的明胶质分子，所以明胶没有固定的分子结构和分子量。

明胶的实验式为$C_{102}H_{151}O_{39}N_{31}$，明胶的分子量都是简单蛋白质分子量的整数倍。市售明胶是许多明胶质的混合物，分子量为15 000～250 000。

【结构式】

```
        COOH
         |
  H2N—C—H
         |
         R
```

R为巨分子

【来源与制法】为动物的皮、骨、腱与韧带中胶原蛋白不完全酸水解、碱水解或酶降解后纯化得到的制品，或为上述三种不同明胶制品的混合物。按制备方法不同分为酸法明胶（A型明胶）、碱法明胶（B型明胶）、酶法明胶。

【性状】为微黄色至黄色、透明或半透明微带光泽的薄片或粉粒；无臭、无味；浸出水中时会膨胀变软，能吸收其自身质量5～10倍的水。在热水中易溶，在醋酸或甘油与水的热混合液中溶解，在乙醇中不溶。

【作用与用途】硬胶囊、软胶囊囊材的主要组成材料。具有高凝胶强度的明胶适合制备硬胶囊，中等凝胶强度的明胶适合制备软胶囊。

【质量标准来源】《中国药典》2015年版四部。

NOTE

【使用注意】明胶在强酸、强碱、醇、醚、鞣酸等溶剂中发生沉淀。应避免与蛋白水解酶、细菌、电解质、表面活性剂、醇类、金属离子接触。不能在40℃以上长时间加热。在干燥空气中稳定，但具有吸湿性，受潮或溶解后，易被微生物分解。

【应用实例】 **硬胶囊明胶液**

处方：明胶1kg，阿拉伯胶0.2kg，单糖浆0.15kg，甘油适量，色素适量二氧化钛，适量水1.5kg。

制法：取明胶与适量的水置于减压装置的容器中，水温应低于15℃，搅拌。当明胶充分膨胀后，加热，温度不得超过60℃，同时搅拌，加入色素与二氧化钛减压脱泡，即得。

注解：明胶为囊材主要组成材料，阿拉伯胶可提高囊材机械强度，甘油为增塑剂，单糖浆为矫味剂，色素为着色剂、二氧化钛为遮光剂。因为胶液的黏度决定囊壁的厚度，明胶液制备时需要测定胶液的黏度，必要时需调节至适当的范围。

附1：明胶空心胶囊

本品系由胶囊用明胶加辅料制成的空心硬胶囊。本品呈圆筒状，系由可套合和锁合的帽和体两节组成的质硬且有弹性的空囊。囊体应光洁、色泽均匀、切口平整、无变形、无异臭。本品分为透明（两节均不含遮光剂）、半透明（仅一节含遮光剂）、不透明（两节均含遮光剂）三种。可用于胶囊剂的制备。

附2：肠溶明胶空心胶囊

本品系用胶囊用明胶加辅料和适宜的肠溶材料制成的空心硬胶囊，分为肠溶胶囊和结肠肠溶胶囊两种。其性状、囊体要求及三种分类同明胶空心胶囊。可用于迟释胶囊剂的制备。

（二）增塑剂

常用种类有甘油、山梨醇、丙二醇等，详见第三章第二节、第五章第九节。

（三）增稠剂

琼 脂
agar

【别名】琼胶、洋菜；agar - agar。

【来源与制法】由石花菜科石花菜 *Gelidium amansii* Lamx 或其他数种红藻类植物中浸出并经脱水干燥的黏液质。

【性状】线形琼脂呈细长条状，类白色至淡黄色；半透明，表面皱缩，微有光泽，质轻软而韧，不易折断；完全干燥后，则脆而易碎；无臭，味淡。

粉状琼脂为细颗粒或鳞片状粉末，无色至淡黄色；用冷水装片，在显微镜下观察，为无色的不规则多角形黏液质碎片；无臭，味淡。

本品在沸水中溶解，在冷水中不溶，但能膨胀成胶块状；水溶液显中性反应。

【作用与用途】作胶凝剂、增稠剂、助悬剂、乳化剂和乳化稳定剂等，用作制备乳剂、合剂、冻胶剂等，也用于制备细菌培养基。

【使用注意】本品类似于其他（树）胶类，用乙醇脱水可生成沉淀，与鞣酸配伍也可以使本品沉淀，加入电解质可引起部分脱水并使胶液黏度减低。

NOTE

【质量标准来源】《中国药典》2015年版四部。CAS号：9002 - 18 - 0。

（四）遮光剂

二氧化钛

详见本章第六节二氧化钛项下。

硫酸钡

barium sulfate

【分子式与分子量】 分子式为 $BaSO_4$，分子量为233.40。

【来源与制法】 本品是用硫酸或硫酸盐从可溶性钡盐中沉淀，再精制而得。

【性状】 本品为白色疏松的细粉，无臭，无味，不溶于水、有机溶剂、酸或氢氧化碱中，相对密度4.50，折光率1.637～1.649。

【作用与用途】 用作囊壳的遮光剂，可代替二氧化钛。

（五）着色剂

常用的着色剂有柠檬黄、姜黄色素、苋菜红、胭脂红等，具体见本章第十节。

（六）抑菌剂

常用的抑菌剂有苯甲酸、羟苯甲酯、羟苯乙酯等，具体见第三章第六节。

（七）其他材料

阿拉伯胶可用作明胶胶囊的稳定剂、缓释胶囊囊膜材料。阿拉伯胶中过氧化酶与氨基比林、阿扑吗啡、甲酚、乙醇、吗啡、三价铁盐、苯酚、鞣酸、毒扁豆碱、麝香草酚和香草醛以及生物碱如阿托品、莨菪碱配伍时使主药氧化变质。水溶液易被细菌或酶降解，但在贮藏前可通过短时间煮沸使酶失活。

三、软胶囊基质

（一）软胶囊的基质种类

分为水溶性基质和油溶性基质两大类。常用的水溶性基质为聚乙二醇类，油溶性基质为植物油等。为了适应软胶囊壳的亲水性，很多软胶囊的内容物都选用油类物质或油与油的混合物作为基质。当软胶囊的药液含有固体药物或水溶性药物时，可用聚乙二醇（PEG）400作为分散介质，将药液制成非油性基质的混悬液或无水乳液。

植物油

vegetable oil

植物油作为软胶囊中的分散介质，在软胶囊中应用广泛，特别是维生素类由于受外界因素和金属离子等的影响，经与油混合增加稳定性。常用的植物油有花生油、菜籽油、大豆油等。

植物油常用于脂溶性药物。油量的多少要通过实验加以确定，油量多触变值低，流动性好，但易于渗漏；油量少，稳定性好，但流动性差，不易压丸。油类能增加甾体药物的溶解度。一般提取物与基质的比例介于1∶1～1∶1.2之间。

NOTE

大豆磷脂

soybean phosphatide

软胶囊用植物油作基质时常加入3%大豆磷脂。

【应用实例】　塞隆风湿软胶囊

处方：塞隆骨1300g。

制法：取塞隆骨粉碎成粗粉，加水煮提取，合并提取液，浓缩，干燥，粉碎成细粉备用。橄榄油292g，加入大豆磷脂8.68g，加热搅拌至60℃，加入蜂蜡26.01g（先加热熔化），再加入上述药粉及山梨酸0.67g，研匀，制成软胶囊1000粒，即得。

注解：塞隆风湿软胶囊收载于卫生部《药品标准》WS－309（Z－039）－97。

乙基纤维素

用于软胶囊基质。详见本章第三节乙基纤维素项下。

聚乙二醇400

macrogol 400（PEG400）

【分子式与分子量】分子式以HO（CH_2CH_2O）$_n$H表示，其中n代表氧乙烯基的平均数。

【来源与制法】本品为环氧乙烷和水缩聚而成的混合物。

【性状】为无色或几乎无色的黏稠液体，略有特殊臭味。本品与水或乙醇中易溶，在乙醚中不溶，能溶于芳香族碳化氢。

【作用与用途】用于软胶囊基质，为水溶性药物的分散介质，尤其适于中药软胶囊和速效软胶囊。

【使用注意】以PEG400作分散剂制成的软胶囊，必须控制干燥时间。时间过长会使囊壳破裂；时间太短，由于软胶囊内液体含水，导致贮存期内软胶囊渗漏。另外，PEG400对囊壳有硬化作用，加入5%～10%甘油或丙二醇可保湿，改善PEG400对胶壳的吸水作用。

【应用实例】　布洛伪麻软胶囊

成分：布洛芬、盐酸伪麻黄碱、聚乙二醇400、丙二醇、聚山梨酯80。

注解：聚乙二醇400在处方中主要作为软胶囊的基质，但对囊壳有硬化作用，处方中的丙二醇可改善此作用。

（二）软胶囊的附加剂

1. 助悬剂　助悬剂的选用分为两种情况。对于油状基质，通常使用的助悬剂是10%～30%的油蜡混合物，其组成为：氢化大豆油1份，黄蜡1份，短链植物油（熔点33～38℃）4份；对于非油状基质，则常用1%～15% PEG4000或PEG6000。

聚乙二醇4000

macrogol 4000（PEG4000）

本品为环氧乙烷和水缩聚而成的混合物。分子式以HO（CH_2CH_2O）$_n$H表示，其中n代表氧乙烯基的平均数。本品为白色蜡状固体薄片或颗粒状粉末；略有特殊臭味。本品在水或乙醇

中易溶，在乙醚中不溶。本品商品名 polyethylene glycol 4000，平均分子量 3000~3700，$n=70$~85。可用作软胶囊混悬稳定剂。

聚乙二醇 6000

macrogol 6000（PEG6000）

本品为环氧乙烷和水缩聚而成的混合物。分子式以 $HO(CH_2CH_2O)_nH$ 表示，其中 n 代表氧乙烯基的平均数。本品为白色蜡状固体薄片或颗粒状粉末；略有特殊嗅味。本品在水或乙醇中易溶，在乙醚中不溶。用于软胶囊混悬稳定剂。详见第六章第二节聚乙二醇 6000 项下。

2. 表面活性剂

十二烷基硫酸钠

sodium lauryl sulfate

本品是以十二烷基硫酸钠为主的烷基硫酸钠混合物，为白色或淡黄色粉末或小结晶，微带异臭，1%水溶液 pH6~7，10%水溶液澄明或呈蛋白色浑浊液，振摇起泡。

3. 润湿剂　在制备软胶囊时，不润湿的药物不易均匀地分散于分散媒中，微粒会漂浮或下沉，故混悬体系中常需加入润湿剂。常用表面活性剂吐温 80 作为润湿剂。

囊壳处方多属专利，很少报道，列举数例见表 5-17，5-18。

表 5-17　胶丸的胶壳处方组成

处方	美国某药厂	英国 Wilkison 厂	实验室处方
明胶	10 份	13.6kg	2.75kg
阿拉伯胶	1 份	2.6kg	0.5kg
甘油	10.4 份	6.8L	1.25L
糖浆		5.9L	1.35L
蒸馏水	16.7 份	22.7L	适量

表 5-18　不同弹性胶壳处方组成

处方	硬	中硬	软
明胶	47.6%	45.0%	43.1%
甘油	18.1%	22.5%	25.8%
水	34.3%	32.55%	31.1%

第九节　增塑剂

增塑剂（plasticizers）是一种加入到聚合物材料（通常是塑料、树脂或弹性体）中以改进它们的加工性、可塑性、柔韧性、拉伸性的物质，主要应用于塑料工业中。本章中增塑剂是指能增加成膜材料可塑性，使形成的膜柔韧、不易破裂的物质。

一些常用的热塑性聚合物具有高于室温的玻璃化转变温度（T_g），应用时须使其 T_g 降到使

NOTE

用温度以下。

增塑剂一般为高沸点的液体，还有一些能均匀分散在成膜材料中的低分子量聚合物。增塑剂与成膜材料聚合物相互作用，增强聚合物链的流动性，改善膜的物理和机械性能。薄膜包衣片、肠溶衣片、膜剂、涂膜剂、胶囊剂、透皮制剂等剂型，一般都要加入增塑剂。

一、增塑剂的分类

（一）按增塑剂的性质分类

1. 外增塑剂 外增塑剂指剂型处方设计时，外加到成膜材料溶液中的增塑剂。药剂中通常所指的增塑剂就属于这一类。这些物料多为无定形聚合物和低挥发性液体，发挥低沸点溶剂的作用，影响成膜材料的亲和性或溶剂化作用，或干扰聚合物分子紧密排列的特性，而改变聚合物分子的刚性，增加柔韧性。常见的有甘油、聚乙二醇200、蓖麻油等。

2. 内增塑剂 内增塑剂是指在成膜材料制造中加入的。通过取代官能团、控制侧链数或分子长度进行成膜材料改性而达到所需要求。

（二）按溶解性能分类

1. 水溶性增塑剂 本类增塑剂主要用于水溶性成膜材料，如胶囊剂使用甘油作为水溶性增塑剂。常用者有聚乙二醇200、聚乙二醇400、丙二醇等。

2. 水不溶性增塑剂 主要与水不溶性成膜材料同用，涂膜剂中所用增塑剂属此种类型。常用者有蓖麻油、乙酰化单甘油酯、苯二甲酸酯类等。

（三）按化学结构分类

1. 多元醇类 甘油、丙二醇、山梨醇、聚乙二醇（200~600）等。

2. 有机酯类 邻苯二甲酸酯（二乙酯、二丁酯）、枸橼酸酯（三乙基酯、乙酰三乙基酯、乙酰三丁基酯）二丁酯葵二酸酯等。

3. 油类和甘油酯类 蓖麻油、精制椰子油、甘油单醋酸酯等。

二、增塑剂的选用原则

理想的增塑剂应符合以下要求：①无色、无味；②不挥发；③热稳定性好；④防水性好；⑤化学稳定性好；⑥在膜中不迁移；⑦无生理毒副作用。

在实际应用中，增塑剂的选择应主要遵循以下两点：

（一）根据成模材料性质选择

选用增塑剂时，要了解所用成膜材料的溶解性，应遵循“相似相溶”原则，一般要求选用与成膜材料具相似溶解特性的增塑剂，以便能均匀混合。增塑剂不应是良好的溶剂，否则由于溶剂化，会导致聚合物链变硬。另一方面增塑剂本身分子间的作用力不能太强，以免抑制增塑剂和聚合物分子间的相互作用。同时，在选用时还应考虑增塑剂对成膜溶液黏度的影响，对薄膜通透性、溶解性的影响，以及能否与其他辅料在成膜溶液中均匀混溶的问题。

（二）用量最小原则

从实用和经济角度考虑，选择药用增塑剂的原则是：用最小浓度的增塑剂，就可有效降低玻璃化温度。玻璃化温度的降低与增塑剂的类型和用量有关。一个良好的成膜工艺，应该使聚合物链具备适当的柔性。当有增塑剂作用的溶剂或水存在时，在低于玻璃化温度时，聚合物就

NOTE

已具有柔性。这就使得聚合物在较低温度下完全能聚结成膜。当然，要使完全干燥的聚合物分子链自由活动，先要高于玻璃化温度。膜剂中增塑剂用量为0%～20%；包衣片剂中的用量为成膜材料重量的1%～50%，范围较宽。对于具体处方中增塑剂的用量，要根据该剂型所用的成膜材料溶液与成膜方法，经过实验筛选而确定。

三、增塑剂的常用品种

甘 油
glycerol

详见第三章第二节甘油项下。

【应用实例】 复方雷公藤涂膜剂

处方：雷公藤醋酸乙酯提取物15g，冰片10g，PVA－124 40g，羧甲基纤维素钠20g，甘油20g，月桂氮酮10g，乙醇10g，蒸馏水适量制成1000g。

制法：PVA－124和CMC－Na分别用少量蒸馏水浸泡至膨胀，加热至全溶，混合后作为基质。另取雷公藤醋酸乙酯提取物，用乙醇溶解，缓缓加入基质中，并加热搅拌至无醇味，冷却后，再依次加入冰片（预先与甘油混合并碾匀）及月桂氮酮，搅拌均匀，分装即得。

注解：（1）采用PVA－124与CMC－Na按2∶1比例配制的基质，其性质稳定，成膜时间短，膜的柔韧性好，CMC－Na还能使药物均匀分散。甘油为保湿剂和增塑剂，可使形成的药膜柔软而不干燥。

（2）涂膜剂的保湿性能良好，在关节局部附着时间较长。由于药物在药膜中缓缓释放，透过皮肤吸收，有利于维持有效药物浓度，使治疗作用持续较长时间。

（3）冰片具有止痛、消肿、活血化瘀之功效，并有一定程度的透皮促渗作用。在本制剂中加入冰片，可减少主药用量，并有利于主药的吸收，使之显效较快。

丙二醇
propylene glycol

【分子式与分子量】 分子式为$C_3H_8O_2$，分子量为76.09。

【结构式】

$$H-\underset{\underset{H}{|}}{\overset{\overset{H}{|}}{C}}-\underset{\underset{OH}{|}}{\overset{\overset{H}{|}}{C}}-\underset{\underset{H}{|}}{\overset{\overset{H}{|}}{C}}-OH$$

【来源与制法】 丙烯同氯水反应生成氯乙醇，水解产生1,2－环氧丙烷，进一步水解生成丙二醇。

【性状】 无色、无臭、澄清的黏性液体；类似于甘油的甜味，略带辛辣味。

【作用与用途】 作抑菌剂、消毒剂、保湿剂、增塑剂、溶剂、维生素稳定剂、水互溶性共溶剂等。

【使用注意】 丙二醇与氧化剂如高锰酸钾有配伍禁忌。低温时在密闭容器中稳定，但高温时敞开放置容易氧化，产生丙酯、乳酸、丙酮酸和醋酸。丙二醇同乙醇、丙二醇或水混合时具

NOTE

有化学稳定性；水溶液可采用热压灭菌。丙二醇具有吸湿性，应置于阴凉干燥处，避光密闭容器中贮藏。

【应用实例】 复方双黄连涂膜剂

处方：双黄连提取物0.6g，聚肌胞20mg，吐温80 1g，丙二醇10g，丁卡因0.5g，聚乙烯醇-124（PVA-124）2g，蒸馏水加至100mL。

制法：取药用PVA-124浸泡在适量蒸馏水中，并置水浴上加热溶解。另取双黄连粉置研钵内，加入吐温80、丙二醇共研并缓缓加入上液；将以上混合液在搅拌下加入聚肌胞、丁卡因，最后加水至全量即得。

注解：本涂膜剂中药物均匀分散于PAV中，形成具有生物黏性的柔韧薄膜，与病灶部位紧密接触，形成隔离膜，起保护覆盖作用，增加药物在患处的滞留时间，延缓了药物的释放。丁卡因为局麻药，可减轻患处疼痛，丙二醇除作为增塑剂有助于涂膜形成外，尚有促渗作用，与吐温80合用有助于药物成分的溶解和分散。

山梨醇
sorbitol

【分子式与分子量】 分子式为 $C_6H_{14}O_6$，分子量为182.17。

【结构式】

$$\begin{array}{ccccccccccc} \mathrm{OH} & & \mathrm{OH} & & \mathrm{H} & & \mathrm{OH} & & \mathrm{OH} & & \mathrm{OH} \\ | & & | & & | & & | & & | & & | \\ \mathrm{CH_2} & - & \mathrm{C} & - & \mathrm{C} & - & \mathrm{C} & - & \mathrm{C} & - & \mathrm{CH_2} \\ & & | & & | & & | & & | & & \\ & & \mathrm{H} & & \mathrm{OH} & & \mathrm{H} & & \mathrm{H} & & \end{array}$$

【来源与制法】 以葡萄糖为原料，在镍催化下，于150℃、100个大气压条件下加氢还原制得。

【性状】 无色或白色结晶性颗粒或结晶性粉末。无臭，味甜而清凉，甜度约为蔗糖的60%~70%，具吸湿性。亚稳定型含一个结晶水，熔点为92~93℃。稳定型含半个结晶水，熔点为96~97.7℃，无水品熔点为110℃。相对密度约为1.19。耐酸、耐热，不易与氨基酸、蛋白质等发生迈拉德反应，与氧化剂有配伍禁忌。易溶于水（1:0.5）、乙醇（1:25），微溶于醋酸、甲醇，极微溶于丙酮，不溶于乙醚、氯仿，其10%水溶液pH值约6.7。

【作用与用途】 作填充剂、黏合剂、稀释剂、保湿剂、增塑剂、渗透压调节剂、稳定性、缓释固体制剂的致孔剂、固体分散物载体、软膏基质等。与等量的磷酸钙配合可直接用于压片。本品溶液与聚乙二醇溶液经剧烈搅拌生成一种蜡状水溶性凝胶，可利用本反应制备亲水性软膏基质。价格较甘露醇低廉，常和甘露醇配合使用。

聚乙二醇

详见第三章第三节聚乙二醇项下。

【应用实例】 富马酸美托洛尔脉冲片

处方：片芯处方：富马酸美托洛尔50mg，乳糖80mg，微晶纤维素30mg，低取代羟丙基纤维素（内加）20mg，羧甲基淀粉钠素（外加）20mg，滑石粉5mg。包衣液处方：丙烯酸树脂（eudragit L100）与乙基纤维素比例为65:35，PEG6000为质量分数15%，包衣增重6.8%。

NOTE

制法：将 eudragit L100 边搅边加入乙醇溶解后，加入乙基纤维素和 PEG6000，继续搅拌 3～4 小时（聚合物质量浓度为 60g/L），得包衣液。片芯预热 5 分钟，包衣，包衣锅转速为 50r/min，喷射速度为 2mL/min，喷气压力 0.15MPa。包衣后，于 40℃固化 2 小时。

注解：以乙基纤维素和丙烯酸树脂（eudragit L100）为包衣材料，PEG6000 为增塑剂，制备含富马酸美托洛尔 50mg 的脉冲片。以 PEG6000 为增塑剂，时滞 7 小时后，可以瞬间爆破和脉冲释药，而以邻苯二甲酸二甲酯（DMP）、邻苯二甲酸二乙酯（DEP）为增塑剂，时滞分别为 10 小时和 11 小时，原因可能是 DMP、DEP 为脂溶性增塑剂，不溶于释放介质，导致水分渗透入片芯的速度较慢，时滞较长，与含水溶性 PEG6000 脉冲片的时滞时间差异较大。

邻苯二甲酸二乙酯
diethyl phthalate（DEP）

【分子式与分子量】分子式为 $C_{12}H_{14}O_4$，分子量为 222.24。

【结构式】

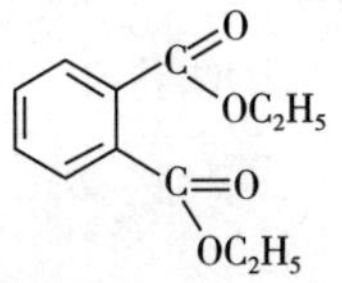

【来源与制法】由邻苯二甲酸与乙醇酯化制得。

【性状】澄清、无色或几乎无色微具黏性的油状液体。基本无臭或带有极微的芳香。有令人不快的苦味。沸点 295℃，闪点 140℃。在水中不溶，可与醇、醚和许多其他有机溶剂混溶。本品对光和温度稳定，易燃。

【作用与用途】作溶剂和增塑剂。增塑剂使用浓度 10%～30%，常与邻苯二甲酸二甲酯合用，以提高衣膜的弹性和抗潮性。也可用作溶剂及制备变性酒精。

【使用注意】本品遇氧化物、较强的酸或碱易发生氧化、水解等反应。本品对粘膜有刺激性。大量口服本品，能引起中枢神经麻痹。

【应用实例】　跌打佳涂膜剂

处方：当归、白芷、防风等。

制法：取 80% 乙醇提取的浸膏 30g，加入 1.5g 氮酮，混匀，再分别加入丙二醇 5g，20% 丙烯酸树脂Ⅲ号液 45g，邻苯二甲酸二乙酯 0.5g，搅拌均匀，加入 90% 乙醇至 100g，密闭避光保存即可。

注解：丙烯酸树脂为成膜材料；采用乙醇作为溶剂，对醇溶性药物溶解性好，而且乙醇挥发快，成膜也快；氮酮作为透皮促进剂帮助药物透皮吸收，丙二醇具有保湿、增溶作用；邻苯二甲酸二乙酯为增塑剂，使涂膜剂变得易搅匀，膜更具有韧性。

枸橼酸三乙酯
triethyl citrate（TES）

【分子式与分子量】分子式为 $C_{12}H_{20}O_7$，分子量为 276.29。

【结构式】

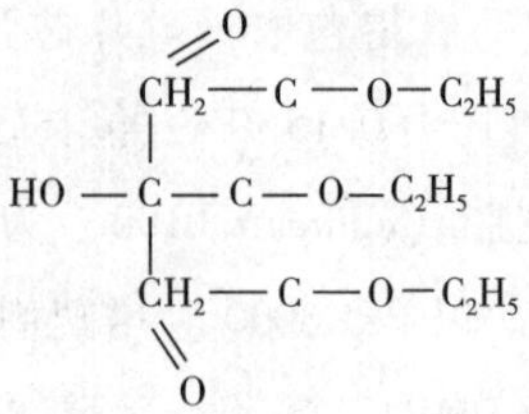

$$
\begin{array}{l}
\quad\quad\quad\ CH_2-\overset{\displaystyle O}{\overset{\|}{C}}-O-C_2H_5 \\
\quad\quad\quad\ \ | \\
HO-C-\overset{\displaystyle O}{\overset{\|}{C}}-O-C_2H_5 \\
\quad\quad\quad\ \ | \\
\quad\quad\quad\ CH_2-\underset{\displaystyle O}{\underset{\|}{C}}-O-C_2H_5
\end{array}
$$

【来源与制法】用枸橼酸、乙醇、硫酸与四氯化碳或苯共热蒸馏而制得。

【性状】无色液体，有水果香气，味苦，沸点185℃。不溶于水，能混溶于乙醇、乙醚和其他酯类。

【作用与用途】作增塑剂，用于膜剂、涂膜剂、包衣片、丸剂。

【使用注意】与较强氧化剂及酸、碱发生氧化或水解反应，忌与之配伍。

【应用实例】 肠溶片剂包衣处方

处方：丙烯酸树脂Ⅱ号、Ⅲ号各0.6kg，烯酸树脂0.6kg，85%乙醇20kg，滑石粉0.7kg，蓖麻油0.5kg，枸橼酸三乙酯0.2kg，吐温80 0.15kg，水溶性色素适量。

注解：本例中枸橼酸三乙酯、蓖麻油为增塑剂，其薄膜衣光滑细腻，经留样观察，崩解度、溶出度、外观、硬度等均未改变。

蓖麻油

castor oil

【结构式】蓖麻油酸甘油酯的结构式为：

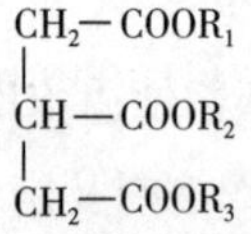

$$
\begin{array}{l}
CH_2-COOR_1 \\
| \\
CH-COOR_2 \\
| \\
CH_2-COOR_3
\end{array}
$$

R_1、R_2：蓖麻酸，R_3：油酸

【来源与制法】大戟科植物蓖麻（*Ricinus communis* L.）的种子用冷压法（不超过60℃）或通过浸出法除去有毒的蓖麻碱而得到的一种不挥发油。主要含蓖麻油酸的甘油酯（80%以上），还含有少量的异蓖麻油酸和硬脂酸的甘油酯。

【性状】本品为几乎无色或淡黄色澄清、黏稠油状液体，微臭，初尝时无味，随后有辣味及作呕味。冷至0℃仍然澄清，在-18℃凝固形成黄色块状物。易溶于氯仿、乙醚、冰醋酸和甲醇；可以任意比溶于乙醇和石油醚，几乎不溶于水；除非与其他植物油混合，不溶于矿物油。除非过热，蓖麻油是稳定的，且不易酸败。300℃加热数小时，蓖麻油分子发生聚合，当温度降至0℃时，黏性增大。

【作用与用途】具有润滑、被乳化等作用，作溶剂、增塑剂、润滑剂、软膏及药物洗发剂的乳化基质。

【使用注意】本品与强氧化剂有配伍禁忌。在气密、避光容器中，于25℃以下保存。

【应用实例】 弹性火棉胶

处方：蓖麻油30g，松香粉20g，4%火棉胶加至1000mL。

制法：取蓖麻油30g，透明松香粉20g，与4%火棉胶适量共置于干燥的带塞玻璃瓶中，密闭。瓶外用冷湿布包裹。振摇至松香粉完全溶解，再加火棉胶至1000mL，即得。

NOTE

注解：本品中加蓖麻油与透明松香可增加火棉胶的弹性，以免涂在患处后破裂。制备时的用具必须干燥，因为火棉胶不溶于水，以免成品发生浑浊。配制本品时应远离火源，防止引起燃烧。

甘油三乙酯

triacetin

【分子式与分子量】分子式为 $C_9H_{14}O_6$，分子量为218.21。

【结构式】

$$
\begin{array}{l}
\qquad\qquad\quad O \\
\qquad\qquad\quad \| \\
CH_2-O-C-CH_3 \\
| \qquad\qquad O \\
| \qquad\qquad \| \\
CH-O-C-CH_3 \\
| \qquad\qquad O \\
| \qquad\qquad \| \\
CH_2-O-C-CH_3
\end{array}
$$

【来源与制法】由甘油与醋酐反应经蒸馏、中和、过滤、精制而得。

【性状】本品为无色无臭或微有脂肪臭、透明的油状液体，味微苦。沸程258～260℃，熔点-78℃，馏程258～270℃。1份可溶于15份水中，微溶于二硫化碳。可与乙醇、氯仿和乙醚混溶。

【作用与用途】作溶剂、增塑剂和保湿剂。本品也用于食品和香料工业，分别作溶液和固香剂。本品也具有抗菌作用，又作局部抗真菌制剂。

【使用注意】本品和碱或强碱性药物发生配伍反应，生成醋酸盐和甘油。

【应用实例】　氯霉素膜剂

处方：氯霉素20mg，丁卡因20mg，愈创木酚2.4mg，甘油三醋酸酯3.2g。

制法：药物加入乙醇60mL中溶解，缓缓加入HPC 2.4g溶解，再加乙醇使全量至80mL。制成长10cm、宽6cm、高0.5cm的铸模，将上述乙醇液20mL倾入，放置约40分钟，待乙醇全部挥干，得膜状制剂。

第十节　着色剂

若药品有悦目的外观，不但病人乐于接受，更使医生、护士和病人在使用时易于鉴别，因此为使某些药品的色泽一致，常常在药物制剂过程中加入着色物质，称为着色剂（coloring agents）。着色剂在液体药剂、包衣、胶囊剂、片剂中应用最为广泛。

一、着色剂的分类

从来源分为天然与合成两类。天然着色剂多为从植物中提取加工的或人工合成的天然色素或有色的矿物质，而合成着色剂多为一些偶氮染料，较天然着色剂稳定，着色力强，可任意调色，使用方便，但其毒性较天然着色剂大。

（一）天然着色剂

我国传统应用较为广泛的天然植物色素有叶绿素（绿色）与焦糖（黄至棕色），矿物质有赭石（红氧化铁，以 Fe_2O_3 为主要成分，棕红色），朱砂（HgS，朱红色，用于中药丸剂包衣），雄黄（As_2S_3，黄色），百草霜（黑色）等，不仅能着色，且有一定治疗作用。天然着色剂由于其独特的优点，其应用开发愈来愈受到重视。

1. 按来源不同分类

（1）植物色素　如甜菜红、姜黄、β－胡萝卜素、叶绿素等。

（2）动物色素　如紫胶红（虫肢红）、胭脂虫红等。

（3）微生物色素　如红曲红等。

（4）无机色素　如氧化铁类、朱砂等。

2. 按化学结构分类

（1）四吡咯衍生物（卟啉类衍生物）　如叶绿素、血红素等。

（2）异戊二烯衍生物　如辣椒红、栀子黄、β－胡萝卜素等。

（3）多酚类衍生物　如越橘红、萝卜红等。

（4）酮类衍生物　如红曲红、姜黄素等。

（5）醌类衍生物　如紫胶红、胭脂虫红等。

（二）合成色素

主要指用人工化学合成方法所得到的色素，绝大部分为有机物，按其化学结构可分为偶氮类（如苋菜红、柠檬黄）和非偶氮类（如赤藓红、亮蓝等）两类。而按溶解性不同又分为油溶性和水溶性两类。油溶性合成色素进入人体后不易排出体外，毒性较大，现在世界各国基本上不再使用这类色素。水溶性合成色素易排出体外，毒性较低。目前世界各国允许使用的合成色素几乎全是水溶性色素。我国食品添加剂使用卫生标准 GB 2760－96，其中只有合成 β－胡萝卜素属油溶性的。

我国食品添加剂许可使用的食用合成色素有苋菜红、胭脂红、赤藓红、新红、诱惑红、柠檬黄、日落黄、亮蓝、靛蓝和它们各自的铝色淀，另外还有 β－胡萝卜素、叶绿素铜钠盐及二氧化钛等，共计 21 种。

二、着色剂的选用

（一）着色剂的选择

理想的着色剂应为物理、化学性质稳定，能耐受广泛的温度和 pH 值范围，溶解度好，可与其他着色剂配合使用，对人体无毒、无害。选择着色剂时应遵循以下几点：

1. 根据制剂的使用方法选择　应根据制剂的给药途径、治疗作用及服用者的习惯来选择适宜的着色剂，如外用制剂应加入与肤色一致的着色剂；止咳糖浆着以咖啡色；而安眠药用暗色等。着色剂一旦确定，其加入方法和使用量应固定不变，这样可以给病人固定的概念。

2. 根据制剂的味道和气味选择　应根据所用矫味剂的特点，选用合适的着色剂，以使制剂色、香、味相一致，如用薄荷作芳香矫味剂时，着色剂一般选择与天然薄荷色泽一致，即定为绿色；而柠檬、香蕉味用黄色等，以贴近患者的心理需要。

（二）着色剂的使用注意

1. 颜色的调配　满足制剂着色的需要，可以将不同着色剂按一定比例进行调配，也叫拼色。理论上由红、黄、蓝三种基本色即可调配出不同色调来。

2. 着色剂的使用　着色剂直接使用粉末不易分布均匀，可能会出现着色斑点，通常配制成浓度为1%的溶液后再使用。在溶解时，常须稍微加热。但应注意，不要配成饱和溶液，否则温度降低时可能有色素结晶析出；着色剂溶液加入到制剂中时，应注意避免制剂的溶剂对着色剂溶液的稀释作用而可能使色素析出结晶；色素溶解在不同溶剂能产生不同色调或强度，尤其当两种或数种色素调配时更为显著；着色剂溶液的色调还常受pH值变化的影响，故必须先作预试验，按溶剂的性质及含量、溶液的pH值范围进行配色。

3. 着色剂的染色力　染色力是着色剂质量指标中最重要的一项。染色力的检测，可采用测定其溶液吸光值的方法。在入射光的强度、波长、体系温度、溶液的浓度、光程一定时，测定某种着色剂溶液的吸光值，其数值越高，表明被测的着色剂溶液中所含有色成分越多，染色力也就越强。

4. 着色剂的溶解性　溶解性包括两方面的含义：一方面是指着色剂是油溶性还是水溶性。我国允许使用的食用合成色素均溶于水，不易溶于油，而食用天然色素中，油溶及水溶者皆有。采用微胶囊化技术，或使用乳化剂、分散剂等方法，可使油溶性着色剂溶于水，或使水溶性着色剂溶于油，从而扩大各种着色剂的使用范围。

另一方面是着色剂的溶解度。溶解度大于1%者视为可溶，在0.25%～1%者视为稍溶，小于0.25%视为微溶。溶解度受温度、pH值、含盐量、水硬度的影响。天然色素的情况比较复杂，它的溶解度的变化情况只有在实践中摸索。

5. 着色剂的染着性　食品及药品的着色可以分成两种情况，一种是溶解在液体或混合在酱状的基质中，另一种是染着在食品或药品的表面。后者要求对基质有一定的附着能力即染着性。

6. 着色剂的坚牢度　坚牢度是指着色剂在所染着的物质上对周围环境（或介质）抵抗程度的一种量度，是衡量着色剂品质的重要指标。坚牢度主要取决于着色剂的化学结构及所染着的基质等因素，但在应用时操作不当也容易降低其坚牢度。坚牢度是一个综合性评定指标，包括耐热性、耐酸碱性、耐氧化性、耐还原性、耐光（紫外线）性、耐盐性和耐细菌性。几种主要常用的食用合成色素和食用天然色素的溶解性和坚牢度性质见表5－19及表5－20。

表5－19　几种食用合成色素使用性质比较表

色素名称	溶解度（%）			坚牢度							
	水（21℃）	乙醇	植物油	耐热性	耐酸性	耐碱性	耐氧化性	耐还原性	耐光性	耐盐性	耐细菌性
苋菜红	17.2	极微	不溶	1.4	1.6	1.6	4.0	4.2	2.0	1.5	3.0
胭脂红	23	微溶	不溶	3.4	2.2	4.0	2.5	3.8	2.0	2.0	3.0
柠檬黄	11.8	微溶	不溶	1.0	1.0	1.2	3.4	2.6	1.3	1.6	2.0
日落黄	25.3	微溶	不溶	1.0	1.0	1.5	2.5	3.6	1.3	1.6	2.0
靛蓝	1.1	不溶	不溶	3.0	2.6	3.6	5.0	3.7	2.5	34.0	4.0

注：1.0～2.0表示稳定，2.1～2.9表示中等程度稳定，3.0～4.0表示不稳定，4.0以上表示很不稳定。

NOTE

表5－20　几种食用天然色素使用性质比较表

色素名称	色别	最大吸收波长（nm）	溶解性			乳化分散性	染着性	耐光性	耐热性	耐细菌性	耐酸性	金属离子影响	耐还原性	无特异臭味
			水	乙醇	油									
红曲红	红紫	470	△	○	×		○	△	△		○	△	△	
紫胶酸	红	488	×	△	×	○	△	○	○	○	○	×		△
甜菜红	红	537	○	○	×		○	×	×		○			
姜黄素	黄	520	×	○	○	○	○	×	△	○	○	×		×
红花黄	黄	400	○	○	×		△	○	△	○	○	△	○	△
β－胡萝卜素	橙	455	×	△	○	○	○	△	△	○	×	○	○	○
焦糖色素	褐	610	○	×	×		○	○	○		△			△

注：表中“○”表示良好，“×”表示不好，“△”表示有变化，金属离子影响项内没有影响为空白。

7. 着色剂的用量　为便于鉴别而着色者，其色泽强度要能为多数人所公认，不因辨色差异引起事故。一般制剂处方中，着色剂用量常以“Q·S”（适量）标明，可能导致操作者以自身辨色能力决定药剂的色强而出现色强偏弱。应在决定制剂的色强后，固定着色剂的用量和加入方法，避免因着色差异发生差错。着色剂在液体药剂中一般用量以0.0005%～0.001%为宜。

无论是天然着色剂还是合成着色剂在使用时必须首先考虑着色剂的安全性，在使用过程中都必须严格遵守国家标准规定的使用范围和使用量。

8. 着色剂的脱盐　市售食用色素分高浓度和低浓度两种，均含稀释剂食盐。低浓度色素供一般食用，高浓度色素虽含食盐较少，但仍需脱盐后才能用于丸、片的包衣。

三、着色剂的常用品种

焦　糖

caramel

【来源与制法】将蔗糖或饴糖、淀粉水解物、糖蜜等糖类物质，置铁锅中。加热至160～180℃，使糖熔融，继续加热约1～1.5小时糖液逐渐增浓，失去两分子水而变为深棕色稠膏状物，冷却后，加适量蒸馏水，搅拌混合，调节其相对密度为1.3以上，滤过，即得。

【性状】深褐色或黑褐色浓厚而流动性好的液体或粉粒状，具有焦糖香味和欣快的苦味。焦糖易溶于水、稀乙醇、稀酸和稀碱液，不溶于氯仿、乙醚、丙酮等。药用焦糖能被60%以上乙醇沉淀。焦糖溶液呈红棕色澄明状，随着水溶液浓度的增加，颜色由浅黄至暗棕色加深。10%水溶液pH值为3～5.5。溶液性质稳定，不受pH值及放置时间长短的影响，在很宽的pH值范围内都呈澄明状，可与高浓度蔗糖溶液配伍。

【作用与用途】在药物制剂中常用作液体制剂的着色剂，着棕色。

【使用注意】焦糖带正电荷，与带有大量负电荷的药物有配伍禁忌。

【质量标准来源】《中国药典》2015年版四部收载。CAS号：8028－89－5。

【应用实例】　参芪五味子糖浆

处方：五味子酊 300mL，党参流浸膏 30mL，黄芪流浸膏 60mL，酸枣仁硫浸膏 15mL。

制法：取蔗糖 250g，制成单糖浆。再取蔗糖 15g，制成焦糖液，将焦糖液加入单糖浆中搅匀，与上述五味子酊及各流浸膏混合，加入糖精钠 0.38g，乙醇适量，加水至 1000mL，搅匀，即得。

注解：本品以蔗糖为矫味剂，并以蔗糖制成焦糖液作为着色剂，使制剂呈棕色。

叶绿素

chlorophyll

【分子式与分子量】叶绿素 a：分子式为 $C_{55}H_{72}MgN_4O_5$，分子量为 893.50。

叶绿素 b：分子式为 $C_{55}H_{70}MgN_4O_6$，分子量为 907.47。

【来源与制法】用有机溶剂萃取植物的叶或蚕砂，除去溶剂而成。主要含脱镁叶绿素 a 和 b 的镁络合物（a∶b 一般为 3∶10），尚含有从原料带入的其他色素和油脂、蜡等。

【性状】绿色或墨绿色粉末或团块，有臭味。溶于乙醇、氯仿、丙酮等，不溶于水。其铜、钠盐易溶于水，微溶于乙醇和氯仿，几乎不溶于乙醚和石油醚。叶绿素 a 的熔程为 150～153℃，叶绿素 b 的熔程为 183～185℃。

【作用与用途】着色剂，也应用于食品工业。

【使用注意】对光和热敏感，在稀碱中可皂化水解成鲜绿色叶绿酸（盐）、叶绿醇及甲醇，在酸性溶液中可成暗绿至绿褐色脱镁叶绿素。

【应用实例】　丁香风油精

处方：桉油 460g，丁香酚 150g，薄荷脑 120g，樟脑 10g，香精油 100g，叶绿素 1g。

制法：以上六味，取薄荷油、樟脑，加液状石蜡适量溶解后，加入桉油、丁香酚、香精油、叶绿素，再加液状石蜡制成 1000g，混匀，静置，滤过，即得。

注解：本例中叶绿素作为着色剂，制剂为淡绿色的油状液体，并与清凉的味道相一致。

姜黄色素

turmeric yellow

【分子式与分子量】分子式为 $C_{21}H_{20}O_6$，分子量为 368.39。

【结构式】

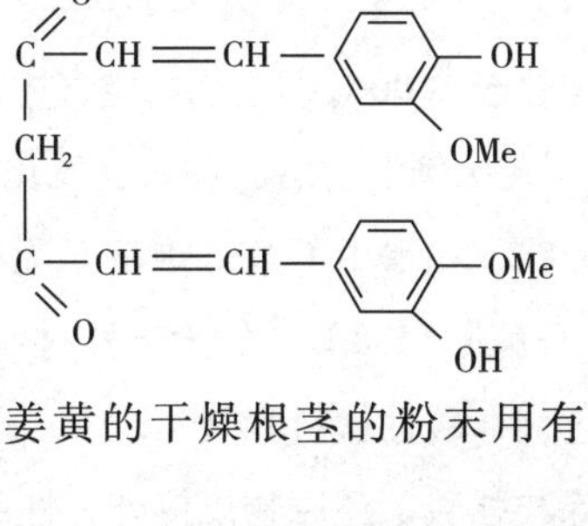

【来源与制法】由姜科植物姜黄的干燥根茎的粉末用有机溶剂提取后，经浓缩、干燥而得。

【性状】橙黄色结晶性粉末，具有姜黄特有的香辛气味，味微苦。熔程为 179～182℃，易溶于冰醋酸和碱溶液，溶于乙醇、丙二醇等，不溶于水和乙醚。在中性和酸性溶液中呈黄色，

NOTE

碱性溶液中呈红褐色。

【作用与用途】黄色着色剂，广泛用于药品和食品工业中。最大使用量为0.20g/kg。

【使用注意】姜黄色素耐热性较好，耐光性、耐铁离子性差，着色力强。与重金属离子形成螯合物导致变色，加入螯合剂六偏磷酸钠或酸式焦磷酸钠可避免色变。

红氧化铁
red ferric oxid

【分子式与分子量】Fe_2O_3，159.690

【来源与制法】由亚铁盐，如硫酸亚铁经硝酸氧化或加热至650℃以上氧化或氢氧化铁脱水等方法制得。

【性状】暗红色粉末；无臭，无味，色泽取决于粒度、形状及化合水的含量；不溶于水、有机酸和有机溶剂，能溶解于强无机酸，易溶于热盐酸。对光、热、空气稳定，对酸碱较稳定。干法制取的一般粒度在1μm以下。本品相对密度5.12～5.24，折光率3.042，熔点1550℃，约于1560℃时分解。

【作用与用途】包衣剂、着色剂。

【使用注意】除与强酸、还原物反应外，性质稳定。氧化铁类着色剂含水量在11%～12%时，当加入硬胶囊中时，在温度较高时会脆裂。

【应用实例】 **辛夷鼻炎丸**

【处方】辛夷42g，薄荷433g，紫苏叶317g，甘草215g，广藿香433g，苍耳子1111g，鹅不食草209g，板蓝根650g，山白芷433g，防风313g，鱼腥草150g，菊花433g，三叉苦433g。

【制法】以上十三味，辛夷、广藿香、薄荷、紫苏叶提取挥发油；苍耳子、三叉苦、甘草、山白芷、板蓝根及鹅不食草加水煎煮一次，滤过；药渣及提取挥发油后的药渣合并，加入菊花，再加水煎煮一次，滤过，合并滤液，浓缩成稠膏；防风、鱼腥草粉碎成粗粉，与稠膏混匀，干燥，粉碎成细粉，过筛，以水泛丸，并喷入上述挥发油，以总量的5%的滑石粉-红氧化铁（1∶1）包衣，打光，干燥，即得。

【注解】本例中红氧化铁为包衣剂。

黑氧化铁
black ferric oxid

【分子式与分子量】分子式为Fe_3O_4，分子量为231.55。

【来源与制法】由硫酸亚铁加热至1000℃以上或由空气中水蒸气或二氧化碳与铁粉作用制得，或由硫酸亚铁与黄氧化铁按一定比例混合后，加入氢氧化钠溶液沉淀制得。

【性状】黑色粉末；无臭，无味。在水中不溶，难溶于无机酸，易溶于热盐酸中。有强力的磁性。相对密度5.18，熔点（分解）1538℃。作为磁性材料，粒度应在1μm左右，或更小。

【作用与用途】包衣剂、着色剂，磁性材料。

【使用注意】耐碱不耐酸，除与强酸、还原物反应外，性质稳定。

NOTE

朱　砂

cinnabar

【性状】粒状或块状集合体，呈颗粒状或块片状，鲜红色或暗红色。具光泽，质重，易脆，片状者易破碎，粉末状者有闪烁的光泽。无臭，无味。

【作用与用途】主要用于药品包衣材料、着色剂，多用于丸剂的包衣，其本身是一味传统中药。

【使用注意】有毒，不宜大量摄入。

苋菜红

amaranth

【分子式与分子量】分子式为 $C_{20}H_{11}O_{10}N_2S_3Na_3$，分子量为604.49。

【结构式】

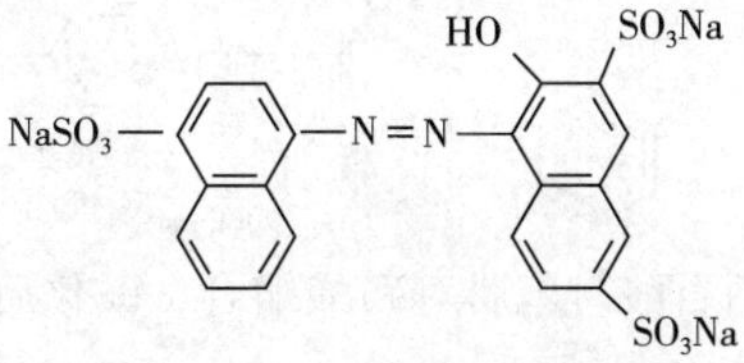

【来源与制法】苋菜中所含的色素。市售商品是由1－萘胺－4－磺酸重氮化后，在碱性条件下与α－萘酚－3,6－二磺酸钠偶合，再经食盐盐析精制而得，为单偶氢型酸性着色剂。

【性状】淡红棕色或紫红色、无臭、微有咸味的颗粒或粉末。易溶于水（1∶15），可溶于甘油、稀醇，微溶于乙醇，不溶于其他有机溶剂，不溶于油脂。水溶液呈玫瑰红至红色或微蓝至红色。1%水溶液的pH值约为10.8。色泽不受pH影响。耐光、耐热性能良好。在枸橼酸、酒石酸中稳定，但在碱性溶液中变成暗红色，对氧化还原作用敏感。其水溶液中存在焦亚硫酸钠时慢慢退色，与铝盐接触变黄色，与铜接触则成暗棕色和变混浊。

【作用与用途】用作药品和食品着色剂。常用浓度为0.0005%～0.001%，最大使用量为0.05g/kg。常与其他食用色素合用。

【使用注意】人口服的副作用没有柠檬黄严重。遇铁、铜、还原剂褪色及遇碱易变暗红色。水溶液易受细菌污染。具有耐光性、耐热性、耐盐性、耐酸性。对酒石酸、柠檬酸稳定，对氧化还原敏感，遇铁及还原剂则褪色。在酸性溶液中，其着色力显著减弱。

胭脂红

ponceau

【分子式与分子量】分子式为 $C_{20}H_{11}O_{10}N_2S_3Na_3$，分子量为604.48。

【结构式】

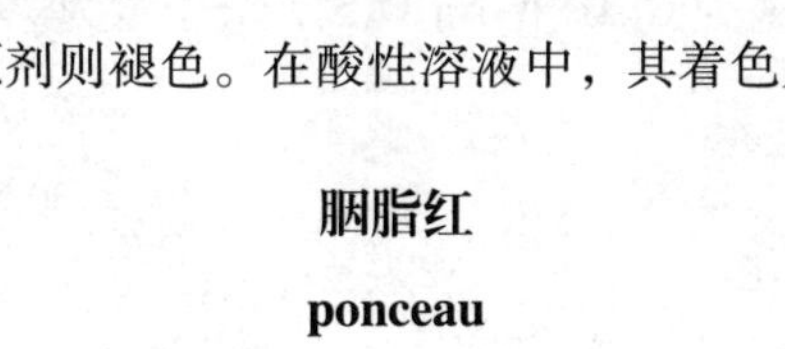

NOTE

【来源与制法】将1－萘胺－4－磺酸重氮化后，在碱性介质中与α－萘酚－6,8－二磺酸钠偶合，再经食盐盐析，精制而得。

【性状】红色至深红色、无臭的颗粒或粉末。易溶于水（1∶7），形成红色溶液，溶于甘油，微溶于乙醇，难溶于乙醚、植物油和动物油脂。当0.02mol乙酸铵溶液100mL中含有0.001g样品时，最大吸收波长为508±2nm。耐光性、耐酸性较好，但耐热性、耐还原性相当弱，溶液中有焦亚硫酸钠存在时会渐渐褪色。遇碱变成褐色，易受细菌污染。

【作用与用途】着色剂、包衣剂。广泛用于药品、食品、化妆品的着色。常用量一般为0.0005%～0.01%。

柠檬黄

tartrazine

【分子式与分子量】分子式为$C_{16}H_9N_4Na_3O_9S_2$，分子量为534.37。

【结构式】

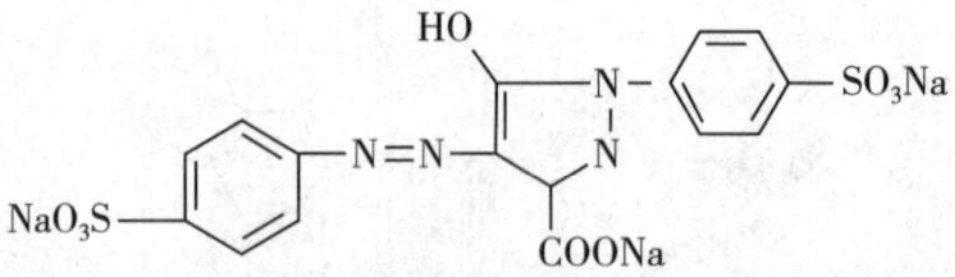

【来源与制法】用双羟基酒石酸与苯肼对磺酸缩合，碱化后将生成的色素用食盐盐析，精制而得。

【性状】橙色或橙黄色、无臭的颗粒或粉末。易溶于水（1∶6），21℃时溶解度为11.8%，溶于甘油、丙二醇，微溶于乙醇，不溶于植物油或动物油脂中。0.1%水溶液呈金黄色，耐光性、耐热性、耐酸性、耐盐性均好，耐碱性、耐氧化性较差。对盐酸、枸橼酸、酒石酸稳定。

【作用与用途】广泛用作药品和食品的着色剂。一般用量为0.0005%～0.01%。单独或与其他食用色素配合。

【使用注意】不耐氧化，遇碱微变红色，还原时褪色。与抗坏血酸、乳酸、10%葡萄糖和碳酸氢钠饱和水溶液有禁忌。明胶可加速褪色。

亮 蓝

brilliant blue

【分子式与分子量】分子式为$C_{37}H_{34}N_2Na_2O_9S_3$，分子量为792.84。

【结构式】

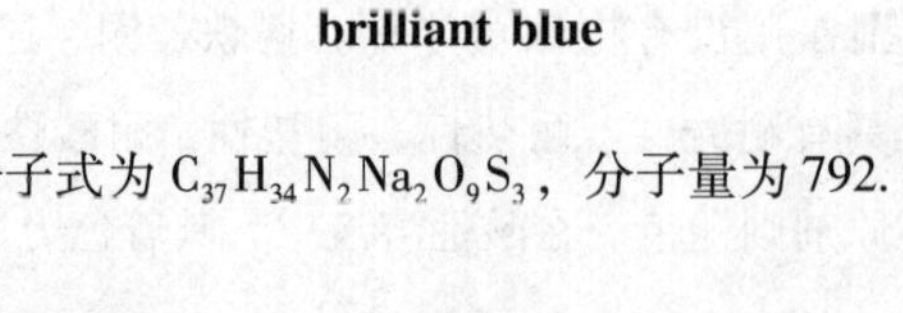

【来源与制法】将苯甲醛邻磺酸与α－ω－乙苯氨基间甲苯磺酸缩合后，用重铬酸钠或二氧化铅氧化成色素，中和后，经盐析，精制而得。

【性状】带金属光泽的红紫颗粒或粉末。易溶于水，水溶液呈蓝色，0.05%水溶液呈清澈蓝色，溶于乙醇、甘油和丙二醇。当100mL 0.02mol/L乙酸铵溶液中含有0.0012g本品时，其

NOTE

最大吸收波长为630±2nm。其耐光性、耐热性、耐酸性、耐碱性均好。可转化为铝色淀。

【作用与用途】广泛用作药品和食品的着色剂。一般用量为0.0005%～0.01%，最大使用量为0.025g/kg。

【使用注意】本品在柠檬酸、酒石酸等酸性溶液内稳定，遇碱呈红褐色，还原时褪色。

第十一节 包合物主体材料

一、概述

包合物（inclusion compounds）是在一种分子空间结构中包入另一种形状和大小适合的分子而形成的特殊类型的分子复合物。包合物通常由两部分组成，一部分是能形成特定笼状、管道状或层状空间，并能容纳其他物质分子的主体材料（host），主体材料可以是单分子，也可以是多分子形成的晶格；另一部分是被包合的物质，称为客体（guest），故包合物又称分子胶囊。制备包合物所采用的技术称为包合技术。

二、包合物主体材料的分类

（一）按包合物的结构和性质分类

包合物根据主分子的构成可分为多分子包合物、单分子包合物和大分子包合物。

1. 单分子包合物 单分子包合物是由单一的主分子与单一的客分子包合形成的复合物，即由单个主分子形成一个空穴或孔洞，容纳或插入客分子而形成。此类包合物在溶液状态中也可以形成。具有管状空洞的环糊精作为主体材料形成的包合物就属于这种类型。

2. 多分子包合物 多分子包合物是由若干主分子按一定方向松散地排列形成晶格空洞，使客分子嵌入空洞中而形成的包合物。各个主分子晶格由氢键连结，构成管状或笼状包合物。这类包合物仅以固体形式存在，当加入溶剂时，晶格即解体并将客分子释放出来，包合物即不复存在。此种类型较多，一般都以主体材料命名。包合材料有硫脲、尿素、去氧胆酸、对苯二酚、苯酚等。

3. 大分子包合物 某些天然或合成的大分子化合物可形成多孔结构，能容纳一定大小的客分子，因此也被认为是包合物。在药剂研究和生产中用途很广的有葡聚糖凝胶、沸石、硅胶（氧化硅胶）。

（二）按包合物的几何形状分类

1. 管状包合物 管状包合物由一种分子构成管形或筒形空洞骨架，另一种分子填充在其中而形成的。管状包合物在溶液中较稳定，最为常见。形成管状空间的包合材料有环糊精、尿素、硫脲、去氧胆酸、4,4－二硝基联苯、蛋白质、纤维素、石墨等。见图5－1。

NOTE

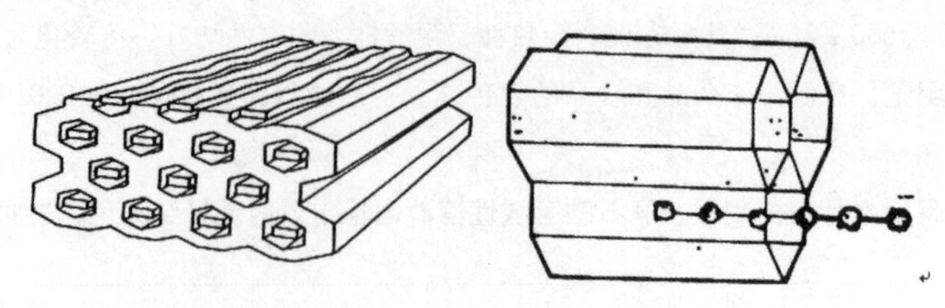

图5－1　管状包合物

2. 笼状包合物　笼状包合物是客分子进入几个主分子构成的笼状晶格中而成，其空间完全闭合似笼状，因此称为笼状包合物。制备简单，形成的固态包合物较稳定。通过加热溶解于水或把结晶研磨粉碎，可将客分子释出。形成笼状空间的包合材料有对苯二酚、苯酚。见图5－2。

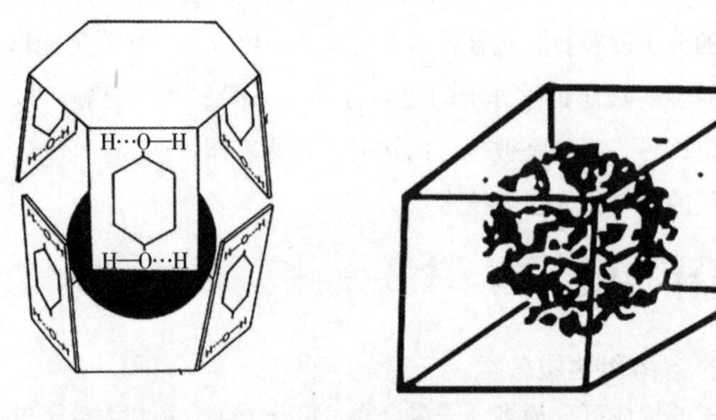

图5－2　笼状包合物

3. 层状包合物　层状包合物为客分子存在于主分子的某一层间。如黏土形成的包合物与石墨包合物。药物与某些表面活性剂形成胶团，某些胶团的结构也属于包合物。石墨形成层状包合物，客分子嵌入石墨结晶的夹层中。见图5－3。

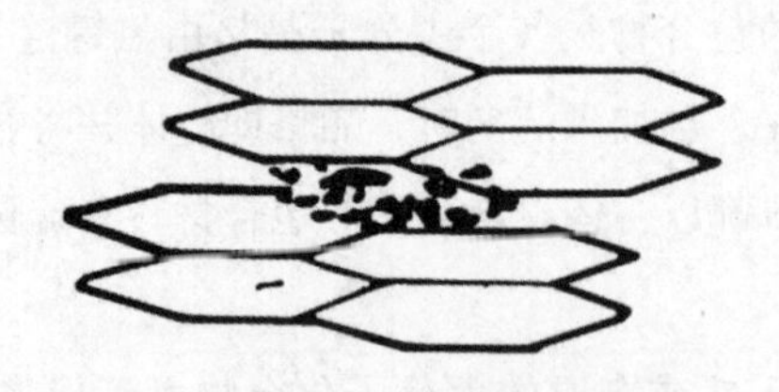

图5－3　层状包合物

从包合物的类型来看，管状包合物及单分子包合物中的环糊精包合物最为常见。环糊精包合物可以分为水溶性环糊精衍生物和疏水性环糊精衍生物。①水溶性衍生物主要是通过羟基的化学反应来提高其水溶性。常用的是葡萄糖衍生物、羟丙基衍生物及甲基衍生物等。葡糖基－β－环糊精为常用包合材料，包合后可提高难溶性药物的溶解度，促进药物的吸收，降低溶血活性，还可作为注射用的包合材料。②疏水性环糊精衍生物常用作水溶性药物的包合材料，以降低水溶性药物的溶解度，使具有缓释性。可用于控释制剂中缓释部分的阻滞剂或亲水性药物的缓释载体，可以压制成片剂，起到骨架载体作用。常用的有β－环糊精分子中羟基氢被乙基取代的衍生物，取代程度愈高，产物在水中的溶解度愈低。乙基－β－环糊精微溶于水，比β－环糊精的吸湿性小，具有表面活性，在酸性条件下比β－环糊精更稳定。

NOTE

三、包合物主体材料的选择及使用

（一）包合原理

主体包合客体形成稳定包合物的过程是药物分子进入包合材料分子腔的过程，这是一种物理现象，而不是化学反应，使药物仍保持原有性质和作用。使包合物稳定的主要作用力为几种力的协同作用，如分散力、偶极子间引力、氢键、电荷迁移力等，而主要是以分子间范德华力（van der waals）和所谓 Allinger 构象能量使之稳定结合。故其形成的基本原理是客分子在主分子空间结构中的填充作用，这种作用则取决于两种分子的几何因素及其性质是否合适。

（二）包合物主体材料的选择原则

1. 选用时必须注意主体材料的一般性质、溶解性、毒性与刺激性、与所形成包合物的稳定性。

2. 根据客体药物的分子量、化学性质进行选择。如客体药物分子量较小，具挥发性，一般选用单分子包合主体材料，如 β－环糊精。

3. 根据给药途径进行选择。如口服给药制剂应选用水溶性差的 β－环糊精；如果为注射给药，应选用水溶性佳的羟丙基环状糊精，以使包合物具有良好的水溶性。

4. 在化学合成药领域中，客分子大多是单一化合物，但在中药领域中客分子往往是多组分混合物，而且混合客分子的每个组分间存在着理化性质、分子结构的较大差异，会直接影响包合效果。

（三）影响包合物形成的因素

影响这种包合作用的因素有以下几个方面。

1. 主分子和客分子的立体结构　主分子必须具有一定形状和大小空洞，特定的笼格、洞穴或沟道，以容纳客分子。客分子的大小、分子形状应与主分子提供的大小、空洞形状相适应，只有客分子大小与主分子相匹配，两者嵌合后的空隙小，且有足够强度的范德华力时，才能形成稳定的包合物。

同一个客分子因主分子种类的不同，包合作用也不相同，客分子对主分子空洞嵌入有选择性。如 α－环糊精、β－环糊精、γ－环糊精因空洞内径差异，使得对前列腺素 $F_{2\alpha}$ 的包合状态不相同，见图 5－4。

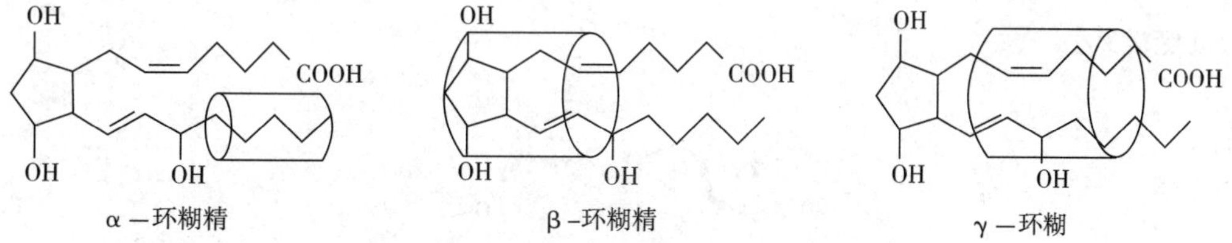

α－环糊精　　β－环糊精　　γ－环糊

图 5－4　环糊精包合前列腺素 $F_{2\alpha}$ 的三种状态

2. 主分子和客分子的极性　主分子与客分子的结构决定了其极性特点，而极性大小决定了主客分子包合物的形成及难易程度，也决定了包合物的溶解性。当主分子一定时，客分子的极性则为主要因素。

3. 包合物中主、客分子的比例　包合物中主分子和客分子的比例一般为非化学计量关系，这是由于客分子的最大填入量虽由客分子的大小和主分子所提供的空洞数决定，但这些空洞并不一定完全被客分子占据，主、客分子数之比可以变动，且有较大的变动范围。

如大多数β-环糊精包合物组成摩尔比为1∶1，药物被包入在单分子空洞内，形成稳定的单分子化合物。但体积大的分子比较复杂，当主分子环糊精用量不合适时，包合物不易形成，表现为客分子含量很低。因环糊精形成的包合物是在单分子空洞内，在水中溶解时，整个包合物被水分子包围和溶剂化，包合物的形式仍然很稳定，并不分裂。

（四）影响包合率的因素

包合过程是一个动态平衡过程，包合物在液态时，被包合分子与未被包合分子之间存在互动过程，但在特定范围内总的包合率是固定的。

影响包合率的主要因素有以下几个方面：

1. 投料比例的选择　以不同比例的主、客分子投料进行包合，预先分析测定不同包合物的含量和产率，计算应选择的投料比例。当环糊精过量时，包合物包合率高，但客分子药物含量低。

2. 包合方法的选择　根据设备条件，选择合适的包合方法进行试验。在实验室条件下，饱和水溶液法与研磨法较为常用；用超声法省时收率较高；冷冻干燥法，适宜于注射用包合物的生产；喷雾干燥法适宜于工业大生产，快速高效。

3. 包合作用竞争性的影响　主分子、客分子和包合物三者在水溶液中呈平衡状态，当加入其他客分子或有机溶剂时，可发生包合物的竞争作用，使原来的客分子被取代出来。包合物在体内的吸收仅是游离药物这一部分，利用这一原理，可以在包合物制剂中加入一种客分子竞争剂，促使药物从包合物中解离，从而提高生物利用度。利用此性质可以对包合物中的客分子药物进行含量测定。固体包合物很少受外界影响，溶液中包合物与客分子药物呈平衡状态存在，其稳定性与包合物的稳定性相对应。

四、包合物主体材料的常见品种

β-环糊精

betacyclodextrin

【别名】β-cyclodextrin，β-CD。

【分子式与分子量】分子式为 $(C_6H_{10}O_5)_7$；分子量为1134.99。

【结构式】

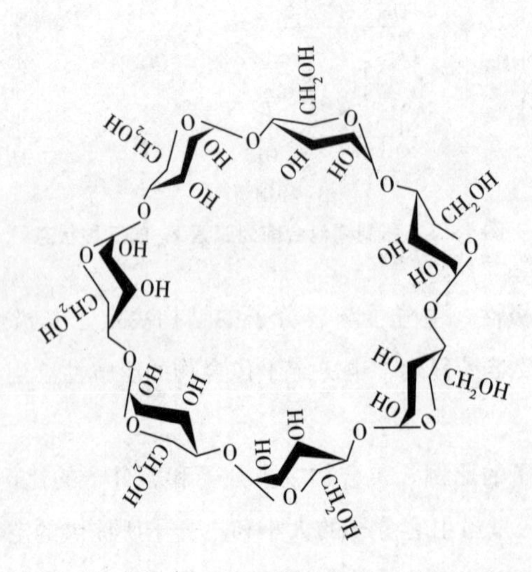

β-环糊精结构式

NOTE

【来源与制法】本品为环状糊精葡萄糖基转移酶作用于淀粉而生成的 7 个葡萄糖以 α－1，4－糖苷键结合的环状低聚糖。

【性状】本品为白色结晶或结晶性粉末；无臭，味微甜。本品在水中略溶，在甲醇、乙醇、丙酮或乙醚中几乎不溶。比旋度为＋159°至 164°。具有特殊的环状中空圆筒型结构，其主体构型像一个中空的圆筒，两端直径大小不同，筒体的外端带有许多羟基。其外周呈相当强的亲水性，在水中有一定的溶解度；而筒体的内端则为疏水性，油性物质进入空腔可形成包络化合物。故它在水溶液中，与具有亲油基团的化合物共存时，亲油基团进入空腔，从而形成具有特异性质的包络化合物。

【作用与用途】为包合剂和稳定剂及食品添加剂，可广泛应用于药品、食品、化妆品制造业，是这些工业生产良好的稳定剂、乳化剂和矫味剂。在食品制造方面，主要用来消除异味和异臭，提高香料、香精及色素的稳定性，增强乳化能力及防潮能力等。在制药业上，主要用于增大药物的稳定，减少药物受热、光、空气和化学环境的影响，降低挥发或升华，保留部分或全部药效。防止药物氧化和分解，提高药物的溶解度和生物利用度，降低药物的毒性和副作用，使液体药物固体化，以及用于掩盖药物的异味和臭气。β－环糊精适用于乳剂、栓剂、胶囊剂、片剂和颗粒剂等多种剂型。

【使用注意】β－环糊精的安全性实验表明其毒性很低，口服 β－环糊精无任何急性毒性反应，可作为碳水化合物来源参与机体代谢，无蓄积作用。其吸收部位在结肠，多以原型从粪便中排出，血中浓度很低。用高剂量长期饲养动物，器官形态、生化值也未见发生显著变化。静脉注射或肌肉注射 β－环糊精能引起溃疡；静脉注射可引起肾中毒，并产生溶血效应。β－环糊精的 LD_{50} 见表 5－21。

表 5－21　β－环糊精毒性实验

项目	给药方式	LD_{50}（g/kg）
急性毒性实验	口服	181 ±1.0
	皮下注射	3.7 ±1.0
慢性毒性实验	腹腔注射	0.7 ±0.1
	口服	剂量：0.1、0.4、1.6g/kg 六个月未发现毒性症状

【质量标准来源】《中国药典》2015 年版四部。CAS 号：7585－39－9。

【应用实例】　四物片

处方：当归 625g，川芎 625g，白芍 625g，熟地黄 625g，糊精 240g，微粉硅胶 12g，硬脂酸镁 1.2g，β－环糊精 36g。

制法：以上四味，当归、川芎加水冷浸 0.5 小时，蒸馏 5 小时，收集蒸馏液约 625mL，再重蒸馏制成挥发油约 4mL，取 36g β－环糊精，溶于 240mL 水，加入上述挥发油，超声包合 20 分钟，抽滤，40℃干燥 3 小时，研磨，过 100 目筛，备用；蒸馏后的水溶液另器保存，残渣与白芍、熟地黄合并，加水煎煮 3 次，合并煎液，滤过，滤液与上述水溶液合并，浓缩，加入乙醇，使含醇量达 55%，静置 24 小时，滤过，回收乙醇，浓缩至相对密度为 1.16～1.18（80℃）；取糊精 240g、微粉硅胶 12g，沸腾制粒，得干燥颗粒，整粒，再加入 β－环糊精包合物及 1.2g 硬脂酸镁，混匀，压片，包薄膜衣，即得。

NOTE

注解：挥发油成分是此方的有效成分，溶解性及稳定性较差，易挥发。在传统的固体制剂生产过程中，极易挥发损失。若将提取所得的挥发油直接喷入颗粒中，易挥发而影响制剂的质量，从而影响药品的疗效。在片剂的制造过程中加入β-环糊精可使制得的片剂不易吸收潮解，同时还能防止压片时的黏冲与脱盖。

羟丙基β-环糊精
hydroxypropyl betadex

【别名】2-hydroxypropyl-β-cyclodextrin，HPCD。

【来源与制法】本品为β-环糊精与1,2-环氧丙烷的醚化物。羟丙基-β-环糊精是在β-环糊精的C2、C3和C8位羟基被羟丙基取代生成的衍生物。由于反应条件不同，羟丙基取代的位置不同，因此可以形成2-羟丙基-β-环糊精、2,3,6-羟丙基-β-环糊精等几种同系物。

【性状】本品为白色或类白色的无定形或结晶性粉末；无臭，味微甜；引湿性强。本品极易溶于水，易溶于甲醇或乙醇，几乎不溶于丙酮或三氯甲烷。

【作用与用途】可用作包合剂和稳定剂等。其水溶性明显提高，能显著增大难溶性药物溶解度，减小毒性，同时HPCD包合物对于药物释放、生物利用度和药物稳定性等方面都有显著提高，为目前新型的安全、有效的药物增溶剂。

【质量标准来源】《中国药典》2015年版四部。CAS号：128446-35-5。

【应用实例】双氢青蒿素和蒿甲醚本身不溶于水，用羟丙基-β-环糊精包合后，其溶解度可以达到粉针剂的要求。地高辛在50%的羟丙基-β-环糊精溶液中溶解度由0.07mg/mL（水）增加到68mg/mL。

尿 素
urea

【别名】脲素、碳酰胺。

【分子式与分子量】分子式为CH_4N_2O，分子量为60.06。

【结构式】

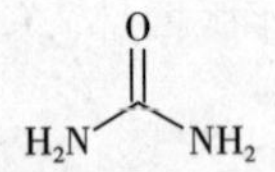

【性状】为无色棱柱状结晶或白色结晶性粉末；几乎无臭，味咸凉；放置较久后，渐渐发生微弱的氨臭；水溶液显中性反应。本品在水或乙醇中易溶，在乙醚或三氯甲烷中不溶。熔点为132～135℃。

【作用与用途】尿素可与多于六个碳原子的直链烷烃分子及其衍生物形成晶体包合物，当有直链烷烃存在时，尿素可形成内壁为六方晶格的管道，直链烃则直立地包在管道内，这类管道的直径约为0.5nm。

【质量标准来源】《中国药典》2015年版四部。

NOTE

脱氧胆酸
deoxycholic acid (choleic acid)

【分子式与分子量】分子式为 $C_{24}H_{40}O_4$，分子量为 392.58。

【性状】自乙醇中得白色结晶或结晶性粉末，熔点 176～178℃，微溶于水，溶于乙醇、乙醚、丙酮、三氯甲烷或冰醋酸。

【作用与用途】去氧胆酸可与脂肪酸或其他物质形成包合物。脱氧胆酸结晶是一个疏松的结构，结构中央留有空的管道，因此，无论是直链或高度分支的、细小的或粗大的分子都可以包合进去，例如醇、酮、脂肪烃、二甲苯、苯、苯甲醛、酚、胆甾醇、蒽等都能与脱氧胆酸形成包合物。

硫 脲
thiourea

【分子式与分子量】分子式为 CH_4N_2S，分子量为 76.12。

【性状】白色斜方柱结晶。相对密度 1.405，熔点 176～178℃。能溶于水（1∶11）及乙醇，水溶液呈中性，微溶于乙醚。

【作用与用途】硫脲包合物的结构与尿素包合物十分类似，二者的差别只是硫脲晶格管道的直径约为 0.6nm，因此，硫脲能包合较大的分子，一些有支链的烷烃或环烃也能包合进去。直链烃由于不能完全填满管道的空隙，结构反而不稳定。

【使用注意】毒性：大鼠（口服）LD_{50} 125～640mg/kg。

第十二节 复合辅料

一、概述

复合辅料是将两种或者多种单一辅料按适当比例，经一定的生产工艺共同处理，成为一种表观均一且具有特定功能的新型辅料。一般由塑性辅料和脆性辅料组成，如喷雾干燥、共同结晶等，均匀混合在一起，复合辅料保持或改善了单一辅料的优点，同时也弥补了其不足之处。在加工过程中，组成复合辅料的几种单一赋形剂之间不能发生化学反应，且复合辅料的物理或化学特性与单纯物理混合不同，具有一定的优势特性。复合辅料可提高可压性、流动性、降低吸湿性等，具有物理机械性能（流动性、可压性）更佳，稀释能力增强，装量差异减小，对润滑剂的敏感性降低等特点，还可减少处方中所使用的辅料种类，改善口感。

复合辅料的制备方法有很多种，如流化床制粒法、结晶法、喷雾干燥法、固体分散法，可以制备出具有不同性能的颗粒或粉末，以改变颗粒的大小、形状、密度等，目的是使颗粒具有一定的粒度与硬度，改善单一辅料的流动性和可压性，使其适合直接压片。

常用复合辅料组成品种主要有甘露醇－交联聚维酮、甘露醇－淀粉、乳糖－淀粉、乳糖－纤维素、微晶纤维素－单硬脂酸甘油酯、硬脂酰富马酸钠－共聚维酮等。目前常见的上市的复合辅料，见表5-22。

表5-22 已上市的一些复合辅料

商品名	复合辅料成分	生产商（国家）
Ludipress LCE	Kollidon 30，乳糖 BASF	Star Cap 1500（德国）
	玉米淀粉，预胶化淀粉	BPSI（美国）
Barcroft CS 90	碳酸钙，淀粉	SPI Polyols（法国）
Cellactose80	纤维素，乳糖	Meggle（德国）
MicroceLac 100	微晶纤维素，乳糖	Meggle（德国）
StarLac	玉米淀粉，乳糖	Roquette（法国）
Prosolv SMCC	微晶纤维素，微粉硅胶	JRS（德国）
ForMaxx	碳酸钙，山梨醇	Merk（德国）
Avicel CE-15	微晶纤维素，瓜尔胶	FMC（美国）
Emdex	95%葡萄糖，5%麦芽糖	JRS（德国）
Pharmatose DCL 40	无水乳糖，乳糖醇	DMV（荷兰）
Di pac	蔗糖，糊精	American sugar（美国）
Adavantose FS 95	果糖，淀粉	SP IPolyols（法国）
Carbofarma GA10	碳酸钙，阿拉伯胶	Resinas Industriales S. A.（阿根廷）
PROSOLV EASYtab	微晶纤维素，微粉硅胶	JRS（德国）

Pharmatose DCL 40：Pharmatose DCL 40是由95%的α-乳糖和5%的无水乳糖醇组成。球形的小颗粒状态使Pharmatose DCL 40具有很好的流动性。此外由于具有更好的黏合性所以比其他乳糖有更好的稀释潜力且不易吸湿，被广泛用于分散片、口崩片等制剂中。

PROSOLV EASYtab：PROSOLV EASYtab是JRS公司通过先进的PRO-SOLV技术得到的一步到位辅料，由微晶纤维素（填充剂和黏合剂）、微粉硅胶（助流剂）、羧甲基淀粉钠（超级崩解剂）和硬脂富马酸钠（润滑剂）组成。该辅料是市场上第一种预润滑辅料，与原料药混合经过一步就可以直接压片，无需添加其他辅助剂。复合辅料比各个辅料的物理混合物有更大的堆密度、卓越的流动性、比表面积和可压性，可用于生物药剂学分类的原料药的直接压片。

二、复合辅料的应用

（一）复合辅料在片剂中的应用

复合辅料在实际应用中，可简化处方筛选工作，缩短研发周期，简化生产企业对辅料的采购、检验、储存等工作，对提高片剂的生产水平有重要意义。复合辅料可以解决很多实际问题，它可以提高一些对潮热敏感的药物的稳定性。针对一些用湿法制粒压片中容易出现稀释黏冲的药物可以优化制备工艺；因为崩解时间短，针对水溶性差的药物可以提高溶出速率；因为流动性好、吸附能力强，针对一些流动性差的药物或是小剂量的药物可以提高含量均匀度。

对大多数药物的物性研究发现，其粉体学性质不能满足粉末直接压片的要求，因此辅料的筛选是片剂处方研究的关键内容之一，直接关系到剂型的成型和临床疗效的发挥。采用复合辅料的片剂，复合辅料的物理性能不等同于两种成分的简单混合，具有稀释潜力大，出片力小，优良的直压性能，它显示出的流动性、填充性、可压性和崩解性等，都优于单一辅料，为实现大生产的高速压片提供了保障，如乳糖 - 淀粉复合辅料克服了淀粉可压性差和流动性的缺陷。乳糖 - 纤维素复合辅料改变了乳糖晶体的物理压缩性质和粉状纤维素流动性差的缺陷。复合辅料适用于低剂量配方药物，满足直接压片的需要，而且比普通片剂的稳定性好，临床价值高，它们在满足粉末直接压片对流动性和可压性要求的前提下，可省去一些压片步骤，大大简化企业对辅料的采购、检验，省时省力，提高了效率，降低了成本，对促进和提高片剂的制造具有重大意义。

采用重结晶工艺制备不同比例的乳糖 - 淀粉复合物、乳糖 - 纤维素复合物和乳糖 - 微晶纤维素复合物，通过对其粉体学性质和片剂质量的考察，筛选辅料最优比。乳糖 - 淀粉复合辅料（85∶15）赋予了辅料良好的流动性和快速崩解性的优点，适用于低剂量制剂以及口腔崩解片；乳糖 - 纤维素复合辅料（75∶25）凭借其良好的黏合性、稀释性和压缩性，适用于流动性较差的药物以及包衣片的片芯；乳糖 - 微晶纤维素复合辅料（75∶25）使片剂硬度大大提高，崩解性良好，适用于高剂量制剂。与简单物理混合物性能比较，复合辅料不仅具有两种组成辅料的共性，而且它的特性又远胜于这两种成分。它能使压片工艺更为简单、有效、经济。对这三种药用复合辅料的初步稳定性研究表明，三种辅料对光、热、湿等均较稳定，有助于辅料的包装、贮存和有效期限。

（二）复合辅料的应用案例

1. 阿司匹林分散片 分散片兼具固体制剂和液体制剂的优点：崩解迅速、服用方便、生物利用度高，其物理、化学、生物稳定性高于液体制剂，方便储存、运输与使用。分散片速崩是由于所选择的崩解剂具有不溶于水（或不完全溶于水）且吸湿膨胀系数高的特点，崩解剂可通过毛细管作用或膨胀作用使水分子容易渗透入片剂之中，吸水后粉粒膨胀而不溶解，不形成胶体溶液，不阻碍水分子渗入而影响片剂的进一步崩解，因而崩解效果特别好。阿司匹林遇水容易分解成水杨酸，影响疗效并对胃有刺激性，不适合用常规湿法制粒工艺进行生产，通过将三种辅料交联聚乙烯吡咯烷酮（PVPP）∶乳糖（Tablactose）∶微晶纤维素（MCC）=1∶4∶2制备成复合辅料，经过一定的处理得到的亚微颗粒，所有辅料各取所长、优势互补，可直接压片。这种多功能复合辅料显著地减少了片剂中的辅料数量。应用复合辅料使压片步骤省去了湿法制粒的制软材、制粒、干燥、整粒等一系列过程，又减少了各种辅料的采购和存放，省时、省力、省资金、省空间。所制备的阿司匹林分散片比普通的片剂崩解时间短，溶出度高，稳定性好，崩解迅速，有一定的临床应用价值。

2. 蓝芩咀嚼片 蓝芩咀嚼片具有清热解毒、利咽消肿的功效，用于缓解急性咽炎、肺胃实热证所致的咽痛、咽干、咽部灼热等症状。该品种在喷雾干燥过程中易产生严重的粘壁现象，收粉率仅为76.66%，不仅造成产品的严重浪费，降低经济效能，而且粘壁严重时还可能造成干燥过程的中断。喷干后所得浸膏粉流动性极差，这也严重影响了后续成型工艺。利用自主研发的复合辅料 MgO∶MCC∶提取物 =3∶2∶29.25，对蓝芩提取物进行改性处理，在不影响释放度的情况下将平均收粉率提高至95.26%，且显著提高了喷干所得浸膏粉的流动性。复合辅料中 MgO 主要用于改善醇提取物喷雾干燥粘壁现象，而 MCC 主要用于提高喷干后提取物浸膏粉的流动性。

3. 金针菇复合片 以金针菇菇根为原料，对金针菇进行压片工艺研究，提高金针菇菇根的利用率。金针菇通过膨化干燥熟化、超微粉碎进行原料预处理，配以枸杞、灵芝孢子粉，采用湿

NOTE

法制粒制备金针菇复合片剂。金针菇膨化干燥温度为100℃，抽空干燥温度90℃，抽空时间3小时，复合片中原料和填充剂分别以1∶1（质量比）的比例混合，5%交联羧甲基纤维素钠、13%低取代羟丙基纤维素作崩解剂，2% HPMC 50%乙醇溶液做黏合剂。金针菇膨化后结构疏松，原料熟化，生鲜味去除，营养成分稳定，制得的片剂，外观、片重差异和硬度均符合要求。

4. 祛瘀清热颗粒　吸湿是中药固体制剂发生的常见现象。吸湿可导致中药固体制剂变软、化学成分发生变化、霉变等，使药品的质量和疗效受到影响，并给生产和贮存带来不便。水分对中药固体制剂稳定性的影响很大，往往是引发其他变化的前提条件。而辅料的品种和用量，对于中药固体制剂的抗吸湿性影响极大。祛瘀清热颗粒是将大黄、桃仁、山楂、桂枝、甘草等中药进行醇提或水提后，浓缩成稠膏，加入适当的辅料制成的颗粒。由于该颗粒中亲水性成分较多，极易吸湿，吸湿后的物料表现出流动性、黏性强等不良特点，给中药制剂过程带来较大的困难，同时也影响制剂的稳定性。用乳糖、淀粉制粒，颗粒容易发粘；而用微晶纤维素和糊精制粒，颗粒较易形成。微晶纤维素溶化性不佳，乳糖价格较贵，且制粒较黏；可溶性淀粉的溶化性为混悬状态，而糊精的吸湿率较大，因此在不影响颗粒外观和吸湿程度的情况下，选用复合辅料与浸膏配伍进行制粒。浸膏∶乳糖∶糊精（15∶12∶13）混合制粒所得祛瘀清热颗粒，颗粒均匀，流动性好，质量稳定，成型性好。

三、复合辅料的研究进展

复合辅料最早出现在20世纪80年代，第一个是微晶纤维素和碳酸钙的复合辅料。1990年出现了纤维素和乳糖的复合辅料。复合辅料最早用于食品工业，提高了食品原料的稳定性、可润湿性、溶解度和胶凝性质等，如葡甘露聚糖和半乳甘露聚糖制备成的复合辅料。

目前市场上已有几十种适合于固体制剂生产的复合辅料，如Cellactose、StarLac、SMCC等。Cellactose是一水合α-乳糖（75%）和粉末纤维素（25%）经特殊工艺处理后得到的粒状（团聚的）、适于直接压片的复合辅料。无论是流动性，还是内聚力和压实性，均明显优于二者的简单物理混合物；另一个优点是可压性好，较小的压力就能获得较硬的片剂，机器磨损少，且同时可保证良好的崩解性和较小的脆碎度。用它生产的片剂显示了较好的抗破裂性。Ludipress是由乳糖一水合物（93%）、作为黏合剂的Kollidon 30（3.5%）和作为崩解剂的Kollidon CL（3.5%）三者混合得到。该复合辅料由大量具有光滑平面的小晶体构成的球形颗粒组成的，吸湿性小、流动性好、黏合性好，能生产硬度大、脆碎度低、崩解快的片剂，在低压力下就可制得硬度较高的片剂。SMCC是由98%的微晶纤维素和2%的胶态二氧化硅共同喷雾干燥得到的聚集微晶。表面积是微晶纤维素的5倍，和传统规格的微晶纤维素相比，具有优良的流动性，湿法制粒后仍具有很好的可压性和增强片剂硬度的性能。

通过喷雾干燥技术制备的甘露醇和微晶纤维素（MCC）的复合辅料，其流动性、可压性优于简单的物理混合物，崩解时间小于15秒钟，用于制备格列吡嗪速释片，具有崩解时间短、口感好、无沙粒感等优势。微晶纤维素（MCC）-单硬脂酸甘油酯（GMS）经喷雾干燥后粒径变小，化学成分没有改变，显示较好的流动性，可改善淫羊藿总黄酮和枸杞提取物喷雾干燥粉体的吸湿性，并且不影响MCC本身的崩解性质，具有抗吸湿作用。

对于囊性纤维化即缺乏消化酶的病人，必须长期服用包括淀粉酶、蛋白酶、脂肪酶、糜蛋白酶等混合酶以补充人体需要。这些酶类稳定性差、对热敏感，容易失活。用Prosolv SMCC作

NOTE

为填充剂提高了粉末的流动性、可压性和混合均匀度，减少了辅料用量，更重要的是保证了酶类的稳定性。

薄膜包衣复合辅料一般是以羟丙纤维素、乙基纤维素、羟丙甲纤维素、PVA、聚丙烯酸树脂等高分子聚合物为主要材料，以邻苯二甲酸二乙（丁）酯、聚乙二醇、柠檬酸三乙（丁）酯、甘油等为增塑剂，再加上润滑剂、着色剂等，经某种制备方法得到的粉末状固体。运输贮存方便，可根据客户的特殊要求对其中的色素等加以调整，呈现不同的外观。

复合辅料并不是几种辅料任意的混合，除已上市的复合辅料，也有些正处于研发中。如微晶纤维素和胶态的二氧化硅以 97 : 3 混合，再与磷酸氢钙（DCP）、羧甲基淀粉钠（CMS - Na）以 35 : 15 : 2 的比例过筛混合后，以 10% 淀粉浆湿法制粒得到了一种新的用于直接压片的预混稀释剂，以尼美舒利为模型药物，与该辅料以不同的比例混合压制得到的片剂，硬度大，2 分钟内可崩解，脆碎度低。因此，这种辅料有望用于口腔崩解片中。还有用微晶纤维素、乳糖、DCP 和 CMS - Na 采用类似的方法制得的复合辅料，性能也比较好。

在国内，2007 年开始出现关于复合辅料的相关文献。有人研究通过乳糖结晶技术制备乳糖 - 淀粉、乳糖 - 纤维素的复合辅料用于直接压片技术，并与简单混合物的粉体学性质以及片剂质量进行比较，发现复合辅料通过对简单混合物物理性质性能的改变显示出较好的流动性、填充性、可压性和崩解性，适用于直接压片工艺。

多功能性复合辅料的出现可以解决很多问题，它针对一些对湿热敏感的药物可以提高稳定性；针对一些用湿法制粒压片中容易出现稀释黏冲的药物可以优化制备工艺；因为崩解时间短，针对水溶性差的药物可提高溶出速率；因为流动性好、吸附能力强，可针对一些流动性差的药物或是小剂量的药物，以提高含量均匀度。

NOTE

第六章 半固体制剂用辅料

半固体制剂主要包括软膏剂、栓剂、眼膏剂、凝胶剂等，在药物制剂中占了较大的比例。半固体制剂多外用，通常用于皮肤、角膜、直肠组织、鼻黏膜、阴道、尿道等部位，如软膏剂、橡胶膏剂等剂型多用于皮肤疾患给药，栓剂等多用于某些局部黏膜给药。主要起局部治疗作用，少数药物能起全身治疗作用。半固体制剂在我国应用较早，汉代张仲景在《金匮要略》中即载有软膏剂及其制法和应用，所用的基质有豚脂、羊脂、麻油、蜂蜡等。《伤寒杂病论》《千金方》等医籍中均有类似栓剂制备与应用的记载，最早使用的基质是可可豆脂，自1766年以来一直用作栓剂的基质。

半固体制剂主要由药物和辅料组成，所用的辅料一般被称为基质。基质是半固体制剂的重要组成部分，在半固体制剂中可以使制剂具有形态特征，主要作为赋形剂和药物的载体，对成品的质量及药物的释放、吸收有重要影响。不仅决定药物的释放度，而且也决定了药物的稳定性，基质的组成及配比亦直接决定基质的质量。随着石油、化学、食品等工业及药物新制剂的迅速发展，出现了许多新的基质品种及附加剂，丰富了基质的内容，促进了半固体制剂的发展。

在半固体制剂中，基质主要分为油脂性基质、水溶性基质及乳剂型基质等。

(1) 油脂性基质　主要包括油脂类、类脂类及烃类等。

(2) 水溶性基质　由天然或合成的高分子水溶性物质组成，如聚乙二醇类、甘油明胶等。

(3) 乳剂型基质　主要用于软膏剂中，由水相、油相、乳化剂等组成。如钠皂、三乙醇胺皂类等。

在半固体制剂中，除了以上基质外，可根据具体情况加入其他附加剂，如抗氧剂、表面活性剂等。

本章主要介绍软膏剂辅料和栓剂辅料，另外将与软膏剂相似，同属于外用膏剂的硬膏剂辅料，及滴丸辅料也划归于此章介绍。

第一节 软膏剂基质

软膏剂（ointments）系指提取物、饮片细粉与适宜基质均匀混合制成的半固体外用剂型。主要起润滑、保护和局部治疗作用，少数能经皮吸收产生全身治疗作用，多用于慢性皮肤病，禁用于急性皮肤损害部位。基质（bases）是软膏剂形成和发挥药效的重要组成部分。软膏基质的性质对软膏剂的质量及药物的释放和吸收有重要的影响，如可直接影响药效、流变性质、外观等。

NOTE

一、软膏基质的分类

软膏剂常用的基质可分为以下三类。

（1）油脂性基质　主要包括油脂类、类脂类及烃类等。

（2）乳剂型基质　是由水相、油相借乳化剂的作用在一定温度下乳化而成的半固体基质，可分为水包油型（O/W）和油包水型（W/O）两种基本类型。还可制备复乳，如 W/O/W 型或 O/W/O 型。

（3）水溶性基质　由天然或合成的高分子水溶性物质组成，目前常用主要为聚乙二醇类。

二、软膏基质的特点

不同的基质具有各自不同的特点，具体见表 6－1。

表 6－1　软膏基质的特点

基质种类		优点	缺点
油脂性基质		润滑、油腻、无刺激性，涂于皮肤能形成封闭性油膜，促进皮肤水合作用，对皮肤的保护及软化作用强，能与大多数药物配伍，不易霉变	吸水性较差，与分泌液不易混合，对药物的释放、穿透作用较差，不宜用于急性且有多量渗出液的皮肤疾病
乳剂型基质	W/O 型	能吸收部分水分，水分从皮肤表面蒸发时有缓和冷却的作用，习称冷霜，油腻性小	不能用于糜烂、溃疡、水泡及化脓性创面，遇水不稳定的药物不宜制成此种软膏
	O/W 型	能与大量水混合，色白如雪，习称雪花膏，无油腻性，易洗除	易干燥、发霉，常需加入防腐剂和甘油、丙二醇或山梨醇等保湿剂；当 O/W 型乳剂基质用于分泌物较多的病变部位时，可与分泌物一同进入皮肤而使炎症恶化（反向吸收），故须注意适应证的选择；易被酸、碱、钙、镁离子或电解质等破坏；制备用水宜用蒸馏水或离子交换水，制成的软膏在 pH5～6 以下时不稳定
水溶性基质		易涂展，能吸收组织渗出液，一般释放药物较快，无油腻性，易洗除。对皮肤、黏膜无刺激性，可用于糜烂创面及腔道黏膜	润滑作用较差

三、软膏基质的质量要求

软膏基质的质量要求如下：

1. 润滑无刺激，稠度适宜，易于涂布。
2. 性质稳定，与主药不发生配伍变化。
3. 具有吸水性，能吸收伤口分泌物。
4. 不妨碍皮肤的正常功能，具有良好释药性能。
5. 易洗除，不污染衣服。

目前还没有一种基质能同时具备上述要求。在实际应用时，应对基质的性质进行具体分析，并根据软膏剂的特点和要求，采用添加附加剂或混合使用等方法来保证制剂的质量以适应治疗要求。

NOTE

四、软膏基质的选用

软膏基质的选用可从各类基质的性质、药物的性质、皮肤条件、医疗要求、使用目的等各方面综合考虑。

软膏剂的作用，一是局部发挥保护、滋润和治疗等作用；二是通过皮肤吸收产生全身作用。前者宜选择穿透性较差的基质，比如烃类基质；后者则应选择容易释放和穿透的基质，如乳剂型基质。对于急性而有多量渗出液的皮肤疾患，不宜采用封闭性基质，如凡士林等，使用O/W型乳剂基质时也应慎重，因为有可能产生“反向吸收”而使病情恶化，宜选水溶性基质。

五、软膏基质的常用品种

（一）油脂性基质

油脂性基质包括油脂类、类脂类及烃类等。此类基质为疏水性物质，涂于皮肤能形成封闭性油膜，对皮肤起软化保护作用。

1. 油脂类 系从动植物中得到的高级脂肪酸甘油酯及其混合物。因化学结构中含有不饱和双键，化学性质较不稳定。在贮藏中易受温度、光线和氧等的影响而引起分解、氧化和酸败。

豚 脂

adeps

【别名】猪脂、猪油；lard。

【分子式和分子量】复杂混合物，主要成分是脂肪酸三甘油酯，还含有少量的磷脂、游离脂肪酸、胆固醇、色素等杂质。

【来源与制法】豚脂是从猪的腹背部提取的白色油状软固体，是棕榈酸、硬脂酸和油酸的甘油酯混合物。

【性状】豚脂呈白色半固体状，味美，有微臭，不溶于水，可溶于乙醚、氯仿、石油醚和二硫化碳。熔点为36～42℃，由于它含不饱和脂肪酸酯类的浓度较高，因此其稠度较低。由于含有少量胆固醇，可吸收15%水分及适量甘油和乙醇，释放药物较快。

【作用与用途】豚脂主要作为软膏剂基质使用，对皮肤略有柔润与浸透作用。

【使用注意】豚脂因含有不饱和双键结构，故易氧化酸败而产生刺激作用，可加入1%～2%苯甲酸或0.1%没食子酸丙酯防止酸败。豚脂对气温的变化敏感，缺乏可塑性。由于这些缺点，使豚脂的应用范围较窄。

花生油

arachis oil

【别名】花生油；peanut oil。

【分子式与分子量】复杂混合物，含有丰富的油酸和亚油酸，不饱和脂肪酸占80%以上，另外还含有软脂酸、硬脂酸和花生酸等饱和脂肪酸等。

NOTE

【来源与制法】为豆科落花生属植物落花生 *Arachis hypogaea* L. 的种子榨出的脂肪油。

【性状】本品色泽淡黄，透明度好，气味清香。3℃左右开始变浑浊，更低温度下则部分固化。极微溶于乙醇，可溶于苯、四氯化碳和油；可与二硫化碳、氯仿、乙醚和己烷混溶。

【作用与用途】花生油常与熔点较高的蜡类熔合而得适宜稠度的基质；也可用作乳剂基质的油相。花生油是优质烹调油和煎炸油，在油酸－亚油酸类中，它的抗氧化稳定性较高。

【使用注意】花生油相对稳定，当露置于空气中会慢慢变稠、酸败。凝固的花生油在使用前应完全熔化并混匀。花生油应充满盛装于气密、遮光容器中，贮藏温度不应超过40℃。

【应用实例】　单软膏

处方：蜂蜡330g，花生油670g。

制法：取蜂蜡与花生油，置蒸发皿中，在水浴上加热，熔化后，不断搅拌至冷，即得。

作用与用途：作软膏基质。

注解：本处方中花生油可用麻油、棉籽油代替；本品不含特殊药品，无治疗作用，其中蜂蜡是用来增加基质的稠度，其用量可以根据气温变化而有所增减。蜂蜡有较弱的吸水性及乳化剂作用，不宜用白蜂蜡代替，因其系蜂蜡漂白而得，经漂白后往往含有微量酸或氧化产物，不易除尽。

花生油能使药物透入皮内，为不饱和脂肪酸的甘油酯，但易腐败，酸败后对皮肤有刺激性。可加入0.05%～0.2%对羟基苯甲酸酯类或者0.5%苯甲醇，可阻止微生物的繁殖。

单软膏亦可用下列处方代替：

①羊毛脂50g，石蜡100g，凡士林850g，共制得1000g。

制法：取石蜡在水浴上加热熔化后，逐渐加入羊毛脂与凡士林，继续加热，使完全熔和，不断搅拌，放冷，即得。

②石蜡50g，凡士林950g。

制法：取石蜡放瓷皿中在水浴上加热熔化，再加入凡士林加热，至完全液化后，停止加热并搅拌至凝固成软膏状，即得。

③凡士林90g，羊毛脂10g。

制法：称取两种成分在水浴上加热熔融，混匀，并搅拌至冷却，即得。

芝麻油
benne oil

【别名】麻油。

【分子式与分子量】混合物，主要有油酸（45.4%）、亚麻油酸（40.4%）、棕榈酸（9.1%）、硬脂酸（4.3%）、花生酸（0.8%）的甘油酯组成。此外，还含有少量芝麻酯素（复合环醚）和芝麻林素（配糖体）。

【来源与制法】为胡麻科芝麻 *Sesanum indcum* Linne 的成熟种子，经压榨或浸出，然后精制的一种不挥发油。

【性状】本品为淡黄色、几乎无臭、味淡的澄明液体，具有轻微的愉快的香味。大约－40℃固化成黄油状团块，比其他大多数不挥发油稳定。实际上不溶于乙醇，可与二硫化碳、三氯甲烷、乙醚和石油醚混溶，也溶于环己烷。

【作用与用途】本品具有与橄榄油相似的性质，用作半固体制剂的基质和乳剂的油相基

NOTE

料，可替代橄榄油用于制备软膏剂、乳剂、乳膏剂、糊剂、擦剂等；也是某些甾体药物和其他油溶性药物的载体溶剂，用于制备软胶囊、油质注射剂、乳剂等。此外，在食品工业和日化工业中也有广泛用途。

【使用注意】本品与较强的酸、碱、氧化剂发生水解、氧化等反应。

棉籽油
cotton seed oil

【别名】cotton oil。

【分子式与分子量】混合物，主要包括棕榈酸、亚油酸、维生素 E 等。

【来源与制法】为锦葵科棉属植物草棉 *Gossypium herbaceum* L.、树棉（中国棉）*G. arboreum* L. 及陆地棉（高地棉）*G. hirsutum* L. 的种子除去棉籽壳，放在水压机中压榨，得到的鲜红色或暗红色的粗油，经提纯后制得。棉籽中含棉籽油约为 15%。

【性状】本品为淡黄色或黄色的油状液体，无臭或具温和的坚果臭味，微苦。低于 10℃，其中的固体脂肪粒子从油中分离，在 0～5℃时，油成为固体或接近固体。固化的油在使用时需熔化并充分混合，黏度 0.0704Pa·s（20℃）。微溶于乙醇，与二硫化碳、三氯甲烷和石油醚可混溶。

【作用与用途】本品在医药、食品、日化等工业中有广泛用途。在药剂中主要用作乳剂基质、溶剂等，用于静脉注射剂、肌内注射剂、微球等的制备。在食品工业中广泛用于制造多种食品。在日化工业中广泛用于制造洗涤剂，如肥皂、洗衣粉等。

【使用注意】本品与酸、多价金属碱氧化剂发生分解、氧化、沉淀等反应。置于密闭、避光容器中，贮存于阴凉干燥处，避免与氧化剂等接触，远离火源。

玉米油
corn oil

【别名】maize oil，maydol oil。

【分子式与分子量】混合物，含棕榈酸、硬脂酸、油酸、亚油酸和亚麻酸等。

【来源与制法】本品系由禾本科植物玉蜀黍（玉米）*Zea mays* L. 种子的胚芽，用热压法制成的脂肪油。

【性状】本品为淡黄色的澄明油状液体，微有特殊臭，味淡。密度 0.915～0.918g/cm^3，折射率 1.470～1.474。熔点 －18～－10℃，闪点 321℃，自燃温度 393℃。微溶于乙醇和水，与苯、三氯甲烷、二氯甲烷、乙醚和己烷混溶。

【作用与用途】本品在药剂制造中主要用作溶剂、油性分散载体、乳剂油相，主要用作肌内注射剂溶剂或局部用制剂的赋型剂。也用于中药软胶囊内容物混悬分散剂。含有高达 67% 玉米油的乳剂也用作口服营养补充剂。

【使用注意】本品遇强酸、氧化剂发生分解、氧化等反应，应避免与氧化剂、碱类物质接触。化妆品和药用级包衣用的二氧化钛和氧化锌能使玉米油的光氧化作用敏感。玉米油保存在密封、通氮的瓶中稳定。在空气中暴露时间过长可变稠和酸败。玉米油可干热灭菌，如 150℃持续 1 小时。玉米油应置于气密、遮光的容器中，于阴凉、干燥处贮存。应避免过度受热。

2. 烃类　烃类是从石油中得到的高级烃的混合物，其中大部分属饱和烃，脂溶性强，对皮肤起保护作用。

凡士林
vaselin

【别名】软石蜡（soft paraffin），vaselinum flavum。

【来源与制法】凡士林系从石油中得到的多种烃类的半固体混合物。

【性状】凡士林为黄色或白色均匀的半固体状物质，无臭或几乎无臭，与皮肤接触有滑腻感。几乎不溶于水、乙醇、丙酮、甘油，微溶于乙醚，易溶于35℃的苯，在约35℃的氯仿中溶解。化学性质稳定，不易酸败，无刺激性，有适宜的黏稠性和涂展性。与石蜡相比，凡士林中支链及环状烃组分的含量较高，因此凡士林更加柔软，是理想的软膏基质。

【作用与用途】主要作为润肤性软膏基质和润滑剂，用于局部用药物制剂中，它不易被皮肤吸收。凡士林还用于乳膏和透皮给药制剂中。凡士林的主要用途及浓度见表6－2。

表6－2　凡士林的用途

用途	浓度（%）
局部用润滑乳膏	10～30
局部用乳剂	4～25
局部用软膏	至100

凡士林作为软膏剂的基质，能与绝大多数药物配伍，尤其适用于不稳定的药物如抗生素等的基质。白凡士林由黄凡士林漂白而得，是高度纯化的凡士林，完全或几乎无色，在药物制剂中，因人体对白凡士林的过敏反应更加少见，故首选此类凡士林应用。

【使用注意】本品油腻性大，应用于皮肤上有不舒服的感觉，容易沾污衣服。

由于凡士林中的烃组分为化学惰性，所以凡士林本身很稳定，少量杂质的存在会影响其稳定性。这些杂质光照后被氧化，会使凡士林变色并产生不良臭味。

凡士林的穿透力很小，主药的释放速度慢，且易妨碍皮肤水性分泌物的排出和热的发散。

凡士林吸收水分的能力差，仅能吸收其重量5%的水，不适用于急性而有多量渗出液的患处，加入某些吸水性好的基质，如羊毛脂、胆固醇等可以增加吸水性能，如加入15%羊毛脂，可吸收水分达50%。

另外，本品在使用过程中不能与强氧化剂接触，否则会发生配伍反应。

本品有各种熔点，易受气温变化的影响，低熔点者在夏季有软化和液化现象，可加入固体石蜡等加以改善；冬季凡士林黏度过大，可加入液状石蜡或其他油类加以改善。

【质量标准来源】《中国药典》2015年版四部收载白凡士林、黄凡士林两个品种。CAS号：8009－03－8。

【应用实例】　**马应龙麝香痔疮膏**

处方：麝香、人工牛黄、珍珠、炉甘石（煅）、硼砂、冰片。

制法：以上六味，分别粉碎成细粉，混匀，取凡士林785g及羊毛脂50g，加热，滤过，放冷至约50℃，加入麝香等细粉，搅匀至半凝固状，制成1000g，即得。

功能与主治：清热燥湿，活血消肿，去腐生肌。用于湿热瘀阻所致的各类痔疮、肛裂。

注解：本品收载于《中国药典》2015 年版一部。本品中凡士林与羊毛脂合用可增加软膏的吸水性能。

石 蜡

paraffin

【别名】 固体石蜡、硬石蜡；hard paraffin。

【分子式与分子量】 各种固体烃的混合物。

【来源与制法】 系为石油或页岩油中得到的各种固体烃的混合物。

【性状】 为无色或白色半透明的块状物，常显结晶状的构造；无臭、无味；手指接触有滑腻感。在三氯甲烷或乙醚中溶解，在水或乙醇中几乎不溶。熔点为 50～60℃。结构均匀，与其他基质熔合后不会析出，优于蜂蜡。熔融时基本无荧光，易溶于氯仿、挥发油和热脂肪油中。

【作用与用途】 主要用于软膏基质和包衣材料。可调节软膏剂的稠度；也可作为缓释材料用于缓释制剂的制备。

【使用注意】 本品在使用过程中，不能受热或与光和氧化剂接触，否则，会发生氧化反应，产生醛和酸，并有不良的臭味，但加入抗氧剂可提高其稳定性。

【质量标准来源】《中国药典》2015 年版四部，CAS 号：68476－81－3。

液状石蜡

liquid paraffin

【别名】 白色油、白油、石蜡油；mineral oil，white oil，liquid petrolatum。

【分子式与分子量】 多种液状饱和烃的混合物。

【来源与制法】 为石油中制得的各种液状饱和烃的混合物。

【性状】 本品为无色透明的油状液；无臭，无味；在日光下不显荧光。本品可与三氯甲烷或乙醚任意混溶，在乙醇中微溶，在水中不溶。相对密度为 0.845～0.890。在 40℃时，运动黏度不得小于 $36mm^2/s$。在空气中易氧化，凝固点－12.2～－9.4℃，闪点 210～224℃。

【作用与用途】 润滑剂和软膏基质。主要用于调节软膏的稠度，最宜用于调节凡士林基质的稠度，或用其研磨药粉使成糊状，有利于药物与基质混匀。除蓖麻油外，与多数脂肪油均能任意混合。樟脑、薄荷脑、麝香草脑与其他类似物质均能在本品中溶解。

液状石蜡性质稳定、易于乳化，是国内外化妆品中常用的护肤成分，被广泛用于包括婴儿化妆品在内的多种化妆品中。

另外可作润滑性泻药，用于便秘。

【使用注意】 老年人或小儿便秘患者长期服用液状石蜡可妨碍脂溶性维生素 A、D、K 及钙、磷等的吸收，引起脂溶性维生素类缺乏症。

【质量标准来源】《中国药典》2015 年版四部收载液状石蜡和轻质液状石蜡两个品种，CAS 号：8012－95－1。其中轻质液状石蜡的相对密度为 0.830～0.860，在 40℃时运动黏度不得小于 $12mm^2/s$，其余性状、用途等基本相似。在美国，轻质液状石蜡和液状石蜡可作不同用途：用作鼻、喉喷雾时，采用低黏度的轻质液状石蜡，因易于喷雾；用作内服时采用高黏度的

NOTE

液状石蜡，因不易从肛门中渗出。

微晶蜡
microcrystalline wax

【别名】微晶石蜡、地蜡；mictowax，multiwax，ceresin，earth wax。

【分子式与分子量】混合物。

【来源与制法】本品为从石油中制得直链烃、支链烃和环状烃的混合物，是石油的副产品，由含蜡馏分经冷榨或溶剂脱蜡法制得。

【性状】本品为白色或类白色的蜡状固体，无臭。本品在三氯甲烷或乙醚中易溶，在无水乙醇中微溶，在水中不溶。可溶于苯和挥发油。

【作用与用途】本品为包衣剂、控制释放载体等。具有较高的熔点和黏度，可改良石蜡混合物中其他蜡的结晶结构，使油从混合物渗出减少，因此在药剂中是油膏和乳膏等半固体制剂良好的增硬剂和片剂、丸剂的包衣材料，也用于活性药物的口服骨架微型片或微丸，可以控制药物的释放，在食品工业用于胶姆糖等食品和包装纸的清蜡，在日化工业中用于制造霜剂、香波、唇膏等各种化妆品。

【使用注意】本品性质稳定，但遇氧化剂、酸、碱也会发生化学反应。与氧化剂经碰撞可引起爆炸或燃烧。置于密闭容器中，贮存于阴凉、干燥处；远离火源，并不得与氧化剂、易燃物共贮运。

【质量标准来源】《中国药典》2015 年版四部，CAS 号：63231-60-7。

3. 类脂类　大多为高级脂肪酸的高级醇酯，其物理性状类似脂肪，但化学性质较脂肪稳定，多与油脂类基质合用。常用的有羊毛脂、蜂蜡、虫白蜡等。

羊毛脂
lanolin

【名称】无水羊毛脂；wool fat，wool fat anhydrous。

【分子式与分子量】混合物，主要含胆固醇、异胆固醇、羊毛因醇和脂肪酸的甘油酯。

【来源与制法】为采用羊毛经加工精制而得。羊毛脂为绵羊毛上附着的一种脂肪状物质，从洗羊毛水中提取。在洗液中加硫酸析出油层，趁热过滤除去杂质，精制除去游离脂肪酸即得。

【性状】为淡黄色至棕黄色的蜡状物；有黏性而滑腻；臭微弱而特异。本品在三氯甲烷或乙醚中易溶，在热乙醇中溶解，在乙醇中极微溶解，在水中不溶；但能与约 2 倍量的水均匀混合。熔点为 36～42℃，酸值不大于 1.5，皂化值为 92～106，碘值为 18～35。

【作用与用途】本品可用作软膏基质和乳化剂。可作为油脂性基质用于软膏剂、栓剂等半固体制剂的制备。本品作为软膏基质的优点为有强吸水性，可吸收约 2 倍重量的水，形成乳剂型基质，不易酸败，特别适合于含水软膏剂的制备。羊毛脂的性质接近皮脂，比其他基质易穿透皮肤，可作为透皮促进剂用于透皮吸收制剂的制备。

【使用注意】由于本品黏性较大，能牢固地附着于皮肤上，不易洗去，故很少单独用作基质，常与凡士林合用。羊毛脂可改善凡士林的吸水性，含有 30% 水分的羊毛脂称含水羊毛脂，其黏性较低，便于应用。

使用本品时不能与强酸、氧化剂接触，否则会发生水解、氧化等反应而影响产品稳定性。

使用时部分患者会出现过敏反应，尤其在湿疹病人中容易发生，在局部应用的软膏剂中，被列为二级过敏剂。

【质量标准来源】《中国药典》2015 年版四部，CAS 号：8006 - 54 - 0。

【应用实例】 复方苯甲酸软膏

处方：苯甲酸 120g，水杨酸 60g，羊毛脂 50g，白凡士林适量，共制得 1000g。

制法：取苯甲酸与水杨酸研细过筛，另取羊毛脂与凡士林加热熔化，待基质将冷凝时，取少量加入过筛的药品中，研磨均匀后，再逐渐加入全部基质，研匀，即得。

功能与主治：消毒防腐药。用于皮肤真菌感染，溶解角质，治疗癣症。

注解：苯甲酸与水杨酸对黏膜有刺激性，研磨后如成均匀的结晶性粉末，可不必过筛，直接加入基质研匀，以免过筛时粉末飞扬。加入熔化的羊毛脂与凡士林的温度不宜过高，应控制在 60℃以下，以防止苯甲酸等挥发损失。

羊毛脂对皮肤穿透性大，有真皮内发挥作用。但单用羊毛脂因其黏稠性太大，反而影响其穿透，故与凡士林合用，以降低其黏稠度。

白蜂蜡

white beeswax

【别名】 beeswax。

【分子式与分子量】 混合物，主要含棕榈酸蜂蜡醇酯，也含有蜡酸和蜂花酸，尚含有 6% 烃类，包括廿七烷和三十一烷。

【来源与制法】 蜂蜡（蜜蜂分泌物的蜡）经氧化漂白精制而得。因蜜蜂的种类不同，由中华蜜蜂分泌的蜂蜡俗称中蜂蜡（酸值为 5.0 ~ 8.0），由西方蜂种（主要指意蜂）分泌的蜂蜡俗称西蜂蜡（酸值为 16.0 ~ 23.0）。

【性状】 为白色或淡黄色固体，无光泽，无结晶；无味，具特异性气味。本品在三氯甲烷中易溶，在乙醚中微溶，在水或无水乙醇中几乎不溶。相对密度为 0.954 ~ 0.964，熔点为 62 ~ 67℃，在 75℃时折光率为 1.4410 ~ 1.4430，酸值为 5.0 ~ 8.0（中蜂蜡）或 16.0 ~ 23.0（西蜂蜡），皂化值为 85 ~ 100，碘值为 8.0 ~ 13.0。

【作用与用途】 可用作软膏基质和释放阻滞剂。可增加软膏的稠度。

蜂蜡同鲸蜡相似，两者均含有少量游离高级脂肪醇而具有一定的表面活性作用，属较弱的 W/O 型乳化剂，在 O/W 型乳剂型基质中起稳定作用。两者均不易酸败，常用于取代乳剂型基质中部分脂肪性物质以调节稠度或增加稳定性。

【使用注意】 白蜂蜡贮藏时应避光，密闭贮存。

【质量标准来源】《中国药典》2015 年版四部，CAS 号：8012 - 89 - 3。

其余还有二甲硅油、羊毛醇、胆固醇等。

（二）乳剂型基质

乳剂型基质是由水相、油相借乳化剂的作用在一定温度下乳化而成的半固体基质，可分为水包油型（O/W）和油包水型（W/O）两类。

NOTE

1. 水包油型（O/W）乳化剂

（1）一价皂

硬脂酰胺
stearyl amine

【别名】十八酰胺；octadecanamide。

【分子式与分子量】混合物。

【性状】硬脂酰胺为中性蜡状固体。不溶于水，在常温微溶于有机溶剂。

【作用与用途】作为乳化剂用于软膏剂、乳剂等制剂的制备，具有良好的乳化性能和分散油的能力。

【使用注意】硬脂酰胺易被酸破坏，还可被钙、镁盐等破坏，电解质可使之盐析。一般只用于外用制剂。

【应用实例】 徐长卿软膏

处方：丹皮酚1g，硬脂酸15g，三乙醇胺2g，甘油4g，羊毛脂2g，液状石蜡25mL，蒸馏水50mL。

制法：取硬脂酸、羊毛脂、液状石蜡置容器中，水浴加热熔化，得油相，80℃保温备用。另取三乙醇胺溶于蒸馏水，加热至80℃，得水相。将水相缓缓加入油相中，按同一方向不断搅拌至白色细腻膏状。丹皮酚用少量液状石蜡研匀后与基质混匀。

功能与主治：抗菌消炎。用于湿疹、荨麻疹、神经性皮炎等。

注解：处方中三乙醇胺与部分硬脂酸形成硬脂酰胺皂，为O/W型乳化剂。未皂化的硬脂酸被乳化形成分散相，可增加基质的稠度。

丹皮酚是从中药徐长卿中提取的有效成分，其熔点为49.5～50.5℃，难溶于水。

（2）脂肪醇硫酸（酯）钠类

十二烷基硫酸钠
sodium lauryl sulfate

【分子式与分子量】分子式为$C_{12}H_{25}NaO_4S$，分子量为288.38。

【来源与制法】本品是以十二烷基硫酸钠（$C_{12}H_{25}NaO_4S$）为主的烷基硫酸钠混合物。由十二醇和氯磺酸在40～50℃下经硫酸化生成月桂基硫酸酯，加氢氧化钠中和后，经漂白、沉降、喷雾干燥而成。

【性状】本品为白色至淡黄色结晶或粉末，有特征性微臭。本品在水中易溶，在乙醚中几乎不溶。

【作用与用途】十二烷基硫酸钠为O/W型乳化剂，常用量0.5%～2%。常与其他W/O型乳化剂（十六醇或十八醇、硬脂酸甘油酯、脂肪酸山梨坦类等）合用调整适当HLB值，以达到油相所需范围。可作为乳化剂用于软膏剂的制备。

【使用注意】本品是中等毒性物质，对皮肤、眼睛、黏膜、上呼吸道、胃产生刺激，发生急性毒性反应。长期、反复使用本品稀溶液能造成皮肤干裂和接触性皮炎。长期吸入本品对肺有损害，可能发生肺部过敏和严重的呼吸道功能紊乱，本品对肺、肾和肝有明显的毒性反应。

NOTE

本品细菌诱变试验为阴性。

在化妆品和制剂处方中，本品的主要不良反应是在局部应用时对皮肤、眼睛产生刺激。本品不能用于人体静脉注射；对人的口服致死量约为0.5～5.0g/kg。

本品能与阳离子型表面活性剂发生反应，即使在不能形成沉淀的低浓度下也能失去活性。十二烷基硫酸钠不像皂类物质，能与弱酸、钙和镁离子配伍，pH值为9.5～10.0的本品水溶液对低碳钢、铜、青铜、黄铜和铝有微弱的腐蚀性，与一些生物碱盐有配伍禁忌，与铅盐可产生沉淀。

本品应避免吸入或与皮肤接触。操作时应戴防护眼镜，建议视环境情况戴手套或穿防护服，保护眼睛和皮肤，并应在通风处操作。本品燃烧时能放出有毒气体。

本品在正常贮藏条件下稳定，在极端条件下，如pH 2.5或更低的水溶液中，水解成月桂醇和硫酸氢钠。大量原料应装于密闭容器中并在阴凉、干燥和远离强氧化剂的地方贮藏。

【质量标准来源】《中国药典》2015年版四部，CAS号：151－21－3。

【应用实例】 含十二烷基硫酸钠的乳剂型基质

处方：硬脂醇220g，十二烷基硫酸钠15g，白凡士林250g，羟苯甲酯0.25g，丙二醇120g，蒸馏水加至1000g。

制法：取硬脂醇与白凡士林在水浴上熔化，加热至75℃，加入预先溶在水中并加热至75℃的其他成分，搅拌至冷凝。

注解：处方中的十二烷基硫酸钠为主要乳化剂，而硬脂醇与白凡士林同为油相，前者还起辅助乳化及稳定作用，后者防止基质水分蒸发并留下油膜，有利于角质层水合而产生润滑作用，丙二醇为保湿剂，羟苯甲酯为防腐剂。

（3）聚山梨酯（polysorbate）类 商品名为吐温（tweens）类，属于O/W非离子性表面活性剂，对黏膜和皮肤刺激性小，并能与电解质配伍。可作为乳化剂用于药物制剂的制备。详见第三章第三节。

【应用实例】 含聚山梨酯类的乳剂型基质

处方：硬脂酸60g，聚山梨酯80 44g，油酸山梨坦16g，硬脂醇60g，液状石蜡90g，白凡士林60g，甘油100g，山梨酸2g，蒸馏水加至1000g。

制法；将油相成分（硬脂酸、油酸山梨坦、硬脂醇、液状石蜡及凡士林）与水相成分（聚山梨酯80、甘油、山梨酸及水）分别加热至80℃，将油相加入水相中，边加边搅拌至冷凝成乳剂型基质。

注解：处方中聚山梨酯80为主要乳化剂，油酸山梨坦为W/O型乳化剂，以调节适宜的HLB值而形成稳定的O/W乳剂型基质。以硬脂醇为增稠剂制得的乳剂型基质光亮细腻，也可用单硬脂酸甘油酯代替，可得到同样效果。

（4）聚氧乙烯醚的衍生物类

平平加O：详见第三章第三节。为脂肪醇聚氧乙烯醚类，为非离子型O/W型乳化剂。本品在冷水中溶解度比热水中大，溶液pH值6～7，对皮肤无刺激性，HLB值为16.5，有良好的乳化、分散性能。本品性质稳定，耐酸、碱、硬水，耐热，耐金属盐，其用量一般为油相重量的5%～10%（一般搅拌）或2%～5%（高速搅拌）。本品与羟基或羧基化合物可形成络合物，使形成的乳剂破坏，故不宜与苯酚、水杨酸等配伍。

NOTE

柔软剂 SG：为硬脂酸聚氧乙烯酯，属非离子型 O/W 型乳化剂，可溶于水，因 HLB 值为 10，pH 值近中性，渗透性较大，常与平平加 O 等混合应用。

乳化剂 OP：为烷基酚聚氧乙烯醚类，为 O/W 型乳化剂，HLB 值为 14.5，可溶于水，用量一般为油相总量的 5% ~ 10%。本品耐酸、碱、还原剂及氧化剂，对盐类亦甚稳定，但水溶液中如有大量金属离子时，将降低其表面活性。本品与酚羟基类化合物如苯酚、间苯二酚、麝香草酚、水杨酸等可形成络合物，不宜配伍使用。

2. 油包水型（W/O）乳化剂

（1）高级脂肪酸及多元醇酯类

①十六醇与十八醇：十六醇与十八醇在应用方面相似，既可用作增稠剂，增加基质的黏度；又有稳定乳剂的作用。以下以十六醇为例进行介绍。

十六醇

cetyl alcohol

【别名】鲸蜡醇。

【分子式与分子量】分子式为 $C_{16}H_{34}O$，分子量为 242.44。

【结构式】

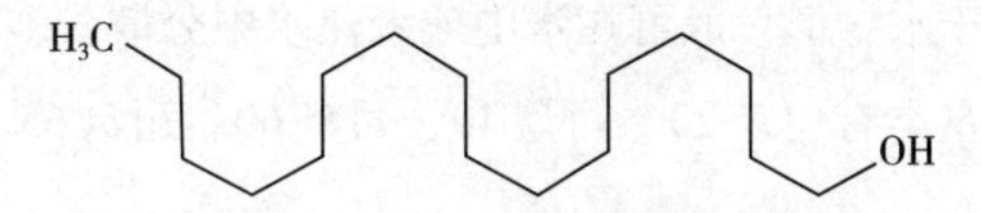

【来源与制法】本品为十六醇，系由天然油脂甲酯化、氢化、精制而得。

【化学成分】为主要含有 1 - 十六烷醇的固态脂肪醇的混合物。

【性状】本品为白色粉末、颗粒、片状或块状物；有油脂味，溶化后为透明的油状液体。本品与乙醇能互溶，在水中几乎不溶。熔点 46 ~ 52℃，酸值不大于 1.0，皂化值不得过 1.0，羟值为 220 ~ 240，碘值不大于 1.5。无刺激性，不酸败，对光和空气稳定。

【作用与用途】基质和乳化剂等。在乳膏和软膏中，十六醇利用其润滑性、可吸水性及乳化性等特性，来提高制剂的稳定性，改善质地，增加稠度。十六醇的润肤性质来源于其在表皮中的吸收和滞留；它可润滑与软化皮肤，并同时赋予皮肤一种“天鹅绒般”质感。十六醇在 O/W 型或 W/O 型乳剂中均可应用，广泛应用于亲水性软膏基质中。

【使用注意】本品在酸、碱、光和空气中稳定，不会发生酸败。应置于密闭容器中，贮存于阴凉干燥处。

十六醇与强氧化剂有配伍禁忌。十六醇能降低布洛芬的熔点，布洛芬晶体薄膜包衣过程中将导致粘连。

【质量标准来源】《中国药典》2015 年版四部。CAS 号：36653 - 82 - 4。

②硬脂酸甘油酯：硬脂酸甘油酯即单、双硬脂酸甘油酯的混合物，是一种较弱的 W/O 型乳化剂。目前报道较多的为单硬脂酸甘油酯。

单硬脂酸甘油酯

glycerol monostearate

【别名】十八酸 - 1，2，3 - 丙三醇单酯。

NOTE

【分子式与分子量】分子式为 $C_{21}H_{42}O_4$，分子量为358.57。

【结构式】

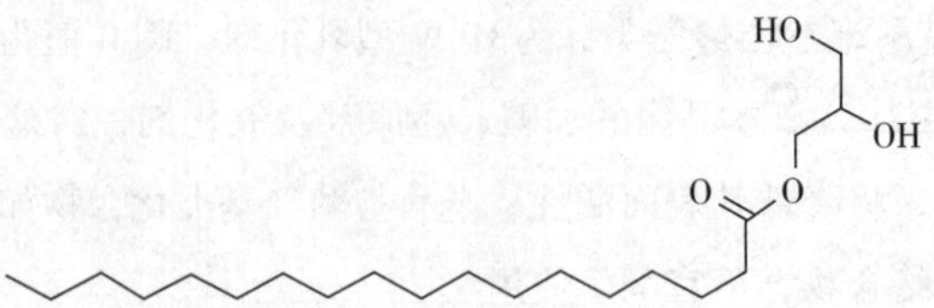

【性状】单硬脂酸甘油酯为白色或类白色的蜡状固体，无臭或微具脂肪臭，无味，几乎不溶于水，可借助少量肥皂或其他表面活性剂分散于热水中，溶于热有机溶媒如乙醇、液状石蜡及脂肪油中。pH值7.10。含游离甘油5.92%，单硬脂酸酯41.97%，肥皂0.55%，灰分0.2%。

【作用与用途】本品是一种乳化剂或乳化辅助剂。一般用作O/W型或W/O型乳剂基质的稳定剂或增稠剂，并使产品滑润。用量为3%～15%。在一般液体乳剂内，如加单硬脂酸甘油酯0.5%，可增加其稳定性。本品可供食用，在食品方面应用很多。

【使用注意】本品应置于密闭容器中，贮存于阴凉、干燥、避光处。

【质量标准来源】CAS号：31566-31-1。

③脂肪酸山梨坦类：脂肪酸山梨坦即司盘类（spans），为多种失水山梨醇脂肪酸酯的混合物。HLB值在4.3～8.6之间，为W/O型乳化剂。大多为黏稠油状液体或乳白色蜡状固体，有特殊嗅味，味柔和，不溶于水，但一般可在水中或者热水中分散，多溶于醇、醚、液状石蜡或脂肪油等溶剂。常用的司盘类有司盘20、司盘40、司盘60、司盘65、司盘80等。以下以司盘80为例进行介绍。

油酸山梨坦（司盘80）

sorbitan oleate（span 80）

【别名】sorbitan monooleate。

【分子式与分子量】混合物。

【来源与制法】本品为山梨坦与油酸成酯的混合物，系山梨醇脱水，在碱性催化剂下，与油酸酯化制得；或由山梨醇与油酸在180～280℃下直接酯化制得。

【性状】为淡黄色至黄色油状液体，有轻微异臭。本品在水或丙二醇中不溶。酸值不大于8，皂化值为145～160，羟值为190～215，碘值为62～76，过氧化值不大于10。但在热水中分散即成乳状溶液。可溶于热乙醇、甲苯、四氯化碳等有机溶剂。HLB值为4.3。对皮肤无刺激性，毒性很小，无副作用。

【作用与用途】主要作为乳化剂和消泡剂。常与吐温混合使用，所得乳剂优良。可作为W/O型乳剂的乳化剂，也可作为稳定剂用于O/W型乳剂中。

【使用注意】本品应密封，置于阴凉干燥的地方保存。

【质量标准来源】《中国药典》2015年版四部，CAS号：1338-43-8。

（2）二价或多价金属皂　二价或多价金属皂系由脂肪酸与相应的金属氢氧化物，如钙、镁、锌、铝的氢氧化物反应制成。

NOTE

双硬脂酸铝
aluminium stearate

【分子式与分子量】分子式为 AlOH（$COOC_{17}H_{35}$）$_2$，分子量为 610.94。

【来源与制法】将熔融的硬脂酸与过量氢氧化钠溶液混合制得皂液，然后在碱液存在下向皂液注入稀硫酸铝溶液，进行复分解反应，经洗涤、离心、脱水为双硬脂酸羟铝的粗品，最后经洗涤、干燥得到成品。

【性状】本品为白色粉末。不溶于水，HLB 值低于 6。

【作用与用途】为 W/O 型乳化剂，一般用于制备冷霜。多价皂形成的基质较一价皂形成的 O/W 型基质更稳定。

【使用注意】此类肥皂制法简便，原料容易得到，但耐酸性很差。

【应用实例】 **W/O 型基质**

处方：硬脂酸 12.5g，单硬脂酸甘油酯 17.0g，蜂蜡 5.0g，地蜡 75g，液状石蜡 410.0g，白凡士林 67.7g，双硬脂酸铝 10.0g，氢氧化钙（化学纯）1.0g，尼泊金乙酯 1.0g，蒸馏水加至 1000mL。

制法：取单硬脂酸甘油酯、蜂蜡、地蜡在水浴上加热熔化，再加入液状石蜡、白凡士林、双硬脂酸铝，加热至 85℃。另取氢氧化钙、尼泊金乙酯溶于蒸馏水中，加热至 85℃，逐渐加入油相中，边加边搅拌，直至冷凝。

注解：处方中的双硬脂酸铝及氢氧化钙与硬脂酸作用形成的钙皂为 W/O 型乳化剂，水相中的氢氧化钙呈过饱和态，应取上清液加至油相中。

（3）聚甘油硬脂酸酯Ⅲ（polyglycerin stearate Ⅲ）　系用甘油聚合后，再与硬脂酸酯化而成。W/O 型乳剂基质中所用的聚甘油硬脂酸酯分子中结合的硬脂酸量较多，亲脂性大于亲水性，可以制成 W/O 型乳剂。它可以用来代替胆固醇或羊毛醇制备吸水性基质。

（三）水溶性基质

是由天然或合成的水溶性高分子物质组成。高分子物质溶解后形成凝胶，则属凝胶剂，如 CMC - Na。目前常用的水溶性基质主要是合成的聚乙二醇类高分子物，以其不同分子量配合而成。水溶性基质易涂展，能吸收组织渗出液，一般释放药物较快，无油腻性，易洗除。对皮肤、黏膜无刺激性，可用于糜烂疮面及腔道黏膜。其缺点是润滑作用较差。常用的水溶性基质有聚乙二醇类、甘油明胶、淀粉甘油、羧甲基纤维素钠、甲基纤维素、羟乙纤维素、阿拉伯胶、淀粉、海藻酸盐、酒石酸、聚乙烯醇等。常见的聚乙二醇有聚乙二醇 400、聚乙二醇 600、聚乙二醇 1500、聚乙二醇 4000、聚乙二醇 6000。

聚乙二醇
polyethylene glycol，PEG

【作用与用途】可作为软膏基质。有较强的吸湿性，对皮肤病灶面的水性分泌物有吸收作用。与其他乳化剂合并使用时，可起到稳定作用。

【使用注意】聚乙二醇使用时吸湿性较强，于夏季湿度及气温高时，容易部分液化。长期使用可引起皮肤干燥。

NOTE

不宜用于遇水不稳定的药物的软膏，对季铵盐类、山梨糖醇及羟苯酯类等有配伍变化。

聚乙二醇作为基质不宜单独使用一种，最好是液体和固体混合使用，才能得到满意的结果。不同季节的温度与湿度对此类基质的稠度影响很大。应注意使用适宜的组成比例，一般采用聚乙二醇4000（25%～30%）和聚乙二醇1500（70%～75%）的混合基质较好。

【应用实例】 聚乙二醇软膏

处方1：聚乙二醇4000 400g，聚乙二醇400 600g（冬季）。

处方2：聚乙二醇4000 500g，聚乙二醇400 500g（夏季）。

制法：将上二者放瓷皿中在水浴上加热至约65℃熔化，搅拌均匀，至冷凝呈膏状，即得。

注解：聚乙二醇4000是蜡样的固体物，溶于水（1∶4）。聚乙二醇400是无色浓稠的液体，溶于水，比重为1.110～1.140。

聚乙二醇4000与聚乙二醇400的用量比例不同，可以调整软膏的软硬度。

处方2制得的软膏较稠。若药物为水煎液或药物水溶液（6%～25%的量），可用30～50g硬脂酸代替等量的聚乙二醇，以调节稠度。

聚乙二醇具有软膏所需要的物理性能，化学性质稳定，不易水解或分解，不易生霉，经多例临床试验证明与其他软膏基质相比并无特殊刺激性或不良反应，且不污染衣服，容易用水洗涤。

羟乙基纤维素

hydroxyethyl cellulose

【别名】 cellulose hydroxyethyl ether，cellosige，natrosol。

【分子式与分子量】 $C_2H_6O_2 \cdot x$

【结构式】

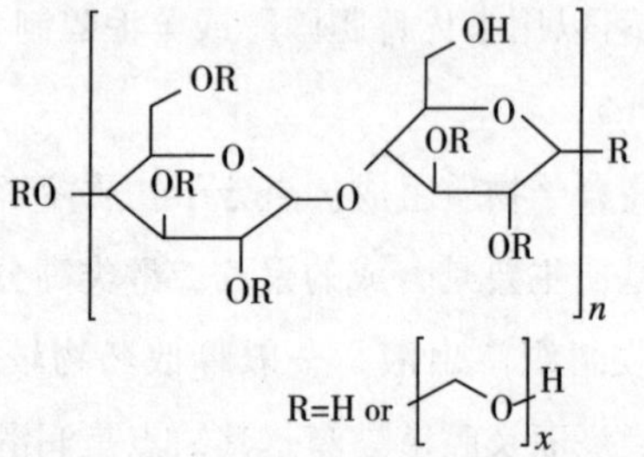

【来源与制法】 本品系由碱性纤维素和环氧乙烷（或2－氯乙醇）经醚化反应制备，属非离子型可溶纤维素醚类。即将纯净纤维素与氢氧化钠反应制成碱纤维素，然后与环氧乙烷反应而得的一系列羟乙基纤维素醚化物。环氧乙烷加到纤维素中的程度取决于取代度和取代摩尔数。取代度表示每个葡萄糖酐单元上能被环氧乙烷取代的羟基个数的平均值，即取代度的最大值为3。取代摩尔数表示与每个葡萄糖酐单元反应的环氧乙烷分子的平均数。因为在葡萄糖酐单元的羟基与环氧乙烷反应，又可在其羟乙基基团上与另一个环氧乙烷反应，这种反应连续不断，从理论上讲，取代摩尔数没有极限。

【性状】 本品为白色或灰白色或淡黄白色粉末或颗粒。本品在热水或冷水中形成胶体溶液，在丙酮、乙醇或甲苯中几乎不溶。黏度应为标示值的50%～150%。无臭，无味，具有潮解性。软化温度为135～140℃。溶于热水或冷水中，可形成澄明、均匀的溶液，但不溶于丙

NOTE

酮、乙醇和乙醚等有机溶剂，在一些极性有机溶剂中，如在甘油，可溶胀或部分溶解。其2%水溶液相对密度为1.0033，折光率为1.336。由于环氧乙烷取代的程度不同，其水溶液的黏度也不同，但其在pH2~12之间的黏度变化微小，如超出这个范围，黏度下降，在低pH下可发生水解，在高pH下可被氧化而不稳定。

【作用与用途】增稠剂、薄膜包衣剂、稳定剂、黏合剂和助悬剂等。

【使用注意】本品与玉米朊配伍时会产生沉淀。羟乙基纤维素与一些荧光染料或荧光增白剂，以及季铵盐消毒剂也有配伍禁忌，可以使水溶液的黏度增加。在口服药物制剂和用于黏膜给药的局部用药制剂中，不得使用乙二醛处理的羟乙基纤维素。羟乙基纤维素也不得用于注射制剂。置密闭容器中，贮存于阴凉干燥处。

【质量标准来源】《中国药典》2015年版四部，CAS号：9004-62-0。

阿拉伯胶　具体见第三章第四节。

淀粉　具体见第五章第二节。

海藻酸盐　具体见第四章第三节海藻酸钠项下。

DL-酒石酸
DL-tartaric acid

【别名】酒石酸。

【分子式与分子量】分子式为$C_4H_6O_6$，分子量为150.09。

【结构式】

【来源与制法】酒石酸最早是从酿造葡萄酒的副产物酒石中提取，现主要使用生物酶转化法以及化学合成法。

【性状】本品为白色或类白色颗粒或结晶或结晶性粉末。本品在水中易溶，在乙醇中微溶。

【作用与用途】用作pH值调节剂和泡腾剂等。

【质量标准来源】《中国药典》2015年版四部，CAS号：133-37-9。

聚乙烯醇

具体见第五章第七节。

第二节　硬膏基质

硬膏剂（plasters）系指将药物溶解或混合于黏性基质中制成的一类近似固体的外用剂型，有局部治疗作用或全身治疗作用。硬膏剂是中医药的传统剂型，利用透皮缓释技术原理，内病外治。

一、硬膏基质的分类

基质在硬膏剂中起着较重要的作用，且基质种类较多，应根据药物性质的不同及临床用药等选择不同的基质。硬膏剂按基质组成可分为以下几种。

1. 铅硬膏 以高级脂肪酸铅盐为基质的外用膏剂，如黑膏药、白膏药等。

2. 橡胶硬膏 以橡胶为主要基质的外用膏剂，如胶布、伤湿止痛膏等。

3. 巴布膏剂 以亲水性高分子聚合物为基质制成的外用膏剂。

4. 透皮贴剂 以高分子聚合物及高分子控释材料制成，药物可透过皮肤起局部及全身治疗作用的一类药剂，如东莨菪碱贴剂、硝酸甘油贴剂。

二、硬膏基质的选择

硬膏基质的选择可从药物的理化性质、使用目的等方面综合考虑。

1. 应根据药物的理化性质选用硬膏基质。如脂溶性药物主要选用含铅膏药基质，水溶性药物主要选用高分子基质，以便药物溶出发挥作用。对热不稳定的药物和易挥发性的药物应在70℃加入混匀，或选用高分子基质。

2. 应根据医疗要求、使用目的选用硬膏基质。如只用于黏结固定，则可选用橡胶作基质；如起局部止痒、消炎、消肿、止痛作用的，既可选用铅硬膏基质和黑硬膏基质，也可选用高分子基质；如起全身作用的，应主要选用高分子基质。

三、硬膏基质的常用品种

（一）铅硬膏基质

是用密陀僧（PbO）与植物油或豚脂反应生成的硬膏基质，这种基质的含药硬膏称为铅硬膏。

1. 黑膏药基质 是用铅丹（Pb_3O_4）与植物油反应生成的硬膏基质，这种基质形成的含药硬膏称为黑膏药，是中药膏剂中最常用者。其中铅丹与植物油的质量将直接影响黑膏药的制备和质量。

铅 丹
massicot

【别名】黄丹、东丹、章丹、红丹、陶丹。

【分子式与分子量】主要成分为四氧化三铅（Pb_3O_4）。

【性状】为橘红色非结晶性粉末，不溶于水，质重，需干燥以防聚结。

【作用与用途】黑膏药硬膏基质的原料。

【使用注意】一般应粉碎成细粉，使能与油充分反应。铅丹用量决定于膏药的“老”与“嫩”，一般在30%～40%（*W/W*，丹/油），随药料与季节而变动。

植物油
vegetable oil

植物油在传统黑膏药基质中不仅是提供形成铅肥皂的脂肪酸，而且可作为药材的提取溶

剂。最常用的植物油为麻油，因其熬炼时泡沫少，利于操作，且成品色泽光亮，黏性适宜，质量好。其他如棉籽油、菜油、花生油、玉米油、大豆油等植物油和豚脂等动物油亦可应用，要求有一定的碘价和皂化价，分别以100~130和180~206为宜，这些油类在熬炼时易产生泡沫，因而需注意升温的速度和操作时的安全。植物油作为该剂型的基本原料，制备黑膏药时，制备过程繁琐、膏药质量不高。

向经过炼制的植物油中加入铅丹，在黑膏药制备工艺中称为下丹。下丹不仅是形成脂肪酸的铅盐过程，而且因铅丹中的高价铅具强氧化性，在高温下会放出氧，可进一步促进油脂的氧化、聚合，达到增稠成膏的作用，所以下丹的温度一般达300℃以上。

【应用实例】　狗皮膏

处方：生川乌80g，生草乌40g，羌活20g，独活20g，青风藤30g，香加皮30g，防风30g，威灵仙30g，苍术20g，蛇床子20g，麻黄30g，高良姜9g，小茴香20g，官桂10g，当归20g，赤芍30g，木瓜30g，苏木30g，大黄30g，油松节30g，续断40g，川芎30g，白芷30g，乳香34g，没药34g，冰片17g，樟脑34g，肉桂11g，丁香15g。

制法：以上二十九味药，乳香、没药、丁香、肉桂分别粉碎成粉末，与樟脑、冰片粉末配研，过筛，混匀；其余生川乌等二十三味药，酌予碎断，与食用植物油3495g同置锅内炸枯，去渣，滤过，炼至滴水成珠。另取红丹1040~1140g，加入油内，搅匀，收膏，将膏浸泡于水中。取膏，用文火熔化，加入上述粉末，搅匀，分摊于兽皮或布上，即得。

功能与主治：祛风散寒，活血止痛。用于风寒湿邪，气血瘀滞所致的痹证，或寒湿瘀滞所致的脘腹冷痛等。

注解：使用时，应用生姜擦净患处皮肤，将膏药加温软化，贴于患处或穴位。

用植物油高温提取药料，目的是使药料中有效成分充分提出。油温在200℃以上时（油料炸枯，外焦内黄），可提取出有效成分。但油温在300~350℃，药材中的主要有机成分会发生变化或产生新的成分。

油与红丹共同熬炼能使不溶于油的金属氧化物转变为可溶状态。油丹反应温度以320℃为宜。

膏药熬炼过程中，温度高至300℃以上，操作不当，油易溢锅，容易起火，同时由于油的分解、聚合等产生大量的浓烟及刺激性气体，因此熬制膏药最好在密闭容器内进行，最好选择郊区空旷场所，并配备防火设备，操作人员应带防护用具，注意劳动保护。

2. 白膏药基质

是用铅白（碱式碳酸铅，又称宫粉）与植物油反应生成的硬膏基质，其生成铅肥皂的反应较易进行，所以下丹的温度稍低，一般100℃左右即可。铅白用量较铅丹多，因而成品显黄白色，故所成膏药称白膏药。常用的基质为铅白。

铅　白

basic lead carbonate

【别名】宫粉。

【分子式】Pb（OH_2）·$PbCO_3$。

【作用与用途】主要用作制备白膏药基质的原料。

NOTE

【使用注意】 铅白与植物油生成铅肥皂的反应较易进行，下丹的温度应稍低，一般100℃左右即可。

（二）橡胶硬膏基质

橡胶（混合物）基质是以橡胶与增塑剂、软化剂、填充剂等混合而成的基质，用此基质制成的硬膏剂称橡胶硬膏。此种基质与药物混合的温度较低，可防止挥发性成分的损失，保证不耐热成分的稳定，而且室温下即具黏性，不脏衣物，使用和去除都较方便。不同品种的橡胶硬膏，在软化剂和增塑剂使用的品种和用量上略有差异，其他组分则基本一致。橡胶基质主要由以下成分组成：

1. 橡胶　橡胶为基质的主要原料，具有良好的黏性、弹性，且不透气、不透水。

2. 增黏剂　增黏剂常用松香，因含有松香酸可加速橡胶膏剂的老化，选择软化点70～75℃、酸价170～175者。

3. 软化剂　软化剂常用凡士林、羊毛脂、液状石蜡、植物油等。软化剂可使生胶软化，增加可塑性，增加成品的柔软性、耐寒性及黏性。具体品种的介绍详见其他章节。

4. 填充剂　氧化锌为常用的填充剂，有缓和收敛的作用，并能增加膏料与裱背材料间的黏着性，降低松香酸对皮肤的刺激性等。

天然橡胶
natural rubber

【别名】 橡胶、生橡胶、生橡皮、胶料。

【分子式与分子量】 分子式为（C_5H_8）$_n$；平均分子量为700 000。

【结构式】

CH_3　n

【来源与制法】 本品是橡胶树上流出的胶乳，经凝固、干燥等加工而成的弹性固状物，随加工方法不同，可得到不同品种。

【性状与性质】 本品为无色半透明状物质，不溶于水、乙醇、甘油，可溶于丙酮、已烷、汽油、甲苯、一些脂类溶剂或混合溶剂。本品的有机溶液具有极强的黏合性。本品无一定的熔点，加热后慢慢软化，到130～140℃时完全软化为熔融状态，200℃左右开始分解，270℃急剧分解。本品具有良好的弹性，同时还具有优良的透气性、可塑性等，耐碱性强，也耐稀酸。

【作用与用途】 本品在药剂中主要用于压敏胶和缓释材料，制备硬膏剂、透皮制剂和缓释制剂等。

【使用注意】 本品不耐浓硫酸、光、热，多价金属离子可促进本品老化。

松　香
rosin

【别名】 熟松香、松香酸，colophony，rosin acid。

【来源与制法】 本品是从松树天然分泌的树脂中除去挥发油后所留存的固体树脂。

NOTE

【性状与性质】本品为微黄色到黄色或琥珀色透明硬脆的尖角形或玻璃块状物，常盖有一些黄粉，常温下易碎，断面有明显贝壳状裂痕；微具松脂臭味，易燃；相对密度1.067，折光率1.5453，软化点≥72~74℃，沸点约300℃，闪点约216℃，玻璃化温度约30℃；不溶于水，微溶于热水，易溶于乙醇、乙醚、丙酮、松节油、石油醚、汽油、稀碱液和冰醋酸。

【作用与用途】本品在药剂中起黏合、缓释、增稠等作用，主要用作黏合剂、缓释剂和压敏胶，用于制备膏药、硬膏剂、透皮促进剂、片剂、丸剂等固体制剂。

【使用注意】本品与氧化剂、碱类可发生氧化、分解等反应，应密闭贮存于阴凉通风处，并远离火源。

氧化锌
zinc oxide

【分子式与分子量】分子式为ZnO；分子量为81.38。

【来源与制法】由纯锌氧化或烘烧锌矿石而成。

【性状】本品为白色至极微黄白色的无砂性细微粉末；无臭；在空气中能缓缓吸收二氧化碳。本品在水或乙醇中不溶，在稀酸中溶解。

【作用与用途】多作填充剂和抑菌剂等。

【质量标准来源】《中国药典》2015年版四部，CAS号：1314-13-2。

【应用实例】 **氧化锌橡皮膏（橡皮膏、绊创膏）**

处方：橡胶24.75kg，氧化锌30.25kg，松香30.0kg，羊毛脂6.5kg，凡士林5.0kg，蜂蜡1.2kg，汽油48~56kg。

制法：橡胶处理洁净后，50~60℃干燥后，割成小块，置混炼机中炼制，待橡胶软化后，加入氧化锌继续炼制，至全部呈均匀乳白色物料为止；将两滚筒间距离调至2~3mm，使胶压成薄片，出片时要不断撒氧化锌粉，并剪去厚边，得含氧化锌的胶片。

将羊毛脂、凡士林先加热脱水，再加入松香、蜂蜡熔合（100~130℃），不断搅拌，四层纱布过滤，放于配料筒中冷至60℃，备用。

将一定量汽油放于搅拌缸内，胶片分次投入缸中，搅拌6小时，使成均匀白色黏胶状，再加入上述冷至60℃之熔合物，搅拌3小时，80~100目筛网压滤，装于密闭缸内，放置4小时以上，装入涂胶机的贮槽中，按规定涂于漂白布上，挥散汽油后卷于纸卷上，按规定要求截切，包装，即得。

作用与用途：氧化锌橡皮膏具有收敛抗菌作用，故可敷于小伤口、皮肤干裂、冻裂处，起保护愈合作用，亦可用于固定绷带。

注解：制造氧化锌橡皮膏所用原料与成品质量好坏关系极大，它可决定橡皮膏的黏着力。黏着力差，容易从皮肤上脱落，黏着力太强，剥离时又易发生创面损伤。所以原料应按规定选择。橡胶应为烟熏的1号原胶；氧化锌要求纯度高，炽灼后含ZnO不得少于99%；松香应选择一级品或二级品；羊毛脂应为精制无水羊毛脂；凡士林熔点应为38~60℃的药用凡士林；蜂蜡要求熔点为62~67℃的精制品；汽油应为特级品，至少应为一级品。原料的水分控制要严格，水分能损害成品的黏着力。如果原料水分超限，成品贮存后黏性降低，甚至可能脱胶。原料的水分含量不应超过0.5%。

NOTE

本处方中，橡胶为产生黏性的基本原料；氧化锌为填充剂；松香为黏性增强剂，能使橡胶软化而增加黏性，但在较高温下因软化而影响黏着力，同时又易促进橡胶的老化；羊毛脂为软化剂，能延长成品的保存期；凡士林为松香的代用品，可减少松香的用量，但软化作用的时间较短；加入蜂蜡可使本品具有抗热、抗寒性能，并可防止粘背；汽油为溶剂。

（三）巴布膏剂基质

巴布膏剂简称巴布剂（cataplasmata），系指药材提取物、药物与适宜的亲水性基质混匀后，涂布于裱背材料上制得的外用剂型。随着医药化学工业的发展，新型高分子材料的出现，巴布剂的基质组成更科学合理，给药剂量准确，已发展成为定型巴布剂，这种剂型正在受到人们的重视。

膏体为巴布剂的主要组成部分，由基质和药物构成，基质的性能决定了巴布剂的黏着性、舒适性、物理稳定性等特征。基质的原料主要有以下几个部分：

（1）黏合剂　黏合剂包括天然、半合成或合成的高分子材料，如海藻酸钠、西黄蓍胶、明胶、甲（乙）基纤维素、羧甲基纤维素及其钠盐、聚丙烯酸及其钠盐、聚乙烯醇、聚维酮及马来酸酐－乙烯基甲醚共聚物的交联产物等。

PVA（聚乙烯醇）用作巴布膏剂的基质，它既可作黏着剂，起增强巴布膏剂膏体内聚力和黏弹性作用，也可作巴布膏剂的载体材料，承载药物，防止药物逸散。目前以 PVA 为基质的巴布膏剂产品如五倍子巴布剂，主要基质的配比为 PVA∶PVP（聚乙烯吡咯烷酮）∶填充剂＝2∶1.5∶2，制得的五倍子巴布剂黏性、剥离性、稳定性均良好、临床使用方便，无刺激性与致敏性。其他如杏钱巴布剂、五行散巴布剂等，也选用了 PVA 作为主要基质。

（2）保湿剂　巴布剂的基质为亲水性且含水量大，选择合适的保湿剂很重要。常用聚乙二醇、山梨醇、丙二醇、丙三醇及它们的混合物。

（3）填充剂　填充剂影响巴布剂的成型性，常用微粉硅胶、二氧化钛、碳酸钙、高岭土及氧化锌等。

（4）渗透促进剂　可用氮酮、二甲基亚砜、尿素等，近年来多选用氮酮。氮酮与丙二醇合用能提高氮酮的促渗透作用。芳香挥发性物质如薄荷脑、冰片、桉叶油等也有促进渗透作用。另外，根据药物的性质，还可加入表面活性剂等其他附加剂。主要的渗透促进剂有二甲基亚砜、氮酮等。

巴布剂基质中所用辅料大部分已在其他章节详细介绍，本处只重点介绍聚丙烯酸钠。

聚丙烯酸钠
sodium polyacrylate

【来源与制法】本品由丙烯酸钠聚合而成。

【分子式】$(C_3H_3NaO_2)_n$，$n=1$ 万至数万。

【结构式】

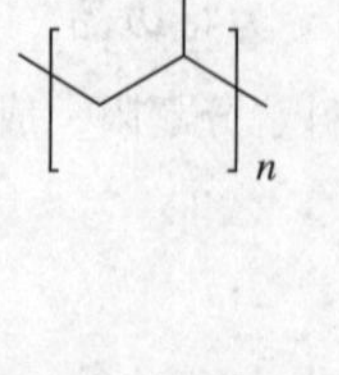

O　ONa

[ ]$_n$

NOTE

【性状与性质】本品为白色粉末，无臭无味，吸湿性强，为具两性基团的高分子树脂；可缓慢溶于水，形成极黏稠透明液体，不溶于乙醇、丙酮等有机溶剂；水溶液在 pH 4 左右时，容易凝聚；在 pH 2.5 左右时溶解；加热至 300℃时不分解，久存黏度变化极小，不易腐败。

【作用与用途】本品在药剂中，主要用作黏合剂、增稠剂、乳化分散剂，用于制备片剂、丸剂、混悬剂、乳剂、贴布剂等；也可用作水处理中的防腐剂、抗氧剂、絮凝剂和稳定剂。

【使用注意】本品遇二价金属离子形成不溶性盐，引起凝胶化沉淀。本品易溶于氢氧化钠水溶液，在氢氧化钙、氢氧化镁等水溶液中会生成沉淀。

【应用实例】 芳香巴布剂

处方：聚丙烯酸钠 5 份，淀粉丙酸酯 5 份，二氧化钛 0.25 份，甘油 40 份，薰衣草油 0.6 份，柠檬油 0.2 份，二氧化硅 3 份，尼泊金甲酯 0.1 份，尼泊金丙酯 0.05 份，乙醇 1 份，聚山梨酯 80 0.05 份，酒石酸 0.5 份，乙酸乙烯酯 3 份，氢氧化铝干凝胶 0.05 份，水适量。

制法：将上述物质加水适量混匀，涂布于无纺纤维织物上，盖上防粘层，即得。

作用与用途：本制剂具有芳香质量作用，贴于体表后有可使人轻松和兴奋的作用。

注解：聚丙烯酸钠在巴布膏剂中为常用的黏合剂。

四、使用中常见的问题及解决途径

1. 黑膏药基质代用品的研究 黑膏药基质的主要成分是脂肪酸铅盐及植物油氧化聚合的增稠产物，一般呈黑色或黑褐色，可刺激神经末梢增强体循环，加速药物的传递和活血作用。但黑膏药易污染衣物，揭扯性差，且有铅离子存在，阻碍了黑膏药的发展，可通过改进黑膏药的基质来克服此缺点。在新基质的研究中，参考了橡胶硬膏基质的组成特点，将聚氯乙烯和苯二甲酸二丁酯（增塑剂）制成类似橡胶的弹性体，再加入松香（黏性体）、樟脑（软化剂）、氧化锌（填料）等制成新基质。此类新基质的黏贴性能、防止污染及稳定性方面均比原来的黑膏药基质有所提高，但基质中药物释放与吸收利用情况等，还需进一步试验与临床验证。

2. 中药橡皮膏对皮肤的致敏性 中药橡皮膏橡胶中所含的蛋白质和松香中的松香酸均为较强的过敏原，对皮肤有致敏性。为了减少皮肤过敏，可采用合成树脂代替天然橡胶，松香衍生物代替天然松香，并借鉴巴布剂的基质，改变工艺并引进透皮促进剂，充分发挥祖国医学传统处方的优势，将传统工艺与高科技相结合，研制出安全高效的新型膏药。

第三节 栓剂基质

栓剂（suppository）系指提取物或饮片与适宜基质制成供腔道给药的固体剂型。栓剂基质是栓剂的赋形剂，是栓剂的重要组成部分，对剂型特性和药物的释放、吸收具有重要影响。

一、栓剂基质的分类

栓剂的基质主要分为油脂性和水溶性两种类型。

（一）油脂性基质

主要包括天然油脂、半合成和全合成脂肪酸甘油酯、氢化油类等。此类基质熔距较短、抗

热性能较好、乳化水分的能力较强，可以作为乳剂型基质，其碘值和过氧化值很低，一般在贮存过程中稳定。

（二）水溶性基质

主要有甘油明胶、聚乙二醇类、聚氧乙烯（40）单硬脂酸酯类、泊洛沙姆等。此类基质的特点是不受熔点的影响，给药后吸水膨胀，溶解或分散在体液中，释放药物而发挥作用。

除以上基质外，还应根据药物的性质选择适宜的附加剂，如吸收促进剂、抗氧剂、增塑剂等。

二、栓剂基质的质量要求

用于制备栓剂的基质应具备下列要求：

1. 室温时具有适宜的硬度，塞入腔道时不变形，不破碎。在体温下易软化、融化，能与体液混合并溶于体液。

2. 具有润湿或乳化能力，水值较高。

3. 不因晶形的软化而影响栓剂的成型。

4. 基质的熔点与凝固点的间距不宜过大，油脂性基质的酸价在0.2以下，皂化值应在200～245间，碘价低于7。

5. 应用于冷压法或热熔法制备栓剂，且易于脱模。基质不仅赋予药物成型，且影响药物的作用。局部作用要求释放缓慢而持久，全身作用要求引入腔道后迅速释药。

三、栓剂基质的选用

栓剂基质的选用可从基质的性质、药物的性质、用药目的等各方面综合考虑。

（一）应根据基质的性质选择适宜的栓剂基质

栓剂纳入腔道后，首先要使药物从融化的基质中释放出来并溶解于分泌液，或药物从基质中很快释放直接到达肠黏膜而被吸收。在油脂性基质中，水溶性药物释放较快，而在水溶性基质或在油水分配系数小的油脂性基质中，脂溶性药物更易释放。栓剂基质中加入表面活性剂可以增加药物的亲水性，加速药物向分泌液转移，有助于药物的释放吸收，但表面活性剂浓度较大时，产生的胶团可将药物包裹，阻碍药物的释放，反而不利于吸收。

基质和附加剂对药物的释放起重要作用。一般而言，水溶性基质在腔道中液化时间较长，释药缓慢。欲发挥局部作用的栓剂液化时间不宜过长，否则会使药物不能全部释放，同时使患者感到不适。一些基质进入人体腔道后的液化时间见表6-3。

表6-3　几种基质进入人体腔道后的液化时间

基质名称	可可豆脂	半合成椰油酯	一般脂肪性基质	甘油明胶	聚乙二醇
液化时间（分钟）	4～5	4～5	10	30～50	30～50

（二）应根据药物的性质选择适宜的栓剂基质

一般说来，选用与药物溶解行为正好相反的基质有利于药物从基质中释放，增加吸收。药物若是脂溶性的，选用水溶性基质较好；药物若是水溶性的，则选用脂溶性基质较好，这样药物溶出速率快，体内峰值高，达峰时间短。例如脂溶性的消炎痛栓，以混合脂肪酸甘油与

PEG1000为基质制成栓剂，其体外溶出度后者是前者的10倍，体内峰值（C_m）分别为1.12μg/mL、1.35μg/mL，达峰时间（T_m）分别为90分钟、60分钟。按“相似者相溶”的原理，因分子间亲和力增大而互溶者，欲再从此互溶物中将药物释放出来，相比之下较难，故可根据药物性质选用适宜基质，以满足不同用药目的。

（三）应根据用药目的选择适宜的栓剂基质

应根据栓剂的用药目的选用基质，一是局部作用，二是全身作用。起局部作用的栓剂，只在腔道局部起止痒、止痛、消炎、通便、杀虫等作用，一般应尽量减少其吸收，故应选用融化或溶解、释药速度慢的基质。水溶性基质制成的栓剂因腔道中液体的量有限，使其溶解速度受限，释放药物缓慢，较之脂溶性基质在体温时可迅速融化、释放药物而言，更有利于发挥局部疗效。如甘油明胶基质常用于局部杀虫、抗菌的阴道栓基质。全身作用的栓剂一般要求迅速释放药物，应根据药物性质选择与药物溶解性相反的基质。据统计，制成栓剂的药物，按疗效可分为二十多类，如镇痛、解热、抗风湿、利尿、抗菌、缓泻、镇吐等，品种达100种以上，其中，多数是通过直肠吸收发挥全身作用，药物从基质里释放到直肠液中的速度将是影响吸收的主要过程，故应选用易于溶解或融化、释药速率快的基质。

四、栓剂模孔所用的润滑剂

栓剂模孔所用的润滑剂根据基质的不同通常有两类：

1. 用于油脂性基质的润滑剂 如软肥皂、甘油各1份与90%乙醇5份混合制成的醇溶液。

2. 用于水溶性基质的润滑剂 液状石蜡或植物油等油类物质。

五、栓剂基质的常用品种

（一）油脂性基质

大多属于脂肪酸甘油酯，包括天然油脂、氢化油、半合成脂肪酸甘油酯等。半合成甘油脂肪酸酯的化学组成是12～18碳饱和混合脂肪酸甘油酯，主要是甘油三酯，其中也含有单酯和双酯，1945年以后，德国首先研究成功，近30年来这种半合成基质代替天然油脂，在栓剂的生产中作为基质，其使用量已达80%～90%。目前国外半合成基质有20～30种，具有不同的熔点，可按不同药物的要求来选择。

可可脂
cocoa butter

【别名】可可豆脂。

【分子式】混合物。

【来源与制法】可可脂为梧桐科 Fam. sleruliacence 可可属可可 *Theobroma cocao* L. 种子提炼制成的固体脂肪。本品的化学组成是多种脂肪酸，如硬脂酸、棕榈酸和油酸的甘油三酯，其中可可碱含量高达2%。

【性状】为淡黄白色固体；25℃以下通常微具脆性；气味舒适，有轻微的可可香味（压榨品）或味平淡（溶剂提取品）。本品在乙醚或三氯甲烷中易溶，在煮沸的无水乙醇中溶解，在乙醇中几乎不溶。相对密度在40℃时相对于水在20℃时为0.895～0.904，折光率在40℃时为

NOTE

1.456～1.458，酸值应不大于2.8，皂化值为188～195，碘值为35～40。可可脂为同质多晶物，有α、β、β′和γ四种晶型。其中β型最稳定，熔点为34℃。

【作用与用途】可可脂是最早使用的天然油脂，是用作栓剂基质的天然脂肪。可可脂还是巧克力的主要成分之一。国内生产很少，价格昂贵，故目前较少使用。其代用品有香果脂、乌桕脂等天然油脂。

【使用注意】可可脂在使用时，通常应缓缓升温加热至2/3熔化，余热使其全部熔化，以避免异物体的形成。每100g可可脂可吸收20～30g水，若加入5%～10%吐温60可增加吸水量，且还有助于药物混悬在基质中。

可可脂与半合成甘油脂肪酸酯比较，熔点较低，抗热性能差。由于它只有一种熔点规格，单独使用不能适应各种药物的要求。酸值和碘值比半合成基质为高，故较不稳定。

在可可脂中加入10%羊毛脂能增加其可塑性，本品与挥发油、樟脑、薄荷油、冰片、木馏油、酚及水合氯醛等物质接触，可导致熔点显著降低，甚至液化，而影响使用，可加入3%～6%的蜂蜡或20%鲸蜡以提高其熔点。

另外，本品与药物的水溶液不能混合，但可用适量的乳化剂使成乳剂而混合，如加2%胆甾醇或5%～10%羊毛脂制成W/O型乳剂基质，此基质能乳化10%～20%的水或水溶液而不是改变其外形；与亲水性乳化剂月桂醇硫酸钠、硬脂酸钠、卵磷脂等合用可制成O/W型乳剂基质。

【应用实例】 颠茄栓

处方：颠茄流浸膏1.5mL，可可脂适量。

制法：取颠茄流浸膏，加已熔化的可可豆油，搅拌均匀，放冷至35℃左右，将凝固前的混合物迅速倾入已涂有润滑剂的模型中，稍冷刮平，制成大小适宜的栓剂10颗，即得。

作用与用途：本品为肛门栓剂，用于肛门止痛。

注解：可可脂加热时，应严格控制温度勿超过36℃，以免可可脂变性形成亚稳态晶型而熔点降低至23～25℃，导致成品不易凝固。

混合物应先冷却至35℃左右，边搅拌边倾入模型中，模型应预先冰冷，以便混合物倾入后迅速凝固，以免药物沉积模型底部。

本品亦可用乌桕脂、香果脂、猴香子油等代替可可豆油作为栓剂基质。

（二）水溶性基质

甘油明胶

gelatinum glycerinatum

【来源与制法】系用甘油和明胶溶液混合而成。一般明胶用量为1%～3%，甘油用量为10%～30%，水70%～80%。制备时可将明胶置已称重的蒸发皿中，加适量水浸渍1小时后，沥去过剩的水，加入甘油，置水浴上加热至明胶溶解，滤过，放冷至成凝胶，即得。

【性状】本品为无色或淡黄色透明状物，呈凝胶状，有很好的弹性，不易折断，在体温下不熔化，但能软化并缓慢溶于分泌液中，能缓慢释药。温度高易融化。本品温热后易涂布，涂后形成一层保护膜，因具有弹性，故使用时较舒适。溶解速度随明胶、甘油和水三者比例不同而不同，甘油与水的含量愈高愈易溶解，甘油可防止栓剂干燥。通常用量为明胶与甘油约等量，水分含量在10%以下。水分过多成品变软。在夏季，可根据地区不同适当调整处方成分比例。

NOTE

【作用与用途】多用作阴道栓剂的基质。

【使用注意】明胶属胶原的水解物，凡与蛋白质能产生配伍禁忌的药物，如鞣酸、重金属盐等均不能用甘油明胶作基质。此外甘油明胶易滋长真菌等微生物，使用时需加适量防腐剂。

【应用实例】 妇康栓

处方：核桃馏油300g，甘油明胶适量。

制法：取甘油明胶，置水浴上加热，待熔化后，加核桃馏油，搅拌均匀，近凝固时迅速倾入已涂过甘油的模型内呈稍溢出模口，冷后刮平，取出，共制成1000粒，即得。

功能与主治：清热解毒，收敛固涩。用于赤白带下，子宫颈糜烂等。

注解：本品收载于卫生部《药品标准·中药成方制剂》第十七册。核桃馏油为脂溶性的，故选择水溶性的基质甘油明胶较好。

（三）栓剂的附加剂

除基质外，附加剂对栓剂的成型和药物释放也有重要影响。应在确定基质种类和用量的同时，选择适宜的附加剂，以外观色泽、光洁度、硬度和稳定性，或体外释放度实验等为指标，筛选出适宜的基质配方。

1. 吸收促进剂 起全身治疗作用的栓剂，为了增加全身吸收，可加入吸收促进剂以促进直肠黏膜对药物的吸收。常用的吸收促进剂有：①表面活性剂：如用聚山梨酯-80等，能增加药物的亲水性，尤其对覆盖在直肠黏膜壁上的连续水性黏液层有胶溶、洗涤作用，并造成有孔隙的表面，从而增加药物的穿透性，提高生物利用度。②发泡剂：如用碳酸氢钠和己二酸制备成泡腾栓，可增加栓剂的释药速度。③氮酮类：氮酮为一种高效无毒的透皮吸收促进剂，近年已开始用于栓剂。将不同量的氮酮和表面活性剂基质S-40混合后，含氮酮栓剂均有促进直肠吸收的作用，说明氮酮直接与肠黏膜起作用，改变生物膜的通透性，能增加药物的亲水性，加速药物向分泌物中转移，因而有助于药物的释放、吸收。④其他：如胆酸类等，也具有促进吸收的作用。

2. 吸收阻滞剂 如海藻酸、羟丙甲纤维素（HPMC）、硬脂酸和蜂蜡、磷脂等，可用于缓释栓剂的制备。

3. 增塑剂 如加入少量聚山梨酯-80、脂肪酸甘油酯、蓖麻油、甘油或丙二醇，使脂肪性基质具有弹性，降低脆性。

4. 硬化剂 若制得的栓剂在贮藏或使用时过软，可加入适量的硬化剂，如白蜡、鲸蜡醇、硬脂酸、巴西棕榈蜡等调节，但效果十分有限。因为它们的结晶体系和构成栓剂基质的三酸甘油酯大不相同，所得混合物明显缺乏内聚性，而且其表面异常。

5. 增稠剂 当药物与基质混合时，因机械搅拌情况不良或生理上需要时，栓剂制品中可酌加增稠剂，常用的增稠剂有氢化蓖麻油、单硬脂酸甘油酯、硬脂酸铝等。

6. 乳化剂 当栓剂处方中含有与基质不能相混合的液相，特别是在此相含量较高时（大于5%）可加适量的乳化剂。

7. 着色剂 可选用脂溶性着色剂，也可选用水溶性着色剂，但加入水溶性着色剂时，必须注意加水后对pH值和乳化剂乳化效率的影响，还应注意控制脂肪的水解和栓剂中的色移现象。

8. 防腐剂 当栓剂中含有植物浸膏或水性溶液时，可使用防腐剂及抗菌剂，如对羟基苯

NOTE

甲酸酯类。使用防腐剂时应验证其溶解度、有效剂量、配伍禁忌以及直肠对它的耐受性。

9. 抗氧剂 对易氧化的药物应加入抗氧剂，如没食子酸酯类、叔丁基羟基茴香醚等。

第四节 滴丸基质与冷凝液

滴丸剂（drop pills）系指药材经适宜的方法提取、纯化、浓缩并与适宜基质加热熔融混匀后，滴入不相混溶的冷凝液中，收缩冷凝而制成的球形或类球形制剂。滴丸中主药以外的附加剂称为基质（bases）。滴丸基质是滴丸剂处方中的重要组成部分。它除了起到药物载体、赋予丸剂形状的作用外，还可以利用基质自身特性，借用固体分散技术增加药物溶解度和溶解速度，从而提高药物的生物利用度和起效速度，或利用一些脂类基质起阻滞作用，制成缓释制剂，发挥长效作用。

用于冷却滴出的液滴，使之冷凝成固体丸剂的液体称为冷凝液（colling agents）。冷凝液是滴丸制备工艺中不可缺少的药用辅料，其作用是使药物与基质的熔融混合物固化、定型。冷凝的效果直接影响滴丸的外观、性状，甚至药物在基质中的分散状态。

一、滴丸基质的分类

滴丸剂所用的基质一般分为两大类。

1. 水溶性基质 常用的有聚乙二醇类、肥皂类、硬脂酸钠及甘油明胶等。

2. 脂溶性基质 常用的有硬脂酸、单硬脂酸甘油酯、氢化植物油、蜂蜡、虫蜡等。

在滴丸生产的实际应用中水溶性基质占大部分，也常采用水溶性基质与非水溶性基质的混合物作为滴丸的基质。两种溶解性质各异的基质，具有不同的极性和介电常数，可互相调节成与药物性质相近的极性和介电常数，从而增加药物的溶解度。混合基质还可以用于调节溶出速率或溶散时限，如国内常用聚乙二醇（PEG）6000与适量硬脂酸配合调整熔点，可得到较好的滴丸。

二、滴丸基质与冷凝液的要求

（一）滴丸基质的要求

滴丸基质对制剂成型起决定作用，选用滴丸基质应具备以下条件。

1. 滴丸基质应具有良好的化学惰性，与主药不发生任何化学反应，不影响主药的疗效与检测。对人体无不良反应。

2. 滴丸基质的熔点不能太高，加热（60～100℃）能熔化成液体，而遇骤冷后又能冷凝成固体，在室温下保持固体状态，与主药混合后仍能保持上述物理状态。基质熔点过高不利于挥发性药物的留存，同时可能影响药物的稳定性。

3. 应充分考虑基质的分散能力与内聚力。通常表面张力大的基质更易成型，基质内聚力太小，形成熔融的液滴后不足以克服液滴与冷凝液间的黏附力，以致不能成型。

4. 控制基质与药物的用量比，在保证剂型的成型性、稳定性、有效性基础上，减少基质的用量，以减小剂量。

NOTE

（二）滴丸冷凝液的要求

在实际应用中，可根据基质的性质选择冷凝液，要求如下：

1. 冷凝液必须安全无害，既不溶解主药与基质，也不与药物、基质发生反应，不影响疗效。

2. 选用具有适宜相对密度与黏度的冷凝液。冷凝液的黏度与密度直接影响滴丸的外观形态。应选用与液滴相对密度相近的冷凝液，以利于液滴逐渐下沉或缓缓上升而充分凝固，保证丸形圆整。若冷凝液与液滴间密度差大，冷凝液黏度低，液滴下降速度就快，受冷凝液浮力影响也大，在浮力和重力的影响下，冷凝中的滴丸呈扁球形而不是类球形，移动速度越快，形态越扁。

3. 选用表面张力小的冷凝液有利于滴丸成形。在实际应用时，可以在冷凝液中加入适量表面活性剂以降低表面张力，使滴丸易于成形。

4. 冷凝液上部的温度不宜过低。冷凝液的温度越低越有利于溶液液滴骤冷，能够有效分散药物，然而冷凝液上部温度过低会导致液滴冷凝过快，在未收缩成圆形前就凝固，使滴丸性状不圆整或带有尾巴，甚至还有气泡。

5. 选用与所用基质溶解性能相反的冷凝液。水溶性基质选用脂溶性冷凝液，如液状石蜡、植物油、甲基硅油、煤油等。脂溶性基质应选用水溶性冷凝液，如水或不同浓度的乙醇等。还可选用混合冷凝液，以调整其密度或黏度，必要时加入适宜、适量的表面活性剂。

三、滴丸基质与冷凝液的常用品种

（一）滴丸基质的常用品种

聚乙二醇 6000

macrogol 6000

【别名】 聚氧乙烯二醇、碳蜡；PEG6000。

【分子式】 以 $HO(CH_2CH_2O)_nH$ 表示，其中 n 代表氧乙烯基的平均数。

【来源与制法】 为环氧乙烷和水缩聚而成的混合物。

【性状】 本品为白色蜡状固体薄片或颗粒状粉末，略有特殊嗅味。在水或乙醇中易溶，在乙醚中不溶。凝点 53～58℃，在 40℃时的运动黏度为 10.5～16.5mm^2/s。

【作用与用途】 PEG6000 本身无生理作用，化学稳定性好，易溶于水，可用以从中释放水溶性或油溶性药物，对药物有助溶作用，同时还能吸附部分液体，是目前较为理想的一类水溶性基质。PEG6000 是常用的水溶性固态基质，极易与药物熔融成固体分散体，故适于药物的溶解、熔融、滴制和成型。

【质量标准来源】《中国药典》2015 年版四部。

【使用注意】 PEG6000 的化学活性主要在于两端的羟基，既能酯化又能醚化，所以不得与氧化剂、酸类、如碘、铋、汞、银盐、阿司匹林、茶碱衍生物等配伍；可降低青霉素、杆菌肽等的抗菌活性和减小苯甲酸酯类防腐剂的抑菌效果；遇磺胺、蒽酮可发生色变，可使山梨醇从混合物中析出；所以，在使用本品时应特别注意上述的配伍变化。

除该品种外，聚乙二醇 4000（macrogol 4000）也有收载，除凝点为 50～54℃，在 40℃时

NOTE

的运动黏度为5.5~9.0mm^2/s外，其余性状、用法等同聚乙二醇6000。

【应用实例】 冠心丹参滴丸

处方：丹参提取物270g，三七提取物180g，降香油10.5mL，PEG6000 550g。

制法：将PEG6000在水浴上加热至全部熔融后，加入上述丹参、三七提取物，搅匀，稍冷后滴入降香油，搅拌均匀后迅速转移至贮液瓶中，密闭并保温在80℃，用定量滴丸机由上往下滴制，冷凝液为二甲基硅油，滴速每分钟30丸。将形成的滴丸沥尽并擦去冷凝液，倒入有吸水纸的盘中，待干燥后灌装，包装，即得。

功能主治：活血化瘀、理气止痛，用于气滞血瘀型冠心病所致的胸闷、胸痛、心悸气短。

禁忌证：孕妇慎用。

注解：冠心丹参滴丸主要是由丹参、三七、降香油组成，具有活血化瘀、理气止痛功效。冠心丹参滴丸中的水难溶性药物和水溶性基质形成分散状态，基质在体内溶解时，药物迅速以微细或分子成分释出，直接经黏膜吸收入血，因此生物利用率较高，作用迅速。本品疗效肯定，无明显毒副作用，适用于气滞血瘀型冠心病心绞痛患者，尤其对初发劳力型心绞痛患者疗效显著。

硬脂酸钠
sodium stearate

【别名】 十八酸钠；stearic acid sodium slat。

【分子式与分子量】 混合物。主要为$C_{18}H_{35}O_2Na$；分子量为306.47。

【结构式】

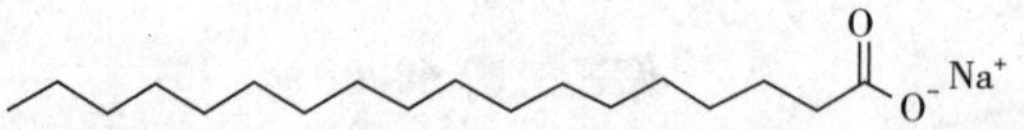

【来源与制法】 是由硬脂酸与氢氧化钠皂化而制得，含硬脂酸钠和棕榈酸钠的混合物，主要为硬脂酸钠。

【性状】 本品性状为白色的细微粉末，具有肥皂味，有牛脂臭气，可缓慢溶解于水和乙醇，易溶于热水和热醇。水溶液对酚酞显碱性。

本品为硬脂酸钠和棕榈酸钠的混合物，其总含量不低于标示量的90.0%，其中硬脂酸钠的含量不低于总含量的40.0%。同时还含有少量其他脂肪酸的钠盐。

【作用与用途】 可用作含挥发油和树脂的滴丸基质。本品常与聚乙二醇混合使用。

【使用注意】 本品遇酸析出脂肪酸，水溶液遇重金属或碱土金属产生沉淀。

【应用举例】 芸香油滴丸

处方：芸香油835g（948.9mL），硬脂酸钠100g，虫蜡25g，水40mL。

制法：将前三种药物一次加入烧瓶中，摇匀，加水后再摇匀，通过回流冷凝管，时时振摇并加热至约100℃使全部熔化，通过内径为4.9mm、外径约为8.04mm的滴出口，滴入1%硫酸溶液中制成滴丸，每丸含芸香油0.2mL。

作用与用途：主要用于慢性支气管炎、支气管哮喘等症。

注解：芸香油滴丸选用硬脂酸钠作基质，采用上行式滴制设备，用1%硫酸溶液作冷凝液，在滴丸表面形成一层硬脂酸（掺有虫蜡）薄壳制成肠溶性滴丸，薄壳避免了芸香油滴丸对胃的刺

NOTE

激作用，减少了恶心呕吐等副作用，且延长了药物的释放和吸收，具有肠溶和延效作用。

明 胶
gelatin

详见第五章第八节介绍。

【应用举例】 **酒石酸锑钾滴丸**

处方：酒石酸锑钾 2g，白明胶 25g，甘油 30.7g，蒸馏水至 110g。

制法：将酒石酸锑钾加热溶于甘油明胶液中，使成 2%（*W/W*）溶液，滴入液状石蜡冷凝液中成丸。

注解：酒石酸锑钾滴丸是用明胶溶液作基质成丸后，用甲醛溶液处理。使明胶的氨基在胃液中不溶，在肠液中溶解。

泊洛沙姆 188
poloxamer188

详见第四章第三节介绍。

【作用与用途】是一种优良的非离子型表面活性剂，具水溶性，毒性很小，价格较低，能与许多药物形成固态分散体，提高药物的生物利用度。泊洛沙姆为基质的滴丸溶出速率和透皮释放更慢，但维持时间长。

【使用注意】

（1）泊洛沙姆具引湿性，需密闭保存。

（2）选用冷凝液时不能用液状石蜡作冷凝液，需用二甲基硅油，因其表面张力小，可减少黏滞力，利于滴丸成形。

（3）泊洛沙姆不宜与酚、间苯二酚、β-萘酚和羟基苯甲酸酯类同时使用。

【应用实例】 **吡哌酸耳用滴丸**

处方：吡哌酸 4mg，泊洛沙姆 32mg。

制法：称取过 100 目筛的吡哌酸，加至已熔化的泊洛沙姆中，充分搅拌，移至 75℃ 保温漏斗中，以 20 滴/分的速度滴入冷却的二甲基硅油中，成型后取出，用滤纸吸干所吸附的硅油即得。

作用与用途：对革兰阴性杆菌，如大肠杆菌、绿脓杆菌、变形杆菌、克雷白杆菌、痢疾杆菌有较好的抗菌作用。与各种抗生素无交叉耐药性。临床主要用于敏感菌所致中耳炎。

注解：耳用滴丸是近年来发展起来的新剂型，弥补了传统治疗中耳炎方法的不足，它与液体制剂相比，在耳内既有速效又有长效作用，使用方便易于清洗，且不阻塞耳道，不易流失浪费，局部药物浓度和生物利用度高，稳定性强，作用持久，携带方便，因此，耳用滴丸已成为目前治疗耳部疾患的理想剂型。

聚氧乙烯（40）单硬脂酸酯
polyoxyethylene（40） stearate

【别名】聚乙二醇单硬脂酸酯 2000，marcrogol stearate（2000）；polyoxy lethylene（40） ste-

NOTE

arate；卖泽 52，myrj52。

【分子式与分子量】分子式为 $C_{98}H_{196}O_{42}$；分子量为 2046.6。

【结构简式】单酯：RCOO（CH_2CH_2O）$_n$H；

双酯：RCOO（CH_2CH_2O）$_n$OCR；

游离多元醇：HO（CH_2CH_2O）$_n$H。

其中 RCO 为硬脂酸基团，n 的平均值约为 40。

【来源与制法】本品系聚乙二醇的单硬脂酸酯和二硬脂酸酯的混合物，并含有游离乙二醇。聚合物长度大约相当于 40 个氧乙烯单元。本品是用相应的聚乙二醇与等摩尔的硬脂酸加热酯化制得。

【性状与性质】本品为白色或微黄色、无臭或稍有脂肪臭味的蜡状固体；熔点为 39 ~ 45℃；可溶于水、乙醇、丙酮、四氯化碳、乙醚和甲醇，不溶于液状石蜡和不挥发油；水溶液的 pH 值为 5 ~ 7，HLB 值为 16.9. 聚氧乙烯（40）单硬脂酸酯改变了聚乙二醇类本身不具有亲酯结构和表明活性的物质，是一种具表面活性的水溶性基质。

【作用与用途】本品在药物制剂中用作乳化剂、增稠剂、润滑剂，主要用于制备片剂、乳膏剂、甘油栓剂等。

聚氧乙烯（40）单硬脂酸酯用于制备灰黄霉素、甲磺丁脲与呋苯胺酸等滴丸，可改善难溶性药物的溶解度，有利于药物的吸收。

【使用注意】本品能与苯酚、间苯二酚生成络合物，与强酸、强碱、碘化钾等发生氧化、分解反应。

（二）滴丸冷凝液的常用品种

液状石蜡

liquid paraffin

详见本章第一节。

【作用与用途】在滴丸的冷凝液中，水溶性基质最为常用的冷凝液是液状石蜡。如咽立爽滴丸、一清滴丸、利福平眼用滴丸等都是以 PEG 为基质，以液状石蜡为冷凝液。

【使用注意】本品与氧化剂和碱性物质发生氧化分解等反应。

二甲硅油

dimethicone

【别名】二甲基硅油、硅油、硅酮。

【分子式与分子量】分子式为 $CH_3[Si(CH_3)_2O]_n \cdot Si(CH_3)_3$，$n = 180 \sim 350$；平均分子量13500 ~ 30000。

【结构式】

$$H_3C-\underset{CH_3}{\overset{CH_3}{|}}{Si}-O-\left[\underset{CH_3}{\overset{CH_3}{|}}{Si}-O\right]_n-\underset{CH_3}{\overset{CH_3}{|}}{Si}-CH_3$$

【来源与制法】为二甲基硅氧烷的线性聚合物，含聚合二甲基硅氧烷 97.0% ~ 103%。因聚合度不同而有不同黏度。固体超强酸催化法合成二甲硅油工艺具有产品质量好，反应条件温和，环境安全性好。工业上普遍采用的是由低摩尔质量的二甲基环硅氧烷或与三甲基硅氧基封端的低摩尔质量二甲基聚硅氧烷经平衡化反应制取。

【性状】本品为无色澄清的油状液体；无臭或几乎无臭。本品在三氯甲烷、乙醚、甲苯、乙酸乙酯、甲基乙基酮中极易溶解，在水或乙醇中不溶。其相对密度、折光率、黏度应符合下表要求。

表 6-4　二甲硅油相对密度、折光率、黏度的限度值

标识黏度（mm^2/s）	黏度（mm^2/s）	相对密度	折光率
20	18~22	0.946~0.954	1.3980~1.4020
50	47.5~52.5	0.955~0.965	1.4005~1.4045
100	95~105	0.962~0.970	1.4005~1.4045
200	190~220	0.964~0.972	1.4013~1.4053
350	332.5~367.5	0.965~0.973	1.4013~1.4053
500	475~525	0.967~0.975	1.4013~1.4053
750	712.5~787.5	0.967~0.975	1.4013~1.4053
1000	950~1050	0.967~0.975	1.4013~1.4053
12500	11875~13125	—	1.4015~1.4055
30000	27000~33000	0.969~0.977	1.4010~1.4100

本品化学性质稳定，不与药物起反应。本品按运动黏度的不同，分为20、50、100、200、350、500、750、1000、12500、30000十个型号。部分型号的产品（见表6-5）。

表 6-5　二甲硅油品种

产品型号（平均黏度）/St	黏度		相对密度	
	min	max	min	max
20	18	22	0.946	0.954
100	95	105	0.962	0.970
200	190	220	0.964	0.972
350	332.5	367.5	0.965	0.973
500	475	525	0.967	0.975
1000	950	1050	0.967	0.975
12500	11975	13125	–	–
30000	27000	33000	0.969	0.975

注：$1St = 10^{-4} m^2/s$

【作用与用途】二甲硅油表面张力小于液状石蜡，可减少黏附力，有利于滴丸的成型；黏度较大，可显著地改善滴丸的圆整度。

【使用注意】硅油为一理想的疏水性基质，对大多数化合物稳定，但对眼有刺激性，不宜作眼膏基质。应密封保存。

【质量标准来源】《中国药典》2015年版四部，CAS号：9006-65-9。

近年来，玉米油也作为冷凝液得以应用，玉米油的表面张力近似于二甲硅油，但其黏度较小，常与二甲硅油合用作为冷凝液。

第七章　气体制剂用辅料

气体制剂主要包括气雾剂（aerosol）、喷雾剂（spray）、雾化剂（nebulizers）、粉雾剂（powder inhalations，PI）、烟剂、烟熏剂（fumigant）和灸剂等。气体制剂以其剂量小、分布均匀、高效为应用特点，在治疗呼吸系统、心血管系统、环境消毒、外科出血和烧伤等方面发挥了重要的作用。最常用的气体制剂为气雾剂。

但与其他药物剂型比较，由于可供选择的抛射剂品种有限，发展速度缓慢。目前，一些不使用抛射剂而用类似气雾剂的各种气化器、喷雾器、雾化器以及粉雾吸入剂等制剂蓬勃发展起来。如《中国药典》2015年版收载的硫酸沙丁胺醇气雾剂、硝酸甘油气雾剂、丙酸倍氯米松吸入粉雾剂以及中成药麝香祛痛气雾剂等。

气体制剂的主要辅料为气雾剂用抛射剂（雾化剂、粉雾剂和喷雾剂的喷出动力源于主动吸入、手动或自动，均不含抛射剂）、粉雾剂用载体及其他附加剂，如潜溶剂、表面活性剂、润滑剂等。气体制剂辅料的选用须根据药物性质和治疗目的，确定制剂类别，如溶液、混悬液、乳浊液等，选择适宜的溶剂、潜溶剂、表面活性剂、抗氧剂、混悬剂以及防腐剂和矫味剂等。

第一节　气雾剂用辅料

气雾剂（aerosols）是指药物与适宜的抛射剂共同封装在具有特制阀门装置的耐压容器中，使用时借抛射作用将内容物喷出呈雾状、泡沫状或其他形态的制剂。

一、抛射剂

气雾剂中使用的具抛射作用的辅料称为抛射剂（propellents）。

抛射剂多为液化气体，是气雾剂喷射药物的动力，也是药物的溶剂和稀释剂。抛射剂须装入耐压容器内，由阀门系统控制释放。在阀门开启、压力解除的瞬间能急剧气化，产生的蒸气压克服外界阻力和药液分子间的引力，将容器内物料喷出成为所需大小的微粒至药用部位。抛射剂的种类和用量决定喷出药物气雾的性质，并直接影响药物疗效的发挥。抛射剂影响着雾滴的性质，如溶液型与混悬型气雾剂雾滴的大小、干湿，乳剂型气雾剂泡沫的状态等。若为吸入性气雾剂，雾滴的大小直接影响到药物喷入的深度、保留量和副作用的强弱。

（一）抛射剂的分类

按抛射剂的物理状态可将其分为液化气体抛射剂和压缩气体抛射剂两大类。室温下，125Psig［pounds per square inch，磅/平方英寸（表压），1Psig＝0.00689MPa］压力时，可压缩成液体的气体被称为液化气体抛射剂，液化气体抛射剂包括氯氟烷烃、氢氟烷烃、碳氢化合物

三类，如氟利昂、丙烷等；此压力下不能被液化的则被称为压缩气体抛射剂，如二氧化碳、氮及氖等。

随着气体温度升高，到一定值后加大压力也不能使气体液化，这一温度被称为临界温度，此时将气体液化所需的压力称为临界压力。

1. 液化气体抛射剂

（1）氟氯烷烃类（CFCs） 商品名为氟利昂，广泛用作制冷剂，也是药用气雾剂常用的抛射剂。从生物学观点来说很多氟化合物对人体有危害作用，但在氯代烷或烷类中导入氟元素后恰恰相反，可使烷类的毒性及可燃性降低。

CFCs 的特点是沸点低，常温下的蒸气压略高于大气压，性质稳定、不易燃烧、基本无臭、无味，液化后密度大、黏度小，无毒性，不溶于水，是最早使用的抛射剂，但有破坏臭氧层和污染环境等问题。在处方中常见一种或几种抛射剂联合使用，以达到理想的抛射动力和稳定性。

（2）氢氟烷烃类（hydrofluo - roalkane，HFA） HFA 的理化性质基本与 CFCs 一致，目前被认为是最合适的氟利昂替代品。它的原理是用氟原子替代 CFC 分子结构中的氯原子，不含氯，故不破坏大气臭氧层。氟代烷烃分子中至少有一个 H—C 键，由于 F—H 键结合较强，在光催化下，分解形成 · OH 自由基，尽管其浓度很低，但可使一氧化碳及甲烷转化为二氧化碳和水，所以对大气有足够的保护作用。对全球气候变暖的影响明显低于 CFC。

HFA 比 CFC 对水分有更高的亲和度，在常温常压下能溶解许多化合物。如类固醇化合物在 HFA 中的溶解度与它们各自的熔点和脂溶性有关，且潜溶剂乙醇能明显增加各类固醇化合物在 HFA 中的溶解度。

常用品种有四氟乙烷（HFA - 134）、七氟丙烷（HFA - 227）。

（3）碳氢化合物类 作为抛射剂的碳氢化合物是饱和烃，也称为烷烃。与 CFC、HFA 抛射剂相比，碳氢抛射剂不含卤原子，没有生态毒性的可能。碳氢抛射剂不破坏臭氧层，没有温室效应。碳氢抛射剂已在其他领域应用，因此有现成的与包装材料相容性方面的技术支持。

碳氢抛射剂的优点是价格低廉，可以得到氟利昂类所不能得到的蒸气压力，还具有良好的溶解特性。在三相系统中使用碳氢抛射剂，静置分层后，抛射剂由于密度较小分层在药液之上，导管可插至容器底部，使药液全部喷完，而不喷出抛射剂。缺点是易燃，取用不便，安全性低。

碳氢化合物类作抛射剂的常用品种为丙烷、二甲醚、正丁烷和异丁烷。

2. 压缩气体类 压缩气体气雾剂主要使用二氧化碳、一氧化氮、氮气和压缩空气这四种，大约占压缩气体用量的99.7%，其中二氧化碳价格最便宜、最有用因此使用最普遍。在所有压缩气体气雾剂中占了大约72%，一氧化氮次之，约占19%，余下的10%左右主要是压缩空气，它被用作许多活塞型和囊罐型气雾剂产品的加压剂。余下的约0.3%压缩气体气雾剂采用氧气、氩气、乙烷、二氟甲烷、三氟甲烷以及六氟化硫等高压抛射剂。

在高压下，二氧化碳和一氧化氮以液体状存在，往往储存在高压钢瓶中，亦可被称为“液化抛射剂”。但是，这些抛射剂仅以气相进入气雾剂充气机，在固定的压力和温度条件下一定体积的这些气体被注入雾罐中。

压缩气体可分为两类：一类溶于制品中，如一氧化氮和二氧化碳，另一类不溶，如氮

NOTE

和氖。

3. 液化气体与压缩气体比较 液化气体与压缩气体相比各有其优缺点。液化气体抛射剂化学性质稳定，压力稳定，释药性能良好，空罐效果好，雾形良好，毒性小，价格便宜，但其压力随温度变化大，有些碳氢化合物易燃等。

压缩气体抛射剂便宜，化学惰性好，无毒，不可燃，压力受环境温度变化影响小，但其压力随罐内气体量的耗用不断下降，最终雾化效果差，无法控制产品定量释放。

（二）抛射剂的要求

理想的抛射剂应具备：

1. 常压下沸点低于室温，常温下的蒸气压大于大气压。
2. 对机体无毒、无致敏性和刺激性。
3. 不易燃易爆。
4. 惰性，与药物、附加剂等不发生反应。
5. 无色、无臭、无味。
6. 价廉易得。

但实际上，一种抛射剂往往不能同时满足以上所有要求，应根据用药目的使用两种或更多的氟烷烃类混合制成需要蒸气压的混合抛射剂。混合抛射剂的蒸气压可根据拉尔定律计算。

（三）抛射剂的选用

1. 根据抛射剂性质选用

药用气雾剂的抛射剂选择主要应考虑其性质，例如溶解度参数、介电常数、密度、压力、雾化状况等因素。有时为了得到良好的抛射性能，常采用混合抛射剂。在选择混合抛射剂时，应考虑其相容性、压力等。

（1）溶解度参数 代表分子间结合力，对非电解质来说，参数越高，极性越大。溶剂之间的溶解度参数越接近，相容性越好。多数液化气体极性低，溶解性能差，在设计处方时，尤其在使用混合抛射剂或加入其他溶剂时，更应注意。溶剂性质可用溶解度参数 ε（又称凯氏溶解度参数）及介电常数（δ）表示。

$$\varepsilon = \sqrt{\frac{E}{V}}$$

其中，E 是内聚能，V 是体积，E/V 是内聚能密度。实际上，溶解度参数代表分子间结合力，对非电解质，参数越高，极性越大。溶剂之间溶解度参数越接近，相容性越好。

表 7－1 常见的抛射剂的溶解度参数

抛射剂	丙烷	丁烷	异丁烷	DME	F_{11}	F_{12}	F_{114}	HFA－134
溶解度参数	13.1	14.5	14.0	17.6	6.0	6.4	7.3	5.1

$$\delta = \frac{C_{溶剂}}{C_{真空}}$$

式中，$C_{真空}$ 及 $C_{溶剂}$ 分别为真空及溶剂的电容，后者常可用空气中的电容值来代替。这一参数很容易在实验室测得，可定量地用来衡量非极性溶剂的极性。一般非极性分子的介电常数在 1～5 之间，例如硫、氢等。而高极性分子的介电常数在 60～80 之间。

NOTE

常见抛射剂的介电常数见表7-2。在选择混合抛射剂时两者的参数应接近。

表7-2 常见的抛射剂的介电常数

抛射剂	丙烷	丁烷	异丁烷	DME	F_{11}	F_{12}	F_{114}	HFA-134	HFA-227
介电常数	0.58	0.6	0.56	0.61	2.33	2.04	2.13	9.51	3.94

（2）抛射剂的密度 对气雾剂的处方设计及稳定性很重要，它决定气雾剂的释药剂量。气雾剂配方时常按重量比例进行，而释药按体积定量。此外密度对混悬型气雾剂的物理稳定性也有一定的影响。

根据Stokes定律可知，抛射剂与药物的密度差越大，沉降越快，粒子越易分层。

$$v = \frac{2r^2(\rho_1 - \rho_2)g}{9\eta}$$

常见的抛射剂的密度见表7-3。

表7-3 常见的抛射剂密度

抛射剂	丙烷	丁烷	异丁烷	DME	F_{11}	F_{12}	F_{114}	HFA-134	HFA-227
密度	0.50	0.58	0.56	0.66	1.49	1.33	1.47	1.20	1.41

在假设抛射剂为理想气体的前提下，混合抛射剂的密度可按其重量百分比来计算。

（3）压力 主要影响产品的药物释放及喷雾状态。而处方中采用的抛射剂或混合抛射剂的比例等对气雾剂的罐内压力起决定性作用。抛射剂作为气雾剂的动力，提供的压力直接影响气雾喷出的速度，而后者影响气雾剂粒子的动力学行为，甚至粒径（对溶液型气雾剂）。除压力外，气雾喷出口的直径和长度对释药的速度也起决定作用。对于吸入气雾剂，应控制气雾剂的喷雾速度以降低药物粒子的动力半径，使更多药物粒子进入肺深部，速度控制除控制罐内压外，可通过设计不同的触动器来实现。

2. 根据用药目的选择抛射剂的配比 抛射剂是喷射药物的动力，其喷射能力的强弱直接受抛射剂用量与抛射剂自身蒸气压的影响，也要受不同类型气雾剂用药目的和要求的制约。一般来说，用量大，蒸气压高，喷射能力强，反之则弱。吸入气雾剂若要求喷出物干、雾滴细微则需喷射能力强，皮肤用气雾剂、泡沫型气雾剂则喷射能力可稍弱。

单一抛射剂往往不能满足不同类型气雾剂对喷射能力和医疗上所需雾滴大小的要求，若抛射剂本身蒸气压低于大气压则不能单独使用，一般多采用混合抛射剂，在筛选处方时，首先应了解所选用抛射剂的蒸气压，如果两种抛射剂混合使用，则应该按照每种抛射剂的蒸气压以及所占的摩尔分数，计算混合后的蒸气压，然后通过调节抛射剂的比例得到符合临床需要的蒸气压。

根据Raoult定律（在一定温度下，溶质的加入导致溶剂蒸气压降低与溶液中溶质的摩尔分数成正比）以及Dalton分压定律（任何系统的总压等于系统中不同组分分压之和），可计算混合抛射剂的蒸气压。

计算抛射剂的蒸气压有三方面的作用：①预估气雾剂处方的压力；②在有压力要求的条件下，可灵活选用不同蒸气压的抛射剂以及调整用量，为处方设计提供依据；③估计喷出雾粒的性质。

NOTE

气雾剂的总蒸气压主要由抛射剂决定，同时也受药物以及其他附加剂与容器空气的影响，但以抛射剂的影响为主要。

表7-4　常用的混合抛射剂组成以及在不同比例条件下的蒸气压

混合抛射剂	不同比例	蒸气压（kPa）	密度（g/mL）
F_{12}/F_{11}	35∶65	186.3	1.435
F_{12}/F_{11}	50∶50	257.8	1.412
F_{12}/F_{11}	30∶70	161.8	1.444
F_{12}/F_{11}	60∶40	303.9	1.396
F_{12}/F_{114}	70∶30	386.2	1.368
F_{12}/F_{114}	25∶75	209.8	1.434
F_{12}/F_{114}	10∶90	139.2	1.455
F_{12}/F_{114}	20∶80	187.2	1.441
F_{12}/F_{114}	40∶60	274.5	1.412
F_{12}/F_{114}	45∶55	295.1	1.405
F_{12}/F_{114}	55∶45	333.3	1.390

3. 应注意抛射剂的毒性和可燃性　使用吸入性气雾剂时，抛射剂和药物一起进入人体，因此抛射剂的毒性直接影响安全用药，选用时应注意。

FDA规定，新的气雾剂用抛射剂至少应有两种动物3年以上的毒理数据，并按防爆品的要求进行火焰喷射等测试，以保障制备和使用时的绝对安全，这对于无氟抛射剂的筛选是个新课题。

对新型抛射剂的研究，投资最大的部分是毒性研究，包括急性毒性、长期毒性及分解产物毒性。

（四）抛射剂的品种

1. 液化气体抛射剂

（1）氟氯烷烃类（CFCs）　氟氯烷烃类常用的抛射剂是混合抛射剂，以不同比例结合得到需要的压力或雾型。常用的有F_{11}、F_{12}、F_{114}三种，其中F_{12}是基本的抛射剂。常用氟利昂类物质的物理性状见表7-5。

表7-5　常用氟利昂类物质的物理性状

	F_{11}	F_{12}	F_{114}	F_{114a}	F_{142b}
分子式	CCl_3F	CCl_2F_2	$CClF_2CClF_2$	CCl_2FCF_3	CH_3CClF_2
分子量	137.4	120.9	170.9	170.9	100.5
沸点,℃	23.7	-29.8	3.6	3.2	-9.4
凝固点,℃	-111.4	-158	-93.9	约-60	-131
蒸气压，kPa/m² 表压（21.1℃）	92.4[a]	484	88.9	92.4	200.6
蒸气压，kPa/m² 表压（54℃）	167.5	1248	405.4	417.8	670.2
液体密度，g/mL（21.1℃）	1.485	1.325	1.468	1.478	1.119
液体密度，g/mL（54℃）	1.403	1.191	1.360	1.371	1.028
蒸气密度，g/L（沸点时）	58.6	6.26	--	--	--

NOTE

续表

	F_{11}	F_{12}	F_{114}	F_{114a}	F_{142b}
气化热，kJ/kg（沸点时）	328. 9	302. 1	247. 8	244. 4	403. 2
液体黏度，mPa · s（21. 1℃）	0. 439	0. 262	0. 386	0. 463	0. 330
液体黏度，mPa · s（54℃）	0. 236	0. 227	0. 296	0. 347	0. 250
表面张力，N/m（25℃）	0. 019	0. 009	- -	- -	- -
水中溶解度，g/100mL（21. 1℃）	0. 009	0. 008	0. 008	0. 006	0. 054
毒性（U. L. Rating system）	5A	6	6	6	5A

注：表中 kPa/m^2 为绝对压力的单位；5A 指比分类 4 的毒性低，比分类 6 的毒性大。

三氯一氟甲烷
freon11（F_{11}）

【分子式与分子量】分子式为 CCl_3F；分子量为 137. 37。

【结构式】

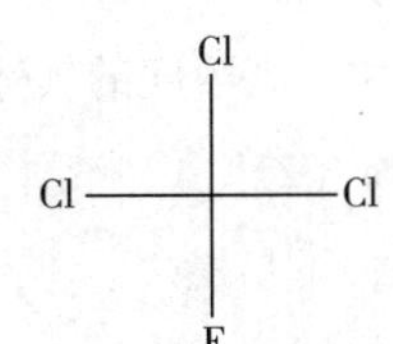

【来源与制法】以四氯化碳和无水氟化氢为原料，以五氯化锑作催化剂催化反应，再经分馏得三氯一氟甲烷（即液相接触法）。另外也有采用甲烷氟氯化法生产，即以甲烷、氯气、氟化氢为原料，在 370 ~ 470℃ 、0. 39 ~ 0. 59MPa、接触时间 4 ~ 10s 条件下反应得二氯一氟甲烷和三氯一氟甲烷，反应气体再用水、碱液、硫酸依次洗涤除去氯甲烷混合物，经干燥、冷凝、精制得成品。

【性状】为无色无臭气体；无腐蚀性，具不燃性，化学性质稳定；极微溶于水，有水存在易水解产生盐酸，有乙醇存在会腐蚀铝制品产生氢气。F_{11} 的溶解性与 F_{12} 相似，能溶解烃类和其他卤素化合物。不易溶解含有一个以上氧原子的化合物。一般能与 F_{12} 混合的有机化合物也能与 F_{11} 混合，有些物质更容易溶解。

【作用与用途】气雾剂的抛射剂。F_{11} 是一种低压力的抛射剂，可结合其他抛射剂尤其是与 F_{12} 一起应用，以调节蒸气压和作为溶剂或稀释剂。

【使用注意】F_{11} 易于水解，成品的水分不能超过 1. 5% 。不能与水溶液同用，故使用乙醇时须是无水乙醇。

【应用实例】　硫酸沙丁胺醇气雾剂

处方：沙丁胺醇 26. 4g，F_{11} 适量，F_{12} 适量，油酸适量，共制 1000 瓶。

制法：将硫酸沙丁胺醇与油酸混合均匀，按量加入 F_{11}，充分混合得到均匀的混悬液后，分剂量灌装，安装阀门系统后压入 F_{12}，即得。

适应证：主要用于缓解哮喘或慢性阻塞性肺部疾患（可逆性气道阻塞疾病）患者的支气管痉挛，及急性预防运动诱发的哮喘，或其他过敏原诱发的支气管痉挛。

注解：处方中的油酸作为稳定剂，可防止药物微粒聚集或结晶的增长，还有润滑和封闭阀

NOTE

门系统的作用。先加入高沸点的F_{11}，有利于药物微粒的混悬；而后再压入低沸点的F_{12}，可减少抛射剂的损失。

二氯二氟甲烷

freon12（F_{12}）

【分子式与分子量】CCl_2F_2；120.92。

【结构式】

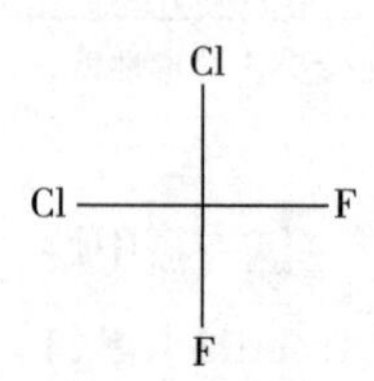

【来源与制法】本品是用三氟化锑与四氯化碳在五氟化锑的催化下而制得，可再经除去水、起始原料和中间体而得本品的精品。

【性状】为一种液化气体。在它本身的蒸气压下呈液体，室温下，暴露于大气压条件下呈气体。几乎无色、无臭且基本澄明的液体，高浓度的气体微具乙醚气味；无刺激，无腐蚀，不燃烧，沸点 -29.8℃，蒸气压4.914MPa（21℃），液体密度（1.325g/mL，21℃），抛射剂在水中的溶解度（0.028%，*W/W*，23℃），不易燃烧。本品为不活泼的稳定化合物，用作抛射剂时其压缩气体也稳定。

【作用与用途】气雾剂的抛射剂。可单独使用，但蒸气压较高，可应用于高压力的气雾剂和泡沫气雾剂中，通常与其他抛射剂如F_{11}、F_{114}或F_{114a}合用，以降低其压力，成为混合抛射剂，达到需要的蒸气压。主要用于口吸气雾剂、避孕泡沫剂和细菌化学方面的喷雾剂。

【使用注意】F_{12}在碱度很高的条件下性质稳定，不易水解。由于F_{12}的溶解能力较差，常加入各种助溶剂如乙醇、F_{11}、二氯甲烷等。

【应用实例】 速效心痛气雾剂

处方：牡丹皮240g，川芎401g，冰片26g，二氯二氟甲烷5g。

制法：以上三味，牡丹皮、川芎分别粉碎成粗粉；牡丹皮用90%乙醇冷浸提取二次，第一次用90%乙醇5300mL，搅拌6小时，静置12小时，第二次用90%乙醇4000mL，搅拌4小时，静置12小时，吸取上清液，滤过，回收乙醇至体积约为500mL。川芎提取挥发油，蒸馏后的水溶液滤过，减压浓缩成清膏（约120g），加乙醇等量，搅拌，静置，吸取上清液，滤过，滤液与上述浓缩液合并。将川芎挥发油、冰片分别用适量乙醇溶解，加4mL吐温80，混匀，加入上述合并液，混匀，用水调整总量至1000mL，混匀，滤过，滤液灌封于特制的瓶中，压入抛射剂（二氯二氟甲烷）5g，即得。

功能与主治：清热凉血，活血止痛。用于偏热型轻、中度胸痹心痛，痛兼烦热，舌苔色黄。

NOTE

二氯四氟乙烷
freon114（F_{114}）

【分子式与分子量】分子式为 $C_2Cl_2F_4$；分子量为 170.92。

【结构式】

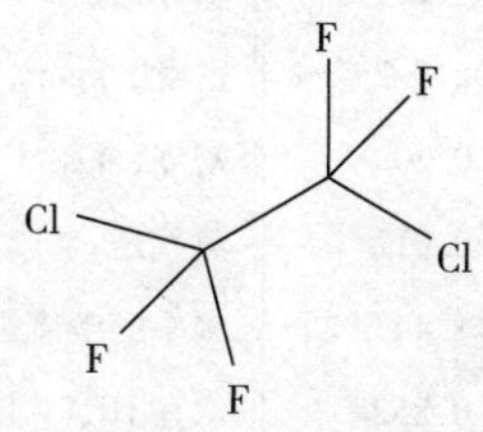

【来源与制法】在适量氯化烃中加入氟，并在适宜的催化剂存在下制成。

【性状】为无色、不燃性气体，微具醚臭，加压下可液化为澄明无色的液体；性质稳定，其压缩气体也稳定。F_{114} 是一个同分异构体化合物，有 2 个异构体 $CClF_2CClF_2$ 和 CCl_2FCF_3，二者沸点相近，仅凝固点不同。

【作用与用途】气雾剂的抛射剂。

【使用注意】F_{114} 的溶解性比其他氟利昂均低，但对水、热的化学稳定性好。

【应用实例】　**鼻用气雾剂**

新福林酒石酸盐制法：取 L－（－）－新福林 25g，溶于 550mL 乙醇与 25mL 水的混合液中，分次加入 L－（+）－酒石酸 112g，溶于 35mL 乙醇的溶液中，过滤，滤液搅拌，即析出 L－（－）－新福林酒石酸盐结晶（Ⅰ）。

配方：磷酸塞米 0.023g，Ⅰ0.048g，乙醇 0.42～0.70g，抛射剂（F_{12} 与 F_{114}，两种抛射剂的比例为 20∶80）14.0g。制成气雾剂即得。

适应证：用于防治过敏性鼻炎。

注解：F_{114} 是一种压力比较低的抛射剂，对于香精及香精与醇混合物有良好的溶解性能，很少影响香味。通常与 F_{12} 混合使用，以得到较宽的蒸气压范围。

（2）氢氟烷烃类（hydrofluoroalkane，HFA）

四氟乙烷
HFA－134a

【别名】1, 1, 1, 2－四氟乙烷。

【分子式与分子量】分子式为 $C_2H_2F_4$；分子量为 102.03。

【结构式】

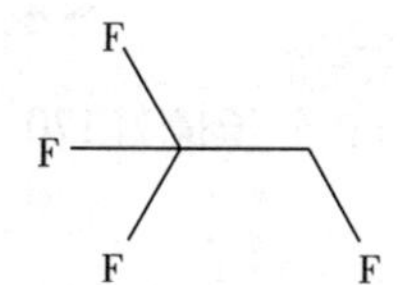

【性状】为无色、淡醚味、不易燃的气体，加压下为液体。具体性质见表 7－6。

表7-6　四氟乙烷的物理性质

物理性质	HFA-134a	物理性质	HFA-134a
分子式	$C_2H_2F_4$	临界温度,℃	101.15
分子量	102.03	临界压力，MPa	4.064
沸点,℃（0.11MPa）	-26.3	临界容积，L/kg	1.97
凝固点,℃	-101	临界密度，kg/L	0.507
蒸发热，kJ/kg（沸点时）	217.2	密度，kg/m^3（液体，25℃）	1206
液体黏度，mPa·s（21.1℃）	0.202	密度，kg/m^3（饱和蒸气，沸点时）	5.25
蒸气黏度，mPa·s（101.3kPa）	0.012	蒸气压，kPa/m^2（25℃）	666.1
热容量，kJ/kg·K（液体，28℃）	1.44	水中溶解度，g/100g（25℃，101.3kPa）	0.15
常压下蒸气热容量，kJ/kg·K（25℃）	0.852	水在HFA-134a中溶解度，g/100g（25℃，101.3kPa）	0.11

注：表中kPa/m^2为绝对压力的单位。

【作用与用途】 本品不含氯，不破坏臭氧层，毒性低，可以用于药用定量吸入气雾剂（MDI）中。

【使用注意】 本品不易燃、无光化学活性，通常被视作惰性有机化合物。它具有低气热传导性。在火焰或高温下分解，产生有毒和刺激性化合物，如氟化氢，刺激鼻、喉。因此应避免高温下使用。

本品与一般塑料的配伍试验，系将塑料试品与液体HFC-134a密封于玻璃管中，在室温中放置并观察重量和物理变化，结果显示丙烯酸和纤维素类有变化。大多数的塑料，如聚氯乙烯、聚丙烯、聚酰胺、聚碳酸酯、聚酯、聚苯乙烯等，可以作进一步的研究和测试。

吸入毒性：本品可接受的暴露限度为8小时或12小时（0.1%），在此限度下几乎所有的工作人员均能承受而无不良反应。当吸入高浓度的HFA-134a，会引起暂时性的神经系统抑制和麻醉，产生头晕、头痛、精神错乱、共济失调，甚至失去意识。更高浓度的暴露会引起暂时性的心电活力改变，脉搏不规则，滥用会造成死亡。

心脏致敏：如吸入7.5%蒸气，会引起心脏对肾上腺素过敏，导致心律不齐，可能使心搏停止。

接触皮肤和眼睛：在室温下HFC-134a蒸气对皮肤和眼睛影响很小或没有影响。但接触其液体时会引起灼伤，应立即浸入温水中并就医治疗。

七氟丙烷
HFA-227

【别名】 1,1,1,2,3,3,3-七氟丙烷。

【分子式与分子量】 分子式为C_3HF_7；分子量为170.03。

【结构式】

$$CF_3-CHF-CF_3$$

【性状】为无色，具有淡醚味气体。具体性质见表7-7。

【作用与用途】气雾剂的抛射剂。

表7-7 七氟丙烷的物理性质

物理性质	HFA-227	物理性质	HFA-227
沸点,℃（0.11MPa）	-16.5	临界温度,℃	101.90
凝固点,℃	-131	临界压力，kPa/m^2	2952
在水中溶解度 g/kg，（20℃）	58×10^{-6}	临界体积，m^3/kg	0.00169
水 HFA-227 中溶解度 g/kg，（25℃）	0.16	临界密度，kg/m^3	592

注：表中 kPa/m^2 为绝对压力的单位。

（3）碳氢化合物类　其物理性状见表7-8。

表7-8 碳氢化合物类的物理性质

	丙烷	二甲醚	正丁烷	异丁烷
分子式	$CH_3CH_2CH_3$	CH_3OCH_3	$CH_3CH_2CH_2CH_3$	$CH_3CH_2CH_2CH_3$
分子量	44.1	46.0	58.1	58.1
沸点,℃	-42.2	-24.9	-0.6	10.4
凝固点,℃	-170.8	-141.5℃	-134.0	-145.4
饱和蒸气压，kPa/m^2	53.3(-44.50℃)	533.2（20℃）	106（0℃）	160.1（0℃）
液体密度，g/mL（20℃）	0.5005	0.6610	0.5571	0.5788
气化热，kJ/kg	426.3	410.2	661.5	695.5
水中溶解度	0.065（*V/V*,17.8℃）	35.3（g/100mL,21.1℃）	0.15（*V/V*，17℃）	0.15（*V/V*，17℃）
自燃性限度，在空气中的体积百分比	2.3~7.3	——	1.6~6.5	1.8~8.4
毒性（U.L. Rating system）	5	5	5	5

丙　烷

dimethylmethane

【别名】二甲基甲烷。

【分子式与分子量】分子式为 C_3H_8；分子量为44.1。

【结构式】$CH_3CH_2CH_3$。

【来源与制法】由天然品经分子筛除去可能存在的大部不饱和化合物纯化而得，通常是经分馏得到。市售商品是经还原碘化丙烷或碘化异丙烷而得，也可由乙烷与甲烷的碘化物相混共热而得。

【性状与性质】为无色、无臭气体，亦可稍带似醚的气味。室温下在密闭容器中贮存呈液态，暴露于大气下时呈气态。溶于乙醇、乙醚，与水不相混溶，与非极性物质和某些半极性物质一般可以混合；与药用气雾剂处方中常用成分无配伍变化。

【作用与用途】用作抛射剂、制冷剂和溶剂。

【使用注意】本品易燃、易爆、窒息极量为0.1%，应贮装于防爆密封钢瓶中，贮存于通

NOTE

风良好处，搬运时避免撞击和剧烈震动。

【应用实例】 烧伤局部麻醉气雾剂

制法：新安替根马来酸盐 0.5，六氯苯酚 0.2，苯甲醇 1.0，羊毛脂 3.0，丙酮 6.0，异丙醇 2.2，抛射剂（异丁烷 84.1%，丙烷 15.9% 组成的混合物）81.0。

制法：按气雾剂配制法，常规配制。

适应症：可迅速缓解烧伤症状，消肿、防止起泡。

注解：本品与药用气雾剂处方中常用成分无配伍变化；与水不相混溶，与非极性物质和某些半极性物质一般可以混合。

（4）压缩气体类

二氧化碳

carbon dioxide

【分子式与分子量】 分子式为 CO_2；分子量为 44.01。

【来源与制法】 为生产石灰的副产物，即由碳酸钙加热分解；焦炭或其他含碳物质燃烧；糖类发酵；酸作用于石灰石、大理石等而制得。

【性状】 为无色无臭气体，水溶液显弱酸性反应。常用的二氧化碳抛射剂为一种特殊形式的透明、固体小片。在一些溶剂中的溶解性见表 7-9。

表 7-9 二氧化碳在一些溶剂中的溶解性
（27℃，0.7 MPa 压力下）

溶剂	百分比（%，*W/W*）
甲醇	7.84
乙醇	5.61
异丙醇	4.73
乙酸甲酯	13.41
甲缩醛	18.80
丙酮	12.08
环己醇	4.96
大豆油（及玉米油）	4.51
石油馏分（如煤油）	3.31
异丁烷	5.30
水	1.72

【作用与用途】 气雾剂的抛射剂。多为泡沫气雾剂的抛射剂。

【使用注意】 用作气雾剂的抛射剂，会随着容器内气体和药液的减少，压力逐渐降低，有时不足，内容物剩下大约 10% 不能喷出。能改变成品的味道，产生酸味。

二、附加剂

（一）气雾剂常用的附加剂种类

气雾剂常用的附加剂主要有：

1. 潜溶剂　如乙醇、丙二醇、聚乙二醇等，能与抛射剂混溶，使药物形成溶液型气雾剂。

2. 表面活性剂　如润湿剂、分散剂、乳化剂等。

3. 其他附加剂　如抗氧剂、混悬剂、防腐剂、矫味剂等。

（二）不同种类气雾剂中附加剂的选择

1. 溶液型气雾剂　溶液型气雾剂为药物溶于抛射剂或在潜溶剂的作用下与抛射剂混溶而成的均匀分散体系。应根据药物的性质选择适宜的附加剂，主要为潜溶剂。常用的潜溶剂有甘油、丙二醇、乙醇等。丙二醇、乙醇和抛射剂之间须有恰当的比例，使之互相混溶成澄明的溶液，三者比例可结合相图等实验来确定，如图7-1所示。

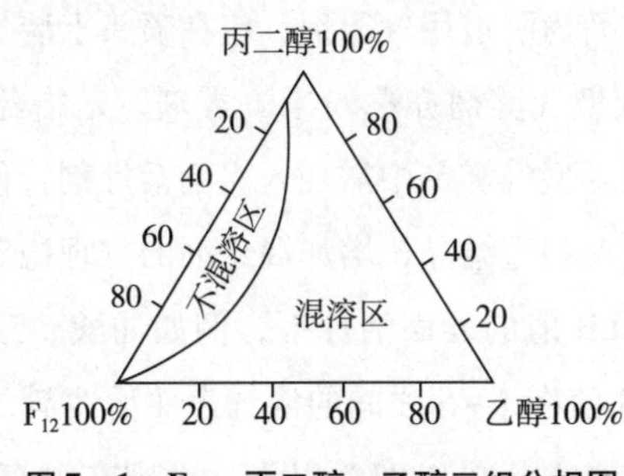

图7-1　F_{12}-丙二醇-乙醇三组分相图

2. 乳剂型气雾剂　乳剂型气雾剂也称泡沫型气雾剂，是指药物、抛射剂在乳化剂作用下，经乳化制成的乳剂型气雾剂。为三相气雾剂（气相、液相、液相），药物呈泡沫状喷出。

在乳剂型气雾剂中，药物可溶解在水相或油相中，形成O/W型或W/O型乳剂。乳化剂的选择很重要，其乳化性能好坏的指标为：在振摇时油和抛射剂应完全乳化成很细的乳滴，外观色白，较稠厚，至少1~2分钟内不分离，并能保证抛射剂与药液同时喷出，因此，应根据药物性质和治疗需求，选择合适的乳化剂。常用乳化剂有脂肪酸皂、聚山梨酯类、十二烷基乳化蜡等表面活性剂。

当抛射剂的蒸气压高且用量较多时，可获得黏稠、有弹性的泡沫，射程也较远；当抛射剂蒸气压低且用量少时，则获得柔软、平坦的湿泡沫。因此，应根据需要，采用适宜的混合抛射剂，使泡沫稳定、持久或快速崩裂形成药物薄膜。抛射剂用量一般为8%~10%，抛射剂用量与抛出孔径大小有关，如喷出孔径小于0.5mm，用量为30%~40%。由于常用抛射剂与水的密度相差较大，单独应用时难以获得稳定乳剂，故常常采用混合抛射剂。乳剂型气雾剂常用处方组成见表7-10。

表7-10　局部用乳剂型气雾剂一般组成

药物	溶解于脂肪酸、植物油、甘油
乳化剂	脂肪酸皂（三乙醇胺硬脂酸酯）、聚山梨酯类、乳化蜡等表面活性剂
其他附加剂	柔软剂（皮肤缓和药）、润滑剂、防腐剂、香料等
抛射剂	F_{12}/F_{142b}、碳氢化物、F_{22}/F_{152a}、F_{22}/F_{142b}、F_{152a}/F_{142b}、二甲基乙醚

注：F_{142b}为二氯二氟乙烷；F_{152a}为二氟乙烷。

【应用实例】　阴复康泡沫气雾剂

处方：蛇床子15g，鸡冠花12g，苦参12g，百部10g，黄柏12g，地肤子12g，冰片0.1g，紫珠草10g。为2瓶泡沫剂的量（每瓶容量为280.25mL）。

制法：精密称取预先处理了的药材，采用95%乙醇回流提取，过滤，合并滤液，然后回收乙醇，浓缩滤液得浸膏，然后以浸膏、1,2－丙二醇、乙二醇的配比为2∶3∶4配制溶液，调pH为4.4～4.8，于30℃下，静置7日得澄明液体。与聚山梨醇酯80 0.51g，司盘80 1.24g混合组成复合乳化剂，分装于容器中，装上阀门，轧紧封帽，用压灌法灌注 F_{12} 5.25g，制成2瓶。

功能与主治：真菌性、滴虫性阴道炎。

注解：阴复康外用液制得泡沫气雾剂，其靶向性强、使用方便。经临床应用，其喷出物在阴道腔内分散均匀，涂布面广，药物能有效地渗入黏膜皱襞，治疗效果优于其他剂型。本品为泡沫气雾剂，用前需振摇。本品为阴道用气雾剂，应在喷头上装上接合器方可使用。

3. 混悬型气雾剂　混悬液型气雾剂亦称粉末气雾剂，是指药物固体细粉分散于抛射剂中形成的非均相分散体系。在混悬型气雾剂中需加入表面活性剂，使之在高度分散的细粉表面形成一层单分子膜，防止药物凝聚和重结晶，增加混悬剂的物理稳定性，并能够增加阀门系统的润滑和封闭性能。应选用低HLB值的表面活性剂，例如油酸、三油酸山梨醇酯等。目前常用的非离子型表面活性剂为HLB值在1～5之间的混合表面活性剂，如司盘85和油酸乙酯等。

在混悬型气雾剂中，应控制水分在0.03%以下，否则在贮存过程中药物会相互凝集及粘壁，从而影响药物剂量的准确性；药物粒径不宜过大，否则易于沉降结块，并会堵塞阀门系统，因此，应控制药物微粒粒径在5μm左右，不超过10μm；不影响生理活性的前提下，应选用在抛射剂中溶解度最小的药物衍生物，以免在储存过程中药物微晶变粗；应采用调节抛射剂和（或）混悬固体的密度，尽量使二者密度相等以减少药物粒子的沉降；采用蒸气压较高的抛射剂，可使得喷出的微粒尽可能地分散。

【应用实例】　沙丁胺醇吸入气雾剂

处方：沙丁胺醇24.4g，卵磷脂4.8g，无水乙醇1.2kg，四氟乙烷16.5kg，共制1000瓶。

制法：①原料药微粉化：将硫酸沙丁胺醇微粉化，粉碎至7μm以下。先取处方量约2/3的无水乙醇，加入卵磷脂，使用高剪切均质机均质搅拌20分钟，再加入硫酸沙丁胺醇，高剪切均质机下搅拌30分钟，补充剩余的无水乙醇至全量，继续搅拌20分钟后，开循环泵循环15分钟。分装于容器中，装上阀门，轧紧封帽，压灌法灌注四氟乙烷，制成1000瓶。

本品为混悬性气雾剂，卵磷脂为表面活性剂，无水乙醇作分散剂。

适应证：主要作用于支气管平滑肌的β受体，用于治疗哮喘。

注解：沙丁胺醇吸入气雾剂为混悬型气雾剂，水分不超过0.5%；处方中卵磷脂作为表面活性剂，无水乙醇作为分散剂，提高沙丁胺醇混悬性。沙丁胺醇为选择性 β_2 肾上腺素受体激动药，是临床用于支气管哮喘的首选药物之一。在认可的替代品中，氢氟烷类物质（HFAs或HFCs）在气雾剂中已作为CFC系列替代品得到了一定发展。以HFA134为抛射剂的沙丁胺醇吸入气雾剂已被批准上市，但是HFA的溶剂特性与CFC系列有显著差异，以HFA为抛射剂的沙丁胺醇吸入气雾剂是否具有传统CFC抛射剂沙丁胺醇吸入气雾剂的相同质量和疗效，必须进行其体内外特性的评价。

NOTE

第二节　粉雾剂、喷雾剂用辅料

一、粉雾剂用辅料

粉雾剂（aerosol of micropowders）系指微粉化药物或与载体以胶囊、泡囊或多剂量贮库形式，采用特制的干粉吸入装置，由患者主动吸入雾化药物至肺部的制剂。因不含抛射剂及可避免气雾剂使用的协同困难而越来越受到人们的重视，并有取代气雾剂的趋势，是呼吸道给药的一种新剂型。

（一）粉雾剂辅料的要求

为改善吸入粉雾剂的流动性，可加入适宜的载体和润滑剂，所加入的辅料应符合以下要求：

1. 无异味，易被呼吸道黏膜吸收，且对呼吸道黏膜或纤毛无刺激性。

2. 应为生理可接受物质。

3. 表面粗糙度适宜，而与药物微粉间保持适当的黏附性。

4. 有适宜的大小，以免产生较大的机械阻力。载体的类型、粒径大小决定药物微粉在呼吸道各部位的沉降量。

5. 具有适当的内聚力和较好的流动性。

粉雾剂所用主药含量极少，为微米级，制备粉雾剂所用载体的重量可以是主药用量的数百倍，二者用量差距悬殊，因此，应特别注意主药与载体混合的均匀性，否则会影响剂量的准确性，可采用等量递加法混合药物和载体。

（二）粉雾剂辅料的选用

在粉雾剂处方研究时，应对辅料在吸入给药途径下的安全性有充分认识。对于以下情况应该提供必要的安全性试验数据，并说明此种条件下辅料的安全性：①辅料的用量过大，超过同类产品中辅料的用量；②未在吸入制剂中用过的辅料，即改变给药途径的辅料；③全新的辅料用于吸入制剂。对于《中国药典》收载的可用于吸入制剂的辅料，如助溶剂无水乙醇应该严格控制水分；表面活性剂卵磷脂应该严格控制磷脂中磷脂酰胆碱、磷脂酰乙醇胺、磷脂酰肌醇以及降解产物甘油三酸酯、胆固醇、鞘磷脂、溶血性磷脂的含量；油酸应该对性状、纯度以及未知的脂肪酸含量进行控制等。

除考虑辅料的质量标准外，辅料的种类和用量也影响药品的质量。如处方中加入过量的Tween80或Span85可能会增加整个体系的黏度，在药物喷射时可能致使每喷主药含量不均匀、喷出药物的粒度变大，以及药物在容器中的残留量增加等。最终导致药物的给药剂量不准确，影响药物疗效。

（三）粉雾剂辅料的常用品种

目前，粉雾剂中所使用的载体绝大多数为乳糖，乳糖应粉碎至80～150μm，单剂量（一次吸入量）使用的乳糖量以25mg为宜，此时5μm以下的含药细粉由于范德华力、静电吸引或毛细管力的作用而附着于载体表面。使用时，借助病人的吸气气流，药物与载体、药物与药物粒

NOTE

子之间能够分离，进入支气管以下部位，发挥疗效。

乳 糖
lactose

详见第五章第二节。

【作用与用途】 在粉雾剂中作为载体使用。

【使用注意】 有文献比较，市售及重结晶两种类型的乳糖，以流动性和在模拟肺部中沉降量为指标，结果显示均以重结晶乳糖为好，故在选择乳糖作粉雾剂载体时，应充分考虑市售乳糖来源及制造工艺的多样性，尽可能选用重结晶乳糖。

【应用实例】 胰岛素粉雾剂（肺吸入）

处方：胰岛素 100IU，癸酸钠适量，乳糖 25mg。

制法：胰岛素于压缩氮气下（进料压 7bar，室内压 5bar），在 Airfilco 射流粉碎机中粉碎，直至质量平均粒径为 2.4μm。癸酸钠用压缩氮气（进料压 5bar，室内压 3bar）粉碎至粒径为 1.6μm。微粉化后的胰岛素与其重量 10% ~25% 的微粉化癸酸钠混合，混匀后，与处方量乳糖混匀，装入胶囊中，置粉末吸入装置吸入给药。

适应证：降血糖。适于 1 型糖尿病患者和长期使用口服降糖药导致继发性失效的 2 型糖尿病患者。

注解：乳糖在处方中作为粉雾剂的载体使用；胰岛素具生物活性，应避免微粉化过程对主药的破坏，微粉化技术为制备的关键所在；本产品是将胰岛素粉末吸入肺部深处，通过肺泡表面包绕的毛细血管进入血液循环，从而达到降低血糖的目的；肺吸入胰岛素的吸收比皮下注射更为迅速，更接近胰岛素的天然吸收，治疗的重现性与皮下注射相仿，病人可在就餐时给药而无需在餐前半小时给药，提高了患者的用药依从性。

二、喷雾剂用辅料

喷雾剂（sprays）是指不含抛射剂，借助手动泵的压力或其他方法将内容物以雾状等形态喷出的制剂。喷射药液的动力不是抛射剂，而是手动泵的压力或压缩在容器内的气体。

喷雾剂不含抛射剂，避免对大气的污染，并且减少抛射剂对机体的刺激性和副作用，处方和生产设备简单，成本相对较低，因此，在一定范围内可作为气雾剂的替代形式，具有很好的应用前景。

近几年出现的超临界二氧化碳辅助喷雾剂和超声波喷雾剂等新型制剂可使雾化粒子的粒径小于 3μm，经空气稀释后可直接用于肺部给药，突破了传统的喷雾剂喷出雾滴粒径大、喷出剂量小、不适于肺部吸入给药的局限性。

但是，采用压缩气体作为动力给药，在使用过程中，压力会随内容物的减少而降低，使得喷射雾滴大小以及喷射量难以维持恒定，因此，使用受到一定限制。

常用的压缩气体包括 CO_2、N_2O、N_2，内服的喷雾剂多采用氮或二氧化碳等压缩气体作为喷射药物的动力。N_2的溶解度小，化学性质稳定，无异臭。CO_2的溶解度虽然高，但可能改变药液的 pH 值，应用受限。

喷雾剂的内容物根据药物性质以及临床需要，可以配成溶液、乳剂、混悬液等不同类型。

NOTE

配制时可适当添加附加剂，如增溶剂、助溶剂、抗氧剂、防腐剂、助悬剂、乳化剂以及 pH 调节剂等。对于皮肤给药的喷雾剂，还可适当加入适宜的透皮吸收促进剂，如氮酮等。

第三节　烟剂、烟熏剂用辅料

一、烟剂用辅料

烟剂一般亦称作药烟、罗布麻药烟。我国《外科十三方考》所载止哮喘烟就是采用曼陀罗花、火硝、川贝、泽兰、款冬花等药材，共研细末，与烟丝和匀，卷制成香烟形或用旱烟筒，按民间吸烟法吸之。《中国药典》2015 年版收载的洋金花也规定可将其做成卷烟，分次燃吸（一日量不超过 1.5g）

烟剂常用的基质为烟丝和助燃物质如硝酸钾、硝酸钠等。

硝酸钾
potassium nitrate

【分子式与分子量】 分子式为 KNO_3；分子量为 101.10。

【性质】 为白色或无色透明结晶。味辛辣而咸，有凉感。微潮解，潮解性比硝酸钠稍小。熔点为 334℃。易溶于水，微溶于乙醇。溶于水时吸热，溶液温度降低。

【作用与用途】 为火药的原料，可作还原剂、肥料和烟草助燃剂等使用。

【使用注意】 与有机物、还原剂、易燃物如硫、磷等接触或混合时易爆炸。

硝酸钠
sodium nitrate

【分子式与分子量】 分子式为 $NaNO_3$；分子量为 84.99。

【性质】 为无色透明或白微带黄色菱形晶体。其味苦咸，易潮解。熔点为 306.8℃。易溶于水和液氨，微溶于甘油和乙醇。溶于水时吸热，溶液温度降低。

【作用与用途】 能用于生产炸药，可作还原剂、肥料和烟草助燃剂等使用。

【使用注意】 与有机物摩擦或撞击能引起爆炸。有刺激性，毒性小。

【应用实例】　华山参药烟

处方：华山参提取物（以莨菪碱 $C_{17}H_{35}O_3N$ 计）150mg，甜料适量，烟丝适量，共制成 1000 支。

制法：（1）取华山参粗粉，用 95% 酸性乙醇渗漉，收集渗漉液，至不显生物碱反应止，回收乙醇，浓缩至每毫升相当于原生药 5g，加 5 倍量 0.15% 盐酸溶液，搅匀，冷藏 24 小时，滤过，滤液浓缩至每毫升相当于原生药材 20g，经含量测定，准确称量，备用。

（2）取（1）的提取液，加入香料、甜料，均匀喷入基质烟丝中，充分混匀后，导入卷烟机，以标准卷烟纸制成药烟。

功能主治：定喘，用于喘息型气管炎。

注解：(1) 华山参为茄科植物华山参的根。本品甘微苦涩，性热，主要含有阿托品、东莨菪碱等生物碱，含量为0.26%，有毒。

(2) 药物以烟丝作载体，借助烟丝燃烧产生的气体进入人体，一般不用加入助燃剂。

二、烟熏剂用辅料

烟熏剂系指借助某些易燃物质燃烧产生的烟雾达到杀虫、灭菌和预防、治疗疾病的目的；也有利用穴位灸燃产生的温热治疗疾病的。很早以前，人们发现野蒿点燃后有驱除蚊蝇的作用，艾叶、苍术、香薷等点燃可以避疫。现代研究发现，苍术、艾叶燃香对病毒、细菌都有不同程度的抑制和杀灭作用。烟熏剂根据用途不同分为杀虫、灭菌型和熏香型。

杀虫、灭菌烟熏剂主要由药物、燃料、助燃物质、稀释剂和冷却剂等组成，目前已少用。燃料有木屑、纸屑等。助燃物质有氯酸盐、硝酸盐、过氯酸盐等氧化剂。稀释剂和冷却剂可以使燃烧缓和或防止药物燃烧过猛导致有效成分的分解破坏。常用的稀释剂有硅藻土、硅胶、氧化镁等，另外碳酸盐既可以起稀释作用，又可以在燃烧中起降温作用，并能在中和反应时产生二氧化碳而增大烟雾的体积，有利于药物分子的扩散。氯化铵升华时要吸收热量，可起冷却剂的作用。

燃香烟熏剂主要由木粉、药物、黏合剂、助燃剂、色素和香料等组成，在民间广泛使用，如蚊香、含药香等。常用黏合剂有甲基纤维素、羧甲基纤维素、桃胶等。

【应用实例】 消毒燃香

处方：香薷粉50%，木粉50%，甲基纤维素适量，助燃剂适量，色素适量。

制法：取香薷、木粉等适量，混合均匀，加入甲基纤维素、助燃剂和色素，充分混匀，压制成盘卷状，每盘重20～25g。

功能主治：空气消毒，预防感冒等。

NOTE

第八章　中药炮制和传统制剂用辅料

第一节　中药炮制辅料

应用辅料炮制中药，是我国传统制药技术的一大特色。中药炮制应用辅料的历史非常久远，大约在春秋战国时代就已开始。由于辅料的广泛应用，增加了中药在临床应用的灵活性，提示了药性与辅料之间的密切联系，因此，辅料的应用被称为中药炮制发展史上的第二次飞跃。

制剂辅料是除主药以外的一切附加物料的总称，必须具有较高的化学稳定性，不与主药起反应、不影响主药的释放、吸收和含量测定。而炮制辅料的概念与之不同，它是指具有辅助作用的附加物料，它起到增强主药疗效、降低主药毒性或影响主药理化性质等作用。由于辅料品种不同，更由于各种辅料性能和作用不同，在炮制中药材时所起的作用也各不相同。

炮制辅料种类比较多，总的分为两大类：液体辅料和固体辅料。

一、液体辅料

（一）酒

酒，传统名称有酿、盎、醇、酎、醴、醍、醅、醑、醨、清酒、美酒、粳酒、有灰酒、无灰酒等。

1. 历史简介　酒用于辅助治疗疾病，可上溯至5000年前的龙山文化时期。汉代，我国现存最早的药学专著《神农本草经》就有用酒制药的记载：“药性有……宜水煎者，宜酒渍者，宜煎膏者。”具体品种记载有“猬皮……酒煮杀之”，开酒制法之先河。唐代，酒制得到进一步发展。宋代，酒制法已被广泛运用，一直沿用至今。明代伟大的药物学家李时珍在其所著《本草纲目》中对酒作了综述：“按许氏说文云：酒，就也。所以就人之善恶也……酒能行药势，杀百邪，恶毒气，通血脉，厚肠胃，润皮肤，散温气，消忧发怒，宣言畅意，养脾气，扶肝，除风下气，解马肉、桐油毒、丹石发动诸病，热饮之甚良。”对米酒又记述道：“酒，天地之美禄也。少饮则和血行气，壮神御寒，消愁遣兴；痛饮则伤神耗血，损胃亡精，生痰动火……一切毒药，因酒得者难治。又酒得咸而解者，水制火也，酒性上而咸润下也。又畏枳椇、葛花、赤豆花、绿石粉者，寒胜热也。”

2. 分类　古代用于炮制的酒为黄酒，古称清酒、米酒。白酒又称烧酒，自元代始有应用。据《本草纲目》记载：“烧酒非古法也，自元时始创其法。”并强调制药用的酒应为无灰酒，即制造时不加石灰的酒。

NOTE

当前，用以制药的酒有黄酒、白酒两大类，主要成分为乙醇、酯类、酸类等物质。

黄酒为米、麦、黍等用曲酿制而成，含乙醇15%～20%，相对密度约0.98，尚含糖类、醋类、氨基酸、矿物质等。一般为棕黄色透明液体，气味醇香特异。

白酒为米、麦、黍、山芋、高粱等和曲酿制经蒸馏而成，含乙醇50%～70%，相对密度0.82～0.92，含酸类、酯类、醋类等成分。一般为无色澄明液体，气味醇香特异，而有较强的刺激性。

3. 性质和作用 酒性大热，味甘、辛，能活血通络，祛风散寒，行药势，矫味矫臭。如生物碱及盐类、苷类、鞣质、苦味质、有机酸、挥发油、树脂、糖类及部分色素（叶绿素、叶黄素）等皆易溶于酒中。此外，还能提高某些无机成分的溶解度，如酒可以和植物所含的某些无机成分（$MgCl_2$、$CaCl_2$等）形成结晶状的分子化合物，称结晶醇（$MgCl_2 \cdot 6CH_3OH$、$CaCl_2 \cdot 4C_2H_5OH$），结晶醇易溶于水，故可提高其溶解度。药物经酒制后，有助于有效成分的溶出，从而增加疗效。动物的腥膻气味为三甲胺、氨基戊醛类等成分，酒制时能随酒挥发而除去。酒含有酯类等醇香物质，可以矫味矫臭。浸药多用白酒，炙药多用黄酒。

4. 质量要求 酒应澄明，无沉淀或杂质，具有酒特有的香气和味道，不应有发酵、酸败、异味，含醇量应符合标示浓度，甲醇量不得超过0.04g/100mL，二氧化硫残留量不得超过0.5g/kg，黄曲霉毒素B_1不得超过5μg/kg，细菌数黄酒不得超过5个/mL，大肠菌群不得超过3个/100mL。

5. 酒制的目的

（1）*改变药性，引药上行* 临床上常用的一些苦寒药，性本沉降下行，多用于清中、下焦湿热。酒制后不但能缓和寒性，免伤脾胃阳气，并可借酒升提之力引药上行，以清上焦邪热。如大黄、黄连、黄柏等。

（2）*增强活血通络作用* 酒制能改变药物组织的物理状态，有利于成分的浸润、溶解、置换、扩散与溶出过程的进行，即可产生某些“助溶”作用而提高有效成分的溶出率。临床上常用的一些活血祛瘀、通络药多用酒制，一方面使酒与药物协同发挥作用，另一方面使药物有效成分易于煎出而增强疗效，如当归、川芎、桑枝等。

（3）*矫臭去腥* 一些具有腥气的动物类药物，经酒制可减弱或除去腥臭气，如乌梢蛇、蕲蛇、紫河车等。

6. 适用范围及用量 酒多用作炙、蒸、煮等的辅料，常用酒制的药物有黄连、黄芩、大黄、地龙、丹参、益母草、川芎、续断、牛膝、白芍、白花蛇、当归、常山等。

一般用量：每100kg药物用黄酒10～20kg。白酒减半。

7. 应用实例

大 黄

生大黄苦寒、沉降，气味重浊，走而不守，直达下焦，泻下作用峻烈，攻积导滞，泻火解毒力强。用于实热便秘，高热，谵语，发狂，吐血，衄血，湿热黄疸，跌打瘀肿，血瘀经闭，产后瘀阻腹痛，痈肿疔毒；外治烧烫伤等证。如用于治热结便秘，潮热谵语的大承气汤（《伤寒论》）；治热毒肠痈的大黄牡丹皮汤（《金匮要略》）；治疮痈肿毒，或烧伤、烫伤的金黄散（《外科精义》）。

NOTE

(1) 酒大黄

【炮制方法】取大黄片或块，用黄酒喷淋拌匀，稍闷润，待酒被吸尽后，置炒制容器内，用文火炒干，色泽加深，取出晾凉，筛去碎屑。

大黄片或块每100kg用黄酒10kg。

【炮制作用】酒炙后泻下作用稍缓，并借酒升提之性，引药上行，以清上焦实热为主。如用于治血热妄行之吐血、衄血及火邪上炎所致的目赤肿痛。

(2) 熟大黄

【炮制方法】取大黄片或块，用黄酒拌匀，闷约1~2小时至酒被吸尽，装入炖药罐内或适宜容器内，密闭，隔水炖约24~32小时至大黄内外均呈黑色时，取出，干燥。

大黄片或块每100kg用黄酒30kg。

【炮制作用】大黄经酒炖后，泻下作用缓和，腹痛之副作用减轻，活血祛瘀之功增强。如用于治瘀血内停、腹部肿块、月经停闭的大黄䗪虫丸（《金匮要略》）。

当　归

生当归味甘、辛，性温，有补血活血，调经，润肠通便的功效。如治血虚便秘的润肠丸（《沈氏尊生书》）；治血虚体亏的当归补血汤（《内外伤辨惑论》）。

酒当归

【炮制方法】取当归片，用黄酒拌匀，闷润，待酒被吸尽后，置预热适度的炒制容器内，用文火炒干，取出，晾凉。

当归片每100kg用黄酒10kg。

【炮制作用】当归酒炙后增强活血补血调经作用。如用治血虚血滞，月经不调的四物汤（《太平惠民合剂局方》）。

(二) 醋

醋，“一名苦酒，周时称醯，汉时称醋”（《物原事考》），习称米醋。传统的酒多为甜酒、浊酒，由于含醇浓度低，易酸败成醋，具有苦味，故醋又称苦酒。

1. 历史简介　先秦《五十二病方》中就有“且取蜂卵一，渍美醯一杯，以饮之”，“黑菽三升，以美醯三口煮”，“取商牢（即商陆）渍醯（即醋）中”的记载，为后世醋制药物的起源。《本草纲目》记载：“醋能温散瘀毒，下气消食，开胃气，散水气，治心腹血气痛”，还记载“醋能消肿，散水气，杀邪毒，理诸药”。

以醋制药在漫长的历史发展过程中逐渐形成自身理论。其中《本草纲目》与醋制有关的论述较多，如莪术条“以醋炒或醋煮入药……引入血分也”，又芫花条“以好醋蒸……则毒减”，香附项下“醋炒则消积聚”，还有“凡用虎之诸骨，并捶碎去髓，涂酥或酒或醋”等。明代《本草蒙筌》“用醋注肝经，且资住痛”，《本草通玄》“醋取收敛”，《医学入门》“诸石火煅红，用醋能为末”；清代《得配本草》“三棱欲其入气，火炮；欲其入血，醋炒”，《本草再新》称醋制与生用有所不同：“生用可以消诸毒，行湿气；制可宣阳，平肝，敛气，镇风，散邪发汗”。这些醋制理论的建立，为后世深入研究醋制中药奠定了基础。

历史发展到今天，中药醋制已有2200多年历史，醋制品种达250余种，其中植物药144种，动物药53种，矿物药54种。据文献记载，中药醋制最早的先秦时期，用醋制药7种，至

NOTE

唐代增加到33种，宋代增加到99种，为品种增加最多、发展最快的年代。清代发展了中药醋制品27种。中华人民共和国成立后发展了39种，《全国中药炮制规范》1988年版收载醋制品种41种。中药醋制法有醋浸泡、醋兑服、醋蒸、醋淬、醋炙（炒）等多种方法。目前醋制方法以醋炙（炒）、醋蒸、醋煮为主。随着历史的发展和科技的进步，醋制中药的理论和方法将会有新的突破。

2. 分类　醋有米醋、麦醋、曲醋、化学醋等多种，制药用醋应如《本草纲目》中指出的"惟米醋二三年者入药"。炮制用醋以米醋为佳，且陈久者良。陶弘景曰："酢酒为用，无所不入，愈久愈良。"至清代赵学敏在《本草纲目拾遗》中仍强调"药中用之，当取二三年醋良。"

现行炮制用醋为食用醋（米醋或其他发酵醋），化学合成品（醋精）不能使用。醋是以米、麦、高粱以及酒糟等配制而成。主要成分为醋酸，约占4%~6%，尚有维生素、灰分、琥珀酸、草酸、山梨糖、高级醇、醛等。

3. 性质和作用　醋味酸苦，性温。具有引药入肝、理气、止血、行水、消肿、解毒、散瘀止痛、矫味矫臭作用。同时，醋具酸性，能使药物中所含游离生物碱等成分结合成盐，增强溶解度而易煎出，提高疗效。醋具有杀菌防腐作用，它能在30分钟内杀死化脓性葡萄球菌、沙门菌、大肠杆菌、痢疾杆菌、嗜盐性菌等。醋能使大戟、芫花等毒性降低而有解毒作用。醋能和具腥膻气味的三甲胺类结合成无臭气的盐，故可除去药物的腥膻气味。

4. 质量要求　醋应澄明，不浑浊，无浮悬物及沉淀物，无霉花浮膜，无"醋鳗""醋虱"，具醋特异气味，无其他不良气味与异味。不得检出游离酸，防止用硫酸、硝酸、盐酸等矿物酸来制造食醋。总酸量不得低于3.5%。

5. 醋制的目的

（1）引药入肝，增强活血止痛的作用　醋味酸，为肝脏所喜，故能引药入肝。主要适用于化瘀止痛和疏肝行气药，如乳香、没药、三棱、莪术等，经醋制后可增强活血散瘀的作用；又如柴胡、香附、青皮、延胡索等，经醋制后能增强疏肝止痛的作用。

（2）降低毒性，缓和药性　大戟、甘遂、芫花、商陆等经醋制后，既降低了毒性，又缓和了峻下作用。

（3）矫臭矫味　五灵脂、乳香、没药等经醋制后，不但增强活血散瘀作用，而且还减少了不良气味，便于服用。

（4）使药材质地酥脆，利于粉碎　《医学入门》记载："诸石火煅红，入醋能为末。"如自然铜、代赭石、磁石等火煅醋淬后，利于粉碎。

6. 适用范围及用量

醋多用作炙、蒸、煮等炮制方法的辅料，多用于疏肝解郁、散瘀止痛和峻下逐水等药物的炮制，如延胡索、甘遂、商陆、大戟、芫花、柴胡、莪术、香附等。

每100kg药物用米醋20~30kg，最多不超过50kg。

7. 应用实例

延胡索

延胡索生品止痛有效成分不易溶出，故多炙用。

NOTE

（1）醋炙延胡索

【炮制方法】取净延胡索或延胡索片，加入定量米醋拌匀，稍闷润，待醋被吸尽后，置炒制容器内，用文火加热，炒干，取出晾凉，筛去碎屑。

（2）醋煮延胡索

【炮制方法】取净延胡索，加入定量米醋与适量清水（以平药面为宜），置煮制容器内，用文火加热，共煮至透心，醋液被吸尽时取出，晾至六成干，切薄片晒干，筛去碎屑，或晒干捣碎。

延胡索片每100kg用米醋20kg。

【炮制作用】延胡索醋制后增强行气止痛作用，广泛用于身体各部位的多种疼痛证候。如用于肝郁气滞、胁肋疼痛，以及胃气阻滞疼痛、心腹诸痛的金铃子散（《圣惠方》）；治瘀血阻滞、经闭腹痛的延胡索散（《妇科大全》）；治气疝、气滞血郁、心腹冷痛的延附汤（《重订严氏济生方》）。

柴　胡

柴胡味辛、苦，性微寒，有疏散退热、疏肝解郁，升举阳气的功效。生品升散作用较强，多用于解表退热。如治寒热往来的小柴胡汤（《伤寒论》）；治外感风寒发热，头痛肢楚的柴葛解肌汤（《伤寒六书》）。

醋柴胡

【炮制方法】取柴胡片，加入定量的米醋拌匀，闷润至醋被吸尽，置炒制容器内，用文火加热，炒干，取出放凉。

柴胡片每100kg用米醋20kg。

【炮制作用】柴胡醋炙后能缓和升散之性，增强疏肝止痛作用，多用于肝郁气滞的胁痛、腹痛及月经不调等症。如治疗肝气郁结的柴胡疏肝散（《景岳全书》）。

（三）蜂蜜

1. 历史简介　蜂蜜是人类传统而古老的一种天然食品。早在三四千年以前的殷商甲骨文中已有“蜜”的记载。我国食用蜂蜜的历史，最迟不晚于商代。我们的祖先自古就用蜂蜜治疗许多疾病。汉代的《神农本草经》就将蜂蜜列为药中上品，认为蜂蜜“味甜，无毒，主治心腹邪气”。晋《肘后备急方》中首次提到蜜制药物，苏合香“蜜涂微火炙少令变色”。明代李时珍在《本草纲目》中阐述了蜂蜜的药用功能：“清热也，补中也，解毒也，润燥也，止痛也”。

2. 分类　蜂蜜为蜜蜂采集花粉酿制而成，品种比较复杂，以枣花蜜、山白蜜、荔枝蜜等质量为佳，荞麦蜜色深有异臭、质差。蜂蜜因蜂种、蜜源、环境等不同，其化学组成差异较大。主要成分为果糖、葡萄糖，两者约占蜂蜜的70%，尚含少量蔗糖、麦芽糖、矿物质、蜡质、含氧化合物、酶类、氨基酸、维生素等物质。

蜜制法所用的蜂蜜都要先加热炼制。其方法是：将蜂蜜置锅内，加热至徐徐沸腾后，改用文火，保持微沸，并除去泡沫及上浮蜡质，然后用罗筛或纱布滤去死蜂、杂质，再倾入锅内，加热至116～118℃，满锅起鱼眼泡，用手捻之有黏性，两指间尚无长白丝出现时，迅速出锅。炼蜜的含水量控制在10%～13%为宜。

NOTE

3. 性质和作用 蜂蜜，性平味甘，具有补中润燥、止痛解毒、甘缓益脾、润肺止咳、矫味的功效。蜂蜜虽言性平，实则生用性偏凉，能清热解毒；熟则性偏温，以补脾气、润肺燥之力胜。《医学入门》指出："蜜炙性温，健脾胃和中……补三焦元气。"

4. 质量要求 蜂蜜应是半透明、带光泽、浓稠的液体，气芳香，味极甜，不得有不良异味。室温（25℃）相对密度应在1.340以上。不得有淀粉和糊精，水分不得超过25%，蔗糖不得超过8%，如果超过限量说明蜂蜜是经过饲食蔗糖，或掺入蔗糖的产品。还原糖不得少于64.0%。

5. 蜜制的目的

（1）增强润肺止咳的作用 百部、冬花、紫菀、枇杷叶等药蜜制后，均能增强润肺止咳作用，故有"蜜制甘缓而润肺"之说。

（2）增强补脾益气的作用 黄芪、甘草、党参等药蜜制，能增强其补中益气的功效，起协同作用。

（3）缓和药性 麻黄发汗作用较猛，蜜制后能缓解其发汗力，并可增强其止咳平喘的功效。

（4）矫味和消除副作用 马兜铃味苦劣，对胃有一定刺激性。蜜制除能增强其本身的止咳作用外，还能矫味，以免引起呕吐。

6. 适用范围及用量 蜜制法多用于止咳平喘、补脾益气等药物的炮制，如甘草、麻黄、紫菀、百部、马兜铃、白前、枇杷叶、款冬花等。

每100kg药物用炼蜜25kg。

7. 应用实例

甘 草

甘草生品味甘偏凉，长于泻火解毒，化痰止咳。多用于痰热咳嗽，咽喉肿痛，痈疽疮毒，食物中毒及药物中毒。如用于感冒风邪的三拗汤（《太平惠民和剂局方》）；治疗咽喉肿痛的桔梗汤（《伤寒论》）；用于脱疽的四妙勇安汤（《验方新编》）。

蜜炙甘草

【炮制方法】 取炼蜜，加适量开水稀释后，淋入净甘草片中拌匀，闷润，置炒制容器内，用文火加热，炒至老黄色、不粘手时，取出晾凉。

甘草片每100kg用炼蜜25kg。

【炮制作用】 蜜炙甘草甘温，以补脾和胃，益气复脉力胜。常用于脾胃虚弱，心气不足，脘腹疼痛，筋脉挛急，脉结代。如用于脾胃虚弱，神疲食少的四君子丸（《中国药典》）；用于气血虚弱，心动悸、脉结代的炙甘草汤（《伤寒论》）；治疗脘腹挛急疼痛或四肢拘挛的芍药甘草汤（《伤寒论》）。

黄 芪

黄芪生品擅长固表止汗，利水消肿，托毒排脓，多用于卫气不固，自汗时作，体虚感冒，水肿，疮疡难溃等。如用于卫气不固的玉屏风散（《丹溪心法》）；治疗汗出恶风的防己黄芪汤（《金匮要略》）。

NOTE

蜜炙黄芪

【炮制方法】 取炼蜜，加适量开水稀释后，淋入净黄芪片中拌匀，闷润，置炒制容器内，用文火加热，炒至老黄色、不粘手时，取出晾凉。

黄芪片每100kg用炼蜜25kg。

【炮制作用】 蜜炙黄芪甘温而偏润，长于益气补中，多用于肺虚气短，气虚血弱，气虚便秘。如治疗中气下陷的补中益气汤（《成方切用》）；用于心脾两虚的归脾汤（《成方切用》）。

（四）食盐水

盐为海水或盐井、盐池、盐泉中的盐水经煎晒而成的结晶，又称食盐。《本草纲目》载："凡盐入药，须以水化，澄去脚滓，煎炼白色，乃良。"食盐水即食盐的结晶体加适量水溶化，滤过而得的澄明液体，含氯化钠及少量氯化镁、硫酸镁、硫酸钙等。

1. 历史简介 食盐，《本草纲目》记载："气味：甘、咸，寒，无毒。主治：解毒，凉血润燥，定痛止痒，吐一切时气风热、痰饮关格诸病。"《素问》曰："水生成，此盐之根源也。夫水周流于天地之间，润下之性无所不在，其味作成凝结为盐亦无所不在。在人则血脉应之。盐之气味咸腥，人之血亦咸腥。""盐为百病之主，百病无不用之。"中药盐制最早的文献记载始于宋，宋代盐制法较为盛行。历代所载盐制中药约92种，盐制方法共有10种，宋代以前6种，明代又增加4种，而目前仍在使用的只有2种，一种为先拌盐水后炒，另一种为先炒药后加盐水。

2. 分类 食盐是较纯净的氯化钠，其化学式是NaCl，分子量为58.44，由氯离子和钠离子构成。工业用盐中除含有氯化钠之外，还有超标的亚硝酸钠，其化学式是$NaNO_2$，分子量为69.00，由亚硝酸根离子和钠离子构成。过量食用亚硝酸钠可引起中毒，因此中药炮制应该用食盐，禁止使用工业盐。

3. 性质和作用 食盐味咸性寒，能强筋骨、软坚散结、清热、凉血、解毒、防腐，并能矫味。食盐主要含NaCl及微量$MgCl_2$、$CaCl_2$、KCl、NaI等。其中NaCl是维持人体组织正常渗透压必不可少的物质，入胃能促进胃液分泌，并能促进蛋白质的吸收；由胃肠吸收入血而走肾脏，使肾脏之泌尿机能旺盛，宣化膀胱使利尿作用增加。药物经食盐水制后，能改变药物的性能，增强药物的作用。

4. 质量要求 应符合食用盐的标准。食盐应为白色，味咸，无可见的外来杂物，无苦味、涩味，无异臭。氯化钠含量不得少于96%，硫酸盐（以SO_4^{2-}计）不得超过2%，镁不得超过2%，钡不得超过20mg/kg，氟不得超过5mg/kg，砷不得超过0.5mg/kg，铅不得超过1mg/kg。

5. 盐制的目的

（1）*引药下行，增强疗效* 一般补肾药如杜仲、巴戟天、韭菜子等盐制后，能增强补肝肾的作用。小茴香、橘核、荔枝核等药盐制后，可增强疗疝止痛的功效。车前子等药盐制后，可增强泄热利尿的作用。益智仁等药盐制后，则可增强缩小便和固精作用。

（2）*增强滋阴降火作用* 知母、黄柏等药盐制后，可增强滋阴降火、清热凉血的功效，起协同作用。

（3）*缓和药物辛燥之性* 补骨脂、益智仁等药辛温而燥，容易伤阴，盐制后可降低辛燥之性，并能增强补肾固精的功效。

6. 适用范围及用量 盐制法多用于补肾固精、疗疝、利尿和泻相火的药物，如杜仲、巴

NOTE

戟天、韭菜子、补骨脂、益智仁、小茴香、橘核、荔枝核、知母、黄柏等。

每100kg药物用食盐2kg（水的用量为食盐的4~5倍）。

7. 应用实例

知　母

知母生品苦寒滑利，长于清热泻火，生津润燥，泻肺、胃之火尤宜生用。多用于温病壮热烦渴，肺热咳嗽或阴虚咳嗽，消渴，大便燥结。如用于温病邪传气分，壮热烦渴，汗出恶热，脉洪大的白虎汤（《伤寒论》）；治肺热咳嗽或阴虚燥咳的二母散（《证治要诀类方》）；用于阴虚消渴的玉液汤（《医学衷中参西录》）。

盐知母

【炮制方法】取净知母片，置炒制容器内，用文火加热，炒至变色，喷淋盐水，炒干，取出晾凉。筛去碎屑。

知母片每100kg用食盐2kg。

【炮制作用】知母盐炙可引药下行，专于入肾，能增强滋阴降火的作用，善清虚热。常用于肝肾阴亏，虚火上炎所致之骨蒸潮热，盗汗遗精，如大补阴丸（《中国药典》）。

杜　仲

杜仲生用益肝舒筋，多用于头目眩晕和腰背伤痛等。如用于痹证日久，肝肾两亏，气血不足所致之腰膝疼痛、肢节不利或麻木的独活寄生汤（《备急千金要方》）。

盐杜仲

【炮制方法】取杜仲丝或块，用盐水拌匀，闷透，置锅内用文火炒至丝断，表面焦黑色，取出放凉。

杜仲丝或块每100kg用食盐2kg。

【炮制作用】杜仲盐炙后引药入肾，增强补肝肾的作用，常用于肾虚腰痛，阳痿遗精，胎元不固和高血压病。如用于肾虚腰痛的青娥丸（《中国药典》）；用于肝肾亏虚，胎动不安的杜仲丸（《证治准绳》）。

（五）生姜汁

生姜为姜科植物姜 *Zingiber officinal* Rosc. 的新鲜根茎。生姜一名，虽首载于《名医别录》，但实出自《神农本草经》。生姜汁为鲜姜的根茎经捣碎取汁，或用干姜加适量水共煎去渣而得的黄白色液体。

1. 历史简介　最早记载用姜汁制药的医药著作是南北朝时期南齐龚庆宣编著的《刘涓子鬼遗方》，书中叙述了对半夏的炮制，曰："汤洗七遍，生姜浸一宿，浸熬，候干用。"简而言之，即是多次漂洗处理后，用姜汁浸炒。梁《本草经集注》载有"姜汁制半夏，取其所畏，以制其耳"。姜制药物的理论依据主要有以下几点：①梁代陶弘景著《本草经集注》："半夏有毒，用之必须生姜，此是取其所畏，以相制耳。"②宋代寇宗奭著《重刊本草衍义》记载厚朴："不以姜制，则棘人喉舌。"③明代陈嘉谟著《本草蒙筌》："姜制发散。"④明代李梴著《医学入门》曰："入脾姜制。"⑤清代张仲岩著《修事指南》曰："姜制温散。"

NOTE

2. 分类　姜汁的主要成分为挥发油、姜辣素（姜烯酮、姜酮、姜萜酮混合物），尚含有多种氨基酸、淀粉及树脂状物。炮制一般用生姜汁，若无生姜，可用干姜煎汁，其用量为生姜的三分之一。

姜汁的制备方法：

（1）捣汁　将生姜洗净置容器内捣烂，加适量水，压榨取汁，残渣再加水共捣，再压榨取汁，如此反复2~3次，合并姜汁，备用。

（2）煮汁　取净生姜片置锅内，加适量水煮，过滤，残渣再加水煮，又过滤，合并两次滤液，适当浓缩，取出备用。

3. 性质和作用　生姜性温味辛，姜汁有香气，升腾发散而走表，能发表，散寒，温中止呕，开痰，解毒。药物经姜汁制后能抑制其寒性，增强疗效，降低毒性。

4. 质量要求　生姜、干姜是常用中药材，皆应符合现行《中国药典》的相关要求。

5. 姜制的目的

（1）制其寒性，增强和胃止呕作用　黄连姜炙可制其过于苦寒之性，免伤脾阳，并增强止呕作用；竹茹姜炙则可增强降逆止呕的功效。

（2）缓和副作用，增强疗效　厚朴对咽喉有一定的刺激性，姜制可缓和其刺激性，并增强温中化湿除胀的功效。

6. 适用范围及用量　姜制法多用于降逆止呕、祛痰止咳等药物的炮制，如竹茹、草果、半夏、黄连、厚朴等。

每100kg药物用生姜10kg（干姜用量为生姜的三分之一）。

7. 应用实例

厚　朴

厚朴生品辛辣峻烈，对咽喉有刺激性，故一般不内服。

姜厚朴

【炮制方法】取厚朴丝，加姜汁拌匀，闷润，待姜汁被吸尽后，置炒制容器内，用文火加热，炒干，取出晾凉。或者取生姜切片，加水煮汤，另取刮净粗皮的药材，扎成捆，置姜汤中，反复浇淋，并用微火加热共煮，至姜液被吸尽时取出，切丝，干燥。筛去碎屑。

厚朴丝每100kg用生姜10kg。

【炮制作用】厚朴姜制后可消除对咽喉的刺激性，并可增强宽中和胃的功效。多用于湿阻气滞，脘腹胀满或呕吐泻痢，积滞便秘，痰饮喘咳，梅核气。如用于湿滞脾胃的平胃散（《太平惠民和剂局方》）；治疗积滞便秘、腹部胀闷的厚朴三物汤（《金匮要略》）。

黄　连

生黄连苦寒性较强，适用于肠胃湿热所致的腹泻、痢疾、呕吐、热盛火炽，壮热烦躁，神昏谵语，吐血衄血，疔疮肿毒，口舌生疮，耳道流脓等证。如治热毒壅盛、高热烦躁及痈疽疔疮的黄连解毒汤（《外科正宗》）；治气血两燔的清瘟败毒饮（《疫疹一得》）；治热痢泄泻的白头翁汤（《伤寒论》）。

姜炙黄连

【炮制方法】取黄连片，加姜汁拌匀，稍闷润，待姜汁被吸尽后，置预热适度的炒制容器

NOTE

内，用文火炒干，取出晾凉，筛去碎屑。

黄连片每100kg用生姜12.5kg。

【炮制作用】 姜炙黄连可缓和黄连过于苦寒之性，并增强其止呕之功，以治胃热呕吐为主。如用于治湿热中阻，胃失和降，恶心呕吐的连朴饮（《霍乱论》）。

（六）甘草汁

甘草汁为甘草饮片水煎去渣而得的黄棕色至深棕色液体。

1. 历史简介 用甘草炮制药材的记载始于南北朝的《雷公炮炙论》，这种方法一直沿用至今，并载入《中国药典》。南北朝时期甘草炮制品有24种，宋代增加了16种，明代增加了22种，清代增加了16种。在中华人民共和国成立之前，有记载的甘草炮制品种有77种。到20世纪60年代，甘草炮制品由77种减少至49种。

2. 性质和作用 甘草味甘，性平，具补脾益气，消热解毒，祛痰止咳，缓急止痛作用。其主要成分为甘草甜素及甘草苷，还含有还原糖、淀粉及胶类物质等。药物经甘草汁制后能缓和药性，降低毒性。甘草解毒作用的有效成分为甘草甜素。解毒机理可能为甘草甜素水解后可释放出葡萄糖醛酸与含有羟基或羧基的毒物结合而解毒。其次，甘草甜素对毒物有吸附作用，与药用活性炭一样，在胃内吸附毒物，减少毒物吸收而解毒。也有人认为甘草次酸的肾上腺皮质激素样作用，以及改善垂体-肾上腺系统的调节作用等与其解毒亦有关。

3. 质量要求 甘草是一味常用中药材，应符合现行《中国药典》的相关要求。

4. 甘草制的目的 降低毒性、缓和药性，如远志、半夏用甘草汁制后消除对咽喉的刺激性。

5. 适用范围及用量 常以甘草汁制的药物有远志、半夏、吴茱萸等。

6. 应用实例

远　志

远志生品戟人咽喉，多外用涂敷以治疗痈疽肿毒，乳房肿痛。

甘草水制远志

【炮制方法】 取甘草，加适量水煎汤，去渣，加入净远志，用文火煮至汤吸尽，取出，干燥。

远志每100kg用甘草6kg。

【炮制作用】 甘草水制远志，既缓其燥性，又消除麻味，炮制后以安神益智为主，用于心神不安，惊悸，失眠，健忘。如治失眠健忘的远志丸（《太平惠民和剂局方》）。

（七）黑豆汁

黑豆为豆科植物大豆 *Glycine max*（L.）merr 的黑色种子。又名乌豆。黑豆汁为黑豆加适量水煮熬去渣而得的黑色混浊液体。

1. 历史简介 黑豆入药最早见于《神农本草经》，系以黑大豆发芽后晒干而成，名大豆黄卷。唐代陈藏器的《本草拾遗》记载，黑大豆能“明目镇心，温补，久服好颜色，变白不老”，提示该品有抗衰老作用。明代李时珍所著《本草纲目》中有“李守愚每晨水吞黑豆二七枚，到老不衰”的记载。用黑豆汁炮制的药物主要有何首乌。

NOTE

2. 性质和作用 黑豆味甘，性平，能活血，利水，祛风，解毒，滋补肝肾。药物经黑豆汁制后能增强药物的养阴补气作用。黑豆含较丰富的蛋白质、脂肪、碳水化合物以及胡萝卜素、维生素 B_1、维生素 B_2、烟酸及粗纤维、钙、磷、铁等营养物质，并含少量的大豆黄酮苷、染料木苷。《本草纲目》曰："豆有五色，各治五脏，惟黑豆属水性寒，可以入肾。治水、消胀、下气、治风热而活血解毒，常食用黑豆，可百病不生。""黑豆入肾功多，故能治水、消肿下气。治风热而活血解毒。"

3. 质量要求　本品应符合相关的食品质量要求。

4. 黑豆汁制的目的　增强药物的疗效，降低药物毒性或副作用，如何首乌。

5. 适用范围及用量　常以黑豆汁制的药物有何首乌等。

每 100kg 药物用黑豆 10kg。

6. 应用实例

何首乌

生首乌苦泄性平兼发散，具解毒，消肿，润肠通便的功能。用于瘰疬疮痈，风疹瘙痒，肠燥便秘，高脂血症。如治遍身疮肿痒痛的何首乌散（《外科精要》）；治颈项生瘰疬、咽喉不利的何首乌丸（《太平圣惠方》）。

黑豆汁制首乌

【炮制方法】取生首乌片或块，用黑豆汁拌匀，润湿，置非铁质蒸制容器内，密闭，蒸或炖至汁液被吸尽，药物呈棕褐色时，取出，干燥。

何首乌每 100kg 用黑豆 10kg。

黑豆汁制法：取黑豆 10kg，加水适量，约煮 4 小时，熬汁约 15kg；黑豆渣再加水煮 3 小时，熬汁约 10kg，合并得黑豆汁约 25kg。

【炮制作用】何首乌经黑豆汁拌蒸后，味转甘厚而性转温，增强了补肝肾，益精血，乌须发，强筋骨的作用。用于血虚萎黄，眩晕耳鸣，须发早白，腰膝酸软，肢体麻木，崩漏带下，久疟体虚，高脂血症。如益肾固精乌发的七宝美髯丹（《本草纲目》）；治久疟不止的何人饮（《景岳全书》）。同时消除了生首乌滑肠致泻的副作用，使慢性病人长期服用而不造成腹泻。

（八）米泔水

米泔水为淘米时第二次滤出的灰白色混浊液体，其中含少量淀粉和维生素等，又称"米二泔"。因易酸败发酵，应临用时收集。目前因米泔水不易收集，大生产也有用 2kg 米粉加水 100kg，充分搅拌以代替米泔水用。

1. 历史简介　王焘《外台秘要》始载米泔水制药的方法，提到"高丽昆布白米泔浸"。

2. 性质和作用　米泔水味甘，性凉，无毒，能益气，除烦，止渴，解毒。本品对油脂有吸附作用，常用来浸泡含油质较多的药物，以除去部分油质，降低药物辛燥之性，增强补脾和中作用。

3. 米泔水制的目的　降低药物辛燥之性，增强补脾和中作用，如苍术。

4. 适用范围及用量　常以米泔水制的药物有苍术、白术等。

5. 应用实例

苍　术

生苍术温燥而辛烈，化湿和胃之力强，而且能走表祛风湿，用于风湿痹痛，感冒夹湿，湿

NOTE

温发热，脚膝疼痛。如治风湿阻于经络，肢体关节疼痛的薏苡仁汤（《类证治裁》）；治风寒感冒夹湿的九味羌活汤（《此事难知》）；治湿温发热，肢节酸痛的白虎加苍术汤（《类证活人书》）。

（1）制苍术

【炮制方法】将净苍术片用适量米泔水拌匀，闷润至米泔水被吸尽，置锅内，文火炒至表面呈黄色时，取出，放凉。

【炮制作用】可除去部分挥发油，减轻药物燥性。

（2）漂苍术

【炮制方法】取苍术片，加米泔水浸漂1天，捞出，用清水漂6小时，洗净，干燥。

【炮制作用】漂制后，可除去部分挥发油，减轻药物燥性。

（九）胆汁

胆汁系指猪、牛、羊的新鲜胆汁，为绿褐色、微透明的液体，略有黏性，有特异腥臭气。主要成分为胆酸钠、胆色素、黏蛋白、脂类及无机盐类等。

1. 分类　最早记载的胆汁炮制采用的是牛胆汁，后来发展为羊胆汁、猪胆汁，个别还采用混合胆汁。

2. 性质和作用　胆汁味苦，性大寒，能清肝明目，利胆通肠，解毒消肿，润燥。与药物共制后，能降低药物的毒性、燥性，增强疗效。胆汁主要用于制备胆南星，如钱乙《小儿药证直诀》的“天南星腊月酿牛胆中，百日阴干”。

3. 胆汁制的目的

（1）增强药物疗效　如以苦寒的胆汁制黄连，更增强黄连苦寒之性，所谓寒者益寒。

（2）改变药性，扩大药物适用范围　如天南星辛温，善于燥湿化痰，祛风止痉；加胆汁制成胆星，则性味转为苦凉，具有清热化痰，息风定痉的功效。

4. 应用实例

天南星

生天南星味苦、辛，性温，辛温燥烈，有毒，多外用，治痈肿疮疖，蛇虫咬伤。

胆南星

【炮制方法】（1）取制南星细粉，加入净胆汁（或胆膏粉及适量水）拌匀，蒸60分钟至透，取出放凉，制成小块，干燥。

（2）取生南星粉，加入净胆汁（或胆膏粉及适量水）拌匀，放温暖处，发酵7～15天后，再连续蒸或隔水炖9昼夜，每隔2小时搅拌一次，除去腥臭气，至呈黑色浸膏状，口尝无麻味为度，取出，晾干。再蒸软，趁热切制成小块。

制南星细粉每100kg用牛（或羊、猪）胆汁400kg（胆膏粉40kg）。

【炮制作用】天南星经加入苦寒的胆汁炮制成胆南星，毒性降低，燥烈之性缓和，药性由温转凉，味由辛转苦，清热化痰，息风定惊效果尤佳，多用于热痰咳喘、急惊风，癫痫等症。如治咳嗽的清气化痰丸（《医方考》），治小儿急惊风的牛黄抱龙丸（《医学入门》）。

（十）油脂

NOTE

用于中药炮制的油脂指食用油脂。其炮制方法称为油炙法，又称酥炙法。有羊脂油拌炒、植物油炸和油脂涂酥烘烤三种方法。

1. 分类　油制法所用的油脂，包括植物油和动物脂（习称动物油）两类。常用的有麻油（芝麻油）、羊脂油。此外，菜油、酥油亦可采用。

2. 性质和作用

（1）*麻油*　为胡麻科植物脂麻 *Sesamum indicum* L. 的干燥成熟种子经冷压或热压所得的油脂。主要成分为亚油酸甘油酯、芝麻素等。麻油性味甘，微寒，能清热，润燥，生肌。因沸点较高，常用来炮制坚硬或有毒药物，使之酥脆，降低毒性。

（2）*羊脂油*　由山羊或绵羊的脂肪油经炼制而成，为白色、油腻、不规则的块状物，味甘性热，能温散寒邪，补肾助阳。

3. 质量要求　麻油凡混入杂质或酸败者不可用。羊脂油为白色、油腻、不规则的块状物，无酸败异味。

4. 油制的目的

（1）*增强疗效*　如淫羊藿，用羊脂油炙后能增强温肾助阳作用。

（2）*利于药物粉碎，便于制剂和服用*　如豹骨、三七、蛤蚧，经油炸或涂酥后，能使其质地酥脆，易于粉碎，并可矫正其不良气味。

5. 适用范围　常以麻油制的药物有马钱子、地龙、豹骨等；以羊脂油制的药物主要有淫羊藿等。

6. 应用实例

淫羊藿

淫羊藿生品以祛风湿，坚筋骨力胜。常用于风湿痹痛，肢体麻木，筋骨痿软，慢性支气管炎，高血压。如用于风寒湿痹，走注疼痛的仙灵脾散（《太平圣惠方》）；治疗脚膝软缓、不能履步的仙灵脾煎丸（《太平圣惠方》）。

炙淫羊藿

【炮制方法】取羊脂油置锅内加热熔化，加入淫羊藿丝，用文火加热，炒至微黄色，取出晾凉。

淫羊藿每100kg用羊脂油（炼油）20kg。

【炮制作用】羊脂油甘热，能温散寒邪，补肾助阳。羊脂油炙淫羊藿能增强温肾助阳作用，多用于阳痿、不孕。如用于肾气衰弱，阳痿不举的三肾丸（《全国中药成药处方集》）。

其他的液体辅料还有吴茱萸汁、萝卜汁、鳖血、石灰水等，可根据临床需要选用。

二、固体辅料

（一）稻米

稻米为禾本科植物稻 *Oryza sativa* L. 的种仁，主要成分为淀粉、蛋白质、脂肪、矿物质，尚含少量B族维生素、多种有机酸类及糖类。

1. 分类　米炒药物所用的米，一般认为以糯米为佳，有些地区采用“陈仓米”，通常多用大米。

2. 性质和作用　稻米味甘，性平，能补中益气，健脾和胃，除烦止渴，止泻痢。与药物共制，可增强药物功能，降低刺激性和毒性。米炒时，利用米的润燥作用缓和药物的燥性，如《修事指南》记载："米制润燥而泽。"米炒后产生焦香气，并借米谷之气，增强某些药物健脾和中作用。因米主含淀粉，米炒时能使昆虫类药物的毒性成分因受热而部分升华散失，部分被米吸附，以降低药物的毒性。

3. 适用范围及用量 米炒多用于炮制某些补益脾胃药和某些昆虫类有毒性的药物，如党参、斑蝥、红娘子等。

每100kg药物用米20kg。

4. 米炒的目的

(1) 增强药物的健脾止泻作用 如党参。

(2) 降低药物的毒性，矫正不良气味 如红娘子、斑蝥。

5. 应用实例

斑 蝥

生斑蝥多外用，毒性较大，以攻毒蚀疮为主，用于瘰疬瘘疮，痈疽肿毒，顽癣瘙痒等症。如治瘰疬结核，疮瘘流脓，久不敛口的生肌干脓散（《证治准绳》）；治牛皮癣、白斑的顽癣方（《外台秘要》）。

米炒斑蝥

【炮制方法】 将米置热锅内，用中火加热炒至冒烟，投入斑蝥拌炒，至米呈深黄色，斑蝥微挂火色时，取出，筛去米，摊凉。

斑蝥每100kg用米20kg。

【炮制作用】 斑蝥米炒后，可以降低其毒性，矫正其气味，可内服，以通经，破癥散结为主，用于经闭，癥瘕，狂犬咬伤，瘰疬，肝癌，胃癌等症。如治瘀血阻滞，月经闭塞的斑蝥通经丸（《济阴纲目》）。

党 参

党参味甘，性平，擅长益气生津，常用于气津两伤或气血两亏。如治气阴两亏的党参膏（《得配本草》）；治气血两亏的两仪膏（《中药成方集》）。

米炒党参

【炮制方法】 将米置预热适度的炒制容器内，用中火加热至冒烟，投入净党参片或段拌炒，至米呈焦黄色，党参表面深黄色，取出，筛去米，放凉。

党参片或段每100kg用米20kg。

【炮制作用】 党参米炒后气变清香，和胃、健脾止泻作用增强，多用于脾胃虚弱，食少，便溏，脱肛等症。如治脾虚泄泻的补脾益肠丸（《中国药典》）。

（二）麦麸

麦麸（wheat bran）为禾本科植物小麦 *Triticum aestivum* L. 的种皮。

1. 分类

(1) 净麸（清麸） 未经制过的麦麸。

(2) 蜜麸（糖麸） 经蜂蜜或红糖制过的麦麸。蜂蜜制麦麸的方法为：取蜂蜜置锅内用

中火加热，炼至沸腾，起鱼眼泡时，投入麦麸（麦麸与蜂蜜用量之比为5∶1），不断翻动，炒至麦麸手捏成团而掷出即散为度。红糖制麦麸的方法类似。

2. 性质和作用 麦麸味甘，性淡，能和中益脾，与药物共制能缓和药物的燥性，增强疗效，除去药物不良的气味，使药物色泽均匀一致。麦麸还能吸附油质，亦可作为煨制的辅料。

3. 质量要求 麸炒时，所用的麦麸应过50目筛除去麸屑以控制灰屑含量，保证炮制品的外观性状符合要求。

4. 麸炒的目的

（1）*增强疗效* 具有补脾作用的药物，如山药、白术等，经麦麸炒制后可增强其疗效。

（2）*缓和药性* 枳实具强烈的破气作用，苍术药性燥烈，两者经麸炒后药性缓和，不致耗气伤阴。

（3）*矫臭矫味* 僵蚕生品气味腥臭，经麸炒后矫正其气味，便于服用。

5. 适用范围及用量 麦麸炒制常用于补脾胃或作用强烈及有腥味的药物，如枳壳、枳实、僵蚕、苍术、白术等。

每100kg药物用麦麸10～15kg。

6. 应用实例

苍 术

生苍术温燥而辛烈，化湿和胃之力强，而且能走表祛风湿。用于风湿痹痛，感冒夹湿，湿温发热，脚膝疼痛。如治风湿阻于经络，肢体关节疼痛的薏苡仁汤（《类证治裁》）；治风寒感冒夹湿的九味羌活汤（《此事难知》）；治湿温发热，肢节酸痛的白虎加苍术汤（《类证活人书》）。

麸炒苍术

【炮制方法】先将锅烧热，撒入麦麸，用中火加热，待冒烟时投入苍术片，不断翻动，炒至深黄色时取出，筛去麦麸，放凉。

苍术片每100kg用麦麸10kg。

【炮制作用】苍术麸炒后缓和燥性，气变芳香，增强了健脾燥湿的作用，用于脾胃不和，痰饮停滞，青盲雀目。如治湿邪中阻，脾胃不和的平胃散（《医方类聚》）；治青盲雀目、翳障睑痛的二术散（《证治准绳》）。

枳 壳

枳壳生用辛燥作用较强，偏于行气宽中除胀，用于气实壅满所致脘腹胀痛，或胁肋胀痛，瘀滞疼痛；子宫下垂，脱肛，胃下垂。如治胁肋胀痛的枳壳散（《普济本事方》）。

麸炒枳壳

【炮制方法】先将锅烧热，撒入麦麸，用中火加热，待冒烟时投入枳壳片，不断翻动，炒至表面黄色时取出，筛去麦麸，放凉。

枳壳片每100kg用麦麸10kg。

【炮制作用】麸炒枳壳可缓和其峻烈之性，偏于理气健胃消食，用于宿食停滞，呕逆嗳气，风疹瘙痒。如治积滞内停，胃脘痞满的木香槟榔丸（《太平惠民和剂局方》）；麸炒枳壳因其作用缓和，适宜于年老体弱而气滞者。

（三）白矾

白矾又称明矾，为三方晶系矿物矾石 Alumen 或其他铝矿石经加工提炼制成的块状结晶体，无色、透明或半透明，有玻璃样色泽，质硬脆易碎，味微酸而涩，易溶于水，主要成分为硫酸铝钾［$KAl(SO_4)_2 \cdot 12H_2O$］。

1. 性质和作用 白矾味酸，性寒，能解毒，祛痰，杀虫，收敛燥湿，防腐。与药物共制后，可防止腐烂，降低毒性，增强疗效。

2. 适用范围及用量 常以白矾制的药物有半夏、天南星等。用量根据其炮制作用和目的不同而异。

3. 应用实例

半 夏

生半夏有毒，使人呕吐，咽喉肿痛，失音，一般不作内服，多作外用，用于疮痈肿毒，湿痰咳嗽。

（1）清半夏

【炮制方法】净半夏用8%白矾水溶液浸泡，至内无干心，口尝微有麻舌感时取出，切厚片。

半夏每100kg用白矾20kg。

【炮制作用】降低毒性，并可增强半夏燥湿化痰作用，多用于痰多咳喘，痰饮眩悸。

（2）姜半夏

【炮制方法】净半夏清水浸漂至内无干心，用生姜汤加白矾共煮透，切薄片。

半夏每100kg，用生姜25kg，白矾12.5kg。

【炮制作用】降低毒性，并可以增强半夏降逆止呕作用，多用于呕吐反胃，胸脘痞满，梅核气。

（3）法半夏

【炮制方法】取净半夏，用凉水浸漂，避免日晒。根据其产地质量及其颗粒大小，斟酌调整，泡至10日左右起白沫时，每半夏100kg加白矾2kg，泡1日换水，至口尝稍有麻辣感为度，取出晾凉。另取甘草碾成粗块，加水煎汤，用甘草汤泡石灰块，再加水混合，除去石灰渣，倒入半夏缸中浸泡。每日搅拌，使其颜色均匀，至黄色已浸透，内无白心为度，捞起，阴干。

【炮制作用】使半夏毒性降低，并擅长燥湿化痰，用于痰多咳喘，痰饮眩悸，风痰眩晕，痰厥头痛等。

可见，采用白矾炮制半夏不仅能降低其毒性，还能增强其化痰功效，同时在炮制过程中可起到防腐作用。

（四）豆腐

豆腐为大豆种子粉碎后经特殊加工制成的乳白色固体，主含蛋白质、维生素、淀粉等物质。

NOTE

1. 性质和作用 豆腐味甘，性凉，能益气和中，生津润燥，清热解毒。豆腐具有较强的沉淀与吸附作用，与药物共制后可降低药物毒性，去除污物。

2. 豆腐制的目的

（1）降低毒性　如藤黄、硫黄等。

（2）洁净药物　如珍珠等。

3. 适用范围　常与豆腐共制的药物有藤黄、珍珠（花珠）、硫黄等。

4. 应用实例

藤　黄

藤黄生品有剧毒，不能内服，外用治疗痈疽肿毒、顽癣。如治一切肿毒的一笔消（《祝穆试效方》）。

制藤黄

【炮制方法】取大块豆腐，中间挖一长方形槽，将药置槽中，再用豆腐盖严，置锅内加水煮，候藤黄熔化后，取出放冷，待藤黄凝固，除去豆腐即得。或将定量豆腐块中间挖槽，把净藤黄粗末放入槽中，上用豆腐覆盖，放入盘内用蒸笼加热蒸约3～4小时，候藤黄全部熔化，取出，放冷，除去豆腐，干燥。

藤黄每100kg用豆腐300kg。

【炮制作用】藤黄经豆腐制后毒性降低，可供内服。如用于跌打损伤，金疮肿毒的黎峒丸（《外科证治全生集》）。

（五）土

中药炮制常用的土是灶心土、黄土、赤石脂、东壁土等。灶心土呈焦土状，黑褐色，附烟熏气味，主含硅酸盐、钙盐及多种碱性氧化物。

1. 性质和作用　灶心土味辛，性温，能温中和胃，止血，止呕，涩肠止泻等，与药物共制后可降低药物的刺激性，增强药物疗效。灶心土经多次烧炼，含多种碱性氧化物，具有中和胃酸的作用。

2. 土炒的目的　土炒能增强药物补脾止泻的功能，如山药、白术。

3. 适用范围及用量　常以土制的药物有白术、当归、山药等。

药物每100kg用土25～30kg。

4. 应用实例

山　药

山药生用功偏补肾生精，益肺肾之阴。如治肺虚咳嗽的薯蓣丸（《金匮要略》）；治阴虚消渴的玉液汤（《医学衷中参西录》）。

土炒山药

【炮制方法】先将土粉置锅内加热至灵活状态，再投入山药片拌炒，至表面均匀挂土粉时取出，筛去土粉，放凉。

山药片每100kg用灶心土粉30kg。

【炮制作用】土炒山药以补脾止泻为主，如用于脾虚久泻，久痢不止的参苓白术散（《太平惠民和剂局方》）。

NOTE

白 术

生白术以健脾燥湿、利水消肿为主，多用于痰饮，水肿，风湿痹痛。如治痰饮内停，脾失健运，心悸的苓桂术甘汤（《伤寒论》）；治四肢水肿、小便不利的五苓散（《伤寒论》）。

土炒白术

【炮制方法】先将土粉置锅内加热至灵活状态，再投入白术片拌炒，至表面均匀挂土粉时，取出，筛去土粉，晾凉。

白术片每100kg用灶心土粉25kg。

【炮制作用】土炒白术借土气资助脾土，增强补脾止泻作用，用于脾虚食少，泄泻便溏，胎动不安。如治小儿脾胃受寒，水泻不止的小儿健脾止泻丸（《部颁标准》）；治心脾不足，气血两亏，形瘦神疲，食少便溏的人参养荣丸（《中国药典》）。

（六）蛤粉

蛤粉为帘蛤科动物文蛤 *Meretrix meretrlx* Linnaeus 和青蛤 *Cyelina sinensis* Gmelin 的贝壳经炮制粉碎后的灰白色粉末，主要成分为碳酸钙、氧化钙等。

1. 性质和作用 蛤粉味咸，性寒，能清热，利湿，化痰，软坚。与药物共制可除去药物的腥味，增强疗效。

2. 蛤粉炒的目的 主要是改变药物性能，或使药物质地变得酥脆，或降低药物滋腻之性及矫味。

3. 适用范围及用量 主要用于烫制阿胶、鹿角胶等。

药物每100kg用蛤粉30～50kg。

4. 应用实例

阿 胶

阿胶具有补血、止血及滋阴润燥作用，是治疗阴血不足以及各种出血的常用药物。

蛤粉炒阿胶

【炮制方法】先将蛤粉置于炒锅内，大火加热至蛤粉呈活动状态，然后投入阿胶丁与蛤粉共同拌炒，不断翻动，炒至阿胶丁鼓起成圆球形，内部没有溏心时取出，筛去蛤粉，放凉即可。

阿胶丁每100kg用蛤粉30～50kg。

【炮制作用】阿胶滋腻，容易妨碍脾胃功能。蛤粉炒后，降低了滋腻之性，并增强了润燥作用。

（七）滑石粉

滑石粉为单斜晶系鳞片状或斜方柱状的硅酸盐类矿物滑石经精选净化、粉碎而制得的细粉。本品为白色或类白色、微细、无砂性的粉末，手摸有滑腻感。

1. 性质和作用 滑石粉味甘，性寒，能利尿，清热，解暑。中药炮制用滑石粉作中间传热体拌炒药物，使药物受热均匀。

2. 滑石粉炒的目的

（1）使药物质地酥脆，便于粉碎和煎煮　如黄狗肾等。

NOTE

（2）降低毒性及矫正不良气味，利于药物安全和服用方便　如刺猬皮、水蛭等。

3. 适用范围及用量　常用滑石粉烫炒的药物有刺猬皮、鱼鳔胶等韧性较大的动物类药物。药物每100kg用滑石粉40～50kg。

4. 应用实例

水　蛭

水蛭具有破血逐瘀、通经消癥的功效，是治疗瘀血癥瘕积聚以及血瘀经闭等的常用药物。常用滑石粉炒后入药。

滑石粉炒水蛭

【炮制方法】先将滑石粉置于炒锅内，大火加热至滑石粉呈灵活状态，然后投入水蛭与滑石粉共同拌炒，不断翻动，炒至水蛭表面呈黄棕色，并微见鼓起时取出，筛去滑石粉，放凉即可。

水蛭每100kg用滑石粉40kg。

【炮制作用】水蛭生用有小毒，滑石粉炒后可降低毒性，并能使药物质地变得酥脆，有利于药物有效成分煎出。

（八）河砂

筛取中等粗细的河砂，淘净泥土，除尽杂质，晒干。

1. 性质和作用　中药炮制用河砂作中间传热体拌炒药物，主要取其温度高，传热快，受热均匀，可使坚硬的药物质地变松脆，以便粉碎和利于有效成分煎出；另外烫炒还可破坏药物毒性，矫臭矫味，且易于除去非药用部分。

2. 适用范围及用量　常以砂烫炒的药物有马钱子、穿山甲、骨碎补、狗脊、龟甲、鳖甲等。

河砂用量以掩埋所加药物为度。

3. 应用实例

马钱子

马钱子苦、温，有大毒，具有通络止痛，散结消肿的功能。生马钱子毒性剧烈，且质地坚硬，仅供外用，常用于局部肿痛或痈疽初起，如“伤湿止痛膏”。

制马钱子

【炮制方法】取砂子，置热锅中，用武火炒热后，加入净马钱子，不断翻动，烫至鼓起并显棕褐色或深棕色时，取出，筛去砂子，放凉。

【炮制作用】马钱子经砂制后质地变酥脆，易于粉碎，还可降低毒性。用于风湿顽痹，麻木瘫痪，跌扑损伤，痈疽肿痛；小儿麻痹后遗症，类风湿性关节痛。

鸡内金

鸡内金味甘，性平，具有健胃消食，涩精止遗，通淋化石的功效。生品长于攻积，通淋化石，常用于泌尿系结石和胆道结石。如治砂石淋证的砂淋丸（《医学衷中参西录》）。

NOTE

砂炒鸡内金

【炮制方法】 取净砂置炒制容器内，用中火加热至灵活状态时，投入大小分档的净鸡内金，翻埋至鼓起、卷曲、酥脆、表面深黄色时，取出，筛去砂，放凉。

【炮制作用】 鸡内金经砂炒后，质地酥脆，便于粉碎，矫正不良气味，并能增强健脾消积作用。用于消化不良，食积不化，脾虚泄泻及小儿疳积。如治饮食停滞，食积不化的反胃吐食方（《千金要方》）；以及治脾虚泄泻的益脾饼（《医学衷中参西录》）。

（九）朱砂

朱砂为三方晶系硫化物类矿物辰砂，主要成分为硫化汞。中药炮制用的朱砂系取去净杂质的朱砂，研细或水飞成细粉备用。

1. 性质和作用 朱砂味甘，性微寒，具有镇惊，安神，解毒等功效。

2. 炮制的目的 增强药物宁心安神作用，如朱砂拌茯苓、朱砂拌连翘心等。

3. 适用范围 常用朱砂拌制的药材有麦冬、茯苓、茯神、远志等。

4. 使用方法 将净饮片湿润后，加入定量的朱砂细粉拌匀，晾干。

5. 应用实例

茯 苓

茯苓有利水渗湿，健脾，化痰，宁心安神的功效，可用于水肿尿少，痰饮眩悸，脾虚食少，便溏泄泻，心神不安，惊悸失眠。

朱砂拌茯苓

【炮制方法】 取净茯苓厚片或小方块，用水飞后的朱砂拌匀。

茯苓每100kg用朱砂4kg。

【炮制作用】 朱砂拌茯苓可增强其宁心安神的作用。

三、当前炮制辅料研究中存在的问题及建议

目前，中药炮制辅料存在的主要问题为：①没有统一的国家标准，基本上是采用食品、饮品及调味剂的标准；②没有专门的中药辅料加工单位及生产厂家；③《中国药典》对中药炮制辅料也没有更细的要求和规定；④全国各地中药饮片加工炮制过程中所用辅料也各不相同。有学者提出如下研究和完善的建议。

（一）炮制辅料的质量标准研究

炮制辅料质量的优劣直接影响炮制品的质量与临床疗效，但目前炮制辅料的质量标准研究却远远落后于炮制品的质量标准研究。长期以来，中药炮制辅料质量控制一直借用食品、调味或其他行业的质量标准，尚未建立起适合饮片炮制特点的炮制用辅料标准及评价技术方法。以《中国药典》及各地炮制规范为例，它们对常用炮制辅料都有记载，但对其质量的控制、用量等规定较宽泛，如炮制用黄酒尚无药用标准，各饮片加工企业主要以黄酒的国家标准作为黄酒质量控制的准则。因此，对于以食用为主的炮制辅料，如酒、醋、蜂蜜、食盐、麻油、稻米、豆腐等，其质量标准可以在原有食品标准的基础上加以提高，以适应炮制的需要；对于本身就是药品的炮制辅料，如胆汁、白矾、滑石粉、蛤粉、朱砂等，应符合其药品的质量标准；此外，对于目前尚没有质量标准的辅料，如米泔水、麦麸、土、河砂等，研究并制订其质量标准

是当务之急；对于一些需要煎煮制备的辅料，如生姜汁、甘草汁、黑豆汁等，则不仅仅要进行质量标准研究，还应对其制备工艺进行系统的优化筛选。

（二）辅料的作用机理研究

辅料炮制可以使中药增强疗效，降低毒性或副作用，改变或缓和药性，引药归经，矫味矫臭等。中药饮片炮制的发展过程中，炮制用辅料形成了一套传统的辅料使用理论与操作规范。如《本草蒙筌》记载："酒制升提，姜制发散。入盐走肾脏，乃使软坚；用醋注肝经，且资住痛。童便制，除劣性降下；米泔制，去燥性和中。乳制滋润回枯，助生阴血；蜜制甘缓难化，增益元阳。陈壁土制，窃真气骤补中焦；麦麸皮制，抑酷性勿伤上膈。乌豆汤，甘草汤渍曝，并解毒致令平和；羊酥油、猪脂油涂烧，咸渗骨容易脆断。"但是其发挥作用的机理却至今还有一大部分阐释不清。因此，在中医药理论的指导下，以提高临床疗效为目标，充分运用现代科学技术手段与方法，从化学成分、微量元素等方面，与现代药理研究相结合，从细胞水平、分子水平，阐明炮制辅料的作用机理，对于提高炮制品的质量与临床疗效，无疑具有重大意义。因此，炮制辅料的作用机理研究不仅仅是当前中药炮制规范化研究中的一项重要内容，也是多学科相结合进行中药现代化研究的一个重要方面。

第二节　中药传统制剂用辅料

中药剂型大体可分为传统剂型和现代剂型两大类。早在商代开始使用汤剂后，各种剂型就层出不穷。传统剂型包括丸、散、膏、丹、酒、露、汤、饮、胶、茶、糕、锭、线、条、棒、钉、灸、熨等，至今大多仍在临床发挥着重要作用。现代剂型主要有片剂、滴丸、胶囊、气雾剂、注射剂、膜剂等。

中药制剂辅料是指在中药提取、分离、纯化、浓缩和干燥等过程及制剂成型工艺中使用的辅料，可分为中药制剂过程辅料和中成药辅料。

中药制剂过程辅料是指在中药提取、分离、纯化、浓缩和干燥等过程中使用的辅料。提取过程辅料包括纯化水、乙醇、丙酮、乙酸乙酯、石油醚、氢氧化钠、浓氨溶液、盐酸、二氧化碳等。分离纯化过程辅料包括大孔吸附树脂、聚酰胺、壳聚糖、活性炭等；浓缩和干燥过程辅料如西甲硅油等。

中成药辅料是在制剂成型工艺中使用的辅料，最终将与药物一起制备成制剂成品，被患者应用。

一、中药传统散剂、丸剂用辅料

（一）散剂

散剂系指原料药物或与适宜的辅料经粉碎、均匀混合制成的干燥粉末状制剂，可分为口服散剂和局部用散剂。散剂是中药传统剂型之一，在我国早期的医药典籍《黄帝内经》中已有散剂的记载。《伤寒论》《金匮要略》中记载散剂达五十余方。散剂历代应用颇多，迄今仍为常用剂型之一，其制法也有了进一步的发展。散剂具有比表面积较大，易分散、奏效快等特点，还能产生一定的机械性保护作用；此外，其制法简便，剂量可随症增减，当不便服用丸、

NOTE

片、胶囊等剂型时，均可改用散剂。但由于药物粉碎后比表面积较大，因此其嗅味、刺激性、吸湿性及化学活动性等也相应增加，使部分药物易起变化，挥发性成分易损失；一些腐蚀性强及易吸潮变质的药物，均不宜制成散剂。散剂按药物性质不同，可分为一般散剂、含毒性药散剂及含液体成分散剂等。

1. 一般散剂

散剂应干燥、疏松、混合均匀、色泽一致。散剂的一般制备过程包括：粉碎、过筛、混合、分剂量、质量检查、包装等工序。对于中药的一般散剂通常将处方中的药材粉碎成细粉，通过过筛混合而制备，很少另外加入辅料。

2. 含毒性药散剂

含毒性药物的散剂由于剂量小、称取费时且称量误差大，故常在毒性药物中添加一定比例量的辅料如乳糖或淀粉等制成稀释散（或称倍散），以便临时配方。在调剂工作中常用5倍散、10倍散，亦有100倍散、1000倍散。

倍散的稀释比例可按药物的剂量而定，如剂量在0.01～0.1g者，可配制成10倍散（取药物1份加入辅料9份混匀）；如剂量在0.01g以下，则应配成100或1000倍散。配制倍散时，应采用等量递增法，稀释混匀后备用。

为了保证散剂的均匀性及与未稀释原药相区别，一般将稀释散剂着色，常用的着色剂有胭脂红、苋菜红、靛蓝等。散剂染成一定颜色后，可借颜色深浅区别倍散的浓度。

稀释散剂的辅料应为无显著药理作用，且不与主药发生反应，不影响主药含量测定的惰性物质。常用的有乳糖、淀粉、糊精、蔗糖、葡萄糖，以及无机物如硫酸钙、氧化镁等。其中乳糖、淀粉、糊精、蔗糖、葡萄糖等参见第五章第二节。着色剂胭脂红、苋菜红和靛蓝的介绍参见第五章第十节。

硫酸钙
calcium sulfate

【分子式与分子量】 无水硫酸钙分子式为$CaSO_4$，分子量为136.14；二水硫酸钙分子式为$CaSO_4 \cdot 2H_2O$，分子量为172.17。

【来源】 本品常将较纯的天然石膏，加热除去3/4的水分，得含水约为5%的硫酸钙。或由碳酸钙与硫酸反应或氯化钙溶液与可溶性硫酸盐反应制得。二水硫酸钙又称为生石膏，无水硫酸钙又称为熟石膏。

【性质】 本品为白色或近白色、无臭、无味，具吸湿性粉末。微溶于水，较易溶于稀硫酸，不溶于乙醇和乙醚。20%水混悬液的pH为6～7.5。

【主要用途】 本品作为散剂的稀释剂，也可作为片剂、胶囊剂的填充剂以及缓释制剂的固化剂。此外，本品也是食品添加剂。

【使用注意】

①制剂中有水分存在时，钙盐可能与有机胺、氨基酸、多肽和蛋白质有配伍禁忌，并可能形成复合物。

②钙盐将影响四环素类抗生素的生物利用度。

③高温状态下，硫酸钙可以与磷或铝粉发生剧烈反应，也能与重氮甲烷发生剧烈反应。

NOTE

④本品中的 Ca^{2+} 和 SO_4^{2-} 均为机体成分，几乎无毒，一般认为是安全的，但过量粉尘吸入，致使支气管分泌液饱和面发生呼吸道阻塞。

氧化镁
magnesia

【分子式和分子量】 分子式为 MgO；分子量为 40.30。

【性质】 本品以两种形式存在，即轻质氧化镁（松散体积）和重质氧化镁（致密体积）。本品酸碱度为 pH 10.3，沸点 3600℃，熔点 2800℃，折射率 1.732。轻质氧化镁所占体积约为重质氧化镁的三倍。溶于稀酸和铵盐溶液，极微溶于纯水（二氧化碳可使溶解度增加），溶于乙醇（95%），比重 3.581g/cm^3（25℃）。

【主要用途】 本品作为碱性稀释剂用于固体制剂中。它也作为食品添加剂和抗酸剂，单独或与氢氧化铝联用。氧化镁还作为渗透性轻泻剂和镁补充剂应用于缺镁症等。

【使用注意】 ①本品在固态下可与酸性化合物反应生成盐，如二布洛芬镁，或使碱不稳定性药物降解；②氧化镁对地西泮的稳定性具有不良影响；③氧化镁可影响三氯噻嗪和抗心律不齐药物的生物利用度。

3. 含液体成分散剂

在复方散剂中有时含有液体组分，如挥发油、非挥发性液体药物、酊剂、流浸膏、药物煎汁及稠浸膏等。对于这些液状药物的处理应该视药物的性质、用量及处方中其他固体组分的多少而定。一般可利用处方中其他固体组分吸收后研匀；但如液体组分含量较大而处方中固体组分不能完全吸收时，可另加适当的辅料（淀粉、蔗糖、葡萄糖、磷酸钙等）吸收至不潮湿为度；当液体组分含量过大时，且属非挥发性药物，可加热蒸去大部分水分后，加入固体药物或辅料后，低温干燥、研匀即可。淀粉、蔗糖、葡萄糖等见第五章第二节。

（二）丸剂

丸剂，俗称丸药，系指饮片细粉或提取物加适宜的黏合剂或其他辅料制成的球形或类球形剂型。主要供内服。丸剂是我国传统剂型之一，首见于先秦时期的《五十二病方》。战国时期的《黄帝内经》中有记载“四乌鲗骨一藘茹丸”的记载，并注明：“二物并合之，丸似雀卵，大如小豆，以五丸为后饭，饮似鲍鱼汁。”对丸剂的名称、原料、黏合剂、加工方法、规格、剂量、服法等有关方面均有论述。

目前，丸剂仍是中药成方制剂中最常见的剂型之一。1985 年版《中国药典》一部丸剂占 62.3%，1990 年版《中国药典》一部丸剂占 54.5%，1995 年版《中国药典》一部丸剂占 50%，2000 年版《中国药典》一部共收载中药成方制剂及单味药制剂 458 种，其中丸剂就有 213 种，占 46.5%，2005 年版《中国药典》一部共收载中药成方制剂及单味药制剂 564 种，其中丸剂有 229 种，占 40.6%，2010 年版《中国药典》一部共收载中药成方制剂及单味药制剂 1069 种，其中丸剂就有 316 种，占 29.6%。2015 年版《中国药典》一部共收载中药成方制剂及单味药制剂 1492 种，其中丸剂就有 378 种，占 25.3%，虽然丸剂所占比例逐年递减，但是丸剂的品种却有增无减。

中药传统丸剂常以蜂蜜、米糊等为黏合剂，往往药效迟缓，适合于慢性病和病后调理。《金匮玉函经》有“丸药者，能逐风冷，破积聚，消诸坚痞”的记载。《汤液本草·东垣先生用药心法》:“丸者，缓也，不能速去之，其用药之舒缓而治之意也”。

传统丸剂用辅料有蜂蜜、炼蜜、蜂蜡、淀粉糊、血液、乳汁、唾液、动物组织等，这些辅料有些既是药用成分又是辅料，可同时影响制剂的成型和药效。

传统丸剂种类多，其中常见的有蜜丸、水丸、浓缩丸、糊丸和蜡丸。

1. 蜜丸 蜜丸系指饮片细粉以炼蜜为黏合剂制成的丸剂。其中每丸重量在0.5g（含0.5g）以上的称大蜜丸，每丸重量在0.5g以下的称小蜜丸。性柔软，作用缓和，多用于慢性病和需要滋补的疾患。在蜜丸的制备过程中，蜂蜜的选择与炼制是保证蜜丸质量的关键。一般以乳白色或淡黄色，味甜而香、无杂质，稠如凝脂，油性大，含水分少为好。但由于来源、产地、气候等关系，其质量不一致，北方产的蜂蜜一般水分较少，其中以荆条蜜、枣花蜜为优，而南方产的蜂蜜一般含水分较多。蜂蜜的介绍见本章第一节中药炮制用辅料，不再赘述。

蜂蜜的炼制：将蜂蜜置适宜锅内加热至沸，过筛除去死蜂、浮沫及杂质等，再继续加热至色泽无明显变化，稍有黏性或产生浅黄色有光泽的泡，手捏有黏性，但两手指分开无白丝为度。

2. 水丸 水丸又称水泛丸，系指饮片细粉以水（或根据制法用黄酒、稀药汁、醋、糖液、含5%以下炼蜜的水溶液等）为黏合剂制成的丸剂。水丸丸粒小，表面致密光滑，既便于吞服又不易吸潮，利于保管贮存。水丸生产设备简单，可大量生产。但制备时间长、易污染、对主药含量及溶散时限较难控制。

水

水是泛丸中应用最广、最主要的赋形剂。水本身虽无黏性，但能润湿溶解药物中的黏液质、糖、淀粉、胶质等而产生黏性，泛制成丸，应选用新煮沸放冷的水或蒸馏水。有些药材如党参、白术、甘草、白芷、山药等，含蛋白质、糖类、淀粉较多，其细粉吸水性好，以水为赋形剂则易成型。处方中有强心苷类的药物，如洋地黄等，不宜用水作湿润剂，因为水能使原药粉中的酶逐渐分解强心苷。处方中含有引湿性或可溶性成分以及毒性药等，应先溶解或混匀于少量水中，以利分散，再与其他药物混匀泛丸。

酒

酒中含有乙醇，能溶解药材中的树脂及油脂等成分而增加药材细粉的黏性，是一种润湿剂。但是酒润湿药粉的黏性比水弱，当用水泛丸困难且黏性太强时常以酒代之。同时，酒也是一种良好的有机溶媒，有助于药粉中生物碱、挥发油等溶出，以提高疗效，酒还具有防腐作用，可使药物在泛丸时不霉变。常用黄酒或白酒，酒窜透性强，有活血通络、引药上行及降低药物寒性的作用，故舒筋活血类处方常以酒作赋形剂泛丸。

药 汁

处方中某些药物不易粉碎或体积过大，可以榨汁或提取药液作赋形剂。如纤维性强的丝瓜络、大腹皮，质地坚硬的矿物药，乳香、没药等树脂类药，浸膏、胶类等，均可用其煎汁或溶解后作黏合剂。乳汁、胆汁、竹沥等可适当稀释后使用，鲜药可榨汁用，如生姜、大蒜等。

醋

一般以米醋为润湿剂，含醋酸（约3%～5%），可使药材中难溶性生物碱变成盐，从而有利于生物碱溶解，增强疗效。醋具有散瘀活血，消肿止痛之功效，因而入肝经散瘀止痛的处方制丸常以醋作赋形剂。

3. 浓缩丸　浓缩丸系指饮片或部分饮片提取浓缩后，与适宜的辅料或其余饮片细粉，以水、炼蜜或炼蜜和水为黏合剂制成的丸剂。根据所用黏合剂的不同，分为浓缩水丸、浓缩蜜丸和浓缩水蜜丸。

4. 蜡丸　蜡丸系指饮片细粉以蜂蜡为黏合剂制成的丸剂。由于蜂蜡主含软脂酸蜂花酯，极性小，不溶于水，用之制成的丸剂在体内释放药物缓慢，可延缓药物的吸收而起到长效作用。同时调节蜂蜡用量又可使丸药在胃中不溶解，而在肠中溶解并起效，从而防止药物中毒或减弱对胃的强烈刺激。“蜡丸，取其难化而慢慢取效或毒药不伤脾胃”，因而多用于含毒性及刺激性强的药物。市售蜂蜡含杂质多，入药前应精制，精制方法有漂蜡、煮蜡。除纯蜂蜡外，其他如川白蜡、石蜡均不能供制蜡丸用。

蜂　蜡

beeswax

【分子量与分子式】本品由偶数（24～36）的直链脂肪醇与偶数（18～36）的直链脂肪酸形成的酯，再加上20%（质量）的奇数（21～33）链烃。

【来源与制法】本品为蜜蜂（工蜂）腹部的蜡腺分泌出来的蜡。是构成蜂巢的主要成分。将蜂巢置于水中加热，滤过，冷凝取蜡或再精制而成。

【性质】本品为黄色或浅棕黄色，不透明或微透明、软或发脆的固体，大小不一，表面光滑。体较轻，蜡质，断面砂粒状，用手搓捏能软化。有蜂蜜样香气，味微甘。基本不溶于水，微溶于醇，溶于氯仿、苯、醚等。密度0.95～0.96g/cm^3。熔点62～65℃。酯值69～72.5。

【主要用途】本品在医药中主要用作成药赋形剂及油膏基质。

【使用注意】外用适量，熔化敷患处。置阴暗干燥处，防热。

【质量标准来源】《中国药典》2015年版一部。

5. 糊丸　糊丸系指饮片细粉以米粉、米糊或面糊等为黏合剂制成的丸剂。古人说：“稠面糊为丸取其迟化”。糊丸干燥后较坚硬，在胃内溶散迟缓，可使药物缓缓释放，延长药效，又能减少药物对胃肠道的刺激，故一般含有毒性或刺激性较强的药物（如朱砂、马钱子、巴豆、生半夏等）处方，多制成糊丸；取其迟化的噙化丸及磨汁用的丸药也制成糊丸。糊丸干燥后比较坚硬，在胃肠道释药缓慢，可延长药效，同时可减少对胃肠道的刺激。糊作为丸剂的黏合剂比蜂蜜更加方便易取。常用的糊粉有糯米粉、面粉、黍米粉、神曲粉、山药粉、天花粉等，其中以糯米粉和面粉最常用。糊的制法是将糊粉加入适量的清水或规定的酒、醋或药汁，加热使其糊化，产生黏性，作赋形剂。糯米糊黏性良好，面糊含大量淀粉及少量面筋，具有较强的亲水性，能吸水膨胀生成黏滞的凝胶，具有乳化性，黏性较强。

二、中药传统外用制剂用辅料

中药传统外用制剂主要包括黑膏药、白膏药、丹药、线剂、条剂和钉剂。

NOTE

(一) 黑膏药

黑膏药系指饮片、食用植物油与红丹（铅丹）炼制成膏料，摊涂于裱背材料上制成的供皮肤贴敷的外用制剂。黑膏药一般为黑褐色坚韧固体，用前需烘热，软化后贴于皮肤上。中药膏药应乌黑发亮、油润细腻、老嫩适度、滩涂均匀、无红斑、无飞边缺口，加温后能粘贴于皮肤上，且不易移动。

植物油应选用质地纯净、沸点低、熬炼时泡沫少、制成品软化点及黏着力适当的植物油。以麻油最好，其制成品外观光润。其他如碘价在100~130左右，皂化价在185~206左右的棉籽油、豆油、菜油、花生油、混合油等亦可。红丹又称章丹、铅丹、黄丹、陶丹、东丹，为橘红色非晶体性粉末，质重。其主要成分为四氧化三铅（Pb_3O_4），含量要求在95%以上。红丹应为干燥细粉，否则易聚成颗粒，下丹时沉于锅底，不易与油充分反应。

豆油为淡黄色的澄明液体，无臭或几乎无臭；凝固点-10~-16℃；可与乙醚、三氯甲烷混溶，乙醇中极微溶解，水中几乎不溶；相对密度0.916~0.922；折光率1.472~1.476，黏度50.09mPa·s。

花生油为淡黄色澄清液体，色泽鲜亮，气味芳香，滋味可口；极微溶于乙醇，不溶于水，与石油醚、乙醚和三氯甲烷等混溶。

麻油为脂麻科植物脂麻的成熟种子用压榨法得到的脂肪油。淡黄色或棕黄色的澄明液体，气微或带有熟芝麻的香气，味淡。不溶于乙醚，可与二硫化碳、三氯甲烷、石油醚和乙醚任意混溶，在乙醇中微溶。相对密度为0.917~0.923，折光率为1.471~1.475，皂化值为188~195，碘值为103~116。可作润滑剂及赋形剂，外用主要作为硬膏及软膏基质。

四氧化三铅（lead tetroxide，Pb_3O_4）为橙红色或橙黄色粉末。不透明；土状光泽。体重，质细腻，易吸湿结块，手触之染指。无臭，无味。以色橙红、细腻润滑、遇水不结块者为佳。相对密度9.1。医药工业用于制造软膏、硬膏等。由于其中含铅，易造成铅中毒，故应慎用。

(二) 白膏药

白膏药系指饮片、食用植物油与宫粉［碱式碳酸铅$2PbCO_3 \cdot Pb(OH)_2$］为基质，油炸药料，去渣后与宫粉反应而成的一种铅硬膏。

宫粉的氧化作用不如黄丹剧烈，有部分过量宫粉未能皂化或分解，宫粉用量较黄丹多，其与油的重量比约为1∶1~1.5∶1。

(三) 丹药

丹药系指汞与某些矿物药，在高温条件下炼制而成的不同结晶形状的无机汞化合物。丹药在我国已有2000多年的历史，按其制法有升丹和降丹之分。其中升丹按色泽又可分为红升丹、黄升丹和白升丹，前两者主要成分均为氧化汞，后者俗称轻粉，主要成分为氯化亚汞。降丹中常用的是白降丹，又称白灵药、降药等，其主要成分为氯化汞。水银是制备丹药的主要原料。

由于丹药毒性较大，一般不可内服，在使用过程中应注意剂量和应用部位，以免引起中毒。氧化汞的成人中毒量为0.5~0.8g，致死量为1~1.5g；氯化汞的成人中毒量为0.1~0.2g，致死量为0.3~0.5g，氯化亚汞中毒量为1~1.5g，致死量为2~3g。

氧化汞

mercuric oxide

NOTE

【分子式与分子量】分子式HgO；分子量216.59。

【来源与制法】本品有两种变体：红色氧化汞和黄色氧化汞。红色氧化汞由硝酸亚汞加热或硝酸汞与汞混合共热而得。黄色氧化汞由氢氧化钠（钾）或碳酸钠（钾）作用于硝酸汞或氯化汞制得。

【性质】红色氧化汞，鲜红色粉末，密度 11.00～11.29。黄色氧化汞，橘黄色粉末，相对密度 11.03（275℃）。受光的作用缓慢地变为暗黑色，有毒。在 500℃时分解为汞和氧气。如果加热温度低于分解温度，颜色变黑，冷后又恢复原色。几乎不溶于水和乙醇，溶于硝酸和盐酸而形成高汞盐。

【主要用途】本品用作中药丹剂的原料。

【使用注意】本品有剧毒，外用适量。

氯化亚汞
mercurous chloride

【分子式与分子量】分子式 Hg_2Cl_2；分子量 472.09。

【来源与制法】本品由氯化钠溶液，在搅拌下将硝酸亚汞溶液加入进行反应，生成氯化亚汞结晶溶液，经静置澄清，倾出溶液，向沉淀中加入冷水反复洗涤，数洗至洗涤液中加入硝酸银后只呈轻微浑浊为止，过滤，干燥制得。

【性质】本品为白色晶体或粉末。相对密度 7.15。在约 400℃升华。不溶于水、乙醇、乙醚，微溶于盐酸，溶于王水、硝酸汞溶液、苯和吡啶。溶于浓硝酸或硫酸时，氯化生成相应的汞盐。在沸腾下能溶于盐酸、铵溶液并析出汞而形成氯化汞。会被碱金属碘化物、溴化物或氰化物溶液分解为相应的汞盐和汞。遇氨色变黑。长期见光会缓慢析出金属汞而变黑。

【主要用途】本品用作中药丹剂的原料。

【使用注意】本品有剧毒，外用适量。

氯化汞
mercuric chloride

【分子式与分子量】分子式 $HgCl_2$；分子量 271.50。

【来源与制法】本品是将汞和氯气直接在 500℃下反应生成。

【性质】本品又称升汞，无色斜方粉晶，密度 5.44，熔点 276℃，沸点 302℃，少量溶于冷水，热水中易溶，易溶于乙醇，少量溶于乙醚，易溶于乙酸、吡啶、丙酮、苯和甘油，难溶于二硫化碳，遇光或暴露于空气中易分解，氯化汞与氯化亚汞不同，是剧毒物，常用作外用消毒药。

【使用注意】本品有剧毒，外用适量。

（四）线剂

线剂系指将丝线或棉线，置药液中先浸后煮，经干燥制成的一种外用剂型。线剂是利用所含药物的轻微腐蚀作用和药线的机械扎紧作用，切断痔核瘘管，使引流畅通，以利疮口愈合，达到治疗瘘管和痔疮等疾患的目的。现有以线剂结扎治疗为主，适当辅以药膏来治疗毛细血管瘤。

NOTE

（五）条剂

条剂，又称纸捻。系指将药物研细过筛，混匀，用桑皮纸粘药后搓捻成细条，或用桑皮纸搓捻成条，粘一薄层面糊，再黏附药粉而成的外用剂型。主要应用于中医外科。条剂的制备较简单，使用方便，用时插入疮口或瘘管内，以引流脓液，拔毒去腐，生肌敛口。

桑皮纸

【来源】本品是用新疆南部的桑树皮为原料制作的一种纸，古时又称"汉皮纸"，最大特点是柔嫩、防虫、拉力强、不褪色、吸水力强。

【性质】本品以桑树皮为原料，桑枝内皮有黏性，纤维光滑细腻，易于加工，呈淡褐色，工艺讲究的桑皮纸呈半透明状，很薄。经剥削、浸泡、锅煮、捶捣、发酵、过滤、入模、晾晒，粗磨而成桑皮纸，成纸呈正方形，长高各50厘米左右。

【主要用途】本品在中药中常用作条剂的制备。

（六）钉剂

钉剂系指将药物细粉加糯米粉混匀后加水蒸制成软材，按要求分剂量后，搓成细长而两端尖锐如纺锤形的外用固体制剂。它与线剂、条剂都是中医肛肠科用于治疗瘘管及溃疡性疮疡的一类制剂。

三、其他制剂用辅料

（一）煎膏剂

煎膏剂系指饮片用水煎煮，取煎煮液浓缩，加炼蜜或糖（或转化糖）制成的半流体制剂。煎膏剂以滋补为主，兼有缓和的治疗作用，药性滋润，故又称膏滋。亦有将加糖的称糖膏，加蜂蜜的称蜜膏。

煎膏剂制备中，通常在药材提取的清膏中加入规定量的蜂蜜或糖收膏。其中糖主要有蔗糖、冰糖、饴糖等。蔗糖参见第三章第八节的介绍；冰糖系结晶性蔗糖，与《中国药典》中蔗糖的规格相近；饴糖也称麦芽糖，系淀粉或谷物经麦芽糖化作用而制得的一种稠厚的液态糖。

由于蔗糖和蜂蜜均含有一定量的水分、杂菌及微生物等，处理不当或在贮存过程中都可能不同程度的发酵变质，故在实际应用时蜂蜜和糖均需要炼制，以去除水分，净化杂质和杀死微生物。蔗糖经炼制，控制适宜的转化率，还可防止煎膏剂产生"返砂"（即贮藏过程中有糖的结晶析出）现象。

蔗糖的炼制（转化糖法）：取蔗糖置夹层锅内，加20% ~50%水溶解，蒸汽加热煮沸0.5小时，加入0.1%的酒石酸或0.3%枸橼酸搅拌均匀，保持温度110~115℃，2小时转化，至糖液呈金黄色，透明清亮，冷却至70℃加入0.36%碳酸氢钠中和，即得。此法操作容易掌握，糖又不易焦化，蔗糖转化率可达65.68%。

（二）酒剂与酊剂

酒剂又名药酒，系指饮片用蒸馏酒提取制成的澄清液体制剂。药酒制备时，一般以白酒为溶剂，采用浸渍法或渗漉法提取药材制得，其他辅料添加较少，也可根据需要加入适量糖或蜂蜜矫味。

NOTE

酊剂系指将原料药物用规定浓度的乙醇提取或溶解而制成的澄清液体制剂，也可用流浸膏稀释制成，供口服或外用。酊剂中不加糖或蜂蜜矫味，其他辅料添加亦少，常以乙醇为溶剂。

白　酒

一般用谷物发酵或食用乙醇勾兑而成，主要含乙醇。内服药酒应用谷类蒸馏酒，不能加入乙醇替代。药酒制备用白酒含醇量一般为50%～70%，应符合卫生健康委关于白酒的规定，外观透明，无异物沉淀，无异臭味，甲醇含量每100mL不超过0.12g，杂醇油每100mL不超过0.15g，氰化物每100mL不超过0.2～0.5mg，铅每100mL不超过0.1mg等。

（三）胶剂

胶剂系指将动物皮、骨、甲或角用水煎取胶质，浓缩成稠胶状，经干燥后制成的固体块状内服剂型。

胶剂的主要成分为动物胶原蛋白及其水解产物，尚含多种微量元素。制备时加入一定量的糖、油、黄酒等辅料。一般都切成长方块或小方块。胶剂的应用历史悠久。《神农本草经》载有“白胶”和“阿胶”。胶剂多供内服，其功能为补血、止血、祛风以及妇科调经等，以治疗虚劳、羸瘦、吐血、衄血、崩漏、腰腿酸软等症。常见的有阿胶、龟板胶、鳖甲胶等，阿胶主要是补血止血，滋阴润燥；龟板胶主要是滋阴养血，益肾健骨；鳖甲胶主要是滋阴潜阳，软坚散结；豹骨胶、狗骨胶主要是祛风定痛，强筋健骨；鹿角胶主要是温补肝肾，益精养血。胶剂需加水或黄酒慢慢烊化后服用，使用较不便。

冰　糖

冰糖是砂糖结晶的再制品，其结晶如冰状，故名冰糖。自然生成的冰糖有白色、微黄、淡灰等色，市场上也有添加食用色素的各类彩色冰糖，冰糖以透明者质量最好，纯净，杂质少，口味清甜，半透明者次之。可作药用，也可作糖果食用。加入冰糖可使胶剂的透明度和硬度增加，并有矫味作用。如无冰糖，也可用白糖代替。

植物油

植物油为脂肪酸和甘油酯化形成的酯类化合物，植物油不溶于水，微溶于醇，为常用的非极性溶剂。制备胶剂的植物油一般有花生油、豆油、麻油等。质量以纯净无杂质的新制油为佳，酸败者禁用。胶剂中加入油类可降低胶的黏度，便于切胶；且在浓缩收胶时，锅内气泡容易逸散。

酒

在胶剂的制备中常以黄酒为主，又以绍兴酒为佳。无黄酒时，也可用白酒代替。加酒的目的主要是为了矫味矫臭。同时，胶液经浓缩至出胶前，在搅拌下喷入黄酒，有利于气泡逸散，成品胶不会因气泡影响外观质量，也能改善胶剂的气味。

明　矾

明矾又称白矾、钾矾、钾铝矾、钾明矾，是含有结晶水的硫酸钾和硫酸铝的复盐。化学式

NOTE

$KAl(SO_4)_2 \cdot 12H_2O$，分子量474.39，无色立方体，单斜或六方晶体，有玻璃光泽，密度1.757g/cm³，熔点92.5℃。64.5℃时失去9分子结晶水，200℃时失去12分子结晶水，溶于水，不溶于乙醇。明矾性味酸涩，寒，有毒。故有抗菌作用、收敛作用等，可作药用。在胶剂制备中以色白洁净者为佳。胶剂中加入明矾可沉淀胶液中的泥沙杂质，以保证成品胶洁净，提高透明度。

（四）锭剂

锭剂系指饮片细粉与适宜黏合剂（或利用饮片细粉本身的黏性）制成不同形状的固体制剂。锭剂的形状有长方形、纺锤形、圆柱形等，由于形状不同，使用方法也不同。纺锤形锭剂便于吞服，多作内服；长方形与圆柱形锭剂便于磨汁涂敷外用；片剂形状，多作为口含，与现在的口含片类似；此外，有的锭剂装入塑料的炮弹形盒内，作嗅入或外擦药剂使用。锭剂常用的黏合剂有蜂蜜（参见第八章第一节）、糯米糊等。

（五）糕剂

糕剂系指将药物细粉与米粉、蔗糖蒸制而成的块状剂型。应用于小儿脾胃虚弱，面黄肌瘦，慢性消化不良等症。常用辅料有米粉、蔗糖。

米　粉

本品是以大米为原料，研磨制成粉状的物料。在药剂中常用作糕剂的辅料。

（六）茶剂

茶剂系指饮片或提取物（液）与茶叶或其他辅料混合制成的内服制剂，可分为块状茶剂、袋装茶剂和煎煮茶剂。传统茶剂多应用于治疗食积停滞、感冒咳嗽等症。茶剂中常以面粉制糊，制成适宜的颗粒，方便压制成小方块。

（七）烟剂

见第七章第五节。

（八）烟熏剂

见第七章第六节。

（九）灸剂

灸剂系指将艾叶捣、碾成绒状，或另加其他药料捻制成卷烟状或其他形状，供熏灼穴位或其他患部的外用药剂。灸剂按形状、用途不同，可分为艾头、艾柱和艾条，均以艾绒为原料制得。此外尚有桑枝灸、烟草灸、油捻灸、硫黄灸和火筷灸等。

四、应用实例

（一）右归丸

【处方】熟地黄240g，山茱萸（制）90g，菟丝子120g，山药120g，杜仲（制）120g，当归90g，肉桂60g，附子（制）60g，枸杞子120g，鹿角胶120g。

【制法】以上十味，除鹿角胶外，熟地黄等九味粉碎成细粉，过筛，混匀。鹿角胶加白酒炖化。每100g粉末加炼蜜60～80g与炖化的鹿角胶，制成小蜜丸或大蜜丸，即得。

【注解】右归丸是温补性方剂，采用蜜丸剂型较合适。由于处方中含有鹿角胶，应先将其烊化后再与药粉混匀。加之方中有肉桂，和药时用温蜜较好。在我国南方，气候炎热而潮湿，制成大蜜丸易发霉变质，且不易保存，应考虑制成水蜜丸；在北方，气候寒冷而干燥，在生产过程中严格按照要求，包装严密，可以制成大蜜丸，亦可长时间储存。

（二）狗皮膏

【处方】 生川乌 80g，生草乌 40g，羌活 20g，独活 20g，青风藤 30g，香加皮 30g，防风 30g，铁丝威灵仙 30g，苍术 20g，蛇床子 20g，麻黄 30g，高良姜 9g，小茴香 20g，当归 20g，赤芍 30g，木瓜 30g，苏木 30g，大黄 30g，油松节 30g，续断 40g，川芎 30g，官桂 10g，白芷 30g，乳香 34g，没药 34g，冰片 17g，樟脑 34g，肉桂 11g，丁香 17g。

【制法】 以上二十九味，除樟脑、冰片外，乳香、没药、丁香、肉桂分别粉碎成细粉，并与樟脑、冰片粉末配研，过筛，混匀。其余生川乌等二十三味，酌予碎断，与食用植物油 3495g 同置锅内炸枯，去渣，滤过，炼至滴水成珠。另取红丹 1100～1200g，加入油内，搅匀，收膏，将膏浸泡于水中。

取膏 3500g，用文火熔化，加入樟脑、冰片及上述细粉，搅匀，分摊于狗皮、其他兽皮或布上，即得。

【注解】

1. 熬炼药油的温度应控制在 320℃左右，炸药后的油炼至“滴水成珠”。检查炼油程度时，可取油液少许，滴于水中，以能聚结成珠而不散为度。熬炼过“老”则制成的膏药松脆、黏着力小，贴于皮肤时易脱落；如过“嫩”则制成的膏药质软，贴于皮肤后容易移动。

2. 红丹应为干燥细粉，否则易聚成颗粒，下丹时沉于锅底，不易与油充分反应。为保证干燥，可在用前加热炒除水分，过五号筛。红丹的投料量大致为植物油的 1/2～1/3，加入时温度不低于 270℃。此外，红丹也是一种氧化剂，油、丹反应所生成的脂肪酸铅亦为油脂氧化聚合的催化剂。因此，在油、丹皂化的同时，也能使部分油脂继续氧化聚合或缩合，并有部分树脂状物生成，对药膏的稠度和黏性有一定影响。

（三）枇杷叶膏

【处方】 枇杷叶。

【制法】 取枇杷叶，加水煎煮三次，煎液滤过，滤液合并，浓缩成相对密度为 1.21～1.25（80℃）的清膏。每 100g 清膏加炼蜜 200g 或蔗糖 200g，加热使溶化，混匀，浓缩至规定的相对密度，即得。

【注解】 本品采用炼蜜或蔗糖收膏。

（四）三两半药酒

【处方】 当归 100g，炙黄芪 100g，牛膝 100g，防风 50g。

【制法】 以上四味，粉碎成粗颗粒，照渗漉法，用白酒 2400mL 与黄酒 8000mL 的混合液作溶剂，浸渍 48 小时后，缓缓渗漉，在漉液中加入蔗糖 840g 搅拌溶解后，静置，滤过，即得。

【注解】 本品以白酒与黄酒混合液为提取溶剂，并加蔗糖作为矫味剂。

NOTE

第九章　新型给药系统与制剂新技术用辅料

第一节　缓控释给药系统用辅料

缓释制剂（sustained release preparation）是指在规定释放介质中，按要求缓慢地非恒速释放药物，与普通制剂比较，其给药频率比普通制剂减少一半或有所减少，且能显著增加患者依从性的制剂。控释制剂（controlled release preparation）是指规定释放介质中，按要求缓慢地恒速释放药物，其与相应普通制剂比较，给药频率比普通制剂减半或有所减少，血药浓度比缓释制剂更加平稳，且能显著增加患者依从性的制剂。

在缓控释给药系统中，所加入的能够控制释药速率、时滞或部位的辅料，统称为缓控释材料，其性质及与药物结合方式是决定释药性能的关键。在缓释制剂中，能使药物从制剂中缓慢地溶出和（或）扩散的辅料统称为缓释材料；在控释制剂中，能使药物从制剂中以恒速（零级或近似零级）溶出和（或）扩散的辅料统称为控制材料。就延缓药物释放而言，控释制剂和缓释制剂用材料有许多相同之处，由于它们与药物混合、结合的方式或工艺不同，而表现出不同的释药特征。

一、缓控释材料的分类

根据缓控释材料的作用特点，可将其分为膜缓控释材料、骨架缓控释材料、增黏缓控释材料及阻滞缓控释材料。根据缓控释材料在人体内的溶解性，可将其分为可溶解、溶蚀缓控释材料和不溶性缓控释材料。根据缓控释材料在人体内的可降解性，可将其分为生物降解缓控释材料和不可降解缓控释材料。

二、缓控释材料的延效方式

缓控释制剂有口服、外用、注射等多种剂型，不同剂型的缓控释制剂，其设计原理和制法不同，缓控释材料延缓药物释放的方法也有所不同。

（一）口服缓控释制剂

1. 骨架型　骨架型制剂是指药物和一种或多种惰性固体骨架材料通过压制或融合技术制成片状、小粒或其他形式的制剂。骨架型缓控释材料主要用于控制药物的释放速率，常用的骨架材料主要有：

NOTE

（1）亲水凝胶骨架材料　多为遇水或消化液后能使骨架膨胀，形成凝胶屏障而控制药物溶出释放的物质。选择不同性能的材料及不同的辅料与药物的用量比等可调节制剂的释药速率。此类材料的品种较多，大致可分为四类：①纤维素衍生物，如甲基纤维素、羟丙甲纤维素、羧甲基纤维素钠等；②乙烯聚合物和聚丙烯酸树脂，如聚乙烯醇和聚羧乙烯等；③非纤维素多糖，如壳聚糖、半乳糖甘露聚糖等；④天然胶，如海藻酸钠、琼脂、西黄蓍胶等。

（2）不溶性骨架材料　多为不溶于水或水溶性极小的高分子聚合物或无毒塑料等。这些材料与药物混合制成骨架型固体制剂，胃肠液渗入骨架孔隙后，药物溶解并通过骨架中错综复杂的极细孔径缓缓向外扩散而释放，在药物的整个释放过程中，骨架几乎没有改变，随大便排出。常用的不溶性骨架材料有乙基纤维素、聚乙烯、聚丙烯、乙烯-醋酸乙烯共聚物和聚甲基丙烯酸甲酯等。

（3）生物溶蚀或降解型骨架材料　多为蜡质、脂肪酸、脂肪酸酯及聚酯类物质。药物从骨架中的释放是由于这些材料的逐渐溶蚀或降解。常用的有巴西棕榈蜡、硬脂酸、单硬脂酸甘油酯、十八醇、乙交酯丙交酯共聚物等。

2. 膜控型　膜控型缓控释制剂通过包衣膜来控制和调节制剂中药物的释放速率。包衣材料的选择、包衣膜的组成是膜控型缓控释制剂的关键。根据需要，可以将制剂制备成多层型、圆筒型、球型或片型等不同形式，并有相关的制备方法。此类制剂常见的有乙基纤维素、渗透性丙烯酸树脂包衣的各种缓控片剂，如以乙烯-醋酸乙烯共聚物为控释膜的毛果芸香碱周效眼膜，以硅橡胶为控释膜的黄体酮宫内避孕器，以微孔聚丙烯为控释膜、聚异丁烯为药库的东莨菪碱透皮贴膏等，其中以各种包衣片剂和包衣小丸常见。

（1）微孔膜控释　包衣材料为水不溶性的膜材料（如乙基纤维素、丙烯酸树脂等）与水溶性致孔剂（如聚乙二醇、羟丙基纤维素、聚维酮）的混合物。制剂进入胃肠道后，包衣膜中水溶性致孔剂被胃肠液溶解而形成微孔，胃肠液通过这些微孔渗入药芯使药物溶解，被溶解的药物经膜孔释放。药物的释放速度可以通过改变水溶性致孔剂的用量来调节。

（2）致密膜控释　衣膜不溶于水和胃肠液，但允许其透过。胃肠液渗透进入释药系统，药物溶解，通过扩散作用经控释膜释放。药物的释放速度由膜材料的渗透性决定，选用不同渗透性能的膜材料及其混合物，可调节释药速度达到剂型设计要求。常用膜材料有乙基纤维素，丙烯酸树脂RL、RS型，醋酸纤维素等。

（3）肠溶性膜控释　膜材料不溶于胃液，仅溶于肠液，如肠溶型丙烯酸树脂、羟丙甲纤维素酞酸酯等。为达到缓控释目的，这类膜材常与其他成膜材料混合使用，如不溶性的乙基纤维素、水溶性的羟丙甲纤维素等。此类缓控释制剂在胃中药物释放很少或不释放，进入小肠后，肠溶材料溶解，形成膜孔，药物经膜孔释放。药物的释放速度可通过调节肠溶性材料的用量加以控制。如采用聚丙烯酸树脂肠溶Ⅱ号、羟丙甲纤维素、乙基纤维素等辅料作为肠溶型膜控材料并优选各辅料的配比，制成的硫酸锌包衣颗粒，其体外释放时间可达24小时。

3. 渗透泵型　渗透泵型控释制剂是一种用半透膜包衣，并在膜上打孔并包含药物及渗透压发生剂的固体控释制剂，其表面有一个或多个释药孔，当置于含水环境时，水分在渗透压差的作用下进入包衣膜的内部，使渗透压剂膨胀，产生推力将药物从释药小孔推出。渗透泵常用的成膜材料为醋酸纤维素、乙基纤维素、聚氯乙烯等。在包衣膜中加入增塑剂可以调整包衣膜的柔韧性，使其能够耐受膜内片芯中促渗透剂所产生的较大渗透压，保证用药安全，常用的增塑剂有邻苯二甲酸酯、甘油酯、聚乙二醇6000等。此外，可在包衣膜内加入致孔剂，形成海绵状的膜结构，使药物溶液和水分子透过膜上的微孔，以渗透压差为释药动力释药。常用的致孔剂有聚乙二醇400、聚乙二醇600、聚乙二醇3000、聚乙二醇1500、羟丙甲纤维素、聚乙烯醇等。

4. 离子交换树脂型　离子交换树脂在缓控释制剂中多用于口服控释混悬剂的制备。口服控释混悬剂由混悬介质和控释药物微粒组成，混悬介质可为去离子水、糖浆或其他可供服用的油性液体。目前研究最为成熟且已经上市的多为离子交换树脂控释混悬剂，即将带正电荷或负电荷的离子型药物与阳离子或阴离子交换树脂进行离子交换反应，生成药物-树脂复合物，然后在复合物微粒外用合适的阻滞材料包衣，将包衣的药物树脂微囊混悬于适当的去离子水介质中，即成为控释混悬剂。如以乙基纤维素作为包衣材料研制的缓控盐酸苯丙醇胺树脂。

5. 增黏型　在液态药物中加入增黏剂，可以达到延长药物疗效的目的。由于药物的吸收受药物扩散速度的影响，同时药物的扩散速度与扩散介质的黏度成反比，因此增加药物扩散介质的黏度可延缓药效。增黏剂是一类水溶性高分子材料，其溶液的黏度随浓度增大而增大，常用的增黏剂有明胶、阿拉伯胶、羧甲基纤维素钠等。一般而言，可以作助悬剂的材料均可以作为增黏剂使用。

（二）外用缓控释制剂

外用缓控释制剂多为经皮给药或黏膜给药制剂，所用的缓控释材料多为生物黏附性高分子材料等，目前常用的有透皮骨架控释制剂、腔道和植入骨架控释制剂。透皮骨架控释制剂的控释材料与缓释骨架控释材料基本相同，只是两者对药物、给药途径的选择和制备工艺的要求不同。腔道和植入骨架控释制剂常用的骨架控释材料为硅橡胶和生物可降解多聚物：聚乳酸、乳酸-甘氨酸共聚物、谷氨酸多肽、谷氨酸-亮氨酸共聚物多肽和甘油酯类等。根据骨架材料的溶解性不同，缓控释制剂有两种不同的释药方式：由非溶蚀型骨架材料制成的控释制剂主要是通过骨架的孔径、孔隙和孔弯曲度等来控制制剂中药物的释药速度，一般是非恒速释药；由溶蚀性的骨架材料制成的控释制剂中的药物随着控释材料在体内的溶解和生物降解而释放，可达到恒速释药的要求。具体参见本章第二节、第三节。

（三）注射缓控释制剂

注射缓控释制剂的药物载体多为脂质体、微囊、微球、纳米粒等，具体参见本章第四节。

另外，随着生物技术的发展、新的制备技术的进步和新型辅料的应用，一些缓控释新制剂和新释药方式的研究也在进行中，如脉冲式释药的温度控制释药制剂、电控制释药制剂、超声控制释药制剂、磁性控制释药制剂和化学电解质控制释药制剂以及自调试释药的酶-底物反应自调式释药制剂、pH敏感性自调式释药制剂和竞争性结合自调式释药制剂等。

三、缓控释制剂设计和缓控释材料的选择

（一）缓控释制剂设计的基本原则

1. 安全性　首先考虑辅料的安全性。有毒、有害的辅料不宜使用。

2. 有效性　根据药物的作用特点和给药途径选择适宜的缓控释剂型。

3. 稳定性　从缓控释制剂的化学稳定性及物理稳定性等方面进行综合考虑。

4. 顺应性　考虑患者的情感因素，使制剂的外观、颜色、嗅味、性状等符合患者的使用要求。

NOTE

（二）缓控释制剂设计的基本要求与辅料选择

为满足缓控释制剂的释药特性，应充分考虑缓控释制剂的适用范围及影响药物释放的因素，还应根据不同的给药途径和不同的形式要求，合理地选择缓控释材料。

1. 处方设计　缓释、控释制剂的相对生物利用度一般应为普通制剂的80%～120%。若药物吸收部位主要在胃与小肠，宜设计每12小时服用1次；若药物在大肠也有吸收，则可考虑每24小时服用1次。应根据药物的性质和临床给药途径，选择适宜的缓控释材料，通常选用无毒或已有临床应用的缓控释材料，如卡波姆、羧甲基纤维素、甲壳糖、乙基纤维素等。对于以中药单体成分作为中药缓控释制剂的中间体，需根据中间体的性质，通过大量的试验研究，筛选适宜的缓控释制剂辅料，并对制剂处方及成型工艺进行优化。

2. 其他辅料　缓控释制剂的辅料除缓控释材料外，还有赋形剂、增塑剂、致孔剂等，也是调节药物释放速率的重要物质。在制剂处方设计时应充分考虑辅料的作用及影响，应根据制备缓控释制剂的需要选用适宜的辅料，如在膜缓控释型制剂中，加入致孔剂可调节制剂中药物的释放速率和释放量；加入增塑剂可调整缓控释膜的柔韧性，但需注意增塑剂的加入往往会导致缓控释制剂释药速度的变化。

四、常用的缓控释材料品种

（一）亲水凝胶骨架材料

卡波姆
carbomer

【别名】丙烯酸聚合物、聚羧乙烯、羧乙烯聚合物、卡波姆耳；carbomers、carbomera。

【分子式与分子量】$(C_3H_4O_2)_x$ $(C_{15}H_{26}O_{12})_y$；卡波姆的分子量理论上估计在7×10^5到4×10^6之间。

【来源与制法】本品是以非苯溶剂为聚合溶剂的丙烯酸键合烯丙基蔗糖或季戊四醇烯丙醚的高分子聚合物。按干燥品计，含羧酸基应为56.0%～68.0%。

【性状】本品为白色疏松粉末，具有酸性、吸水性及特征性微臭和引湿性。可分散于水，迅速吸水溶胀，但不溶解，1%水分散体pH为2.5～3.0，表现为很低的黏性。其羧基易与碱反应，中和后在水、醇和甘油中逐渐溶解，黏度迅速增大，低浓度形成澄明溶液，浓度较大时形成半透明状凝胶。

【作用与用途】利用卡波姆形成凝胶及溶胀性能，可制备亲水性凝胶骨架型控释制剂，其特点在于：一是释药性能与pH值有关；二是释药呈零级或近于零级动力学过程，可用于制备缓释骨架微丸。卡波姆与碱性药物形成内盐并形成可溶性凝胶，具有缓控释作用，适合于制备缓释液体制剂，如滴眼剂、滴鼻剂等，同时还可发挥掩味作用。本品具有良好的黏滞性，可作为颗粒剂、片剂、丸剂的黏合剂，并具有控释释放作用，常用量为0.2%～10.0%，也可作为片剂、丸剂、胶囊剂的包衣材料，膜剂、涂膜剂的成膜材料。本品可作为乳化剂、助悬剂和增稠剂，应用于乳膏、凝胶、眼用软膏等液体或半固体药物剂型。

【使用注意】本品遇间二苯酚变色，且和苯酚、阳离子聚合物、强酸及高浓度的电解质不相容，与强碱物质如氨、氢氧化钾、氢氧化钠或强碱性有机胺接触时能产生大量的热；尘爆最

NOTE

低浓度为 $100g/m^3$，应尽量避免产生过多的粉尘；粉末对眼、黏膜、呼吸道有刺激；在过高温度下变色，光照、暴露于空气中会氧化，微生物在其无防腐剂的水分散液中易生长。

【质量标准来源】《中国药典》2015 年版四部，CAS 号：54182 - 57 - 9。

【应用实例】 氢氯噻嗪缓释片

处方：氢氯噻嗪、卡波姆 71G、乳糖、5% 聚维酮、微粉硅胶、硬脂酸镁。

制法：将氢氯噻嗪与乳糖等量递增混匀，加 5% 聚维酮制软材，过 20 目筛制粒，干燥，加卡波姆 71G、微粉硅胶和硬脂酸镁，混匀，整粒，压片，即得。

注解：卡波姆 71G 具有良好的稳定性、黏合性、可压性，与氢氯噻嗪混合制成骨架型长效缓释片，可实现 12 小时给药 1 次，减少了常规制剂每天需要给药 2 ~ 3 次的不足。

聚氧乙烯

polyethylene oxide

【别名】 氧化聚乙烯；polyox、polyoxirane、polyoxyethylene、PEO。

【分子式与分子量】 分子式为 $HO(CH_2CH_2O)_nH$，n 为氧乙烯基的平均数，2000 ~ 20000。

【结构式】

H O OH n

【来源与制法】 本品为环氧乙烷（或称氧化乙烯）在高温高压下，并在引发剂和催化剂存在下聚合制得的非离子均聚物。

【性状】 本品为白色至类白色易流动的粉末，有轻微异臭。溶于水、乙腈、三氯甲烷、二氯甲烷，不溶于乙醇、乙二醇。水溶液具有一定黏度，据此可分为不同产品。具有吸水膨胀性，溶胀能力与分子量成正相关。本品在胃肠道中吸收较少，能快速且安全消除；无皮肤刺激性及致敏性，对眼睛无刺激性。

【作用与用途】 本品的大分子量级别可作亲水凝胶材料，通过骨架溶胀而延缓药物释放；具有吸水膨胀性，可作为渗透泵片的促渗透剂，推动药物释放，也可作片剂、丸剂的崩解剂；可与黏蛋白紧密结合，是优良的黏膜黏附剂，用于膜剂、贴剂、凝胶剂的制备。

【使用注意】 高温下可导致黏度降低，应避免暴露于高温下，避免与强氧化剂配伍。

【质量标准来源】《中国药典》2015 年版四部，CAS 号：25322 - 68 - 3。

羟丙甲纤维素

详见第三章第五节。

本品高黏度型号的羟丙甲纤维素可作为缓释片剂、胶囊剂骨架的阻滞剂和控释剂，使用浓度为 10% ~ 80%。利用其遇水溶胀形成凝胶的特性，也可制备水凝胶栓剂及胃内黏附制剂。

【应用实例】 乌拉地尔缓释片

处方：乌拉地尔、HPMC（K15M、K4M）、乳糖、微晶纤维素、5% 聚维酮 K30、硬脂酸镁、滑石粉。

制法：将乌拉地尔粉碎，过 80 目筛，称取 HPMC（K15M、K4M）、乳糖、微晶纤维素，过 80 目筛，混匀，加入 5% 聚维酮 K30（80% 乙醇溶解）适量，制软材，过 20 目筛，制粒，

NOTE

50℃干燥，整粒，加入硬脂酸镁、滑石粉，混匀，压片，即得。

注解：本品以HPMC（K15M、K4M）为缓释骨架材料，通过调节两者比例，以达到理想释药速率。

另外，还有甲基纤维素、羟乙纤维素、聚乙烯醇、海藻酸钠、黄原胶、瓜尔胶、果胶等，具体参照相关章节。

（二）不溶性骨架材料

乙基纤维素

ethylcellulose

详见第五章第三节。

【作用与用途】本品用作不溶性缓释骨架材料和疏水性包衣材料，可调整药物的释放速度，掩盖不良气味，增加药物稳定性。可溶于有机溶剂，高黏度产品制成的膜更牢固持久，更多采用将其制成水分散体使用，具有含固量高、黏度低的特点，可缩短包衣时间，其释药速率受扩散控制，黏度和用量均有较大的影响，单独使用药物溶出速率不理想时，可与羟丙甲纤维素、聚乙二醇、聚乙烯基吡咯烷酮等水溶性物质合用，调节释药速率，以达到缓控释目的，也可用于渗透泵控释制剂的膜控释材料。低密度的泡沫状粉末可用作胃漂浮制剂的漂浮材料，高黏度产品可用于药物微囊化的成囊材料；可作干法制粒和湿法制粒（95%乙醇溶液）的黏合剂，软膏、洗剂或凝胶的增稠剂。

【应用实例】 磺胺嘧啶缓释片

处方：磺胺嘧啶、乙基纤维素、乙醇、其他辅料。

制法：将磺胺嘧啶、乙基纤维素共溶于乙醇溶液中，蒸干除去乙醇，制成磺胺嘧啶的乙基纤维素缓释固体分散体。粉碎后，加入其他辅料，制粒，压片。

注解：该缓释片中乙基纤维素为不溶性缓释骨架材料，是采用将药物与辅料共溶以制备成充分分散的固体分散体后，再制粒压片。释药过程表现为零级动力学，骨架系统可视作药物贮库，能使药物扩散至一定的范围，保持浓度梯度，形成稳定的释药速率。

聚硅氧烷弹性体

silicone elastomer

【别名】硅橡胶、聚二甲基硅氧烷，PDMS。

【分子式与分子量】分子式为 $C_3H_9SiO(C_2HSiO)_nC_3H_9Si$，$n$ 值均大于2000；分子量一般在14800以上。

【结构式】

$$H_3C-\underset{CH_3}{\overset{CH_3}{Si}}-\left[O-\underset{CH_3}{\overset{CH_3}{Si}}\right]_n-O-\underset{CH_3}{\overset{CH_3}{Si}}-CH_3$$

【来源与制法】本品是由极纯的二官能团有机硅单体水解缩合而得的线型高分子化合物。

【性状】本品为无色至淡灰色透明或半透明黏稠液体或糊状物，含微量粉状二氧化硅者呈

NOTE

白色至半透明状态。无味，几乎无臭，中性，不挥发，不燃烧，对热稳定，在较大温度范围内，黏度变化极小。对大部分化学品不起作用。溶于苯、甲苯、四氯化碳、氯仿和乙醚，微溶于丙酮、乙醇，不溶于甲醇、丙二醇、液状石蜡、甘油、植物油和水。

【作用与用途】本品具有良好的生物相容性、生理特性和水不溶性，主要用作植入剂、宫内给药器和经皮给药控释系统的载体材料，含有200nm平均粒径的聚硅氧烷弹性体胶乳，可作为控释片剂的控释包衣膜材料，具有疏水性，亲水性离子化合物不易通过。

【使用注意】本品不会与药物或其他辅料发生配伍变化。

（三）生物溶蚀或降解骨架材料

巴西棕榈蜡

carnauba wax

【别名】巴西棕榈酸；cera carnauba、brazil wax、E903。

【分子式与分子量】主要由酸和羟基酸的酯组成的复杂混合物，其脂肪链长度不等，以C26和C32醇最为常见。

【来源与制法】本品是从巴西棕榈树 *Copernicia cerifera* Mart. 叶芽和叶子中提取纯化而得的蜡状物质。

【性状】本品为淡黄色或黄色粉末、薄片或块状物，易溶于热的二甲苯和乙酸乙酯，在水或乙醇中几乎不溶；具有温和特殊嗅味，但几乎无味，不发生酸败，性质稳定；熔点为80～86℃。

【作用与用途】本品广泛用于化妆品、某些食品和药物制剂中。在药剂中用作片剂、丸剂包衣的抛光剂、缓释剂以及软膏基质、栓剂基质等。可单独使用或与羟丙纤维素、海藻酸盐、果胶、明胶、丙烯酸树酯和硬脂醇合用于制备缓释固体制剂。硬度大且熔点高，可以10%（*W/V*）水性乳液的形式用于糖衣片打光。

【使用注意】本品每日摄入量不能超过7mg/kg。

【质量标准来源】《中国药典》2015年版，CAS号：8015－86－9。

硬脂酸

stearic acid

【别名】脂蜡酸；acidum stearicum、crodacid、E570、emersol、hystrene、industrene。

【分子式与分子量】主要成分为硬脂酸（$C_{18}H_{36}O_2$）与棕榈酸（$C_{16}H_{32}O_2$），分子量分别为284.47、256.42，含硬脂酸不得少于40.0%，含硬脂酸与棕榈酸总量不得少于90.0%。

【结构式】

硬脂酸　HO　O

棕榈酸　O　HO

【来源与制法】本品系从动、植物油脂中得到的固体脂肪酸，主要由脂肪水解，分离纯化而得，也可由氢化棉籽油或其他菜籽油，通过氢化、皂化、乙醇重结晶制得。

【性状】本品为白色或类白色有滑腻感的粉末或结晶性硬块，其剖面有微带光泽的细针状结晶；有类似油脂的微臭；在三氯甲烷或乙醚中易溶，在乙醇中溶解，在水中几乎不溶，凝点不低于54℃。

【作用与用途】本品广泛用于口服、局部药剂中。主要用于片剂、胶囊剂的润滑剂，也可作为黏合剂，与虫胶合用于片剂包衣，可用作缓释制剂载体。在局部用制剂中，用作乳化剂和增溶剂，加入甘油栓剂中可作为硬化剂。

【使用注意】本品与金属氢化物、氧化剂有配伍禁忌。口服过量可能有害。细粉对皮肤、眼睛、黏膜有刺激性，应防护眼睛，戴防尘口罩，易燃。

【质量标准来源】《中国药典》2015年版，CAS号：57－11－4。

十八醇

stearyl alcohol

【别名】硬脂醇、十八烷醇、十八碳醇。

【分子式与分子量】分子式为$C_{18}H_{38}O$；分子量为270.48。

【结构式】

HO

【来源与制法】通过氢化铝锂还原硬脂酸乙酯而制得。

【性状】本品为白色粉末、颗粒、片状或块状物，微有异味，无刺激性。易溶于四氯化碳、乙醚，溶于乙醇，水中几乎不溶。对酸碱稳定，一般不酸败。

【作用与用途】本品在化妆品、局部药用乳膏剂和软膏剂中作为硬化剂。通过增加乳剂黏性，提高其稳定性。具有弱的乳化作用，增加软膏的持水能力。用于控释片剂、栓剂和微球，也被用作透皮穿透促进剂。

【使用注意】本品与强氧化剂配伍禁忌，可燃。

【质量标准来源】《中国药典》2015年版四部，CAS号：112－92－5。

单硬脂酸甘油酯

详见第六章第二节。

白蜂蜡

详见第八章第二节。

（四）缓控释包衣材料

聚（甲基）丙烯酸树脂

polymethacrylates

【别名】polyacrylic resin、eudragit、polymeric methacrylates、ammonic methacrylate copolymer、methacrylic acid copolymer。

【分子式与分子量】根据型号不同，分子式和分子量大小均不相同。具体见表9－1。

表 9-1 聚（甲基）丙烯酸树脂型号

共聚物单体及比例	重均分子量（M_w）	国产型号	德国 Rohm 型号
甲基丙烯酸：丙烯酸丁酯（1:1）	250000	肠溶型Ⅰ号丙烯酸树脂胶乳液	Eudragit L30D-55
甲基丙烯酸：甲基丙烯酸甲酯（1:1）	135000	肠溶型Ⅱ号丙烯酸树脂	Eudragit L00
甲基丙烯酸：丙烯酸甲酯（1:2）	135000	肠溶型Ⅲ号丙烯酸树脂	Eudragit S100
丙烯酸丁酯/甲基丙烯酸甲酯（2:1）	800000	胃崩型丙烯酸树脂胶乳液	Eudragit NE30D
丙烯酸丁酯/甲基丙烯酸甲酯/甲基丙烯酸氯化二甲胺基乙酯（1:2:1）	150000	胃溶型Ⅳ号丙烯酸树脂	Eudragit E00
丙烯酸丁酯/甲基丙烯酸甲酯/甲基丙烯酸氯化三甲胺基乙酯（1:2:0.2）	150000	高渗透型丙烯酸树脂	Eudragit RL100
丙烯酸丁酯/甲基丙烯酸甲酯/甲基丙烯酸氯化二甲胺基乙酯（1:2:0.1）	150000	低渗透型丙烯酸树脂	Eudragit RS100

【结构式】

$$*-\left[C(R_1)(COOR_2)-CH_2-C(R_3)(COOR_4)-CH_2-C(R_1)(COOR_2)-CH_2-C(R_3)(COOR_4)-CH_2\right]_n-*$$

Eudragit E：R_1，$R_3=CH_3$；$R_2=CH_2CH_2N(CH_3)_2$；$R_4=CH_3$，C_4H_9

Eudragit L and S：R_1，$R_3=CH_3$；$R_2=H$；$R_4=CH_3$

Eudragit RL and RS：$R_1=H$，CH_3；$R_2=CH_3$，C_2H_5；$R_3=CH_3$；$R_4=CH_2CH_2N(CH_3)_3^+Cl^-$

Eudragit NE 30D：R_1，$R_3=H$，CH_3；R_2，$R_4=CH_3$，C_2H_5

Eudragit L 30D-55：R_1，$R_3=H$，CH_3；$R_2=H$；$R_4=CH_3$，C_2H_5

【来源与制法】 由丙烯酸和甲基丙烯酸或它们的各种酯（如丁酯或二甲胺乙酯）聚合而成，合成单体和比例的不同，可得到不同型号产品，具体见表 9-1。

【性状】 本品均为白色或淡黄色条状物、粒状、片状物或粉末，易溶于甲醇、乙醇、异丙醇、丙酮和氯仿等极性有机溶剂，在水中溶解性取决于树脂结构中侧链基团和水溶液的 pH 值，肠溶型Ⅰ、Ⅱ、Ⅲ号树脂分别溶于 pH5.5、6.0、7.0 以上的水溶液中，胃崩型树脂不溶，但在水中可膨胀并具有渗透性，胃溶型树脂溶于 pH1.2～5.0，渗透型树脂不溶于水。肠溶型Ⅱ、Ⅲ号树脂的玻璃化转变温度（T_g）较高，成膜脆性大，胃崩型树脂的 T_g 最低，渗透型树脂介于二者之间。渗透型树脂的渗透性大小与季铵基团成正相关，季铵基团比例越高，渗透性越大。

【作用与用途】

1. 包衣材料 聚丙烯酸树脂主要用作片剂、丸剂、颗粒剂的薄膜包衣材料。聚丙烯酸树脂Ⅳ为胃溶型树脂，能抗唾液溶解，掩盖不适气味，改善对光、空气、湿度的稳定性，在胃液中迅速溶解，主要用于药品防潮、避光、掩味和掩色，常用异丙醇和丙酮混合溶剂配成 12.5% 溶液使用。聚丙烯酸树脂Ⅱ、Ⅲ为肠溶型树脂，用于受胃酸破坏或胃刺激性较大的药物包衣，也可作防水隔离层，也可用于调节药物的释放部位和速率，常用 85%～95% 乙醇作溶剂，配成 5%～8% 溶液作包衣用。渗透型可单用或与其他树脂混合，用于调节药物的释放速率。

NOTE

2. 缓控释制剂　聚丙烯酸树脂广泛用于药物缓释、控释制剂中，作为缓释骨架材料、微囊囊材及缓释衣膜，用量为5%～10%，用于制片，用量可高达50%。用于缓、控释制剂的型号有Eudragit RL 12.5、Eudragit RL 100、Eudragit RL PO、Eudragit RL 30D、Eudragit RS 12.5、Eudragit RS 100、Eudragit RS PO、Eudragit RS 30D和Eudragit NE 30D。Eudragit RL、RS和NE 30D作为水不溶性薄膜衣料，用于缓控释制剂，Eudragit RL（A型）含10%季铵基团，Eudragit RS（B型）含5%季铵基团，铵基成盐使聚合物pH非依赖性渗透能力增加，Eudragit RL膜较Eudragit RS膜的渗透性好，将这两种类型的衣料混合时，可得到不同渗透性的薄膜衣。可用水和有机溶剂制成湿颗粒，也可作为阻滞剂。

3. 其他　聚丙烯酸树脂也可用作透皮吸收系统的骨架、压敏胶，也可在直肠给药用凝胶的基质。

【使用注意】本品水分散体可因电解质溶液、pH变化、一些有机溶剂、温度过高或过低等产生凝聚，在0℃以下发生分层，不能与硬脂酸镁配伍。尽管本品的固体和有机溶剂的溶液比其水分散体可与更多药物配伍，但和某些药物仍可能有反应发生。

【质量标准来源】《中国药典》2015年版四部。

醋酸纤维素
cellulose acetate

详见第五章第六节。

【作用与用途】本品广泛用于缓释制剂，用作片剂的半透膜包衣，特别是渗透泵型片剂和植入剂，控制、延缓药物释放，可用以制备具有控释特性的载药微球和透皮吸收传递系统，也可作为片剂或颗粒的薄膜包衣用于掩味。

【使用注意】本品与强酸或碱性物质有配伍禁忌，粉末对眼睛有刺激性，易燃，若长时间处于高温、高湿情况下，会缓慢水解，增加游离酸含量并有醋酸臭味。

【应用实例】　长效克伦特罗膜剂

处方：克伦特罗、聚乙烯醇、二醋酸纤维素、二氧化钛、水、丙酮。

制法：取克伦特罗0.5g、聚乙烯醇98g、二氧化钛2g，加水500g溶解分散后制备成速释膜；另取克伦特罗0.3g、二醋酸纤维素9.7g，加丙酮80g溶解分散后制备成缓释膜，再将两者复合在一起，分剂量包装即得。

注解：用醋酸纤维素控制药物的释放，增加膜的厚度，可使释药速率减慢。

羟丙甲纤维素邻苯二甲酸酯
hypromellose phthalate

详见第五章第六节。

【作用与用途】本品为性能优良的新型薄膜包衣材料，在胃液中不溶，可在肠上段快速溶解，广泛用作片剂、颗粒剂的肠溶衣包衣材料。本品可单独使用，也可与其他可溶的或不溶的黏合剂合用制备缓释颗粒剂、片剂、胶囊剂、微囊剂和其他缓释、控释制剂，其释药速率具有pH依赖性。

【使用注意】本品与强氧化剂有配伍禁忌。

NOTE

纤维醋法酯

cellacefate

详见第五章第六节。

主要用作肠溶包衣材料或用于片剂和胶囊剂的骨架黏合剂，可延缓和控制药物释放。长时间处于高温、高湿条件下，会慢慢水解，游离酸含量、黏度和醋酸臭味相应增加；与硫酸亚铁、三氯化铁、硝酸银和强氧化剂、强碱和强酸有配伍禁忌；对眼睛、黏膜和上呼吸道有刺激性。

聚甲丙烯酸铵酯

methacrylic acid copolymer

本品为甲基丙烯酸甲酯、丙烯酸乙酯与甲基丙烯酸氯化三甲铵基乙酯共聚而得，以60∶30∶10、65∶30∶5比例共聚分别得Ⅰ、Ⅱ型，均为类白色半透明或透明的形状大小不一的固体，均作为缓释制剂包衣或控释制剂骨架材料。Ⅰ型在沸水、丙酮中溶解，在异丙醇中几乎不溶，为高渗透型材料；Ⅱ型在丙酮中略溶，在沸水、异丙醇中几乎不溶，为低渗透型。

第二节　经皮给药系统用辅料

经皮给药系统（transdermal drug delivery system，TDDS）又称为经皮治疗系统（transdermal therapeutic system，TTS），是指药物以一定的速率通过皮肤，经毛细血管吸收进入体循环产生药效的一类制剂。经皮给药系统能使药物不断地经皮肤扩散、渗透吸收后进入血液循环，长时间保持血药浓度稳定，避免了肝脏、胃肠道的酶解对药物的破坏作用，提高了药物的生物利用度，降低了给药频率，减少了吸收代谢的个体差异，且透皮给药应用方便，在发生问题时能简单迅速地停止给药。此外经皮给药系统还扩大了中药外用药物的发展空间，体现了中医内病外治的治疗原则，为中药应用范围的扩大提供了技术保证。

经皮给药制剂有膏药、搽剂、涂膜剂、巴布剂、骨架型贴片、膜控型贴片、微乳、脂质体、包合物、前体药物与低共熔物等，可产生局部或全身作用。自从1981年首创的产品东莨菪碱透皮吸收贴剂问世以来，国外市场上相继已有近10种产品脱颖而出，特别是硝酸甘油、消心痛、烟碱雌二醇、芬太尼、可乐定和睾酮等透皮制剂的投入市场，显示这种新剂型的优越性和发展潜力。近年来，透皮释放给药系统除了制成溶液剂、涂布剂、乳剂、乳膏剂、油膏剂、膏剂等传统剂型的制剂外，还开发了骨架型透皮释放给药系统、膜控释放型透皮给药系统、压敏微储库型给药系统等新型给药系统和粘贴片、贴布剂等新剂型，同时对透皮给药制剂的基础材料和设备，如压敏黏胶、月桂氮䓬酮、微孔控释膜、贴剂成型机也进行了研究和开发，有的已投入生产。

一、经皮给药制剂的分类

NOTE

经皮给药系统根据其不同的结构形式可分为储库型和骨架型。储库型经皮给药系统是指药物被控释膜或其他控释材料包裹成储库，由控释膜或控释材料的性质控制药物释放速率。骨架型经皮吸收制剂是指药物溶解或均匀分散在聚合物骨架材料中，由骨架材料控制药物的释放速率。储库型经皮给药系统是药物或经皮吸收促进剂被控释膜或其他控释材料包裹成储库，由控释膜或控释材料的性质控制药物的释放速率。储库型和骨架型经皮给药系统又可按其结构特点分成若干类型（见表9－2）。

表9－2　经皮给药制剂的分类表

	组成	特点	举例
储库型经皮给药系统			
复合膜型	背衬膜、药物储库膜、控释膜、胶黏层和保护膜	药物储库分散在压敏胶或聚合物膜中，控释膜为微孔膜或均质膜	东莨菪碱（商品名：transderm－scop）
充填封闭型	同上	药物储库为液体或软膏和凝胶等半固体；控释膜为乙烯－醋酸乙烯共聚物等均质膜，改变膜的组分可控制系统的药物释放速率	硝酸甘油（商品名：transderm－nitro）
多储库型	经皮吸收促进剂和药物两个储库	控释膜可以控制经皮吸收促进剂的释放速度	
胶黏层限速型	背衬膜、药物储库、控释胶黏层、保护膜	将药物分散在胶黏剂中，涂布于背衬膜上作为储库	硝酸甘油（商品名：deponit）
骨架型经皮给药系统			
微储库（微封闭型）	泡沫胶黏垫、胶黏剂、含药物微储库骨架	该系统包括两类控释因素：分配控释和骨架控释	
包囊储库型	背衬膜、药物微囊、胶黏层和保护膜		硝酸甘油（商品名：nitrodisc）
聚合物骨架型	背衬材料、聚合物骨架、保护膜	药物微囊膜的性质控制药物的释放，其释放速率与囊膜的厚度、孔率及膜材料性质等有关。药物释放速率受聚合物骨架组成与药物浓度影响	硝酸甘油（商品名：nitro－dur）
胶黏剂骨架型	背衬膜、保护膜、黏胶剂骨架/药物储库	剂型薄、生产方便，与皮肤接触的表面都可以输出药物	尼古丁（商品名：nicotrol）

在这些不同类型的经皮给药系统中，具有限速膜型系统中的药物能以零级速率释放，而其他类型的释放速率可能是Higuchi型或是近似零级。

为了更明确的说明经皮给药制剂的分类，图9－1～9－4分别列出主要类型的结构。

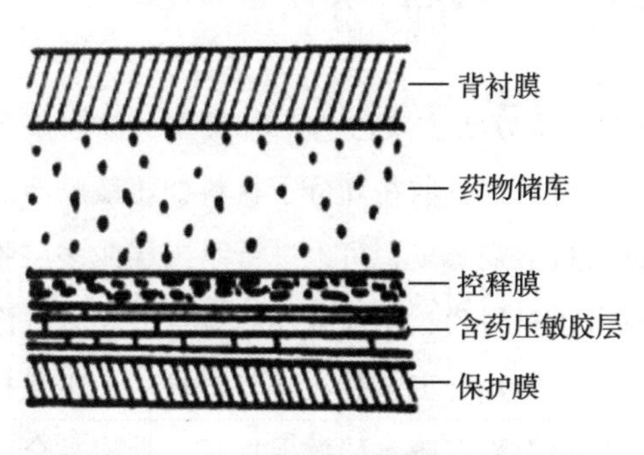

图9－1　复合膜型经皮给药系统示意图

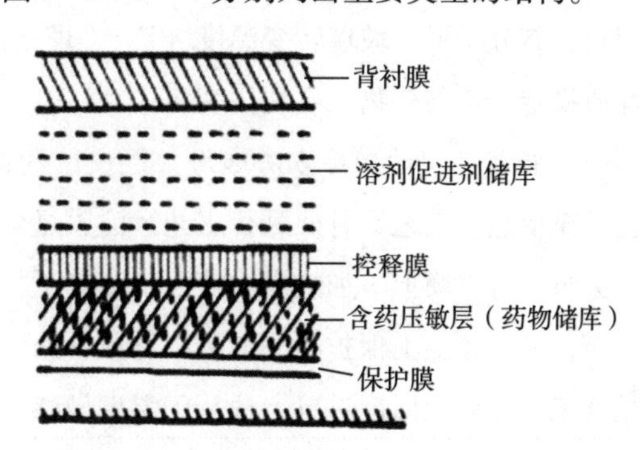

图9－2　多储库型经皮给药系统示意图

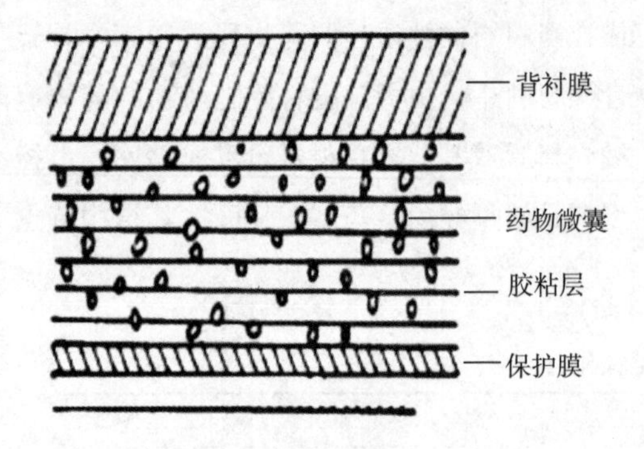

图9-3　包囊储库型经皮给药系统示意图

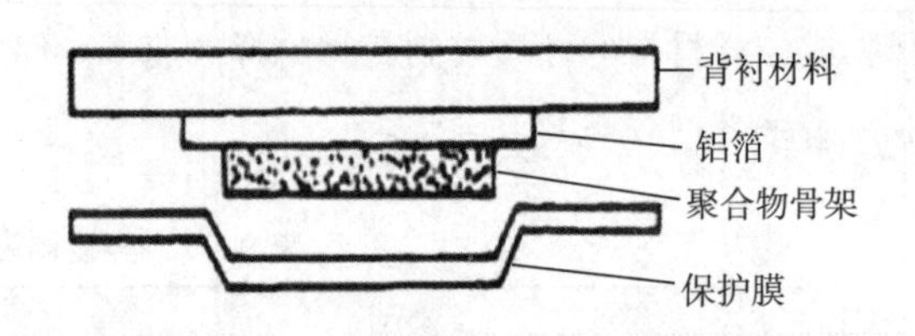

图9-4　聚合物骨架型经皮给药系统示意图

二、经皮给药系统用辅料

经皮给药系统中使用的辅料主要有膜材料和骨架材料、压敏胶剂、背衬材料、防粘材料、药库材料以及透皮促进剂六大类，根据主药的理化性质，有时也可能使用增溶剂、助溶剂、稳定剂等其他材料。

（一）控膜材料和骨架材料

经皮给药的药物确定后，高分子材料（控膜材料和骨架材料）的选择是经皮给药系统开发的主要工作。经皮给药系统的发展离不开高分子材料学，经皮给药系统需要不同性能的高分子材料满足不同性能的药物与各种给药设计的要求。

1. 选用原则

（1）*根据经皮给药制剂的类型选用*　不同的制剂类型具有不同的结构，因此所选用的材料及材料的比例也有所不同。如充填封闭型经皮给药系统中控释膜为乙烯-醋酸乙烯共聚物等均质膜，改变膜的组分可控制系统的药物释放速率；包囊储库型经皮给药系统中药物微囊膜的性质可控制药物的释放，药物释放速率与囊膜的厚度、孔率及膜材料性质等有关；聚合物骨架型经皮给药系统常用亲水性聚合物材料（天然的多糖与合成的聚乙烯醇、聚乙烯吡咯烷酮）作骨架。

（2）*根据药物和高分子材料的理化性质选用*　对于给定的药物，应根据药物的溶解度、药物与辅料的稳定性、药物从给药装置释放的动力学等因素来选择适宜的辅料。所选用的高分子辅料，其分子量、玻璃转变温度（T_g）、理化性能必须适合选定药物的扩散和释放，并且理化性质稳定，不与药物发生配伍变化。

（3）*根据不同的制备方法选用*　经皮给药系统的制备方法主要分为三种类型：涂膜复合工艺、充填热合工艺、骨架黏合工艺。涂膜复合工艺是将药物分散在高分子材料如压敏胶溶液中，涂布于背衬膜上，加热烘干使溶解高分子材料的有机溶剂蒸发，可以进行第二层或多层膜的涂布，最后覆盖上保护膜，亦可以制成含药物的高分子材料膜，再与各层膜叠合或粘合。涂膜复合工艺在较低温度进行，适用于温度敏感的制剂。充填热合工艺是在定型机械中，于背衬膜与控释膜之间定量充填药物储库材料，热合封闭，覆盖上涂有胶黏层的保护膜。骨架黏合工艺是在骨架材料溶液中加入药物，浇铸冷却成型，切割成小圆片，粘贴于背衬膜上，加保护膜而成。充填热合工艺与骨架粘合工艺工作温度较高，因此要求所选材料在高温高湿条件下应保持结构和形态的完整性。

NOTE

(4) 根据临床需要和用药目的选用 控膜材料和骨架材料的选择对用药时间间隔起关键作用，而不同用药部位对所选材料的皮肤刺激性和致敏性问题的要求也各有所不同。所以应根据临床用药时间、用药部位选用合适的辅料。

2. 控膜材料 透皮给药系统中，控释膜可分为均质膜与微孔膜。用作均质膜的材料有乙烯-乙酸乙酯共聚物（EVA）和聚硅氧烷等；用作微孔膜的材料有聚丙烯、醋酸纤维素、聚四氟乙烯等。

乙烯-乙酸乙酯共聚物

【别名】ethylene vinyl acetate copolymer，EVA。

【分子式与分子量】分子式从略。根据共聚物中乙酸乙烯酯（VA）的含量高低，将共聚物分为低、中、高3类，各自有不同的分子量。

【来源与制法】EVA是以乙烯和乙酸乙烯酯两种单体在过氧化物或偶氮异丁腈引发下共聚而成的水不溶性高分子。

【性状】EVA是透明或乳白色的粒状塑料，无毒，无刺激性，与人体组织及黏膜有良好的相容性，有优良的抗真菌生长特性和耐臭氧能力，但耐油性较差。其溶解性与其中的乙酸乙酯（VA）比例有关，VA成分越多，在有机溶剂中的溶解性越强，常用的有机溶剂有氯仿、二氯甲烷等。高乙酸乙烯比例的共聚物溶于二氯甲烷、氯仿等，低比例的共聚物则类似于聚乙烯，只有在熔融状态下才能溶于有机溶剂。VA含量也直接影响膜材的机械性能和渗透性能，VA比例越低或分子量越大，耐冲击强度越高，柔软性下降，渗透性也降低。

【作用与用途】该种材料与机体组织和黏膜有良好相容性，适合制备在皮肤、腔道、眼内及组织内给药的控释系统，如经皮给药制剂、周效眼膜、宫内节育器等。EVA无毒，无刺激性。以EVA制备的长效眼用膜剂，在兔眼内试验未见刺激性及不良反应。

【使用注意】EVA化学性能稳定，耐强酸和强碱，但强氧化剂可使之变性，长时期高热可使之变色。此外，对油类物质耐受性差，例如，蓖麻油对其有一定的溶蚀作用。

【应用实例】 **雌二醇经皮给药系统**

作用与用途：主要用于治疗妇女更年期综合征。

注解：Estraderm TTS为雌二醇经皮给药系统的一种产品，是填充型经皮给药系统，由羟丙基纤维素乙醇溶液形成的凝胶作为贮库介质，其中乙醇作为经皮吸收促进剂，乙烯-乙酸乙酯共聚物（EVA）为控释膜，胶黏层是聚异丁烯亚敏胶，厚为0.5mm。

硅橡胶

详见本章第一节聚硅氧烷弹性体。

【应用实例】 **盐酸尼卡地平（NC）经皮给药系统**

处方：盐酸尼卡地平1.5g，羧甲基纤维素钠3g，PVP 5g，乳糖5g，甘油15g，60%乙醇溶液35g。

制法：取3g羧甲基纤维素钠，加12g水溶胀成凝胶。取5g PVP、5g乳糖、15g甘油和229g水，混合，水浴加热至溶解，与以上羧甲基纤维素钠凝胶混合，搅拌均匀即可。称取盐酸尼卡地平1.5g和处方量促透剂，用35g 60%乙醇溶液溶解后与上述基质混合均匀，铺膜

$125cm^2$，置50℃烘箱中干燥至表面固化，且骨架薄片呈良好弹性即可，切割成5cm×5cm的药膜。此贴片最下层用铝塑膜覆盖，第二层为药物骨架薄片，第三层为胶黏层（硅橡胶），部分涂在铝塑膜外缘和背衬层内侧的外周，第四层为海绵垫，最上层为背衬层。

适应证：盐酸尼卡地平为二氢吡啶类钙拮抗剂，是有效的脑血管病治疗药。

注解：NC经皮给药系统是凝胶骨架型经皮给药系统。

聚丙烯（PP）

【别名】 polypropylene。

【分子式】 $(C_3H_6)_n$。

【结构式】

$$\left[CH_2-\underset{\displaystyle CH_3}{\underset{|}{CH}} \right]_n$$

【来源与制法】 本品可由溶剂法、气相法制得，国内目前多用溶剂法。此法是将纯度为99%的丙烯单体溶于己烷或庚烷等溶剂中，用三氯化肽为催化剂，一氯二乙基铝为活化剂，在50～60℃和980.66kPa压力下聚合，然后用甲醇酯化分解残余的催化剂与活化剂，最后经离心、洗涤、气流干燥、添加防老剂，挤压造粒即得。

【性状】 本品为乳白色、无臭无味、无毒轻质的颗粒。相对密度0.900～0.910，熔程165～170℃。化学性质稳定，能耐酸碱和有机溶剂。可溶于热萘烷、四氯萘和沸四氯乙烷、三氯乙烷，遇过氧化氢等强氧化剂易被氧化分解，遇阳光不稳定。PP是一种典型的立体规整聚合物，有较高结晶度和较高的熔点，吸水性很低，透气和透湿性均较聚乙烯小得多，抗拉强度则较聚乙烯高。PP有很高的耐化学药品性能，仅在某些氯化烃和高沸点脂肪烃中发生溶胀和表面溶蚀。PP薄膜具有优良的透明性、强度和耐热性能等，可耐受100℃以上煮沸灭菌，一般用于生产薄膜的PP分子量较低，熔流指数在7～12，但如果薄膜需进一步做双向拉伸，则需要更高分子量的产品。

【作用与用途】 在制药工业中，除作包装材料外，在药剂中用作制备磁性微球、微囊等新剂型的成膜材料、缓释骨架材料。

【使用注意】 本品性质稳定，但遇过氧化氢、阳光照射等发生氧化、分解反应。

【应用实例】 可乐定经皮给药系统（catapres－TTS，美国boehringer ingelheim公司产品）

适应证：可乐定是强效降压药，对各种类型的高血压都有一定的降压效果，还可以用于防治偏头痛与治疗开角型青光眼。

注解：可乐定经皮给药系统（catapres－TTS）是复合膜型经皮给药系统。其基本组成：背衬膜是聚酯膜，药物贮库含可乐定、液状石蜡、聚异丁烯和胶态二氧化硅，控释膜是微孔聚丙烯膜，胶黏层含有与贮库相同的组分，但它们的比例不一样，保护膜为聚酯膜。

醋酸纤维素（CA）

近年来，已用作透皮吸收制剂的载体。其他醋酸取代基数量不同的醋酸纤维素作为控释制剂的骨架或薄膜应用已有多年历史。详见本章第一节。

3. 骨架材料

（1）选用原则　选用药物贮库聚合物和背衬材料聚合物时应注意：①聚合物的分子量、玻璃转变温度、化学功能必须允许特定的药物能适当地扩散和释放；②聚合物不应与药物发生化学反应；③贮存和使用期间不应分解；④易加工成型，在不过分改变机械性能的前提下，能加入大量活性物质；⑤价廉易得。

（2）常用品种举例　经皮给药系统中常用的骨架材料有聚硅氧烷（硅橡胶）、聚乙烯醇、甲壳糖、壳聚糖等。

聚乙烯醇（PVA）

聚乙烯醇是一种很好的水溶性膜剂材料，用10%～30%聚乙烯醇水溶液涂布在光洁平板上，水分蒸发后即得柔软、韧性的透明薄膜。近年来，利用热交联、反复冷冻以及醛化等手段制备不溶性药膜达到缓释目的研究亦有报道。

在低浓度时，与乙基纤维素合用，可作为缓释剂的致孔剂，调节药物的释放速率。聚乙烯醇对眼、皮肤无毒、无刺激，是一种安全的外用辅料。

具体请见第三章第六节。

此外，聚氨酯、（甲基）丙烯酸酯聚合物、聚维酮（PVP）－PEG嵌段共聚物等也可用作透皮吸收制剂的载体。

硅酮聚合物
silicones

【别名】 硅酮。

【分子式】 $(CH_3)_3SiO(CH_3)_2SiO_nSi(CH_3)_3$。

【性状】 化学性质稳定，疏水性强，不溶于水，溶于汽油、甲苯等非极性溶媒。对皮肤无毒性、无刺激性，润滑且易于涂布，不妨碍皮肤的正常功能，不污染衣物，为较理想的疏水性基质。

【作用与用途】 该品常与其他油脂性基质合用制成防护性软膏，用于防止水性物质如酸、碱液等对皮肤的刺激或腐蚀，也可制成乳剂型基质应用。硅酮压敏胶是硅酮与硅树脂经缩聚反应而成，调节硅树脂/硅酮的比例，可以改变压敏胶的黏着性。二者比例对黏附性能影响很大，增加硅氧烷的含量可以提高柔软性和黏性；增加硅树脂的用量可以得到黏性较低但易于干燥的压敏胶。一般树脂与硅酮之比为50～60∶50～40时性能最佳。国外已有各种规格的硅酮压敏胶出售，常用的有含胺药物适合的压敏胶和不适合含胺药物的压敏胶。

【注解】 硅酮对药物的释放与穿透皮肤的性能较豚脂、羊毛脂及凡士林为快，但成本较高。该品对眼睛有刺激性，不宜做眼膏基质。

（二）压敏胶

1. 压敏胶的定义及基本要求

（1）定义　压敏胶（pressure sensitive adhesive，PSA）是压敏性胶黏剂的简称，指那些在轻微压力下（例如指压）即可实现黏贴同时又容易剥离的一类胶黏材料，是经皮给药系统的重要组成材料之一，它保证释药面与皮肤充分紧密的接触，使药物扩散顺利进行。在压敏胶层

NOTE

覆盖整个释药面的给药系统以及用压敏胶同时作为药物贮库或载体材料的给药系统中，药物的释放必须通过这些黏胶层，因此，压敏胶的类型和组成就成为影响药物扩散速度的重要因素。

（2）基本要求　①要求无毒，对皮肤无刺激，不致敏。②在给药期间，在微观和宏观水平上与皮肤接触良好，粘得贴切，在一般的正常活动条件下不易脱落。③作表面黏胶剂层的压敏黏胶剂与药物、透皮促进剂等在物理上和化学上有相溶性；对药物的穿透性无影响；能让单一或复合透皮促进剂传递；本身的性质如黏性等不受药物和透皮促进剂等辅料的影响。

2. 压敏胶的选用原则

（1）适当的黏性　满足初黏力 < 黏合力 < 内聚力 < 黏基力。初黏力是指涂有压敏胶的制品与被黏物以很轻的压力接触后立即快速分离所呈现的抗分离能力，通常用手指轻轻接触黏胶剂表面来感受。黏合力是指在适当的压力和一定的黏贴时间后，压敏胶与被黏表面之间所表现的抵抗界面分离的能力，一般用胶黏制品的180°剥离强度来表征。内聚力是指胶黏制品本身的内聚力，一般用胶黏制品黏贴后的抵抗剪切蠕变能力（即持黏力）来量度。黏基力是指胶黏剂与背衬材料之间的黏合力。

（2）生物相容性　生物相容性要求 PSA 具有生物惰性、非刺激性和对皮肤的非敏感性，且不产生任何系统毒性。

（3）配方相容性　要求 PSA 不引起药物或成分的降解，不和药物及其组分反应。当制备成型时保持功能性的稳定，并提供适应的溶解性。

（4）化学稳定性　对温度和湿气的稳定性等。

（5）传递系统相容性　加入 PSA 中的药物以及吸收促进剂应当能以扩散的方式再次被释放出来。在胶黏剂骨架型 TDD 系统中，能够控制药物释放，但在具有限速膜的 TDD 系统中不影响药物的释放速率。

此外，PSA 的选择还要基于贴剂设计、体系形式、贴附时间及条件（温度、洗涤和出汗等）及加工工艺等因素。

3. 品种介绍　常用的压敏胶有聚异丁烯类、丙烯酸酯类、硅橡胶三类。可以根据药物性质、药物在压敏胶基质中的溶解度、分散系数及渗透系数来选择适宜的压敏胶。

聚异丁烯类（PIB）压敏胶

【分子式与分子量】分子式为 $(C_4H_8)_n$，PIB 压敏胶是高、低分子量 PIB 的混合物，分子量范围较广。

【结构式】

$$\left[-\underset{CH_3}{\overset{CH_3}{\underset{|}{\overset{|}{C}}}}-CH_2- \right]_n$$

【来源与制法】PIB 是一种弹性的异丁烯均聚物，有规整的 C—H 骨架结构，只是端基是非饱和的。

【性状】本品为无色至淡黄色黏稠物，是一种非极性的长链烷烃，玻璃化转变温度较低，具有高的柔性和持久的黏性，溶于脂肪族和芳香族碳氢化合物溶剂中，如苯、氯仿、二硫化碳等，不溶于常用的醇类、酯类、酮等极性溶剂。分子链的紧密排列使 PIB 具有低透水蒸气、透湿和透氧性，分子量越高，渗透性越低，因此 PIB 适用于低溶解度参数和低极性的药物 TDD 系统。

PIB 的黏性取决于其分子量及其交联度等；适合多种膜材的粘贴要求，但对极性膜材的黏性较弱，可以加入一定量的树脂或其他增黏剂予以改进。低分子量的聚异丁烯是一种黏性半流体，与高分子量的聚异丁烯混合使用可起到增黏及改善柔软性、润湿性和韧性的作用；而高分子量的聚异丁烯则具有较高的剥离强度和内聚强度，使用不同分子量的聚异丁烯可调节其使用性能。

【作用与用途】在药剂学中作为黏合剂、成囊材料、缓控释材料等，在缓控释制剂中常用作不溶性的骨架材料。用于 TDD 或皮肤治疗及其他与皮肤接触的应用领域，是最常用的压敏胶材料。

【使用注意】市售的 PIB 聚合物产品不能直接用作黏合剂，TDD 贴剂的生产或制备经常需要配置 PIB 型 PSA。

【应用实例】　尼古丁经皮给药系统（nicoderm）

适应证：戒烟药。

注解：尼古丁经皮给药系统是复合膜经皮给药系统，背衬膜是聚乙烯、铝、聚酯、EVA 共聚物复合膜，尼古丁分散在 EVA 共聚物骨架中作贮库，微孔聚乙烯膜作控释膜，外面覆盖聚异丁烯压敏胶，再加保护膜。

丙烯酸类压敏胶

【来源与制法】丙烯酸类压敏胶是丙烯酸酯、丙烯酸和其他功能性单体自由基引发聚合的产物。用于 PSA 的丙烯酸酯单体的组成一般为：50% ~90% 的基础单体，10% ~40% 的改性单体，2% ~20% 的带官能基的单体。

【性状】丙烯酸酯类化合物是饱和的碳氢化合物，具有高抗氧化性，不需要抗氧剂和稳定剂（通常对皮肤有刺激性）；具有较好的黏性，因此通常不需要低分子量的增黏剂或增塑剂。丙烯酸酯类的 PSA 具有较好的生物相容性和良好的皮肤黏结性，与许多药物和助剂相溶。

【作用与用途】丙烯酸酯类广泛应用于皮肤粘贴制剂中，作为胶黏材料，也可控制药物释放速度。

【使用注意】丙烯酸酯类 PSA 的交联能够增加抗蠕变、抗剪切和抗冷流性能，并能消除药物促透剂和其他辅助剂对 PSA 的黏性、黏结性和内聚力的损害，增加药物及助剂负载量。交联方式主要有两种：一是在 PSA 的生产过程中交联；二是在聚合过程中交联，这种方法常用于贴剂的生产。

硅橡胶压敏胶

硅橡胶压敏胶是由低黏度聚二甲基硅氧烷与硅树脂经缩聚反应而成，调节两者的比例可以改变压敏胶的性能。增加聚二甲基硅氧烷的含量，提高柔软性和黏性；增加硅树脂的含量，制得的压敏胶黏性较低，但化学稳定性提高。软化点较接近皮肤温度，在正常体温下有较好的流动性、柔软性及黏附性，对水蒸气和药物分子有一定的渗透能力，无毒，无刺激性。此类硅橡胶压敏胶化学性质稳定，但能负载的药物量比较低，常随药物含量增加，黏着力下降。一般使

NOTE

用烃类有机溶剂。典型的医用聚硅氧烷压敏胶是美国的 Corning 355。

（三）其他材料

1. 背衬材料 背衬材料是用于支持药库或压敏胶等的薄膜，一般要求在厚度很小（0.1～0.3mm）时对药物、胶液、溶剂、湿气和光线等有较好的阻隔性能，并且有良好的柔软性和一定的拉伸强度。常用多层复合铝箔，即由铝箔、聚乙烯或聚丙烯等膜材复合而成的双层或三层复合膜，提高了机械强度及封闭性，也便于与骨架膜或控释膜热合。其他可以使用的背衬材料还有如聚对苯二甲酸二乙酯（PET）、高密度聚乙烯、聚苯乙烯等，这些材料都具有优良的机械性能和耐化学性能，渗透性也较低。

2. 防黏保护材料 这类材料主要用于 TDD 系统黏胶层的保护，为了防止压敏胶从药库或控释膜上转移到防黏材料上，所选材料的表面自由能应低于压敏胶的表面自由能，与压敏胶的亲和性小于压敏胶与控释膜的亲和性。一般可根据膜材及压敏胶的种类选择聚乙烯、聚苯乙烯、聚丙烯、聚碳酸酯等分子量适中、不含极性基团的聚合物膜材。也可使用表面用石蜡或甲基硅油处理过的光滑厚纸。

3. 药库材料 可以使用的药库材料很多，可以用单一材料，也可以用多种材料配置的糊剂、软膏、水凝胶、混悬液、溶液等。较为常用的材料有卡波姆、羟丙甲纤维素、聚乙烯醇等，各种压敏胶和骨架膜材同时也可以是药库材料。

聚氯乙烯

polyvinyl chloride（PVC）

【性状】白色或淡黄色粉末，无臭无味。相对密度 1.35～1.46，软化温度 80～85℃，140℃开始分解放出氯化氢，180℃开始流动，折光率 1.544。低分子量者可溶于酮类、氯烃、芳烃、乙醚等，高分子量者则难溶解，但能溶胀。

【作用与用途】可用作缓释材料，主要用于微囊的囊材、骨架片的骨架材料、包衣片的包衣材料，此外也用作药品的包装材料。或与聚乙烯合并应用，做骨架材料一般用量为配方总量的 40%。

【注解】本品可燃，宜置于密闭、避光容器中，储存于阴凉干燥处。聚氯乙烯生产过程中可有粉尘和单体氯乙烯。吸入氯乙烯单体气体可发生麻醉症状，严重者可致死。长期吸入氯乙烯可出现神经衰弱征、消化系统症状、肝脾肿大、皮肤出现硬皮样改变、肢端溶骨症。长期吸入高浓度氯乙烯，可发生肝脏血管肉瘤。长期吸入聚氯乙烯粉尘，可引起肺功能改变。

【应用实例】 氯化钾骨架缓释片

处方 1：氯化钾 500mg，聚氯乙烯 320mg，滑石粉 20mg，硬脂酸镁 10mg。

处方 2：氯化钾 500mg，聚氯乙烯 370mg，滑石粉 20mg，硬脂酸镁 10mg。

将上述两种处方的原辅料直接混合压片即得。

聚乙烯

Polyethylene（PEE）

【分子式】$(C_2H_4)_n$

NOTE

【性状】低密度聚乙烯为乳白色、无臭、无味、无毒的蜡状颗粒或粉末，高密度为白色粉末或白色半透明颗粒。耐水、酸、碱，能溶于环己烷、苯和二甲苯，不溶于脂肪烷、醇和脂类。

【作用与用途】 除可用于制备药物包装外，还可作为制备微囊和磁性微球的囊膜材料、固体制剂的黏合剂、稀释剂和缓释材料。

聚丙烯

乳白色、无臭无味、无毒轻质颗粒。相对密度0.900～0.910，熔程165～170℃。化学性质稳定，能耐酸和有机溶剂。可溶于热萘烷、四氯萘和沸四氯乙烷、三氯乙烷，遇过氧化氢等强氧化剂易被氧化分解，遇阳光不稳定。

除可用于制备药物包装外，还可作为制备微囊和磁性微球的成膜材料、缓释骨架材料。

本品性质稳定，但遇过氧化氢、阳光照射等易发生氧化、分解反应，故不得暴晒，应远离火源，置于密闭、避光容器中存储。

聚乙烯醇
polyvinyl alcohol

详见第五章第七节。

【作用与用途】 作为助悬剂、油/水乳化剂和乳化稳定剂使用时，效果良好，还可作为增稠剂、润滑剂和保护剂应用于各种眼用制剂，作为良好的成膜材料用于凝胶剂、透皮制剂和膜剂中，还可用作缓释材料用于制备缓释骨架片剂等。

【应用实例】 活血风湿巴布剂基质

聚丙烯酸钠6.68g，聚乙烯醇0.34g，明胶4.57g，甘油1.01g，将明胶置于适量蒸馏水中浸泡过夜充分溶胀，将70%聚丙烯酸钠－700置于蒸馏水中充分溶胀后加入到明胶溶液中，再加入其他基质，在50～60℃水浴中缓慢搅拌，速度以不产生气泡为宜，搅拌至基质混合均匀，趁热均匀涂布于无纺布背衬上，厚度约为0.5mm，放置干燥箱中40℃干燥12小时，取出，盖上保护膜，置封口袋中密封保存。

【注解】 在强酸中降解，在弱酸和弱碱中软化或溶解。

（四）透皮促进剂

1. 定义及选用原则 透皮促进剂（transdermal enhancers）是指所有能够增加药物透皮速度或增加药物透皮量的物质。理论上，用于透皮释放给药系统中的药物应具备以下理化特点：①相对分子质量＜400；②每日剂量＜200mg；③低熔点；④低极性。然而，绝大部分药物（90%以上）不具备这些特性，因而，要制成理想的透皮释放给药系统需要加入渗透促进剂。

理想的透皮促进剂应具备以下几个特性：

（1）具有单向和可逆地降低皮肤屏障的作用，促进药物从系统中释放，促进药物透皮吸收，去除后不影响皮肤的正常生理功能。

（2）良好的生物相容性，即对皮肤及人体安全性高、无毒性、无刺激性、无致敏性、无光毒性和致粉刺作用。

（3）与药物及其他附加剂的相容性，包括不产生物理化学性质作用、不影响药物活性并与药物性质相匹配。

NOTE

（4）无药理活性，且无色、无臭、无味。

（5）价廉易得。

透皮促进剂的选择除考虑上述条件外，还要考虑皮肤状态。

2. 作用机理 渗透促进剂的种类不同，其作用机制也不尽相同。假设：①药物通常是通过角质层渗透的，附属器路径可以忽略；②通过角质层的渗透是限速过程。在以上两个前提条件下，Barry 提出了脂质－蛋白分配理论（lipid protein－partition theory），认为渗透促进剂的可能作用机制如下：

（1）作用于脂质 与角质层高度有序排列的细胞间脂质相互作用，并扰乱其结构，增加角质细胞间脂质的流动性，多数促渗剂有这种作用。

（2）作用于蛋白 与角质层细胞内角蛋白作用，使角质层膨胀，水化作用增加，渗透性增加，离子型表面活性剂多有这种作用。

（3）促进分配作用 帮助药物、渗透促进剂及潜溶剂分配进入角质层。

3. 分类

（1）按化学性质可分为极性、非极性及表面活性剂三大类（见表9－3）。

表9－3 透皮促进剂的化学分类

类别	品种举例
非极性类	
高级脂肪酸	油酸，月桂酸，亚麻油酸
高级脂肪酯	异丙基棕榈酸酯，异丙基肉豆蔻酯，羊毛脂
高级脂肪酸醇	桉叶油素、薄荷醇
萜烯	十二烷基氮䓬酮
大环酮/内酯	樟脑
烃	液状石蜡
聚硅氧烷	二甲基硅油
极性类	
一元醇	甲醇、乙醇
多元醇	甘油、异丙醇、PEG400
酚	百里酚
亚砜	二甲基亚砜，十二烷基甲基亚砜
胆盐	甘胆酸盐
酰胺	环乙月桂酰胺，N, N－二甲基甲酰胺，*N, N*－二甲基乙酰胺
螯合物	EDTA－2Na
多糖	环状糊精，羟丙基－β－环状糊精
吡咯烷酮	甲基－2－吡咯烷酮
表面活性类	
阳离子型	*N, N*－二（α－羟乙基）油酰胺
阴离子型	月桂醇硫酸钠
两性离子型	十二烷基二甲基丙基硫酸铵
非离子型	吐温 80，辛酸单甘油酯（S－318）

表中的分类是根据透皮促进剂的现状作出的，它会随着发展而变动。举例品种中，大部分透皮促进剂已用于各种透皮释放系统类制剂的生产实践中，另一部分尚处在实验研究或试生产阶段但已表现出良好的透皮促进作用的品种。

（2）按化学结构可分为十四类（见表9－4）。

表9－4　透皮促进剂的化学结构分类

类型	举例	药物	作用机制
亚砜类	二甲基亚砜（DMSO）、癸基甲基亚砜（DCMS）、十二烷基甲基亚砜	氢化可的松、水杨酸、溴乙啡啶、茶碱、氟灭酸、丙炎松等	角质层细胞内蛋白质变性；破坏角质层细胞间脂质的有序排列
吡咯烷酮类	2－吡咯酮、5－甲基－2－吡咯酮、1,5－二甲基－2－吡咯酮	咖啡因、正辛醇、苯甲酸、倍他米松、甲灭酸	低浓度分配进入角蛋白，高浓度影响角质层脂质流动性并促进药物在角质层的分配；增加角质层的含水量
氮酮及其类似物	牻牛儿基氮草酮、伐尼基氮唑草酮	氯林可霉素磷酸酯、褐霉素钠、氟尿嘧啶、丙缩羟强龙、地塞米松、醋酸环戊酮缩去炎松	渗入皮肤角质层，降低细胞间脂质排列的有序性；脱去细胞间脂质形成孔道；增加角质层含水量；降低角质层脂质的相转变温度
脂肪酸及其酯	月桂酸、棕榈酸、硬脂酸、亚麻酸、油酸、肉豆蔻酸异丙酯、丙二醇二壬酸酯、癸二酸二乙酯、羊毛脂、醋酸甲酯、醋酸乙酯、丙酸乙酯、异丙基棕榈酸酯	水杨酸、雌二醇、芬太尼、硝酸甘油、肝素、吲哚美辛	渗入角质层脂质，影响其有序排列；降低角质层脂质双分子层的相转变温度；引起角质层脂质固－液相分离和晶型转变；增加药物在角质层的分配
表面活性剂	月桂醇硫酸钠、泊洛沙姆、十二烷基硫酸钠、溴化十六烷基三甲胺、聚山梨酯类、聚氧乙烯脂肪酸酯、聚氧乙烯脂肪醇醚类、卵磷脂	氟灭酸、水杨酸	使角质层脂质排列无序化；乳化皮肤表面脂质，改善药物在角质层的分配
醇类	乙醇、异丙醇、正十二醇、正辛醇、月桂醇、十六醇、油醇、丁醇	水杨酸、雌二醇、纳洛酮、左旋－18－甲基炔诺酮	作为溶剂增加药物在角质层的溶解度；脱去角质层脂质；渗入角质层脂质，影响其排列有序性
多元醇类	丙二醇、丙三醇	水杨酸、5－氟尿嘧啶	使角蛋白溶剂化，占据蛋白质的氢键结合部位，减少药物－组织间的结合；增加合用的其他渗透促进剂在角质层的分配
萜烯类	桉树脑、d－苎烯、橙花叔醇、松节油、桉叶油、薄荷油、柠檬油、柠檬烯、樟脑、薄荷脑	普鲁卡因、吲哚美辛、5－氟尿嘧啶、肝素	促进药物在角质层的扩散；破坏角质层细胞间脂质屏障；提高组织电导率，打开角质层极性孔道；增加药物从基质向角质层的分配
胺类	尿素、十二烷基－*N*, *N*－二甲基氨基乙酯	5－氟尿嘧啶	促进角质层水化，在角质层形成亲水性孔道；破坏角质层脂质结构
酰胺类	二甲基甲酰胺、二甲基乙酰胺、环乙基月桂酰胺、二乙基甲基甲酰胺	咖啡因、正辛醇、氢化可的松	低浓度时分配进入角蛋白区，高浓度时影响角质层脂质的流动性
环糊精类	环糊精、2－羟丙基－环糊精	liavozolel	将药物形成包合物，提高溶解度，并可把药物分子传递到皮肤表面
氨基酸及其酯	L－异亮氨酸、十二烷基焦谷氨酸酯	雌二醇、左旋－18－甲基炔诺酮、茶碱	松弛皮肤的角蛋白，影响角质层脂质排列的有序性

NOTE

续表

类型	举例	药物	作用机制
大环化合物 有机溶剂类	十五烷酮 醋酸乙酯	氢化可的松 水杨酸	增加药物在角质层中的溶解度，破坏角质层脂质排列的密实性
磷脂类	卵磷脂、豆磷脂、磷脂酰甘油、磷脂酰乙醇胺	二氢麦角胺、异山梨、醇硝酸酯、茶碱、吲哚美辛	促进药物从基质中释放，增加药物在皮肤中的扩散；作用于角质层细胞膜脂质

4. 常见透皮促进剂类型及举例

（1）亚砜类　最主要的是二甲基亚砜（DMSO）和癸基甲基亚砜（DCMS）。二甲基亚砜是最早使用的促渗剂，具有强烈的透皮促进效果；癸基甲基亚砜是二甲基亚砜经过结构改造后所得产物，它克服了二甲基亚砜的缺点，常用浓度为1%～4%，对皮肤的毒性、刺激性及不良嗅味都很小，但是它对亲水性化合物的作用大于亲脂性化合物。用含15%癸基甲基亚砜的丙二醇溶液作溶剂可使甘露醇通过人离体皮肤的渗透速率提高260倍，而使氢化可的松提高8.6倍。

二甲基亚砜
dimethyl sulfoxide，DMSO

【别名】二甲亚砜、亚硫酰基二甲烷；sulfinybismethane。

【分子式与分子量】分子式为 C_2H_6OS；分子量为78.3。

【结构式】

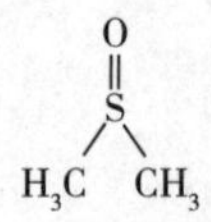

【来源与制法】二甲基硫醚在氧化氮存在下氧化制得，也可由二甲胺与硫酸反应制得。

【性状与性质】本品为无色液体；无臭或几乎无臭；有引湿性。本品与水、乙醇或乙醚能任意混溶，在烷烃中不溶。凝点为17.0～18.3℃，折光率为1.478～1.479，相对密度为1.095～1.479。

【作用与用途】用于吸收促进剂、溶剂和防冻剂等（仅供外用）。二甲基亚砜是强非质子极性化合物，故无酸碱性，由于二甲基亚砜可与极性或可极性化的离子和中性分子结合，因此是有机物和无机物的优良溶剂。二甲基亚砜可取代角质层中的水分同时伴有脂质的提取和改变蛋白质构型作用，故可提高药物的局部通透性。若经稀释则促通透能力明显减弱。二甲基亚砜浓度为15%时，即具有促通透作用，当浓度达到60%～80%时，药物通透性显著提高。二甲基亚砜常用浓度为30%～50%。

在碘苷涂剂中，二甲基亚砜既作为溶剂提高药物的溶剂度，又可促进抗病毒药物穿透进入更深层皮肤。另有研究表明二甲基亚砜具有潜在的治疗硬皮病、膀胱间质炎、类风湿性关节炎和急性肌骨骼损伤作用，还可作为止痛剂。此外本品还具有潜在的抗冻作用。

【使用注意】二甲基亚砜能与氧化剂反应。

【质量标准来源】《中国药典》2015年版四部，CAS号：67－68－5。

【应用实例】　复方地塞米松霜

处方：醋酸地塞米松0.25g，氯霉素10g，二甲基亚砜2.0mL，硬脂酸100g，液状石蜡

NOTE

160g，白凡士林50g，硬脂酸单酰甘油50g，三乙醇胺2g，十二烷基硫酸钠2g，甘油125g，对羟基苯甲酸乙酯1g，蒸馏水479.75mL。

制法：取甘油、十二烷基硫酸钠、三乙醇胺及对羟基苯甲酸乙酯加入已煮沸的蒸馏水中，使溶解，并保温在80℃左右。另取硬脂酸、硬脂酸单酰甘油、白凡士林及液状石蜡加热熔化，待温度至80℃时，加入上述溶液中，不断搅拌，待温度至60℃左右，分次加入已用二甲基亚砜研和的醋酸地塞米松和氯霉素，继续搅拌至冷凝，即得。

适应证：主要用于过敏性和自身免疫性炎症性疾病。

注解：二甲基亚砜为渗透促进剂。

（2）吡咯酮类　这类促进剂有α-吡咯酮（NP）、*N*-甲基吡咯酮（1-NMP）、5-甲基吡咯酮（5-NMP）、1,5-二甲基吡咯酮（1,5-NMP）、*N*-乙基吡咯酮（1-NEP）、5-羧基吡咯酮（5-NCP）等。吡咯酮及其衍生物具有较广泛的促渗作用，对极性、半极性化合物的透皮吸收均有效果；与DMSO和DMF类似，在低浓度时吡咯酮类选择性地分配进入角质蛋白，在高浓度时影响脂质流动性和促进药物分配，但用量较大时会导致皮肤红肿、疼痛等。吡咯酮化合物本身可透过皮肤，透过量受药物载体影响，例如5%NMP水溶液对甲硝唑的增渗可达27倍，在18%异丙醇肉豆蔻酯（IPM）及18%丙二醇中，相同的NMP增渗作用仅扩大3.8倍和0.95倍（以18%丙二醇-水溶液的增渗作用为参照），据认为这是由于IPM和丙二醇阻止了NMP向皮肤渗透所致。吡咯酮衍生物的*N*-取代烃链的亲脂性有助于渗透，同时又主要积累在角质层，减小了全身毒性，而引入亲水基团促进效果下降，时滞延长。

（3）氮酮（azone）及其类似物　氮酮是1976年美国从一系列*N*-烃基氮杂环酮类化合物中开发出来的一种新型渗透促进剂，自上市以来极大地推动TTS的迅猛发展。有月桂氮䓬酮、牦牛儿基氮䓬酮、法尼基氮䓬酮等。

月桂氮䓬酮

laurocapran

【别名】 十二烷基氮杂环庚烷-2-酮、阿佑思。

【分子式与分子量】 分子式为$C_{18}H_{35}NO$；分子量为281.48。

【结构式】

O

N-$(CH_2)_{12}CH_3$

【来源与制法】 溴化十二烷与庚内酰胺在强碱存在下或季铵盐类相转移催化下合成。

【性状】 为无色透明的黏稠液体；几乎无臭，无味。本品在无水乙醇、乙酸乙酯、乙醚、苯及环己烷中极易溶解，在水中不溶。相对密度为0.906～0.926，折光率为1.470～1.473，25℃时的运动黏度为32～34mm^2/s。可任意溶解于多数有机溶剂，包括低级烃类。本品有润滑性，加入乳剂或洗剂中可使产品具舒适滑润感，置棕色玻璃瓶中贮存，在室温下至少可稳定6年。

【作用与用途】 对亲水性或疏水性药物都能显著增强透皮速率，作用比DMF、DMA、DMSO强，1%月桂氮䓬酮的透皮增强作用比50%DMF大13倍。常与丙二醇并用，产生协同作用，它的促透作用往往不随浓度的提高而增加，其最佳浓度与药物的物理化学性质及所用的介质有关，一般为0.1% ~5%。药物的水溶液与月桂氮䓬酮振摇，易成乳剂。处方中的辅料会影响月桂氮䓬酮的活性，如少量凡士林会消除月桂氮䓬酮的作用。月桂氮䓬酮对低浓度药物的透皮增强作用最佳，副反应低。如在羧链孢酸钠的丙二醇－异丙醇溶液中，月桂氮䓬酮浓度为3%时对药物促透作用最大，大于3%作用降低，浓度高达50%时几乎无促透作用。

【使用注意】与强酸性药物、凡士林等有配伍禁忌。

【质量标准来源】《中国药典》2015年版四部，CAS号：59227－89－3。

【应用实例】 替诺昔康凝胶剂

处方：2%替诺昔康（tenoxicam，简称TXM），5%月桂氮䓬酮和卡波姆－HPMC为3∶1。

制法：将卡波姆971和HPMC分别用纯化水适量配制成5%和6%溶液，将卡波姆用三乙醇胺调节pH至5~6，取卡波姆12.0g与HPMC 4.0g（比例3∶1）混合均匀，加入水适量、甘油2.0g和5%透皮促进剂，置乳钵中研磨均匀得凝胶基质。称取TNX 1.56g用乙醇适量溶解，加入上述凝胶基质中混合均匀。

作用与用途：TXM为新型昔康类非甾体抗炎药。

注解：月桂氮䓬酮对替诺昔康的渗透有明显促进作用，其渗透系数和增渗倍数比其他促透剂大，分别为（28.12 ± 4.39）$\times 10^{-6} cm \cdot s^{-1}$和（$58.71 \pm 9.17$），基质中凝胶骨架种类和比例是影响药物经皮吸收的重要因素。

（4）脂肪酸及其酯　有辛酸、癸酸、月桂酸、硬脂酸油酸、亚麻酸、醋酸甲酯、醋酸乙酯等。这些脂肪酸与高级脂肪醇在适当的溶液剂中，能对很多药物的经皮吸收有促进作用。脂肪酸与长链脂肪醇能作用于角质层细胞间类脂，增加脂质的流动性，药物的透皮速率增大。

油　酸

oleic acid

【分子式与分子量】分子式为$C_{18}H_{36}O_2$；分子量为282.47。

【结构式】

$$\begin{array}{l} CH(CH_2)_7COOH \\ | \\ CH(CH_2)_7CH_3 \end{array}$$

【来源与制法】本品来自牛脂或其他动物脂肪，是制造硬脂酸和棕榈酸的副产品红油，再经溶剂溶解，低温冷却结晶而制得。

【性状与性质】本品为无色或淡黄色油状液体，久置可变成棕色，具猪油样臭味，微溶于水，易溶于乙醇、乙醚、氯仿、油类等，在常压下，加热到80~100℃时分解，在空气中被氧化，色变暗并产生酸败臭味。与碱成皂，相对密度0.889~0.895，凝固温度在10℃以下，高纯产品固化温度为4℃。

【作用与用途】利用本品与碱成皂的能力和润滑作用，在药剂中，用作软膏基质、润滑剂、分散介质和透皮促进剂，常用于制造乳剂、洗剂、软膏剂、乳膏剂等，可促进生物碱、金属氧化物的吸收。本品是制造苯甲酸苄酯洗剂和绿肥皂的主要辅料。在日化工业中用于制造化妆品，在食品工业中用作消泡剂、香料、润滑剂等，作用相似。

NOTE

油酸能促进阳离子药物萘呋唑啉、阴离子型药物水杨酸及很多分子型药物如咖啡因、阿昔洛韦、氢化可的松、甘露醇和尼卡地平等药物的经皮渗透。如在丙二醇中加入2%的油酸，雌二醇通过无毛小鼠皮肤的渗透系数与单用丙二醇没有差异，而相同情况可使阿昔洛韦的渗透系数增加140倍，当增加油酸在丙二醇中的浓度达10%时，雌二醇的渗透系数增加6倍。

【使用注意】本品与重金属盐、钙盐形成不溶解的油酸盐。与氧化剂相遇，将被氧化成多种衍生物，遇碱生成皂。

月桂酸

laurie acid

【分子式与分子量】分子式为$C_{12}H_{24}O_2$；分子量为200.32。

【结构式】$CH_3(CH_2)_{10}COOH$。

【来源与制法】本品由月桂油、椰子油或山苍子油水解而制得。

【性状】本品为白色针状结晶或白色粉末；具有特殊的月桂油香气；熔点44℃；沸点(1.47kPa) 225℃；几乎不溶于水，溶于乙醇、氯仿和丙酮，易溶于乙醚、苯和矿物油。

【作用与用途】本品在药剂中主要用作软膏基质和透皮促进剂，用于制造软膏、油膏、洗剂、贴布剂等。本品在日化工业中用于制备霜剂、香波等化妆品和洗涤剂。本品也是食品添加剂，在食品工业中用作消泡剂、食用香料的组分等。

【使用注意】本品具有脂肪酸的一般反应，与碱作用生成皂，遇氧化剂、强酸可被氧化、分解。

(5) *表面活性剂类*　表面活性剂可分为阳离子型、阴离子型、非离子型，其促渗效果和对皮肤毒性依下列顺序下降：阴离子型 > 阳离子型 > 非离子型。

阴离子型表面活性剂会引起皮肤脱水，并改变角质层屏障功能，如月桂醇硫酸钠（SLS）使角质层脂质排列无序化，促进药物渗透。药物的经皮渗透研究中应用较多的是十二烷基硫酸钠，它促进水、铬酸钠、氯霉素、萘普生和纳洛酮等的经皮渗透。阳离子型化合物对皮肤有强烈刺激作用，使角蛋白变性，损伤皮肤，没有阴离子表面活性剂应用广泛。

非离子型化合物可乳化皮肤表面皮脂，增加角质层脂质流动性，改善药物在皮肤和药物中的分配，有一定渗透促进作用。吐温类非离子型表面活性剂可能增强或降低药物的经皮渗透速率，也可能对药物的经皮渗透速率没有影响。如吐温80能增加氯霉素、氢化可的松和利多卡因的透皮速率，吐温-20不影响纳洛酮的透皮速率，吐温60对萘普生的透皮速率亦没有影响，吐温-80降低正辛醇的透皮速率。吐温类表面活性剂的促透作用与吐温的分子结构及所用的溶剂有关。

十二烷基硫酸钠

详见第二章第三节项下。

NOTE

卵磷脂
lecithin

【结构式】

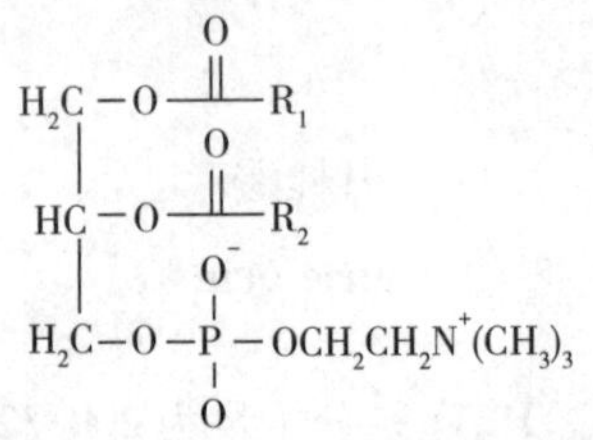

$$
\begin{array}{l}
H_2C-O-\overset{O}{\overset{\|}{C}}-R_1 \\
\quad | \\
HC-O-\overset{O}{\overset{\|}{C}}-R_2 \\
\quad | \qquad\qquad\quad O^- \\
H_2C-O-\underset{O}{\underset{\|}{\overset{|}{P}}}-OCH_2CH_2N^+(CH_3)_3
\end{array}
$$

R_1，R_2 是脂肪酸，可以相同或不同

【来源与制法】USPNF 认为卵磷脂是一种不溶于丙酮的磷脂混合物。卵磷脂可以广泛从生物及植物来源获得，如从大豆、花生、棉籽、葵花籽、油菜籽、玉米及蛋类、动物脑组织。卵磷脂的组成随其来源和纯度不同而不同（因此物理性质也不同），蛋黄磷脂包括 69% 的磷酸酰胆碱和 24% 的磷酸酰乙醇胺，大豆磷脂包含 21% 的磷脂酰胆碱、22% 的磷酸酰乙醇胺和 19% 的磷脂酰肌醇，也有其他成分。

【性状】卵磷脂的物理状态不一，一般呈棕黄色至淡黄色的液体或颗粒，经漂白者为白色或近乎白色，无臭或略带坚果气味。当露置于空气中时，立刻被氧化，变成暗黄色或棕色。

随来源不同，其黏性随游离脂肪酸含量的多少，从胶体到流体不等。相对密度 0.97 ~ 1.0305（液体），0.5（颗粒）；碘值 95 ~ 100（液体），82 ~ 88（颗粒）；皂化值 196。不溶于水，但会形成胶粒状体，能溶于乙醇、乙醚、氯仿、脂肪油类。等电点约为 3.5。几乎可与任何溶剂产生吸附作用。

【作用与用途】乳化剂、增溶剂、分散剂。

在肌内注射剂、静脉注射剂和非胃肠道营养制剂、乳膏剂及软膏剂等外用制剂中常用作分散剂、乳化剂和增溶剂；在脂质体中用作包封药物的脂质双层的膜材；可用作栓剂的基质以减少栓剂的脆性；在鼻腔内胰岛素制剂中，已发现其具有吸收促进作用；也可作为肠道及非肠道营养制剂的成分。另外在化妆品和食品中也有应用。

【使用注意】卵磷脂在极端 pH 值下水解，同时具有吸湿性和微生物降解性，受热时，卵磷脂氧化变黑，降解。卵磷脂由于水解而不能与脂醇配伍。

【应用实例】卵磷脂是一种两性表面活性剂，能促进一些药物的经皮渗透，如用裸鼠皮肤研究卵磷脂对布那唑嗪、茶碱和硝酸异山梨醇经皮渗透的影响，在药物的丙二醇混悬液中加 1% 卵磷脂，使布那唑嗪 24 小时透过皮肤的量从 0.13mg 增加到 7.3mg。同样茶碱的透皮量从 0.97mg 增加到 11.88mg，硝酸异山梨醇从 4.0mg 增加到 18.31mg。

注解：卵磷脂中包含许多非确定物质；在注射和局部用制剂中使用非纯化的卵磷脂时，要特别注意，因为其可能与其中的活性成分或辅料发生相互作用。非纯化的卵磷脂在制剂中往往具有更大的潜在刺激性。

（6）醇类和多元醇类　醇类渗透促进剂主要有短链醇（2 ~ 5 碳）和长链醇（10 ~ 26 碳），前者常用的有乙醇、异丙醇和异丁醇，后者常用的有正十二醇、正辛醇。其促渗效果与碳链长度有关，增加碳原子数，促渗作用增强，直至一最大值，其后再增加碳原子数，促渗作用反而减弱。低分子量的醇类为降低用量，减小皮肤刺激性，常与其他促渗剂合用。疏水性长链脂肪醇的促渗效果较短链醇强得多，用量也小得多。

多元醇类化合物促渗作用较弱，主要是作为溶剂，增加并用的其他促渗剂在皮肤角质层的分配，或减少其刺激性。

（7）酰胺类　这类促进剂包括二甲基甲酰胺（DMF）、二甲基乙酰胺（DMA）、环乙基月桂酰胺、二乙基甲基甲酰胺等。本类促进剂能与水和有机溶剂混溶，具有较强的渗透性和运载能力，对一些药物具有良好的助溶作用，对水溶性和脂溶性药物均具有促渗作用，常与其他透皮促进剂联合使用。

（8）环糊精类　环糊精（CD）及其衍生物2-羟丙基-β环糊精（HP-β-CD）单独作用效果较弱，常与脂肪酸和丙二醇合用。环糊精将各种不同的活性分子包合形成包合物，从而改变药物的透皮吸收性能。HP-β-CD与2，6-二甲基-β-环糊精（D-β-CD）对细胞色素P450抑制剂liarozole的促进作用为：20% HP-β-CD的水溶液增加其透皮吸收约3倍，而D-β-CD减少其吸收。用20% D-β-CD预处理皮肤4小时，药物透皮吸收增加9.4倍，这D-β-CD改善了角质层结构，而HP-β-CD可增加药物在皮肤中的分配。

（9）天然透皮吸收促进剂　具有起效快、效果好、副作用小等优点，正日益引起人们的重视。

①萜类：萜类是目前研究较多的一类中药促渗剂，常与丙二醇合用，产生协同作用，也有与NPM和IPM合用的报道。主要有单萜、倍半萜、精油等。这些物质具有较强的穿透能力，能刺激皮下毛细血管的血液循环。研究表明，萜类化合物也具有改变角质层类脂双分子层结构、增加其流动性以及增加药物在其中的分配等作用。

a. 单萜：考察一些挥发油如桉油精（euealyptus）、土荆芥子油（chenopodium）、衣兰油（ylangylang）、桉树脑（cineole）、d-柠檬烯（d-limonene）对亲水性药物5-FU的透皮促进作用，结果桉油精增渗34倍，1,8-桉树脑作用最强，增渗约95倍。

另外，薄荷醇对水杨酸、抗生素、5-氟尿嘧啶、曲安缩松、双氯灭痛等都有作用。薄荷脑对扑热息痛、甲硝唑有显著促进作用，其效果与azone相近，但时滞较azone明显缩短，冰片对双氯灭痛也有促进作用。小豆蔻种子的丙酮提取物，经硅胶柱分离后的部分萜类物质对氢化可的松具显著促进作用。

b. 倍半萜：皮肤先用倍半萜预处理，能显著提高5-FU的渗透，其中作用最强的是橙花叔醇（nerolidol），提高流量20倍。倍半萜类毒性低，皮肤刺激性低，作用时间较长，可持续4~5日，有望得到临床接受。

②生物碱：从中药黄连中提取的3种生物碱（小檗碱、黄连碱、巴马亭）以及黄连的甲醇提取物能有效地促进5-氟尿嘧啶的透皮吸收，而且5-氟尿嘧啶的皮肤渗透的扩散系数是恒定的，而这3种碱并不能穿透皮肤，只是吸收进皮肤里，结果表明，这种生物碱增加极性药物在皮肤中的浓度，同表面活性剂一样增加皮肤渗透性。

③内酯：川芎的一些精油如藁本内酯、新蛇床内酯、丁叉基内酯等，以及川芎的乙醚、甲醇提取物能显著增加苯甲酸的透皮吸收。结果表明：川芎影响药物的皮肤渗透是由于增加了药物的分配系数。

（10）其他透皮促进剂　已研究报道的透皮促进剂还有氨基酸、磷脂类，一些酶如磷脂酶

NOTE

C（Ⅰ）、三酰甘油水解酶（Ⅱ）、酸性磷酸酯酶（Ⅲ）和磷脂酶A2（Ⅳ）等。

5. 二元或多元透皮促进剂　以上透皮促进剂有时单独应用促透作用不强，经实验论证，可利用二元或多元促渗剂，在较小的浓度下，即能发挥协同促渗作用。丙二醇（PG）是最常用的溶剂，可以增加很多促渗剂（如氮酮、油酸、萜类）的溶解度，在适当浓度下，也有促渗作用，常用于与其他透皮促进剂联合应用，增强渗透作用。如丙二醇和乙醇能大大提高月桂氮䓬酮的促透作用，在含1%月桂氮䓬酮的甲硝唑乙醇溶液中加入18%丙二醇，月桂氮䓬酮的促透作用大为增强。萜类是目前研究较多的一类中药促渗剂，常与丙二醇合用，产生协同作用，也有与NPM和IPM合用的报道。多元透皮促进剂如氮酮+油酸+丙二醇。

第三节　黏膜给药系统用辅料

黏膜给药系统（mucosal drug delivery system）是指使用合适的载体将药物与生物黏膜表面紧密接触，从而达到局部治疗作用或通过黏膜上皮细胞进入循环系统发挥全身治疗作用的给药系统。由于部分黏膜未角质化及黏膜下毛细血管丰富，黏膜给药的生物利用度高，起效快，可延长药物作用时间，也可达到一定靶向作用，尤其适用于胃肠道中不稳定或肝脏首过效应明显的药物，如多肽类、大分子类药物可通过黏膜吸收，拓宽了药物的给药途径。

一、黏膜给药系统的分类

根据给药部位的不同，黏膜给药系统可分为口腔黏膜给药、鼻腔黏膜给药、眼部给药、肺部给药、直肠黏膜给药和阴道黏膜给药等。口腔黏膜给药主要在颊部和舌下，已开发了舌下含片、颊部贴片或贴膜、舌下及颊部喷雾剂。鼻腔黏膜表面积大，毛细血管十分丰富，利于药物吸收入血，已开发了滴鼻剂、喷雾剂、粉末剂、凝胶剂等。眼部给药是眼科用药的重要途径，可提高眼病的治疗效果，同时减少全身作用。肺部给药由于其表面积大、血流丰富、空气－血流途径交换距离短、代谢酶活性低等特点，是多肽、蛋白类药物发挥全身作用的常用给药途径，其吸收速度仅次于静脉注射，且使用方便。直肠黏膜给药可直接吸收入血，作用迅速，药效作用时间长，生物利用度高，用到的常见剂型有凝胶栓、渗透泵栓、微囊双层栓、中空栓等。

二、黏膜黏附材料

黏膜黏附材料是指能与机体组织黏膜表面产生较长时间的紧密接触，使药物通过接触处黏膜上皮进入循环系统发挥局部和全身作用的材料。黏膜给药系统在用药部位的保留时间是影响药物吸收的关键因素，因此，选择合适的生物黏附材料，可以显著提高黏膜给药系统在用药部位的滞留时间，达到增加药物吸收的效果。

（一）黏附材料的黏附机理

口腔、鼻腔、眼、消化道、阴道及直肠等部位均覆有黏膜层，黏膜可分泌黏液，其主要成分为黏糖蛋白、糖蛋白、类脂、无机盐、水等。生物黏附的实现需要生物黏附材料与黏液及黏膜上皮细胞间建立紧密的分子接触。一般认为，黏附的形成由两个步骤构成：首先是黏附材料与黏膜表面黏液密切接触，聚合物润湿后膨胀，然后通过界面两相分子链相互扩散或穿插，在界面之间形成次级化学键，主要为范德华力、疏水键、氢键等，使两者紧密联合在一起的状态，即称为黏膜黏附（mucoadhesion），也称生物黏附（bioadhesion）。解释黏附机制的理论主要有下面5种：润湿理论（wetting theory）、扩散理论（diffusion theory）、电性作用理论（electornic theory）、断离理论（fracture theory）、吸附理论（adsorption theory）。一般把湿润、扩散和电性理论结合起来可以较好地阐明黏附的形成过程。

在黏附形成过程中，黏液起到连接黏附材料与黏膜的作用，主要组分为糖蛋白。凡是能使糖蛋白的结构、电荷等发生改变的因素，都会对黏附性产生影响。另外，黏附的强弱还与黏附材料的理化性质，包括分子量和分子构象，交联度、电荷、用量以及pH值等密切相关。

（二）黏附材料的分类

生物黏附材料根据来源可分为天然、半合成和合成材料。见表9-5。

表9-5　生物黏附材料分类表

类型	特点	品种举例
天然	生物性好、毒性低，部分具有生物降解性	西黄蓍胶、海藻酸钠、明胶、果胶、黄原胶、阿拉伯胶
半合成	来源广，成本低，具有生物惰性	羧甲纤维素钠、羟乙纤维素、羟丙甲纤维素和羟丙纤维素
合成	成本低、质量标准统一，可和其他材料混合使用	卡波姆、聚乙烯吡咯烷酮、聚乙二醇、聚乙烯醇

（三）常用的黏附材料品种

羧甲纤维素钠
carboxymethylcellulose sodium

【别名】 carmellose sodium，carmellosum natricum，cellulose gum，CMC sodium。

【分子式与分子量】 分子式为（$C_8H_{11}NaO_7$）$_n$，$n=100\sim2000$，分子量90000~700000。

【结构式】

【来源与制法】 本品为纤维素在碱性条件下与一氯醋酸钠作用生成的羧甲纤维素钠盐。

【性状】 本品为白色至微黄色纤维状或颗粒状粉末；无臭；有引湿性。在水中溶胀成胶状溶液，在乙醇、乙醚或三氯甲烷中不溶。1%水溶液pH6.5~8.5，当pH>10或<5时，本品胶液黏度显著下降；在pH7左右时保护胶体性最佳。本品分为低黏度、中黏度、高黏度和特高黏度四个级别，对热较稳定，但在20℃以下，黏度迅速上升，45℃左右则变化缓慢，80℃以上较长时间加热可使胶体变性而使黏度显著下降。

【作用与用途】 本品由于其水溶液的黏稠特性，在局部、口服或注射用制剂中用作助悬剂；可以用作片剂的黏合剂和崩解剂，并用于稳定乳剂；本品高浓度（3%~6%）的中等黏度级别可以制成凝胶，作为半固体制剂的基质或糊剂；可作为自黏合造瘘术、伤口护理材料和皮肤用贴剂的主要成分，可吸收伤口的分泌物或皮肤表面的汗水。

【使用注意】本品与强酸溶液、可溶性铁盐以及铝、汞和锌等有配伍禁忌；pH＜2，与95%乙醇混合时，会产生沉淀。

【质量标准来源】《中国药典》2015年版，CAS号：9004－32－4。

【应用实例】 **替硝唑口腔药膜**

处方：替硝唑1g，海藻酸钠5g，羧甲基纤维素钠1.5g，糖精钠0.2g，乙醇5mL，蒸馏水加至50mL。

制法：取处方量海藻酸钠加乙醇浸润，另取羧甲基纤维素钠加入蒸馏水使其胶溶。将替硝唑溶于适量蒸馏水中后与羧甲基纤维素钠液混合，将水相与醇相合并，研磨成胶状后脱膜，紫外线杀菌后，将膜制成1m×2m，共1000片（每片含替硝唑0.001g），分装，即得。

注解：羧甲基纤维素钠具有生物黏附性，可使药物黏附于口腔溃疡面，延长作用时间。

卡波姆934P

详见本章第一节。

【应用实例】 **醋酸地塞米松眼用凝胶剂**

处方：醋酸地塞米松0.5g，卡波姆934P、甘油、三氯叔丁醇、三乙醇胺水溶液、聚山梨酯80、纯水适量。

制法：取卡波姆934P用甘油混合研磨润湿，逐渐加入适量水使其充分溶胀，加入醋酸地塞米松，研磨混匀，再加入足量三乙醇胺溶液，搅匀，加入聚山梨酯80，加纯水至1000g，混匀，即得。

注解：卡波姆934P具有较强的生物黏附性，可黏附于眼黏膜，实现缓释和长效。

其他黏膜黏附材料见表9－6。

表9－6　其他黏膜黏附材料

品种	选用要点	备注
羟丙纤维素	常用于透皮贴剂或眼科制剂，与卡波姆配伍使用，优选两者比例可制成黏附性能良好的生物黏附片，增加羟丙基纤维素浓度，可加快药物释放	参见本章第一节
羟丙甲纤维素	遇水迅速溶胀，借扩散与碳链松弛两种机理相结合控制药物释出；动物实验表明，对牛黏膜有显著生物黏附特性	参见第三章第五节
卡波姆	生物黏附性很强，利用卡波姆制备黏膜黏附片剂以达到缓释效果，聚合物大分子链可与黏膜糖蛋白大分子相互缠绕而维持长时间黏附作用，在与一些水溶性纤维素衍生物配伍使用时有更好的效果。研究表明，众多黏附材料中以卡波姆934的生物黏附性最强	参见本章第一节
壳聚糖	作为药物传递制剂中的一种组分，其黏膜黏附制剂的适应性和性能较好	参见本章第一节
海藻酸钠	由本品制成的口腔黏膜黏附型片剂具有良好黏附性能，其他含有本品的新型传递系统包括在眼部形成原位凝胶的眼用溶液	参见第四章第三节

三、黏膜吸收促进剂

黏膜给药系统常用的吸收促进剂主要有金属离子螯合剂、胆酸盐、表面活性剂、脂肪酸等。此外，一些溶剂如乙醇、丙二醇及PEG200等能提高药物或促进剂的溶解度，增加药物在表皮一侧的热力学活度，也具有吸收促进作用。除金属离子螯合剂外，上述各种辅料在其他各

NOTE

章节中均已作介绍。金属离子螯合剂主要通过与金属离子相互作用，减低蛋白酶的活性或具有蛋白酶抑制剂作用，从而提高多肽类、蛋白类药物的黏膜吸收。

依地酸二钠

disodium edetate

【别名】乙二胺四乙酸二钠。EDTA calcium，E385，calcium disodium edentate，calaium disodium ethylenediaminetetraacetate，edathamil calcium disodium。

【分子式与分子量】分子式为 $C_{10}H_{12}CaN_2Na_2O_8 \cdot 6H_2O$；分子量为482.38。

【结构式】

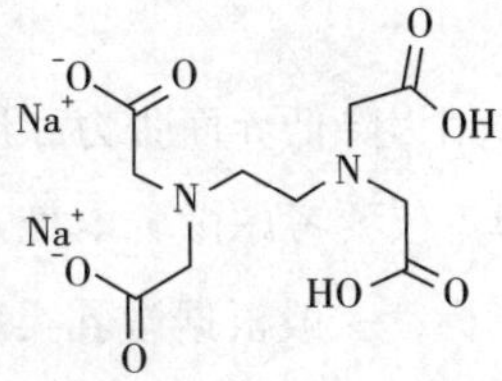

【来源与制法】将氢氧化钠加入依地酸溶液反应制得。

【性状】本品为白色或类白色结晶性粉末；无臭。本品在水中溶解，在甲醇、乙醇或三氯甲烷中几乎不溶。

【作用与用途】本品为螯合剂，能与金属离子络合，在药剂中用作水的软化剂、抗氧增效剂和稳定剂。主要用于注射剂等液体制剂，并常和其他抗氧剂合并使用，以增强抗氧效果。

【使用注意】本品和EDTA一样，具有酸性，能使碳酸盐放出二氧化碳。与多价金属离子生成螯合物。本品胃肠道吸收差，大量吸收时将引起钙的减少而出现低血钙症状。

【质量标准来源】《中国药典》2015年版四部，CAS号：6831-92-6。

【应用实例】　安痛定滴鼻剂

处方：氨基比林、安替比林、巴比妥、EDTA-2Na、月桂醇硫酸钠。

制法：氨基比林5g，安替比林2g，巴比妥0.9g，EDTA-2Na 0.02g，月桂醇硫酸钠0.01g，蒸馏水加至100mL，常法制备而得。

水杨酸钠

sodium salicy late

【别名】柳酸钠、邻羟基苯甲酸钠；o-hydroxybenzoic acid sodium salt。

【分子式与分子量】分子式为 $C_7H_5NaO_3$；分子量为160.10。

【结构式】

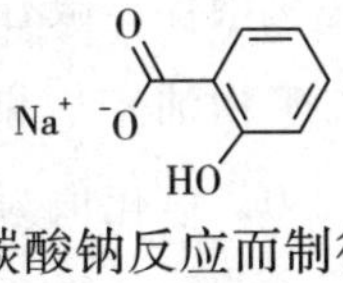

【来源与制法】本品是将水杨酸与碳酸钠反应而制得，亦可用酚钠与二氧化碳来制取。

【性状】本品为白色鳞片或粉末；无臭；久置光线下变为粉红色。在水或甘油中易溶，在乙醇中溶解，在三氯甲烷、乙醚或苯中几乎不溶。

【作用与用途】本品在药剂中常用作注射剂的助溶剂及防腐剂。本品是咖啡因、可可豆

NOTE

碱、核黄素、安络血、四环素等难溶物的良好助溶剂。

【使用注意】本品与酸类、酸性盐类相遇即析出水杨酸沉淀；遇铁盐呈红色，许多氧化剂及还原剂以及一些金属离子，均使本品显色；与生物碱产生沉淀反应。

第四节 微粒给药系统用辅料

一、微乳给药系统用辅料

（一）乳化剂

乳化剂为微乳的必需组分，其作用为降低界面张力和形成吸附膜。乳化剂品种较多，但并非所有乳化剂都能用于微乳，其选择不仅要考虑微乳本身，还要兼顾使用目的、经济性和安全性等。HLB 值是选择乳化剂的评价指标，一般根据微乳类型选择适宜 HLB 值的乳化剂，如 O/W 型微乳，系统的 HLB 值要求在 3～6，而 W/O 型微乳，系统的 HLB 值要求在 8～18。常用的乳化剂品种为非离子型乳化剂，如吐温类、司盘类、泊洛沙姆，也可用两性离子乳化剂卵磷脂。

聚山梨酯 80
polysorbate 80

【别名】吐温 80，tween80；聚氧乙烯失水山梨醇单油酸酯，polysorbates 80，polysorbatum 80。

【分子式与分子量】分子式为 $C_{64}H_{124}O_{26}$；分子量为 1309.7。

【结构式】

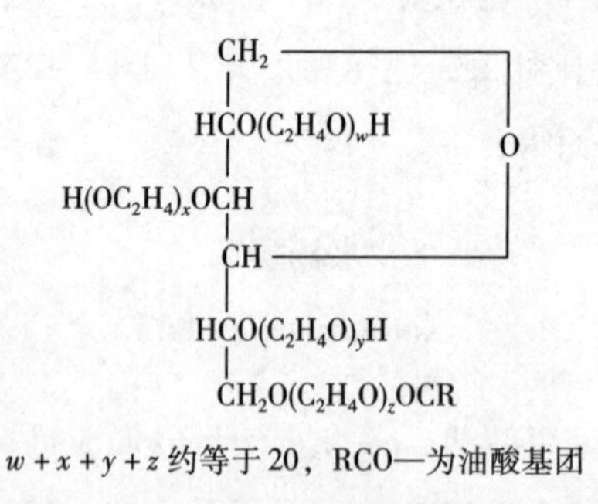

$w+x+y+z$ 约等于 20，RCO—为油酸基团

【来源与制法】本品系油酸山梨坦和环氧乙烷聚合而成的聚氧乙烯 20 油酸山梨坦。

【性状】本品为淡黄色至橙黄色的黏稠液体；微有特殊嗅味，味微苦略涩，有温热感。在水、乙醇、甲醇或乙酸乙酯中易溶，在矿物油中极微溶解。相对密度 1.06～1.09。黏度在 25℃时为 350～550mm^2/s，酸值不得过 2.0，皂化值为 45～55，羟值为 65～80，碘值为 18～24，过氧化值不得过 10。

【作用与用途】增溶剂和乳化剂等。本品具有乳化、扩散、增溶、稳定等作用，广泛用作乳化剂、分散剂、稳定剂、增溶剂等，用于制备多种液体制剂、半固体制剂及无菌、灭菌制剂。

NOTE

【使用注意】本品同苯酚、鞣酸、焦油及焦油类物质会发生变色和/或沉淀反应，羟苯酯类防腐剂与其合用，抗菌活性会减低。静脉毒性中等，胃肠道摄取毒性中等，对眼有刺激性。

【质量标准来源】《中国药典》2015 年版四部，CAS 号：9005 - 65 - 6。

脂肪酸山梨坦

本品是由山梨醇糖及其单酐和二酐与脂肪酸反应而成的酯类化合物的混合物，商品名为司盘（span）。根据脂肪酸的不同，分为司盘 20、40、60、65、80、85 等多个品种。本品为黏稠、白色至黄色油状液体或蜡状固体。不溶于水，易溶于乙醇，其 HLB 值为 1.8 ~ 8.6，为常用的油包水型乳化剂，可用于制备乳剂、乳膏剂、微乳。

泊洛沙姆

详见第四章第三节。

大豆磷脂

详见第四章第三节。

（二）助乳化剂

微乳形成要求有短暂的负表面张力，单用乳化剂难以达到。因此，微乳中通常需要加入助乳化剂，以形成稳定微乳。助乳化剂在微乳化过程中主要起到降低界面张力、增加界面膜的流动性、调节乳化剂 HLB 值等作用。常用的助乳化剂有中高碳脂肪醇、羊毛脂衍生物、胆甾醇、乙二醇和低 HLB 值的非离子型表面活性剂。选择助乳化剂所考虑的因素与乳化剂类似，通常直链的助乳化剂优于有支链的品种，长链优于短链，当助乳化剂链长达到乳化剂碳链的链长时效果最佳。

甘　油

详见第三章第二节。

二、微囊、微球、纳米粒载体材料

（一）载体材料的性能要求

微囊、微球、纳米粒所用载体材料基本相似，应具备如下性能要求：①理化性质稳定；②有适宜的释药速率；③无毒、无刺激性；④能与药物配伍，不影响药物的药理作用及含量测定；⑤有一定的强度及可塑性，能完全包封囊心物，或药物与附加剂能比较完全地进入骨架内；⑥具有符合要求的黏度、渗透性、亲水性、溶解性等特性。供注射用的载体材料还要求有生物相容性和生物可降解性。

（二）载体材料的分类

载体材料按来源可分为三类：

1. 天然高分子材料　常用的有明胶、海藻酸盐、蛋白质类等，该类材料无毒、成膜性好且性质稳定。

2. 半合成高分子材料　最常用的是纤维素衍生物，如羧甲基纤维素钠、乙基纤维素、甲基纤维素、羟丙甲纤维素等，其特点为毒性小、黏度大、成盐后溶解度增加。

3. 合成高分子材料　常用的有聚乙烯醇、聚维酮、聚碳酸酯等，其特点是成膜性能与化学稳定性好。

（三）载体材料的选用原则

1. 根据制备微囊的目的进行选择　囊材基本上决定了微囊的性质和作用，因此选用时首先要明确该制剂制成微囊的目的，是为了提高药物的稳定性，掩盖不良臭味，还是使液态药物固态化，便于成型；或是为控释、延效，还是防止配伍禁忌等。在此基础上，再筛选适宜囊材达到相应目的，即选用何种囊材应以满足医疗和制剂特殊要求为目的。

2. 根据药物性质、载体材料的理化性质和制剂要求进行选择　选用载体材料时，应从物理化学角度考虑其黏度、渗透性、吸湿性、溶解性、稳定性以及药物的性质，同时结合临床和制剂的要求。通常可挑选几种材料，先做成囊性实验，最后经处方、工艺筛选，确定适宜材料。

（四）载体材料的常用品种

乙交酯丙交酯共聚物

poly（lactide－co－glycolide）

【别名】 乳酸－乙醇酸共聚物、乳酸－羟基乙酸共聚物、聚丙交酯乙交酯、聚乳酸甘醇酸。

【分子式与分子量】 分子式为 $H(C_6H_8O_4)_n(C_4H_4O_4)_mOH$，重均分子量应为 7000～170000，分布系数 D（M_w/M_n）应不得过2.5。

【结构式】

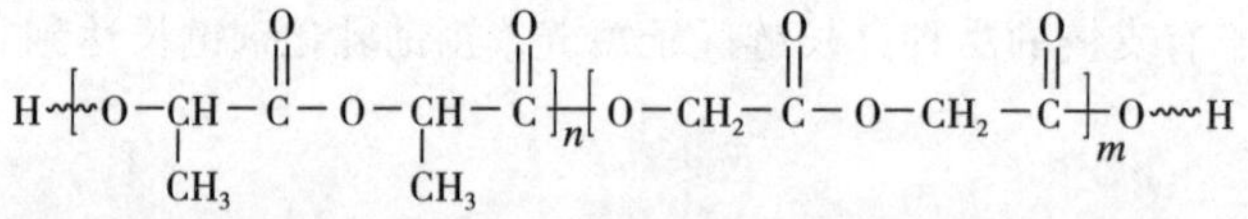

$$H\sim\left[O-\underset{CH_3}{CH}-\overset{O}{\overset{\|}{C}}-O-\underset{CH_3}{CH}-\overset{O}{\overset{\|}{C}}\right]_n\left[O-CH_2-\overset{O}{\overset{\|}{C}}-O-CH_2-\overset{O}{\overset{\|}{C}}\right]_m O\sim H$$

【来源与制法】 本品为丙交酯、乙交酯的环状二聚合物在亲核引发剂催化作用下的开环聚合物。丙交酯和乙交酯摩尔百分比为50∶50～85∶15，可分别得到5050、7525、8515三种药剂型号。

【性状】 本品为白色至淡黄色粉末或颗粒，几乎无臭，味微酸。本品在三氯甲烷、二氯甲烷、丙酮、二甲基甲酰胺中易溶，在乙酸乙酯中微溶，在水、乙醇、乙醚中不溶。本品2.0mg/mL混悬液的续滤液pH值为5.0～7.0。本品在水中可以缓慢降解为乳酸和甘醇酸，其降解速度与分子量的大小和聚合的比例有关，如聚乳酸甘醇酸比50∶50的商品在体内可以维持21～42天，聚乳酸甘醇酸比75∶25的商品在体内可以维持1个月左右，聚乳酸甘醇酸比85∶15的商品在体内可以维持3个月左右。

【作用与用途】 本品可作微囊、微球及纳米粒载体材料，可供注射用，为新型的优良缓控释材料。本品常用于制备植入缓控释制剂以及缓控释微囊、微球、纳米粒等，可用熔融法、直接压片法制备缓释制剂。

【使用注意】 密封，冷藏或者冷冻（－20～8℃），在开封前使产品接近室温以尽量减少由于水分冷凝引起的降解。

【质量标准来源】《中国药典》2015年版四部，CAS号：26780－50－7。

NOTE

聚乳酸

polylactic acid

【别名】乳酸低聚物、聚丙交酯；polyd，1 - lactide。

【分子式与分子量】分子式为（$C_6H_8O_5$）$_n$；分子量为10000～150000。

【结构式】

$$\left[-O-\underset{}{\overset{CH_3}{\overset{|}{C}H}}-\overset{O}{\overset{||}{C}}- \right]_n$$

【来源与制法】本品是由乳酸在高温减压条件下缩合聚合，所得的聚合物在氯乙烯中用甲醇沉淀精制而得。

【性状】本品为白色粉末或浅黄色透明固体，无臭或几乎无臭，味微酸；溶于二氯甲烷、三氯甲烷、二氯乙烯、丙酮、乙腈、四氢呋喃，不溶于水、乙醇、乙醚、乙酸乙酯及烷烃类溶剂。本品可以成盐，其盐的玻璃转变温度（T_g）为43～48℃，熔程为133～138℃，软化温度为32～69℃。以上参数随分子量的增大而增加。本品无毒，在体内可缓慢降解为乳酸，最后转化为水和二氧化碳，其分子立体规整性直接影响聚乳酸的机械性能、热性能和生物性能，其降解属水解反应，主要按照本体侵蚀机理进行，降解速率与其分子量、结晶度有关，分子量越高，结晶度越大，降解越慢。

【作用与用途】本品为优良的缓控释材料，主要用作微囊囊膜和微球骨架，具有较好的控制药物释放性能，但疏水性表面易被蛋白质吸附和体内网状系统捕捉，注意表面修饰改性。也可用熔融法、直接压片法制备缓释片剂。

【使用注意】本品宜置于阴凉干燥处密闭保存。

【质量标准来源】CAS号：26100 - 51 - 6。

聚乙烯

polyethy lene

本品低密度产品为乳白色无臭、无味、无毒的蜡状颗粒或粉末，相对密度为0.917～0.920；高密度产品为白色粉末或白色半透明颗粒，相对密度为0.941～0.965。本品耐水、酸、碱，易溶于环己烷、苯和二甲苯，不溶于脂肪烷、醇和酯等。可用作微囊和磁性微球的囊膜材料，也作为固体制剂的缓释材料，在缓控释制剂制备中常与乙基纤维素合用，延缓药物的溶出和扩散，并大量用于制备药物的包装。

【应用实例】 匹来霉素缓释微囊

处方：乙基纤维素、聚乙烯、环己烷、硫酸匹来霉素粉末、大豆磷脂三氯甲烷。

制法：乙基纤维素10g，聚乙烯10g和环己烷1000mL混合加热到78℃，然后加入硫酸匹来霉素粉末40g，搅拌混合，缓慢冷却。然后取10g与15g大豆磷脂三氯甲烷溶液混合，通风干燥即得。

注解：此微囊经兔注射给药表现持续缓慢释放。微囊由两层膜组成，第一层为可透过水的不溶性膜，第二层由磷脂、聚醇类和蛋白质组成。

NOTE

血清白蛋白
serum albumin

本品为一种从人血浆中获得的白蛋白水溶液。白蛋白为棕色无定型块状物、鳞片状物或粉末，其水溶液略带黏性，随浓度的变化，颜色从几乎无色到棕色。①pH值：本品1%生理盐水溶液的（20℃）pH值为6.7～7.3，4%～5%的水溶液与血清等张。②溶解性：易溶于稀盐溶液（如半饱和的硫酸铵）及水，一般当硫酸铵的饱和度在60%以上时，可析出沉淀。③稳定性：对酸较稳定，受热可聚合变化，但仍较其他血浆蛋白质耐热，白蛋白的浓度越大，热稳定性越小。白蛋白是一种蛋白，因此容易在极端pH值条件下，热、酶、高浓度盐溶液及有机溶剂等其他化学试剂存在下，发生化学降解和变性。

白蛋白在药剂中主要用作注射用药物处方的辅料，如作为处方中蛋白和酶的稳定剂，或者用于制备微囊和微球。还可用作注射剂药物的共溶剂、冷冻干燥过程中的防冻剂。

明　胶

常用于制备微囊，可生物降解，几乎无抗原性，制备微囊的用量为20～100g/L。详见第五章第八节。

【应用实例】　消炎痛缓释微囊

处方：消炎痛、明胶、液状石蜡、异丙醇、甲醛。

制法：取消炎痛4g于玻璃乳钵中，研磨后加入20%明胶溶液20mL，在60℃水浴上继续研磨成均匀的混悬液，然后加到60℃液状石蜡中。搅拌5分钟，转速可根据所需囊粒大小而定。取样，在显微镜下检查，成囊状况良好后，用冷水浴冷却至5℃，搅拌10分钟，加5℃异丙醇30mL，抽滤后将微囊置于10%甲醛溶液10mL中于冰箱放置24小时，分离微囊，用约60mL异丙醇分3次洗涤微囊至无甲醛时，抽干，在空气中自然干燥，即得。

注解：明胶为微囊囊材。

常用微囊、微球与纳米粒载体材料见表9－7。

表9－7　常用微囊、微球与纳米粒载体材料

类型	品种	选用要点
天然高分子材料	海藻酸钠	利用 $CaCl_2$ 与其反应生成不溶于水的海藻酸钙而固化成囊，用于水性微囊技术，也可用于纳米制剂
	壳聚糖	可用于制备微球、纳米球，具有优良生物降解性和成膜性，在体内可溶胀成水凝胶，并可被溶菌酶降解
半合成高分子材料	羧甲基纤维素钠	常与明胶配合用作混合载体，也可制备成铝盐单独作载体
	纤维醋法酯	可单独作囊材，用量一般为30g/L，也可与明胶配合使用
	乙基纤维素	化学稳定性高，适用于多种药物的微囊化，遇强酸易水解，不适宜用于强酸性药物

NOTE

续表

类型	品种	选用要点
合成高分子材料/可生物降解	聚乙醇酸（PGA）	为高结晶性聚合物，几乎不溶于所有有机溶剂，溶于三氯乙酸、苯酚/二氯苯酚混合溶液（10：7），降解速度快于PLA、PCL，体内降解不需要酶参与，14天后强度下降50%以上
	聚己内酯（PCL）	作为药物控制释放的载体材料，可制备微囊或载药微球，可与淀粉等其他高分子材料混合应用，也可与泊洛沙姆、PEG等亲水分子共聚形成嵌段共聚物，用于制备疏水性药物的纳米胶束
	聚乳酸-聚乙醇酸共聚物（PLGA）	乳酸与乙醇酸不同的聚合比例、分子量，可获得不同的体内降解速度，改进冲击强度、渗透性和亲水性，以适应不同性质药物不同释放速率的要求
	聚乳酸-聚乙二醇嵌段共聚物（PLA-PEG）	由疏水的PLA链和亲水的PEG链连接而成，在水中自组装成核壳结构的胶束，适宜于疏水性药物的纳米载体，药物与聚合物的相容性越好，载药量越高。胶束粒径与其分子量、嵌段比、制法等有关，分子中PLA段比例增大，则胶束粒径增大
合成高分子材料/不可降解	聚丙烯酸树脂	用于缓释、控释制剂中，作为骨架材料、微囊囊材，常用Eudragit RL和RS以不同比例为材料制备微球或微囊
	聚乙烯醇	利用其水溶液在昙点以上产生液液分离制备微囊，可与戊二醛溶液混合制成微球，具有优良的生物相容性和大量可修饰载体的羟基，常用作医用吸附剂载体和缓控释药物载体

三、脂质体载体材料

（一）载体材料的组成与分类

脂质体载体材料分为磷脂和胆固醇两类。

1. 磷脂　磷脂是构成脂质体的基础材料，可分为以下几类：

（1）中性磷脂　主要为磷脂酰胆碱及其衍生物。磷脂酰胆碱又称为卵磷脂，是构成大多数细胞膜的磷脂成分，也是制备脂质体的主要原料。天然卵磷脂主要来源于大豆和卵黄，与其他磷脂比较，价格相对较低，但易氧化，且均是同类磷脂的混合物，不是单一成分。与天然磷脂相比，合成的磷脂酰胆碱衍生物不易氧化，组成固定，更适宜研究生产，如二棕榈酰卵磷脂、二硬脂酰卵磷脂、二肉豆蔻酰卵磷脂、磷脂酰乙醇胺等。其他中性磷脂还有鞘磷脂，由于其组成的分子膜排列较紧密，物质不轻易渗透，膜流动性较低，比卵磷脂更稳定。

（2）负电荷磷脂　又称为酸性磷脂，常用的有磷脂酸、磷脂酰甘油、磷脂酰肌醇、磷脂酰丝氨酸、二硬脂酰甘油磷脂、二棕榈酰甘油磷脂及二豆蔻酰甘油磷脂等。该类磷脂组成的膜能与钙、镁等阳离子发生非常强烈的结合，降低了头部基团的静电荷，使双分子层排列紧密，升高相变为温度。

（3）正电荷脂质　均为人工合成品，常用于制备基因转染脂质体，常用的有硬脂酰胺、油酰基脂肪胺衍生物、胆固醇衍生物等。

2. 胆固醇　胆固醇是生物膜的重要成分，单独不能形成双分子层结构，需与磷脂合用。胆固醇对磷脂的相变有双向调节作用，可稳定磷脂双分子膜。在高于相变温度时，可使膜的通透性和流动性下降；低于相变温度时，可提高膜的通透性和流动性。

（二）选用原则及常见问题

1. 选用原则　选择和应用脂质体载体材料时，应从以下两方面考虑：

（1）根据载体材料的结构特性选择　磷脂分子有棒状、锥状、反锥状三种不同的形状和不同的亲水亲油平衡值，这是决定能否形成脂质体的先决条件，选用时宜根据其性状特性考虑是单独使用还是与其他种类磷脂混合应用。

①棒状磷脂：在水中可形成双分子层，故能单独形成脂质体，如α-磷脂、半合成卵磷脂、磷脂酰丝氨酸、磷脂酰肌醇、磷脂酸、鞘髓磷脂、双磷脂酰甘油等。

②锥状磷脂：不能分散在水中，不能单独形成脂质体，但能与棒状磷脂分子共同形成脂质体；在有机溶剂中形成亲水基聚集的双分子层反胶团，常见的有磷脂乙醇胺、双磷脂酰甘油钙、磷脂酸钙、磷脂酸、磷脂酰丝氨酸等。

③反锥状磷脂：分子为亲水性，在水中可形成胶团，但不能单独形成脂质体，可与前两种中任一种共同形成脂质体，如溶血卵磷脂等。

（2）根据载体材料特殊性能选择　如根据载体材料的相变及对 pH 值的敏感性来选择。

①相变：磷脂的相变对脂质体的稳定性有影响，但也可利用相变特性来控制所包药物的释放。相变温度时，脂质体中的磷脂可由胶晶态转变成液晶态，使双分子脂质膜的通透性大大增加，此时被包封药物的释放速率较低于相变温度时快。若按一定比例混合不同长度脂肪酸烃链的磷脂，可获得理想的相变温度，当脂质体进入靶区后，使局部温度达到相变温度，即可达到迅速释放药物、提高疗效的目的，此即所谓热敏脂质体。如抗肿瘤药 ^{3}H-甲氨蝶呤脂质体在加热肿瘤组织中的放射活性是对照组平均值的 4 倍。

②pH 值敏感性：某些类别的脂质体对 pH 值十分敏感，可利用这一特性来控制药物释放。人或动物肿瘤间质液的 pH 值明显低于正常组织，若载药脂质体仅能在低 pH 值时释放药物，则有显著的靶向性。

2. 常见问题及解决途径

（1）相变　高于相变温度时，脂质体膜结构处于液晶态，膜的通透性增加，易使内容物渗透，不利于脂质体的稳定。使用不同相变温度的混合磷脂与胆固醇可增强脂质体膜稳定性，其中胆固醇起重要作用。一方面，其亲油性较亲水性强，与磷脂混合能形成分子相互间隔、定向排列的双分子脂质膜；另一方面，其对磷脂的相变有双向调节作用。因此，在脂质体载体材料中提高胆固醇的比例，可增强脂质体的稳定性，降低渗漏率。

（2）载体材料的氧化与水解　目前，应用最多的脂质体载体材料是天然磷脂，其分子中富含不饱和脂肪酸，极易发生过氧化反应，使双分子膜通透性增加，药物易于渗漏，脂质体稳定性下降，且氧化产物有强烈溶血活性。在脂质体处方设计和制备工艺中，应采取防止氧化的有力措施，如通惰性气体 N_2 于 -20℃保存，或加入抗氧剂维生素 E、络合剂乙二胺四乙酸（EDTA）等。为保证制剂安全有效，应严格控制原材料的纯度，以确保其纯度符合药用要求。

卵磷脂

详见本章第二节。

胆固醇
cholesterol

【名称】胆甾-5烯-3-醇，cholest-5-en-3β-ol。

【分子式与分子量】分子式为 $C_{27}H_{46}O$；分子量为 386.67。

NOTE

【结构式】

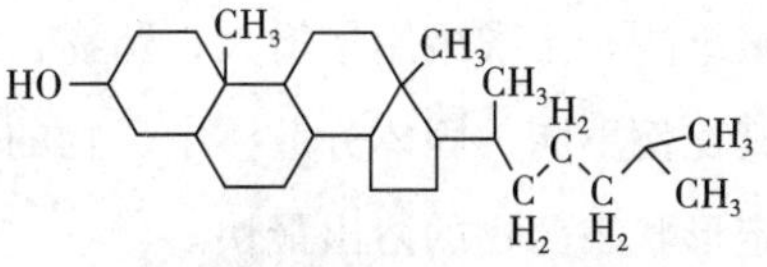

HO　CH_3　CH_3　CH_3　H_2　CH_3　CH_3　C　C　H_2　H_2

亲水基部分　　亲油基部分

【来源与制法】是广泛分布于动物组织中的一种固醇，如蛋黄、脑、乳、鱼油和羊毛脂中均含有。

【性状】白色或淡黄色针状结晶或珍珠状小片，几乎无臭。长期光照或置空气中，可由黄色变为棕褐色。几乎不溶于水，可溶于丙醇、乙醚、热乙醇、氯仿、乙酸乙酯、环己烷和植物油。

【作用与用途】用作O/W型乳剂的乳化剂；由于可增加药用油脂的乳化和渗透，也是一种亲水性和吸水性软膏基质；另外可用做脂质体载体材料，具有稳定磷脂双分子膜的作用。

【使用注意】胆固醇稳定，应储藏在密闭容器内避光。胆固醇与洋地黄皂苷能发生沉淀反应。

【应用实例】　胰岛素脂质体

处方：胰岛素、卵磷脂、胆固醇。

制法：取卵磷脂及胆固醇（摩尔比1∶1）溶于三氯甲烷与异丙醇的混合液中，将含有胰岛素的缓冲液加入上述混合液中，超声处理，减压除去有机溶剂，得稠厚胶状物，加适量缓冲液，继续减压蒸发15分钟，除去微量有机溶剂，放置30分钟后，所得混悬液通过葡聚糖凝胶柱，分离除去未包入的胰岛素。

注解：卵磷脂作为脂质体双分子膜的膜材，胆固醇可改变磷脂膜的相变温度，影响膜的通透性和流动性，稳定磷脂双分子膜。

第五节　固体分散体技术用辅料

固体分散体（solid despersion，SD）是指将药物以分子、胶态、微晶或无定型状态，高度分散于固体辅料（载体）中形成的一种以固体形式存在的分散系统，按照释药性能又可分为速释固体分散体，缓释、控释固体分散体和肠溶性固体分散体。其中速释型固体分散体研究较多，用于加速和增加难溶性药物的溶出，提高其生物利用度，其原理主要是通过增加药物的分散度、形成高能态物质、利用载体抑制药物结晶生成和降低药物粒子的表面能。例如穿心莲内酯、盐酸黄连素、葛根大豆苷元与聚维酮制成固体分散体后，其生物利用度是普通胶囊剂的5倍以上。又如采用固体分散技术制成的苏冰滴丸具有剂量小、释药快和起效快等特点，有利于迅速缓解胸闷、心绞痛和心肌梗死等病症。

一、固体分散体载体

固体分散体载体材料根据溶解性不同，可分为水溶性、水不溶性、肠溶型三大类，其中速释型固体分散体载体均为水溶性材料，常用的有如下几类：

NOTE

（一）高分子化合物

常用的主要有聚乙二醇、聚维酮。聚维酮用量增大，药物在水中的溶出速率和溶出程度有所提高，但通常有极限值，且其比例不同，固体分散体中药物的存在形式也不同，有无定型状态、晶带及半晶带等，其中无定形状态药物的溶出最快。

（二）表面活性剂

多为含聚氧乙烯基的表面活性剂，如泊洛沙姆188，为乙烯氧化物和丙烯氧化物的嵌段聚合物，易溶于水，能与许多药物形成固形物，其药物溶出增加的效果明显优于聚乙二醇。

（三）糖类与醇类

常用的糖类载体材料有右旋糖酐、壳聚糖、半乳糖和蔗糖。虽然糖类的水溶性很好且几乎无毒性，但是由于其熔点高，在多数有机溶剂中的溶解性差，故不适于单独作为熔融法或溶剂法的载体，而多与其他载体材料合用，如与聚乙二醇合用后糖类载体材料迅速溶解，可克服聚乙二醇溶解时形成富含药物的表面层，阻碍基质进一步被溶解的缺点。

醇类载体材料包括甘露醇、山梨醇和木糖醇等，适用于剂量小、熔点高的药物，与聚乙二醇配伍做复合载体，分散效果更佳。

（四）有机酸类

常用枸橼酸、琥珀酸、胆酸、去氧胆酸等，多形成共熔物以增强溶出效果，如3%核黄素、97%枸橼酸的低共熔混合物的溶解速率为核黄素的22倍。与聚维酮合用，增溶效果更好，如聚维酮－枸橼酸载体可大大提高尼莫地平的溶解度，但本类材料不适用于遇酸敏感的药物。

（五）水溶性纤维素衍生物

常用的有MC、HPC、HPMC等，其中研究较多的是HPMC和MC。

（六）尿素

尿素极易溶于水，稳定性高，由于具有利尿和抑菌作用，故主要应用于利尿剂或用作增加排尿量的难溶性药物固体分散体的载体。

二、固体分散体载体的选用原则

1. 根据相似相溶原则，选择适宜于药物的合适载体。载体选用是影响固体分散体稳定性、溶出速率的关键因素，例如泼尼松龙和β环糊精采用喷雾法制备分散体，其释药速率、稳定性均优于PVP制备的固体分散体；硝西泮采用枸橼酸为载体制备固体分散体，溶出速率显著优于与PVP、PEG4000等制备的固体分散体。

2. 选用混合载体可形成多元体系固体分散体，具有稳定、增溶和调整释药速率等作用。例如吲哚美辛采用羟丙甲纤维素酞酸酯55（HP－55）和PEG4000为混合载体，可形成网状结构，当增加PEG用量时，可加快药物释放，而增加HP－55用量，可减慢药物释放速率。

3. 根据溶出速率要求，选择合适的载体用量。固体分散体的溶出速率一般随着载体材料用量的增加而增加。因此，可根据药物性质和溶出速率要求，选择适宜的载体用量。

NOTE

【结构式】

$$
\begin{array}{l}
\quad\ \ \mathrm{H} \qquad\quad\ \mathrm{O} \\
\quad\ \ | \qquad\qquad \| \\
\mathrm{H-C-O-C-C_{17}H_{33}} \\
\quad\ \ | \\
\mathrm{H-C-OH} \\
\quad\ \ | \\
\mathrm{H-C-OH} \\
\quad\ \ | \\
\quad\ \ \mathrm{H}
\end{array}
$$

【来源与制法】本品由脂肪酸，主要是油酸和甘油酯化而得。

【性状】为棕黄状液体，在室温时部分固化，有异臭味。可溶于氯仿、乙醇（95%）、乙醚、矿油、植物油；几乎不溶于水，自乳化级别可分散在水中。

【作用与用途】本品的非乳化级别主要作为局部用药油包水乳剂的柔和剂和乳化剂，也是水包油乳剂的稳定剂；可作为固体载体材料，在过量水中形成一种紧密有序的立方体构象，可使不同水溶性药物达到缓慢释放。

【使用注意】本品与强氧化剂有配伍禁忌，自乳化级别与阳离子表面活性剂有配伍禁忌，通常认为其相对无毒、无刺激性。

乙基纤维素

制备固体分散体多采用乙醇为溶剂，将药物与EC溶解或分散于乙醇中，再将乙醇蒸发除去，干燥即得。EC的黏度、用量对固体分散体的释药速率有较大影响，加入HPC、HPMC、PEG、PVP等水溶性材料或表面活性剂，可调节其释药速率。具体参见本章第一节。

（三）肠溶性载体材料

主要包括纤维素类如醋酸纤维素酞酸酯、聚丙烯树脂类（如Ⅱ、Ⅲ号）等。相关品种在前面章节已有介绍。

第十章 新药用辅料的研究与开发

第一节 概 述

一、新药用辅料的定义和类型

（一）新药用辅料的定义

新辅料是指在我国已上市药品制剂中首次使用的赋型剂和附加剂，已有辅料首次改变给药途径、提高应用剂量时，均应按新辅料管理。药用辅料作为药品的基础构成部分，对制剂成型和药物起效有重要作用。在制剂学领域，新型给药系统和新剂型的基础和应用研究往往伴随着新辅料的出现而取得突破，开发新的药用辅料、挖掘现有辅料的新制剂学用途已经成为辅料学研究的重要内容。

（二）新药用辅料的注册分类

目前，按照新药用辅料注册管理办法，新辅料主要包括以下5种类型：①境内外上市制剂中未使用过的药用辅料；②境外上市制剂中已使用而在境内上市制剂中未使用过的药用辅料；③境内上市制剂中已使用，未获得批准证明文件或核准编号的药用辅料；④已获得批准证明文件或核准编号的药用辅料改变给药途径或提高使用限量；⑤国家食品药品监督管理局规定的其他药用辅料。

同时，结合辅料来源和特殊给药途径，国家药品监督管理局将部分药用辅料列为高风险品种，主要包括动物源或人源的药用辅料；用于吸入制剂、注射剂、眼用制剂的药用辅料；国家食品药品监督管理总局根据监测数据特别要求监管的药用辅料；境内外上市制剂中未使用过的药用辅料等，上述辅料均按照高风险药用辅料进行管理。

二、新药用辅料的研究现状与发展趋势

（一）新药用辅料对现代药剂学发展的影响

近年来，现代药剂学发展迅猛，对药用辅料也提出了更高要求。化药制剂在经历了第一代普通制剂、第二代缓释制剂、第三代靶向制剂之后，已经进入第四代基因治疗等大分子靶向制剂阶段，第五代智能给药系统及干细胞靶向制剂也已初露端倪。药用辅料在这些新剂型和新的药物传递系统的研究与应用中发挥了重要作用，可以说“没有辅料就没有剂型”，新剂型和新给药系统的出现往往都伴随着新药用辅料的出现，新药用辅料的研发已成为现代药剂学研究的重要组成部分。

NOTE

（二）新药用辅料研究的必要性

生物药剂学研究结果表明，新药用辅料在制剂质量的提高、药物制剂学特性的改善、新剂型和给药系统的开发等领域具有非常关键的作用。随着临床对药物制剂智能、精密、靶向性的要求不断提升，新剂型和新型药物传递系统等制剂领域研究成为关注的焦点，而药用辅料作为制剂中药物实现临床价值的重要元素，使得新的功能性辅料已成为新制剂开发的核心技术之一，直接关系到制剂的研发创新，对我国生物医药产业整体水平的提升具有重要的意义。新药用辅料的开发和应用促进和推动了新剂型的发展，二者相辅相成。

（三）影响新药用辅料研究的因素

辅料的发展水平决定着制剂工业的发展进程。整体来看，我国药用辅料研究进展缓慢，技术水平较低，研究水平处于较为落后状态。系统分析新辅料研发现状，影响新药用辅料研究的因素主要存在以下几个方面：首先，制药工业长期以来存在“重原料发展，轻制剂研究”的现象，而制剂研究中对辅料的重视程度就更低，对辅料的功能认识严重不足，导致开展新辅料研究积极性严重缺失；制药工业和化学工业技术水平在一定程度上也制约了新药用辅料研究；辅料研究投入产出比较低，其价值往往通过制剂体现，使得传统的研发模式影响了企业在新辅料研发领域的积极性；药物辅料安全性、相容性评价的高投入、高风险也在一定程度上制约了辅料的研究和应用；另外，专业从事辅料研究的高水平研究队伍缺乏也是影响新药用辅料研究水平的重要因素。

（四）新药用辅料的研发途径

根据药用辅料来源，结合目前新药用辅料研究开发现状，国内外新药用辅料的研发途径主要有以下三种：

1. 全新药用辅料的开发　即新型化学物质的研究开发，此种途径与新药研究类似，存在研发周期长、投入高、风险大和回报率低的现状，独立的辅料研发机构往往持谨慎态度，通常是辅料开发商同制药公司共同开发辅料，并将辅料申报作为新药申报的一部分，国内目前也已经启动了辅料与制剂联评机制，在一定程度上促进了新辅料的研究开发。

2. 已有辅料开发新规格　该种途径指在已有辅料的基础上，通过结构修饰，改变高分子化合物分子量分布，从而使原有辅料的一些性能改变。如通过改变辅料形态学参数，开发的喷雾干燥乳糖、预胶化淀粉、直接压片用磷酸氢钙等新辅料，其颗粒形状、粒径、粒径分布、比表面积、表面自由能、可压性等与原辅料相比明显改善，新辅料流动性、可压性好，可用于直接压片，简化了生产工艺，消除了生产过程中湿热等因素对药物稳定性的影响。此种途径的辅料研发由于其已知信息全面，因此具有成本低、周期短的特点，具备一定的先天优势。但此途径只能在一定的范围内改动，使得辅料的功能改善空间有限。对于现有辅料生产工艺升级、质量标准的提升和规格系列化也是药用辅料开发的重要内容。

3. 联合应用多种辅料开发新辅料　即开发预混辅料，预混辅料是指将多种单一辅料按一定配方比例，以一定的生产工艺预先混合均匀，作为一个辅料品种在制剂中使用，从而发挥其独特作用。此种方法通过多种物料间分子水平上的相互作用，克服辅料各自存在的缺陷，从而发挥两种及以上辅料的协同作用，实现特定的制剂学功能。多种辅料联合方式主要有形式上的联合、功能上的联合、形式和功能的融合三种。联合应用多种辅料开发新辅料，具有特定的配方组成、多种功能的集合、时间和研发成本较低，成功率较高，因此成为目前新辅料研发突破

NOTE

的最佳选择。

（五）新药用辅料研发现状和趋势

目前，国际上在新药用辅料研究开发领域主要围绕以下几个方向展开：①优良的缓释、控释材料，如主要用作口服缓控释制剂骨架片的羟丙甲基纤维素 methocel K 系列产品。②优良的肠溶、胃溶材料，如可耐受长时间与强酸性胃液的接触，但在弱酸或中性的肠环境中可以溶解，常被用作肠溶包衣材料的纤维素醋酸酯包衣层。③高效崩解剂和具有良好流动性、可压性、黏合性的填充剂和黏合剂，如具有黏合特性的崩解剂低取代羟丙基纤维素 L－HPC® ，固体口服制剂中综合效果最佳的超级崩解剂交联羧甲基纤维素钠 VIVISOL。④具有良好流动性、润滑性的助流剂、润滑剂，如预胶化淀粉 starch、微粉硅胶 AEROSIL® 200 等。⑤无毒、高效的透皮促进剂，如薄荷醇、薄荷脑，从宽叶杜香中提取的油状液体杜香萜烯等。⑥适合多种药物制剂需要的复合辅料（预混辅料），如缓控释类包衣预混材料乙基纤维素水分散体，acryl－ezetm 全水型的肠溶包衣材料，opaglos－2 高光亮度的精美型包衣材料，opadry－amb 全水防潮型包衣材料等。

同时，国外还十分注重辅料配方及其应用的研究，不仅推广主辅料，还同时推广应用配方中的其他辅料，结合生产实际，寻找制剂最佳复合辅料。发达国家十分重视研究成果的推广应用，将成果或专利进行转让，通过对制剂生产企业进行应用指导和技术服务从而开发和推广新型药用辅料。如阿尔扎公司出售的聚醇－聚酰共聚物作为控释材料的控释技术；汽巴－嘉基公司引进透皮给药系统的压敏黏合材料和技术，均取得良好的经济效益。同时，还开展了许多辅料相关的专项和专题研究，如对微晶纤维素开展直接压片研究和物理特性的研究，在直接压片中对液体渗透性及崩解的影响，片与片之间的溶出速率差异及其与水溶性药物均匀性的关系等。国际上新辅料的研究开发还有一个显著特点即辅料生产商与制剂生产企业结成命运共同体，使得新辅料的研究目标性更强。

随着我国医药工业、化学工业以及卫生事业的发展，国内新药用辅料的应用研究取得一定的进展，并在一些新辅料对某一种原料药的适应性研究上有所突破，取得了可喜的成果，研究的方向亦逐步扩大，为我国医药工业的发展注入了新的活力，国内辅料生产企业规模也逐渐壮大、品种逐步齐全、“药用”意识逐步提高。但纵观国内新辅料的研发现状，仍存在专业从事新辅料研究的机构、人员严重不足，新辅料研究的积极性不高，导致研究水平仍较低的现象，研究仍以仿制药用辅料为主，创新辅料研究的研发与发达国家相比仍有不小的差距。但随着我国药用辅料由原来单独审批改为与制剂联评制度的实施，必将有力地促进我国新药用辅料的研究水平。

进入 21 世纪以来，药物制剂向着高效、速效、长效和服用剂量小、毒副作用小的方向发展，药物剂型向定时、定位、定量给药系统转化，而新型药用辅料在这一过程中起到了决定性的作用，新型辅料的研究与开发成为新制剂和新型给药系统开发的重要保障。新辅料的开发和新药有着类似的要求，研究与开发也应该遵循安全性、稳定性、与药物的相容性、生产技术适应性和经济性的指导原则，围绕需求性、科学性、先进性、可行性进行研发，始终把握功能化导向开展研究。

（六）新药用辅料研究新思路

NOTE

国内外新辅料的研究与应用中，除围绕上述常规路径研究外，尚涌现出一些颇具亮点的新辅料研究思路、方法，为新药用辅料的研发提供了重要支撑和启发，值得借鉴。

1. 注重结合机体生理、病理特点进行辅料开发与研究　常规新辅料开发过程中，往往将制剂或给药系统的一些自身特性作为评价新辅料的关键指标，而忽视了与机体生理、病理等特点的结合。有学者针对这一“盲点”进行了创新性探索，并取得了较为满意的成果。如阴道给药作为治疗妇科疾病的有效手段，临床给药面临的困扰是如何解决药物在阴道腔内铺展分布的均匀性，改善吸收效率的问题，针对此种窘况，有研究团队在充分研究阴道壁生理特点的基础上，用天然可降解高分子材料白及多糖增加泡沫的液膜黏稠度，赋予泡沫缓慢膨胀与生物黏附的特性，结合柔性脂质体可显著促进药物的透黏膜吸收的特性，创造性提出“将载药柔性脂质体分散于白及多糖凝胶液中构建柔性脂质体后膨胀型水凝胶泡沫气雾剂”，使药物在阴道内随泡沫的缓慢膨胀而铺展分布均匀，在白及多糖的黏附作用下与阴道壁紧密接触，通过柔性脂质体促进药物透黏膜吸收。该研究为阴道给药提供一种新剂型，为同类研究提供借鉴。

纳米药物载体用于恶性肿瘤治疗时最棘手的问题之一是肿瘤靶向效率较低，释放的药物难以特异性地杀死肿瘤细胞。来自清华大学的研究团队发现，间充质干细胞受到肿瘤细胞分泌的细胞因子的吸引，可以主动追踪肿瘤细胞，即肿瘤细胞对间充质干细胞具有趋化作用，研究人员利用这一特点，将新型的 CA－PLGA－TPGS 和 PCLMLA 生物可降解共聚物用于制备载多烯紫杉醇纳米粒，通过被间充质干细胞摄取和（或）结合在其表面而使间充质干细胞携带载药纳米粒，利用具有趋化作用的间充质干细胞作为靶向药物载体，如同“特洛伊木马”一样，里应外合彻底杀死肿瘤细胞，相比传统的靶向实现方式具有更强的主动性和靶向性。共聚物材料中，TPGS 可促进纳米粒被细胞摄取，本身具有抗肿瘤作用，还可以逆转肿瘤药耐药。同时，PMLA 表面有多个羧基，可以连接单抗等，以减轻抗癌药物对正常细胞的毒害，CA－PLGA－TPGS 和 PCLMLA 具有辅助治疗效果，成为高度靶向性的新一代药用辅料系统。

还有学者利用和频振动光谱（SFG）研究纳米颗粒对模拟生物膜－磷脂双层膜的影响，从分子层面描述不同结构纳米颗粒在与生物膜接触时膜表面结构发生物理变化的规律，为未来研究纳米颗粒在其他生物界面的分子作用机制提供方法，为功能性纳米颗粒的结构设计、性能研究和制备方法提供方案。国外尚有学者根据人体眼球的生理、解剖学特点，开发出了以透明质酸为主的眼用液体制剂，充分发挥了透明质酸作为辅料在眼用制剂中的应用范围。

2. 利用生物可降解材料进行给药系统开发　随着生物医学和高分子材料科学的发展，生物可降解医用材料正引起人们越来越广泛的关注。在医药卫生领域，生物可降解医用材料得到了充分开发，被广泛应用于体内缝合线、“人体组织工程”材料、药物释放载体、外科用正骨材料等领域，具有广阔的应用前景。基于生物可降解材料在人体不同部位的广泛使用，人们越来越不满足仅仅将其作为普通的“组织”，而是巧妙地将其作为载体用于构建新型的给药系统。如我国肝癌发病率高，经肝动脉化疗栓塞术（TACE）是中晚期肝癌的首选疗法，化疗栓塞剂是该法的关键，来自广州医科大学的研究团队发现原位植烷三醇立方液晶是一种理想的新型非黏附性液体栓塞材料，其栓塞肝动脉具有技术可行性和安全可控性，基于此，课题组提出将其作为化疗药物的载体并应用于 TACE 的治疗的研究思路，该研究针对原位立方液晶释药不完全、不稳定且载药量低等问题，通过筛选脂质及表面活性剂等一系列辅料，改变优化处方组成以调控载药释药特性，并考察优化处方对原位液晶体系晶相及体内外相关性能的影响，建立兔 VX2 肝肿瘤模型，明确了利用化疗栓塞材料装载化疗药物治疗肝癌的效果，成功地构建了

NOTE

新型肿瘤血管靶向栓塞化疗体系原位立方液晶载药系统。

3. “药辅合一”助力中药新制剂开发 中药活性组分往往是一大类活性成分的混合物，某些组分既具有活性又可作为辅料，具有“药辅合一”属性，将此类活性组分作为辅料进行制剂，既可以减少外源辅料用量，更重要的是可实现多组分载药系统的搭建。如有研究团队发现，薏苡仁油和多糖配伍具有较好的抗肝癌活性，薏苡仁油可兼作微乳油相，多糖可使微乳体系达到类似“过饱和”状态。以薏苡仁油为油相，多糖为促过饱和物质，利用新型半乳糖脂构建具有口服肝靶向功能的薏苡仁多组分微乳，以促进薏苡仁油的跨膜转运和肝细胞摄取以及多糖的口服吸收，提高薏苡仁组分的抗肝癌药效。项目组围绕微乳的处方优化、载药特性、肝靶向规律、抗肝癌药效机理展开系统研究，并通过对薏苡仁多糖促进微乳体系“类过饱和”机制及半乳糖脂修饰与肝靶向效应相关性的深入探讨，揭示该给药系统的科学性与有效性，为中药口服肝靶向制剂的研究提供新思路与新方法。

传统炮制理论认为，淫羊藿经羊脂油炙后可增强温肾助阳作用，羊脂油在炮制过程中既是炮制辅料，同时也具有一定的温肾功效，“药辅合一”的羊脂油究竟是如何实现其炮制意图的，江苏省中医药研究院的研究团队从药剂学角度，首次探讨了基于“自组装胶束”体内形成机制研究羊脂油炙淫羊藿的增效机制，研究采用 caco - 2 细胞与大鼠在体肠灌流模型，结合药动学的血药浓度法与药理效应法，以及肾阳虚大鼠模型，从整体动物、组织、细胞和分子等不同水平，多层次阐述羊脂油作用下形成的自组装胶束对淫羊藿活性黄酮的促吸收作用和增效机制，为揭示中药“油炙”的科学内涵提供依据，并为中药制剂“药辅合一”新给药系统研究提供新思路与新方法。

第二节 新药用辅料的注册

一、新药用辅料的注册申请

为贯彻落实《国务院关于改革药品医疗器械审评审批制度的意见》（国发〔2015〕44号），简化药品审批程序，将药用辅料由单独审批改为在审批药品注册申请时一并审评审批，具体由国家食品药品监督管理总局实施，关联评审程序详见《国家食品药品监督管理总局关于药包材药用辅料与药品关联审评审批有关事项的公告（2016 年第 134 号）》。其中已在批准上市的药品中长期使用，且用于局部经皮或口服途径风险较低的辅料，如矫味剂、甜味剂、香精、色素等执行相应行业标准的不纳入关联评审范畴。

（一）新药用辅料注册申报资料项目

根据《关于药包材药用辅料与药品关联审评审批有关事项的公告》有关精神，国家食品药品监督管理总局制定了《药用辅料申报资料要求（试行）》，为新药用辅料注册申报做出了明确要求。注册申报资料主要包括申请企业基本信息、辅料基本信息、生产信息、特性鉴定、质量控制、批检验报告、稳定性研究和药理毒理研究八个部分，主要内容见表 10 - 1。

NOTE

表 10－1　药用辅料申报资料项目

1. 企业基本信息	1.1 企业名称、注册地址、生产地址
	1.2 企业证明性文件
	1.3 研究资料保存地址
2. 辅料基本信息	2.1 名称
	2.2 结构与组成
	2.3 理化性质及基本特性
	2.4 境内外批准信息及用途
	2.5 国内外药典收载情况
3. 生产信息	3.1 生产工艺和过程控制
	3.2 物料控制
	3.3 关键步骤和中间体的控制
	3.4 工艺验证和评价
	3.5 生产工艺的开发
4. 特性鉴定	4.1 结构和理化性质研究
	4.2 杂质研究
	4.3 功能特性
5. 质量控制	5.1 质量标准
	5.2 分析方法的验证
	5.3 质量标准制定依据
6. 批检验报告	
7. 稳定性研究	7.1 稳定性总结
	7.2 稳定性数据
	7.3 辅料的包装
8. 药理毒理研究	

（二）新药用辅料核心申报资料技术要求

名称：应提供辅料的中文通用名、英文通用名、汉语拼音、化学名、曾用名、化学文摘（CAS）号。如有UNⅡ号及其他名称（包括国内外药典收载的名称）建议一并提供。其中预混辅料和共处理辅料应明确所使用的单一辅料并进行定性和定量描述，可提交典型配方用于说明，实际应用的具体配方应根据使用情况作为附件包括在申请资料中或在药品注册时进行提供。

结构与组成：应提供辅料的结构式、分子式、分子量，高分子药用辅料应明确分子量范围、聚合度等。有立体结构和多晶型现象应特别说明。预混辅料和共处理辅料应提交每一组分的结构信息。

理化性质及基本特性：提供辅料的物理和化学性质，具体信息如性状（如外观、颜色、物理状态）、熔点或沸点、比旋度、溶解性、溶液pH、粒度、密度（堆密度、振实密度等）以及功能相关性指标等。混合辅料应提交产品性状等基本特性信息。

境内外批准信息及用途：提供国内外已批准的相关信息及用途，应包括拟申请辅料在制剂中添加量的文献信息。

用途信息：提供申请产品的给药途径信息以及最大每日参考剂量及参考依据。使用该辅料

NOTE

的药品已在国内外获准上市的，应提供该药品的剂型、给药途径等；尚未有使用该辅料的药品获准上市的，应提供该药用辅料的预期给药途径以及正在使用该辅料进行注册的药品信息。如有生产商已知的不建议的给药途径或限定的使用剂量，也应予以明确并提供相关文献。

生产工艺和过程控制：提供工艺流程图，按工艺步骤提供工艺流程图，标明工艺参数和所用溶剂等。如为化学合成的药用辅料，还应提供反应条件（如温度、压力、时间、催化剂等）及其化学反应式，其中应包括起始原料、中间体、所用反应试剂的分子式、分子量、化学结构式。按工艺流程来描述工艺操作，以商业批次产品为代表，列明主要工艺步骤、各反应物料的投料量及各步收率范围，明确关键生产步骤、关键工艺参数以及中间体的质控指标。提供所用化学原料的规格标准，动物、植物、矿物原料的来源、学名。对于人或动物来源的辅料，该辅料的生产工艺中须有明确的病毒灭活与清除的工艺步骤，并须对其进行验证。说明商业生产的分批原则、批量范围和依据。提供主要和特殊的生产和检验设备的型号及技术参数。

物料控制：按照工艺流程图中的工序，列明生产中用到的所有物料（如起始物料、反应试剂、溶剂、催化剂等），并说明所使用的步骤。提供物料的来源、质量控制信息，明确引用标准，或提供内控标准（包括项目、检测方法和限度）并提供必要的方法学验证资料。对于关键的起始物料，尚需提供制备工艺或质量控制等研究资料。

关键步骤和中间体的控制：列出所有关键步骤（包括终产品的精制、纯化工艺步骤，人或动物来源辅料的病毒灭活/去除步骤），提供关键过程控制及参数，提供具体的研究资料（包括研究方法、研究结果和研究结论），支持关键步骤确定的合理性以及工艺参数控制范围的合理性。列出已分离的中间体的质量控制标准，包括项目、方法和限度，并提供必要的方法学验证资料。

工艺验证和评价：提供工艺验证方案、批生产记录、验证报告等资料。

生产工艺的开发：提供工艺路线的选择依据（包括文献依据和/或理论依据）。提供详细的研究资料（包括研究方法、研究结果和研究结论）以说明关键步骤确定的合理性以及工艺参数控制范围的合理性。详细说明在工艺开发过程中生产工艺的主要变化（包括批量、设备、工艺参数以及工艺路线等的变化）及相关的支持性验证研究资料。

结构和理化性质研究：提供药用辅料的结构确证研究资料。结合制备工艺路线以及各种结构确证手段对产品的结构进行解析，如可能含有立体结构、结晶水/结晶溶剂或者多晶型问题要详细说明，对于高分子药用辅料，还需关注分子量及分子量分布、聚合度、红外光谱等结构确证信息。提供结构确证用样品的精制方法、纯度、批号；提供具体的研究数据和图谱并进行解析。为了确保生物制品来源的药用辅料质量的一致性，需要建立标准品/对照品或将辅料与其天然类似物进行比较。对于生物制品类辅料具体见 ICH 关于生物技术/生物产品的指南。对来源于化学合成体或来源于动/植物的预混辅料，需要用不同的方法描述其特性，并进行定量和定性的描述，包括所有特殊信息。

提供详细的理化性质研究资料，一般应包括性状（如外观、颜色、物理状态）、熔点或沸点、比旋度、溶解性、吸湿性、溶液 pH、分配系数、解离常数、将用于制剂生产的物理形态（如多晶型、溶剂化物或水合物）、粒度、来源等。

杂质研究：应根据药用辅料的分子特性、来源、制备工艺等进行杂质研究，如对于高分子辅料，应重点研究残留单体、催化剂以及生产工艺带来的杂质。评估杂质对药用辅料安全性、

NOTE

功能性等的影响，并进行相应的控制。

功能特性：结合辅料在制剂中的用途及给药途径，详细说明该药用辅料的主要功能特性并提供相应的研究资料。如黏合剂需提供表面张力、粒度及粒度分布、溶解性、黏度、比表面积、堆积度等特性指标。

质量标准：提供药用辅料的质量标准草案及起草说明。质量标准应当符合《中国药典》现行版的通用技术要求和格式，并使用其术语和计量单位。

分析方法的验证：提供质量标准中各项目的方法学验证资料。对于《中国药典》现行版已收载的品种，如采用药典标准方法，可视情况开展方法学确认。

质量标准制定依据：说明各项目设定的考虑，总结分析各检查方法选择以及限度确定的依据。如和已上市产品进行了质量对比研究，提供相关研究资料及结果。质量标准起草说明应当包括标准中控制项目的选定、方法选择、检查及纯度和限度范围等的制定依据。

稳定性研究：稳定性研究的试验资料及文献资料。包括采用直接接触药用辅料的包装材料和容器共同进行的稳定性试验；描述针对所选用包材进行的相容性和支持性研究。总结所进行的稳定性研究的样品情况、考察条件、考察指标和考察结果，对变化趋势进行分析，并提出贮存条件和有效期，提供稳定性研究的具体结果，将稳定性研究中的相关图谱作为附件说明辅料的包装及选择依据，提供包装标签样稿。

药理毒理研究：需提供的药理毒理研究资料或文献资料主要包括药理毒理研究资料综述；对拟应用药物的药效学影响试验资料及文献资料；非临床药代动力学试验资料及文献资料；安全药理学的试验资料及文献资料；单次给药毒理性的试验资料及文献资料；重复给药毒理性的试验资料及文献资料；过敏性（局部、全身和光敏毒性）、溶血性和局部（血管、皮肤、黏膜、肌肉等）刺激性等主要与局部、全身给药相关的特殊安全性试验研究和文献资料；遗传毒性试验资料及文献资料；生殖毒性试验资料及文献资料；致癌试验资料及文献资料；其他安全性试验资料及文献资料。具体研究内容和方法参照相关的药物研究指导原则。

（三）申报资料的有关说明

申报资料关于药理毒理研究内容，申请人应根据药用辅料的上市状态、应用情况、风险程度等确定需提交的研究资料和/或文献资料，如不需要某项研究资料时，则应在相应的研究项目下予以说明。对于已获批准证明文件的药用辅料，在2018年1月1日以后关联申报重新提交申报资料时，不要求提交工艺验证和评价及生产工艺的开发资料。

境内外上市制剂中未使用过的药用辅料，境内上市制剂中已使用、但尚未获得批准证明文件或核准编号的药用辅料，可在关联制剂申请上市阶段递交工艺验证和评价资料。

二、药用辅料的开发实例

（一）全新药用辅料新化学物质的开发

针对经皮给药系统中药物的皮肤通透量较小，难以达到治疗要求的问题，有研究团队以薄荷醇为先导化合物，在其四个结构位点分别引入一个双键，开发出了一系列可促进药物吸收的化学促进剂。

研究发现，在薄荷醇C-4位引入环外双键所得的衍生物可显著增强水溶性药物氟尿嘧啶促透活性，通过傅立叶变换红外光谱、经皮水分散失实验以及分子模拟等研究发现，薄荷醇及其不饱和类似物可以竞争性地与角质层脂质的头部作用，而使氟尿嘧啶摆脱氢键网络的束缚，进而促进药物的经皮吸收。

为进一步增强对脂溶性药物的促透活性，选择异胡薄荷醇作为头部结构，利用烃链长度不同的饱和脂肪酸合成了一系列脂肪酸酯类两亲性经皮吸收促进剂，细胞毒与皮肤红色素分析试验表明对异胡薄荷醇进行酯化衍生化不会增加皮肤的刺激性与细胞毒性。为了进一步探讨此类脂肪酸酯类促进剂在体应用时的促透活性，选择异胡薄荷醇癸酸酯（ISO - C10）作为优选促进剂制备了压敏胶分散型氟比洛芬贴剂，并通过家兔药动学实验考察了贴剂中的对药物体内外经皮吸收的促透作用。实验结果表明，ISO - C10 可以显著提高氟比洛芬贴的血药浓度，药物的体内吸收与体外透过具有较好的相关性。此外处方中的 ISO - C10 还可显著地改善氟比洛芬贴剂的抗炎镇痛作用，并且可以通过提高血液循环中的药量增加药物在关节液中的浓度。

该课题组对不饱和薄荷醇类似物及其脂肪酸酯的合成、体内外促透活性评价、皮肤刺激性与毒性分析进行的系统性研究结果，在一定程度上丰富了现有新型经皮吸收促进剂相关辅料的设计与评价方法，对全新药用辅料新化学物质的开发也具有一定的启示作用。

（二）改变现有辅料形态学、流体学参数开发新辅料

为改善 β - 环糊精本身固有的水溶性低的缺点，有学者以环氧氯丙烷为交联剂，与 β - 环糊精（β - CD）在碱性介质中通过交联共聚反应合成水溶性环糊精聚合物（β - CDP），通过傅立叶变换红外光谱、核磁共振、X 射线粉末衍射法和差示扫描量热法等对聚合物进行结构表征，结果表明，β - CDP 仍然保留 β - CD 的原有空腔，但其溶解度显著增加，25℃时溶解度为 86.2%，是 β - CD 的 46.6 倍，溶血性和小鼠急性毒性试验初步证明了 β - CDP 的安全性。

研究以格列吡嗪、布洛芬、阿昔洛韦和克拉霉素为模型药，考察了 β - CDP 对难溶性药物的增溶作用，结果表明，与水中溶解度相比，格列吡嗪、布洛芬、阿昔洛韦和克拉霉素在 β - CDP 溶液中的溶解度分别提高了 19.76、10.97、13.33、27.07 倍。格列吡嗪/β - CDP 包合物胶囊的犬体内生物利用度结果表明，与市售普通胶囊相比，自制包合物胶囊的药物达峰时间明显缩短，峰浓度显著增大，相对生物利用度是市售胶囊的 1.42 倍，表明 β - CDP 能够显著提高药物的生物利用度。

（三）联合应用多种辅料开发复合新辅料

有研究者利用甘露醇、交联聚维酮开发出了甘露醇 - 交联聚维酮复合辅料（Man - Cro），该辅料具有新的类球形态，具有良好的流动性、可压性、充填性及崩解性，通过考察其应用于布洛芬口崩片的体外溶出及体内生物利用度，表明其符合口崩片直接压片的需要。

红外光谱分析、电镜扫描、差示量热扫描分析、X 射线粉末衍射分析等技术手段分析表明，实验所制备的甘露醇 - 交联聚维酮复合辅料（Man - Cro）中的赋形剂之间无化学反应发生，且复合辅料的物理或化学特性与单纯的物理混合不同（见图 10 - 1）。

由图可知，二者物理混合后，电镜下所呈现的是二者的简单"相加"，结构并未发生实质性改变。但二者经过共结晶处理后，制得复合辅料的微观结构已经发生明显改变，呈现类球体形态，完全不同于二者的物理混合物。

实验进一步通过考察休止角、松密度、振实密度、卡尔指数及川北方程等指标，也表明复合辅料与单一赋形剂物理混合物在流动性、可压性方面存在明显优势。利用该辅料制备口崩片时，可与原料药混合后直接压制，替代冷冻干燥、模制法以及湿法制粒等口崩片制备工艺，同

NOTE

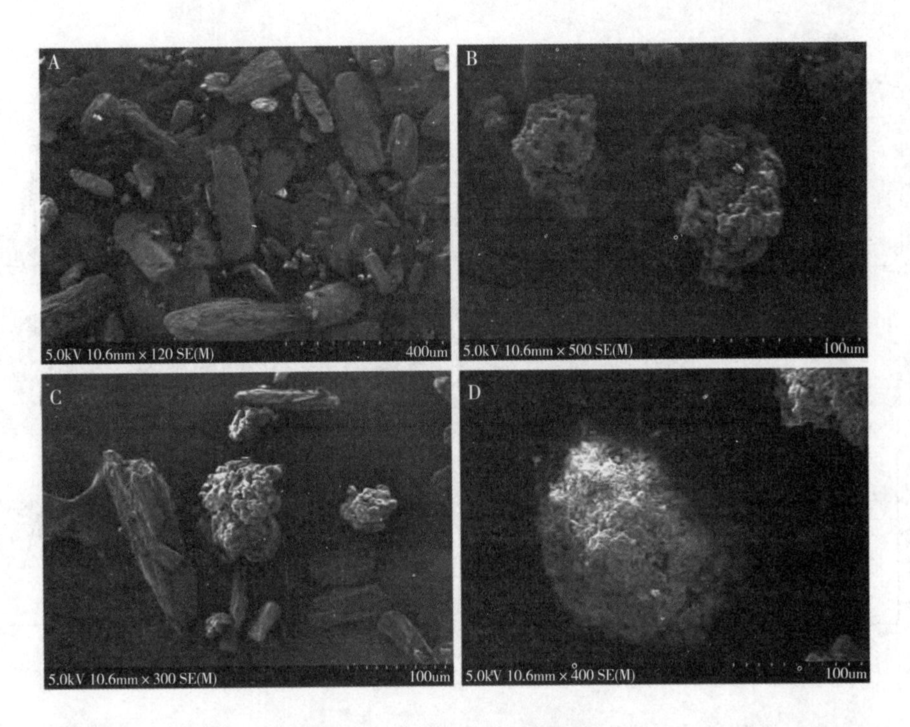

图 10－1 不同辅料扫描电镜图

A. 甘露醇；B. 交联聚维酮；C. 物理混合物；D. Man－Cro

时无需外加崩解剂和矫味剂，极大简化生产工艺的同时还可确保制剂的品质。应用该复合辅料制备的布洛芬口崩片，体外溶出度高，体内生物利用度与参比制剂等效。

该辅料的开发与研究对促进和提高片剂的制造水平有着重要意义，对药用复合辅料的设计和评价有重要参考意义。

（四）现有辅料生产工艺升级、质量标准提升和规格系列化

有学者在 2012 年开展的药用辅料丙二醇评价性抽检工作基础上，针对丙二醇工业生产和实际应用过程中存在的问题，开展了丙二醇质量标准提升研究。通过系统的调研发现，丙二醇现行质量标准及检验操作中存在如下问题：①丙二醇在做红外光谱鉴别时，样品图谱与对照图谱比较，$1650cm^{-1}$波数处有异常吸收峰，且该峰大小变化无常；②还原性物质检查方法无法定量，不利于区分不同生产工艺或不同企业产品的质量水平；③有关物质检查中缺失对总杂质、最大未知单杂的限度规定。课题组分别针对上述存在的不同问题，进行系统分析和研究，取得了一定的成效。

经文献系统分析及实验验证，结果表明，丙二醇样品红外光谱中 $1650cm^{-1}$波数处的异常吸收峰由水分子中的氧氢弯曲振动而引起，由于丙二醇吸湿性强，制膜时样品曝露于空气中，使其不可避免地吸收大量水分，现行标准又未对吸收的水分进行相应处理，进而造成异常吸收峰的出现。

由图 10－2 可知，取样制片时液膜暴露在空气中的时间越长，含水量越高，其红外光谱中出现的异常吸收峰越大。

由图 10－3 可知，随着液膜在红外灯下干燥时间增长，含水量降低，异常吸收峰降低，干燥 60 秒后，可完全排除水分的干扰。

因此，建议现行质量标准中该项目修订为“鉴别（2）本品的红外光吸收图谱与对照的图

NOTE

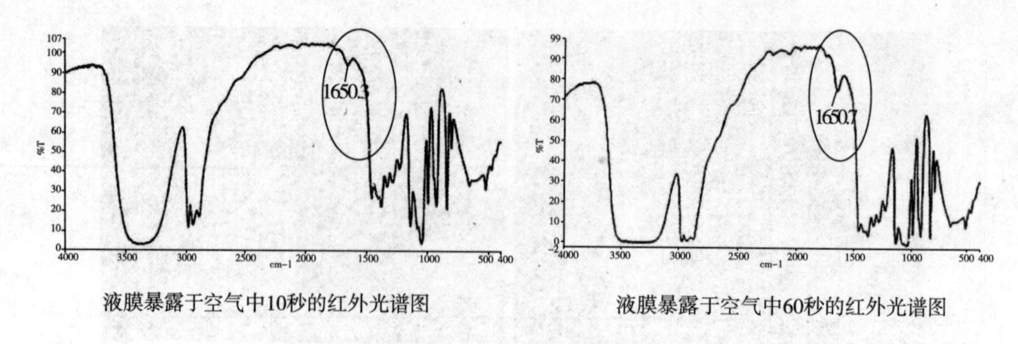

液膜暴露于空气中10秒的红外光谱图　　液膜暴露于空气中60秒的红外光谱图

图 10-2　丙二醇样品液膜暴露于空气中不同时间的红外光谱图

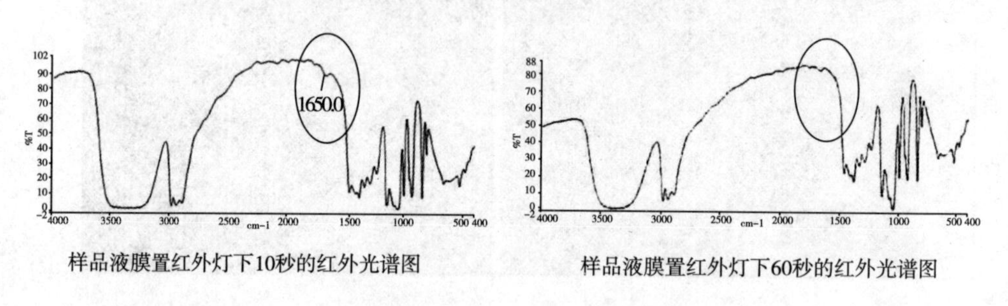

样品液膜置红外灯下10秒的红外光谱图　　样品液膜置红外灯下60秒的红外光谱图

图 10-3　丙二醇样品液膜置红外灯下不同时间的红外光谱图

谱（光谱集 706 图）一致。取样品制成液膜时，可将液膜置红外干燥灯下干燥 60 秒，压片，依法测定”，以改善谱图质量。

现行质量标准中，丙二醇“还原性物质”采用醛类的“银镜反应”判断，仅进行了定性考察，无法对不同工艺或不同企业产品的质量水平进行区分。丙二醇中的还原性物质主要为醛类，课题组基于甲醛与酚试剂反应生成嗪，嗪在酸性溶液中被高铁离子氧化形成蓝绿色化合物的原理，根据朗伯比尔定律，进行紫外-可见分光光度法比色定量，同时建议将该方法代替现行质量标准中的“还原性物质”的检测方法。

NOTE

参考文献

1. 上海医药工业研究院药物制剂部，药物制剂国家工程研究中心．药用辅料应用技术［M］.2 版．北京：中国医药科技出版社，2002.

2. 张春玲，王晓军．食盐及盐炙法在中药炮制中的应用［J］．甘肃中医学院学报，2003，20（4）：46.

3. 龚千锋．中药炮制学［M］．北京：中国中医药出版社，2004.

4. 袁其朋，赵会英．现代药物制剂技术［M］．北京：化学工业出版社，2005.

5. R. C 罗，P. J 舍斯基，P. J 韦勒主编．郑俊民主译，药用辅料手册［M］．原著第四版．北京：化学工业出版社，2005.

6. 丁安伟．中药炮制学［M］．北京：中国中医药出版社，2005.

7. 马梅芳，吕伟，高宇源．中药炮制辅料探析［J］．中医研究，2005，18（3）：22.

8. 贵州省卫生厅．贵州省中药饮片炮制规范［M］．贵阳：贵州人民出版社，2005.

9. 罗明生，高天惠．药剂辅料大全［M］.2 版．成都：四川科学技术出版社，2006.

10. 罗明生，高天惠，宋民宪．中国药用辅料［M］．北京：化学工业出版社，2006.

11. 张幸国，胡富强，袁弘，等．粉雾剂中乳糖对药物在模拟呼吸道沉降部位的影响［J］．中国医药工业杂志，2006，37（1）：50－53.

12. 邓旭坤，吕晓宇，刘陶世．麦麸粒径对麸炒山药外观性状的影响［J］．时珍国医国药，2006，17（5）：678.

13. 钱应璞．冷冻干燥制药工程与技术［M］．北京：化学工业出版社，2007.

14. 熊爱珍，李锦燕，李玲．阴复康泡沫气雾剂制备工艺的考察［J］．中国医院药学杂志，2007，27（10）：1368－1371.

15. 何仲贵．药物制剂注解［M］．北京：人民卫生出版社，2009.

16. 陈萍．药用气雾剂及相关剂型的研究进展［J］．中国药业，2009，18（10）：84－85.

17. 汤玥，朱家壁，陈西敬．新型肺部给药系统——吸入粉雾剂［J］．药学学报，2009，44（6）：571－574.

18. 王玉蓉，田景振．物理药剂学［M］．北京：中国中医药出版社，2010.

19. 陈彦，贾晓斌，丁安伟．淫羊藿炮制机理研究回顾与新思路［J］．中华中医药杂志，2010，25（9）：1439－1443.

20. 崔福德．药剂学［M］.7 版．北京：人民卫生出版社，2011.

21. 郭永华，张伟，王琛．气雾剂易燃性检测和分类［J］．检验检疫学刊，2011，21（1）：55－59.

22. 程怡．中药制药辅料应用学［M］．北京：化学工业出版社，2011.

NOTE

23. 严云良，张东亮，文欣欣．祛瘀清热颗粒的吸湿性研究及数据分析［J］．数理医药学杂志，2011，24（4）：444.

24. 凌关庭．食品添加剂手册［M］．第四版．北京：化学工业出版社，2012.

25. 杨明．中药药剂学［M］．北京：中国中医药出版社，2012.

26. 张雯，闫志猛．含有新型抛射剂的硫酸沙丁胺醇气雾剂的制备［J］．齐鲁药事，2012，31（7）：377－378.

27. 严霞，曹雅军，黄德红，等．蜂蜡在过嫩黑膏药中的应用［J］．中国药师，2012，15（2）：276－277.

28. 朱晶．秋石名称考［J］．清华大学学报，2012，3（27）：145－153.

29. 李伟泽，赵宁，闫菁华，等．阴道用苦参柔性脂质体泡沫气雾剂的制备研究［J］．中成药，2012，34（1）：41－45.

30. 韩珂，董怡萱，王周华，等．肝动脉栓塞用原位植烷三醇液晶体外释放行为的研究［J］．中国药学杂志，2012，47（3）：213－217.

31. 江丽芸．中药辅料的研究［J］．中国实用医药，2012，7（36）：248－250.

32. 傅超美，刘文．中药药剂学［M］．北京：中国医药科技出版社，2014.

33. 严红梅，蒋艳荣，唐欢，等．复合辅料微晶纤维素－单硬脂酸甘油酯的研究［J］．中草药，2014，45（9）：55.

34. 邢海丽，辛嘉英，王艳，等．微生物源天然食品防腐剂的研究进展［J］．食品安全质量检测学报，2015，6（10）：3889－3894.

35. 王长在．国外药用辅料发展概况［J］．中国制药信息，2015，31（6）：36－37.

36. 陈娇婷，詹怡飞．药用辅料的研发与应用［J］．山东化工，2015，44（18）：21－22.

37. 刘明健，瞿鼎，陈彦，等．丁酰半乳糖酯修饰的薏苡仁组分微乳的制备及其体外抗肿瘤活性研究［J］．中草药，2015，46（18）：2696－2702.

38. 方亮．药剂学［M］．北京：人民卫生出版社，2016.

39. 鲁艺，金一宝，王思明，等．复合辅料甘露醇－交联聚维酮的功能性质量评价及在口崩片中的应用研究［J］．中国药学杂志，2016，51（6）：715－722.

40. Michaela Guter，Miriam Breunig. Hyaluronan as a promising excipient for ocular drug delivery［J］. European Journal of Pharmaceutics and Biopharmaceutics，2017，（113）：34 － 49.

NOTE